2022

Mittelschule M10

Original-Prüfungsaufgaben mit Lösungen

Bayern

Mathematik 10. Klasse

STARK

18. ergänzte Auflage
www.stark-verlag.de

Inhalt

Das Corona-Virus hat auch im vergangenen Schuljahr die Prüfungsabläufe beeinflusst. Um dir die Prüfung 2021 schnellstmöglich zur Verfügung stellen zu können, bringen wir sie in digitaler Form heraus. Sobald die Original-Prüfungsaufgaben 2021 zur Veröffentlichung freigegeben sind, kannst du sie als PDF auf der Plattform MyStark herunterladen.

Dieses Buch ist in zwei Versionen erhältlich: mit und ohne ActiveBook. Hast du die Ausgabe **mit ActiveBook** (93501**ML**) erworben, kannst du mit dem **interaktiven Training** online mit vielen zusätzlichen interaktiven Aufgaben zu allen prüfungsrelevanten Kompetenzbereichen trainieren.

Die **interaktiven Aufgaben** sind im Buch mit diesem Button gekennzeichnet. Am besten gleich ausprobieren!
Ausführliche Infos inkl. Zugangscode findest du in der Ausgabe mit ActiveBook auf den **Farbseiten** vorne in diesem Buch.

Autorin und Autoren:

Training Grundwissen, Lösungen der Abschlussprüfung bis 2019:
Walter Modschiedler und Walter Modschiedler jun.

Lösungen der Abschlussprüfung ab 2020:
Eva Dreher

Vorwort

Liebe Schülerin, lieber Schüler,

mit dem vorliegenden Buch kannst du dich effektiv auf den **Mittleren Schulabschluss** nach der 10. Klasse an bayrischen **Mittelschulen** im Fach **Mathematik** vorbereiten.

- Im Kapitel **Training Grundwissen** wird der **Prüfungsstoff** klar strukturiert **zusammengefasst**. Die wichtigsten Begriffe, Formeln und Lösungswege werden übersichtlich hervorgehoben und anhand von anschaulichen **Beispielen** verdeutlicht. Die vielen abwechslungsreichen **Übungsaufgaben** bieten dir die Möglichkeit, den Stoff selbst zu vertiefen. Unter „**Fit für die Prüfung?**" findest du zu einzelnen Teilbereichen jeweils mehrere Aufgaben, anhand derer du deine Fähigkeiten ganz gezielt auf Prüfungsniveau trainieren kannst.
- Mit dem Vorwissen aus dem Trainingsteil kannst du dich nun an die **Original-Prüfungsaufgaben** wagen. Sie sollen dir einen Eindruck vermitteln, welche Bedingungen dich in der Abschlussprüfung erwarten.
- Zu den Trainings- und Prüfungsaufgaben gibt es ausführlich **kommentierte Lösungen** mit zahlreichen **Hinweisen und Tipps**. Diese erklären den Lösungsansatz und die Hauptschwierigkeit der jeweiligen Aufgabe genau, sodass du die Ergebnisse selbstständig verstehen und nachvollziehen kannst.

Viel Erfolg bei deinen Vorbereitungen und in der Prüfung!

Hinweise und Tipps

Lies dir die folgenden Hinweise und Tipps genau durch, damit du über die Besonderheiten der Prüfung gut Bescheid weißt.
Sollten nach Erscheinen dieses Bandes noch **wichtige Änderungen** für die Abschlussprüfung 2022 vom Kultusministerium bekannt gegeben werden, erhältst du **aktuelle Informationen** dazu auf der Plattform MyStark (Zugangscode vgl. vorne im Buch).

Wie ist die Prüfung aufgebaut?

Die Abschlussprüfung zum Erwerb des Mittleren Schulabschlusses ist im Fach Mathematik eine **schriftliche Prüfung**. In dieser Prüfung musst du **eine Aufgabengruppe** bearbeiten, die von der Prüfungskommission an deiner Schule aus ursprünglich zwei zentral gestellten Aufgabengruppen ausgewählt wird. Ein Austausch einzelner Aufgaben zwischen den verschiedenen Aufgabengruppen ist dabei nicht zulässig. Die Bearbeitungszeit beträgt **150 Minuten**. Die Verwendung eines genehmigten elektronischen **Taschenrechners** und einer für den Gebrauch an der Mittelschule zugelassenen **Formelsammlung** ist erlaubt. Die Bewertung deiner schriftlichen Prüfung erfolgt durch die Vergabe von **Punkten**.

Wie wird die Prüfung benotet?

Für das Fach Mathematik wird folgende Zuordnung von erreichter **Punktzahl** und **Note** landeseinheitlich festgesetzt:

Note	Note 1	Note 2	Note 3	Note 4	Note 5	Note 6
Punkte	45–38	37,5–31	30,5–23	22,5–15	14,5–7	6,5–0

Was musst du beim Bearbeiten der Aufgaben beachten?

Für die Bearbeitung der Prüfungsaufgaben ist es hilfreich, sich eine **Lösungsstrategie** anzueignen:

- **Lies** die Aufgabenstellung **genau** durch und **markiere** alle wichtigen Angaben oder Informationen (z. B. gegebene Größen, Lösungshinweise) farbig.
- Eine **Skizze**, in der du die gegebenen und gesuchten Größen einträgst, kann dir oft den Einstieg in eine komplexe Aufgabe erleichtern.
- Überlege, auf welches **Themengebiet** der Mathematik sich die Aufgabe bezieht. Welche Regeln, Sätze oder Formeln sind dir aus diesem Bereich bekannt? Nutze, wenn möglich, auch die Formelsammlung.
- Wenn du mit der Lösung einer schwierigen Aufgabe nicht weiterkommst, so halte dich zunächst nicht zu lange damit auf. Versuche, mit der nächsten Teilaufgabe oder Aufgabe weiterzumachen. Wenn die anderen Aufgaben bearbeitet sind, kommst du nochmals auf die angefangene Aufgabe zurück. **Bleib ruhig** und überlege, dann wirst du Zusammenhänge erkennen und auch die schwierigen Aufgaben lösen können.
- Wichtig ist die genaue **Darstellung des Lösungsweges**, denn Ergebnisse können nur dann bewertet werden, wenn der Lösungsweg nachvollziehbar ist und auch die **Teilergebnisse** festgehalten sind. Achte zudem auf richtige **Maßeinheiten** und **saubere Zeichnungen**. Vergiss auch nicht, einen **Antwortsatz** zu formulieren.

- Orientiere dich bei der Bearbeitung der einzelnen Aufgaben an der angegebenen **Punktzahl**: Je mehr Punkte eine Aufgabe ergibt, desto mehr Zeit solltest du dir für die Bearbeitung nehmen.
- Plane zum Schluss aber auch einen nicht zu knappen Zeitraum für die **Überprüfung** deiner Rechnungen ein. Versuche, das **Ergebnis abzuschätzen**: Stimmt die errechnete Größe in etwa? Ist die Einheit richtig?
- Achte zudem auf eine **saubere äußere Form** und vergiss nicht, alle Blätter mit deiner **Platzziffer** und evtl. mit deinem Namen zu versehen.

Wie kannst du dich auf die Prüfung vorbereiten?

Besonders gut kannst du dich auf die Abschlussprüfung vorbereiten, indem du wie folgt vorgehst:

- Bereite dich **langfristig** auf die Abschlussprüfung vor. Arbeite parallel zum Thema, das gerade im Unterricht behandelt wird, gezielt mit den Trainingsaufgaben aus diesem Buch.
- Wenn du das „Training Grundwissen" erfolgreich bearbeitet hast, gehst du zu den **Original-Prüfungsaufgaben** über. Übe unter echten **Prüfungsbedingungen** und löse die Aufgaben nur mit den zugelassenen **Hilfsmitteln**. Präge dir wichtige Seiten in deiner Formelsammlung ein und nutze deinen Taschenrechner sinnvoll. Grundlegende Formeln solltest du auswendig kennen, um in der Prüfung keine wertvolle Zeit zu verlieren.
- Versuche, die Aufgaben in der dafür **vorgegebenen Zeit** von **150 Minuten** zu schaffen. Wenn du die Aufgaben zunächst nicht in dieser Zeit lösen kannst, solltest du die Prüfungsaufgaben in regelmäßigen Abständen wiederholen, bis du beim Rechnen sicherer und schneller wirst.
- Versuche stets, alle Aufgaben **selbstständig** zu lösen. Nur wenn du dich selbst anstrengst, bleibt der Stoff auch im Gedächtnis und du lernst dazu! Solltest du jedoch allein nicht weiterkommen, kann ein Blick in die Lösung hilfreich sein, da dort wichtige **Hinweise und Tipps** zur Bearbeitung der Aufgabe gegeben werden. Vergleiche zum Schluss deine Lösung mit der Musterlösung und suche gegebenenfalls nach Rechenfehlern oder Verbesserungsmöglichkeiten deines Ansatzes.
- Gehe optimistisch in die Prüfung. Wenn du dich gut vorbereitet hast, brauchst du dir keine Sorgen zu machen. Übung macht die Meisterin und den Meister!

Training Grundwissen

1 Bruchgleichungen

Das musst du wissen!

Gleichungen, bei denen eine oder mehrere **Variablen im Nenner** auftreten, heißen **Bruchgleichungen**.
Der **Term im Nenner** darf **niemals** den **Wert null** annehmen. Eine Division durch null ist nicht definiert. Aus der **Definitionsmenge** müssen deshalb alle Elemente ausgeschlossen werden, die beim Einsetzen in den Nenner den Wert null ergeben.

Beispiel

Bestimme die Lösungsmenge der Bruchgleichung.

$$\frac{3}{x-2}=\frac{6}{x}.$$

Lösung:

Definitionsmenge:

- $x-2 \neq 0 \Rightarrow x \neq 2$
- $x \neq 0$

$\Rightarrow \mathbb{D}=\mathbb{R}\setminus\{0;2\}$

Die Terme im Nenner der Brüche dürfen nicht den Wert null annehmen.

Lösungsmenge:

$$\frac{3}{x-2}=\frac{6}{x} \quad |\cdot(x-2)\cdot x$$

Multipliziere mit dem Hauptnenner.

$$\frac{3\cdot x\cdot \cancel{(x-2)}}{\cancel{x-2}}=\frac{6\cdot \cancel{x}\cdot(x-2)}{\cancel{x}}$$

Kürze.

$$3x=6(x-2)$$

Multipliziere aus.

$$\begin{aligned} 3x &= 6x-12 && |-6x \\ -3x &= -12 && |:(-3) \\ x &= 4 \end{aligned}$$

$\Rightarrow \mathbb{L}=\{4\}$

Aufgaben

1. Bestimme die Lösungsmenge.

a) $\frac{3}{x}=\frac{6}{x+1}$ b) $\frac{5}{x-3}=2$

Interaktive Aufgaben
1. Bruchgleichung lösen I
2. Bruchgleichung lösen II
3. Bruchgleichung lösen III

2. Gib jeweils die Lösungsmenge an.

a) $\frac{x+2}{x-3}=\frac{x+8}{x-5}$ b) $\frac{3-x}{x+1}-\frac{7-2x}{x+2}=\frac{4+x}{x+1}$

2 Lineare Funktionen

Das musst du wissen!

- Jede allgemeine **lineare Funktion** hat die **Funktionsgleichung** $\mathbf{y = m \cdot x + t}$. Diese Funktionsgleichung heißt auch **Normalform** der linearen Funktion.
- Die **Steigung m** gibt an, ob die Gerade steil ($|m| > 1$) oder flach ($|m| < 1$) verläuft.
  $m > 0 \Rightarrow$ Die Gerade steigt von links unten nach rechts oben.
  $m < 0 \Rightarrow$ Die Gerade fällt von links oben nach rechts unten.
  $m = 0 \Rightarrow$ Die Gerade ist eine Parallele zur x-Achse.
- **t** ist der **y-Achsenabschnitt** der Geraden. Die Gerade schneidet die y-Achse bei $y = t$.
  $t > 0 \Rightarrow$ Die Gerade schneidet die positive y-Achse.
  $t = 0 \Rightarrow$ Die Gerade verläuft durch den Koordinatenursprung.
  $t < 0 \Rightarrow$ Die Gerade schneidet die negative y-Achse.
- Der **Funktionsgraph** einer linearen Funktion ist eine **Gerade**.

Beispiel

Das Schaubild stellt die Graphen verschiedener linearer Funktionen dar. Ordne den Geraden ihre Steigung und ihren y-Achsenabschnitt zu.

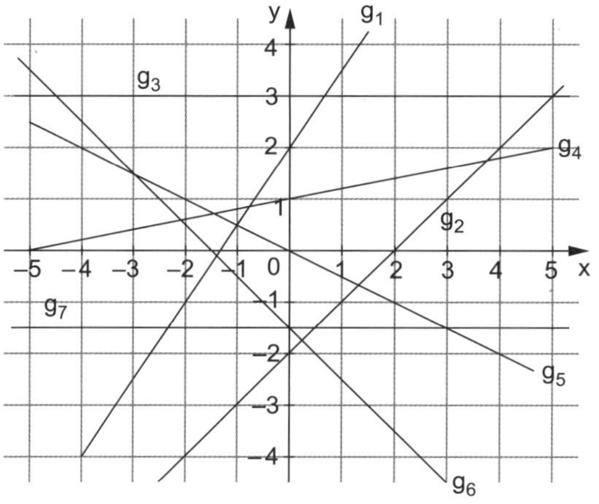

Lösung:

	g_1	g_2	g_3	g_4	g_5	g_6	g_7
$m > 0$	✓	✓		✓			
$m < 0$					✓	✓	
$m = 0$			✓				✓
$t > 0$	✓		✓	✓			
$t < 0$		✓				✓	✓
$t = 0$					✓		

Das musst du wissen!

Die Funktionsgleichung einer linearen Funktion ist durch die **Steigung m** und den **y-Achsenabschnitt t** eindeutig bestimmt.

Beispiel

Die Gerade g mit $m = 2$ schneidet die y-Achse bei -1.
Gib die Funktionsgleichung für die Gerade g an. Stelle den Funktionsgraphen in einem Koordinatensystem mit der Einheit 1 cm dar.

Lösung:

$y = m \cdot x + t$

$y = 2x - 1$

Setze für $m = 2$ und für $t = -1$ in die Funktionsgleichung ein.

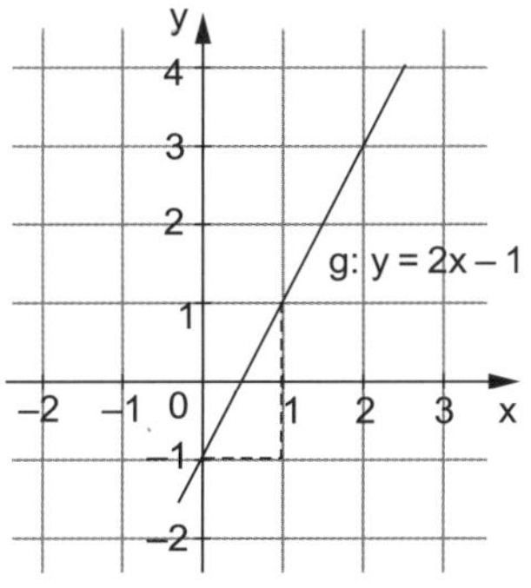

- Lege ein Koordinatensystem mit der Einheit 1 cm an und beschrifte es.
- Markiere den y-Achsenabschnitt $t = -1$.
- Zeichne das Steigungsdreieck: 1 Einheit nach rechts, 2 Einheiten nach oben.
- Zeichne die Gerade und beschrifte sie.

Aufgaben

3. Entnimm aus dem Schaubild von Seite 2 für jeden Graphen den Wert des y-Achsenabschnitts t sowie der Steigung m und gib jeweils die vollständige Funktionsgleichung an.

Interaktive Aufgaben
1. Gerade zeichnen
2. Funktion zuordnen

4. Zeichne in ein Koordinatensystem der Einheit 1 cm die folgenden Geraden ein. Gib die vollständige Funktionsgleichung an.

a) $t = 4; m = -\frac{3}{4}$ b) $t = -2; m = 2$

Das musst du wissen!

> Die Funktionsgleichung einer linearen Funktion ist durch die **Steigung m** und einen **Punkt P** eindeutig bestimmt.

Beispiel

Auf der Geraden g mit der Steigung $m = 0{,}5$ liegt der Punkt $P(1\,|\,1{,}5)$.
Berechne die Funktionsgleichung für die Gerade g.

Lösung:

$y = m \cdot x + t$

$1{,}5 = 0{,}5 \cdot 1 + t \quad |-0{,}5$

$t = 1$

Funktionsgleichung:

$y = 0{,}5x + 1$

Setze die Steigung $m = 0{,}5$ und die Koordinaten des Punktes $P(1\,|\,1{,}5)$ in die Funktionsgleichung ein.
Löse dann nach t auf.

Aufgaben

5. Zeichne durch die folgenden Punkte eine Gerade mit der angegebenen Steigung. Lies jeweils den y-Achsenabschnitt ab und stelle die Funktionsgleichung auf.

a) $P(-2\,|\,-4); m = 2$ b) $P(-3\,|\,6); m = -3$

Interaktive Aufgabe
3. Steigung und Punkt

6. Berechne jeweils die Funktionsgleichung.

a) $P(13\,|\,7); m = -2$ b) $P(-9\,|\,1); m = 4$

Das musst du wissen!

> Die Funktionsgleichung einer linearen Funktion ist durch den **y-Achsenabschnitt t** und einen **Punkt P** eindeutig bestimmt.

Beispiel

Die Gerade g schneidet die y-Achse im Punkt Y(0 | 2). Auf der Geraden g liegt der Punkt P(4 | –2).
Berechne die Funktionsgleichung.

Lösung:

$y = m \cdot x + t$

$-2 = m \cdot 4 + 2 \quad |-2$

$-4 = m \cdot 4 \quad |:4$

$m = -1$

Funktionsgleichung:
$y = -x + 2$

Die y-Koordinate des Punktes Y ist der y-Achsenabschnitt t.
Setze den y-Achsenabschnitt t = 2 und die Koordinaten des Punktes P(4 | –2) in die Funktionsgleichung ein.
Löse dann nach m auf.

Aufgabe

7. Berechne jeweils die Funktionsgleichung.

a) t = 2; P(2 | –4)
b) t = –3; P(4 | 5)

Das musst du wissen!

> Die Funktionsgleichung einer linearen Funktion ist durch **zwei Punkte** eindeutig bestimmt.

Beispiel

Die Punkte A(0,5 | 1) und B(3,5 | 2,5) liegen auf dem Funktionsgraphen g einer linearen Funktion.
Berechne die Funktionsgleichung.

Lösung:

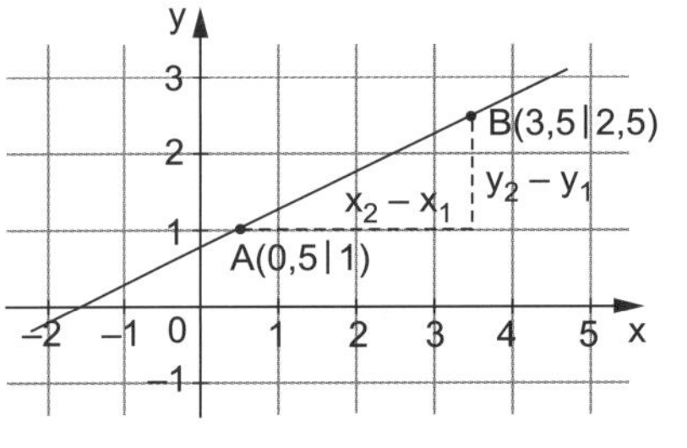

$A(\underbrace{0{,}5}_{x_1} | \underbrace{1}_{y_1}) \quad B(\underbrace{3{,}5}_{x_2} | \underbrace{2{,}5}_{y_2})$

$$m = \frac{y_2 - y_1}{x_2 - x_1}$$

$$m = \frac{2{,}5 - 1}{3{,}5 - 0{,}5} = \frac{1{,}5}{3} = \frac{1}{2} = 0{,}5$$

Berechne die Steigung mit der Steigungsformel. Setze die Koordinaten der Punkte A und B in die Steigungsformel ein.

$y = m \cdot x + t$

$1 = 0{,}5 \cdot 0{,}5 + t$

$1 = 0{,}25 + t \quad |-0{,}25$

$t = 0{,}75$

Funktionsgleichung:
$y = 0{,}5x + 0{,}75$

Setze die Steigung m = 0,5 und die Koordinaten eines Punktes, hier: A(0,5 | 1), in die Funktionsgleichung ein.
Löse dann nach t auf.

Aufgaben

8. Die folgenden Punkte liegen auf dem Graphen einer linearen Funktion.
Berechne jeweils die Funktionsgleichung.

a) A(1 | 3); B(3 | 7) b) A(1 | –4); B(–2 | 5)

Interaktive Aufgabe
4. Gerade durch 2 Punkte

9. Kontrolliere durch eine Rechnung, ob die Punkte zu der angegebenen Funktion gehören.

a) $y = -1{,}5x - 2{,}25$
A(1 | 1); B(–2 | 5,5)

b) $y = 0{,}75x + 2$
A(2 | 3,5); B(–4 | –1)

10. Die folgenden Punkte liegen jeweils auf dem Funktionsgraphen einer linearen Funktion.
Bestimme die fehlenden Koordinaten der Punkte.

a) $y = 3x - 1$
P(x | 5); Q(x | –4)

b) $y = x + 2{,}5$
P(–1,5 | y); Q(5,5 | y)

11. Die folgenden Punkte liegen jeweils auf dem Funktionsgraphen einer linearen Funktion.
Bestimme die vollständige Funktionsgleichung.

a) $y = 4x + t$; P(3 | 5) b) $y = m \cdot x + 8$; P(–2 | 18)

Das musst du wissen!

- Der **Schnittpunkt N** des Funktionsgraphen einer linearen Funktion **mit der x-Achse** hat die Koordinaten **N(x | 0)**.
Die x-Koordinate von N ist die **Nullstelle** der Funktion.
- Die Funktionsgleichung $y = m \cdot x + t$ hat an der Stelle x eine Nullstelle, wenn der **Funktionswert (y-Wert) null** ist.
Es gilt die Gleichung: $0 = m \cdot x + t$.

Beispiel

Lies die Koordinaten der Nullstelle aus dem Schaubild ab.
Überprüfe die Koordinaten durch eine Rechnung.

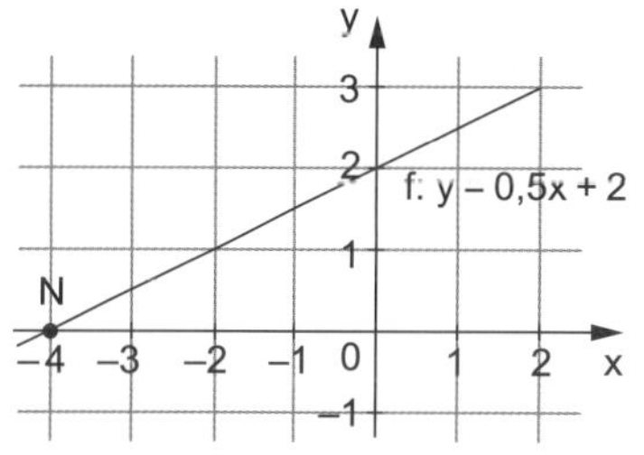

Lösung:

N(–4 | 0)

Rechnerische Überprüfung:

$$y = 0{,}5x + 2$$
$$0 = 0{,}5x + 2 \quad |-0{,}5x$$
$$-0{,}5x = 2 \quad |\cdot(-2)$$
$$x = -4$$

N(–4 | 0)

Setze $y = 0$ in die Funktionsgleichung ein.
Löse dann nach x auf.

Aufgaben

12. Berechne jeweils die Nullstelle der Funktionsgleichungen.

a) $y = -0{,}5x + 4$ b) $y = 2x - 7$

Interaktive Aufgaben
5. Schnittpunkt mit x-Achse
6. Funktionsgleichung bestimmen

13. Lies aus dem Schaubild für jede Gerade jeweils die Steigung und den y-Achsenabschnitt ab. Stelle die Funktionsgleichungen auf und berechne die Nullstellen.

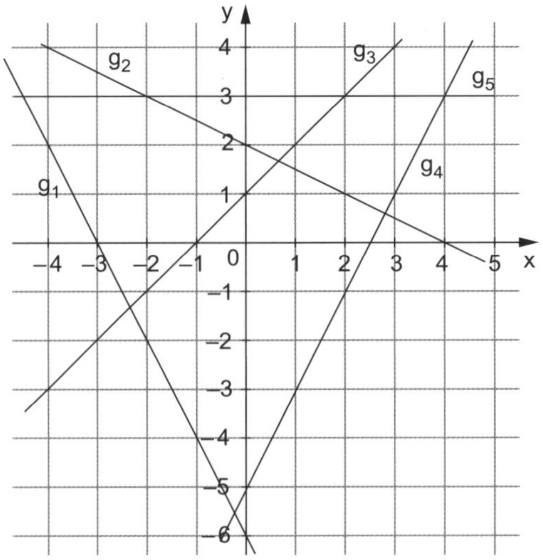

Das musst du wissen!

- Zwei nicht parallele Geraden schneiden sich im Punkt S. Der **Schnittpunkt** liegt auf beiden Geraden, d. h., die Koordinaten des Schnittpunktes S erfüllen beide Funktionsgleichungen.
- Der Schnittpunkt S wird durch **Gleichsetzen beider Funktionsgleichungen** berechnet.

Beispiel

Berechne den Schnittpunkt der beiden Funktionsgraphen.

g_1: $y=2x+6$

g_2: $y=-x+1,5$

Lösung:

$2x+6=-x+1,5 \quad |+x;-6$

$3x=-4,5 \quad |:3$

$x=-1,5$

Setze die beiden Funktionsgleichungen gleich: $g_1=g_2$.
Löse dann nach x auf.

$y=2x+6$

$y=2\cdot(-1,5)+6$

$y=3$

$S(-1,5\,|\,3)$

Setze $x=-1,5$ in eine Funktionsgleichung ein, hier: g_1. Es genügt, die x-Koordinate in eine Gleichung einzusetzen.
Berechne dann y.

Aufgaben

14. Berechne jeweils den Schnittpunkt der Geraden.

a) g_1: $y=x+2$
g_2: $y=-x-8$

b) g_1: $y=1,5x-1$
g_2: $y=2x-3$

Interaktive Aufgabe
7. Schnittpunkt zweier Geraden

15. Forme die Funktionsgleichungen in die Normalform um und berechne den Schnittpunkt der Funktionsgraphen.

f: $30=-10x+5y$

g: $2y+12=6x$

Das musst du wissen!

Der **Abstand zweier Punkte** $A(x_a | y_a)$ und $B(x_b | y_b)$ auf einer Geraden ist die Länge der Strecke $\overline{AB}$. Den Abstand der Punkte kannst du mit folgender Formel berechnen:

$\overline{AB} = \sqrt{(y_b - y_a)^2 + (x_b - x_a)^2}$

Beispiel

Die Punkte A und B liegen auf dem Graphen f einer linearen Funktion.
Welchen Abstand haben die beiden Punkte voneinander?

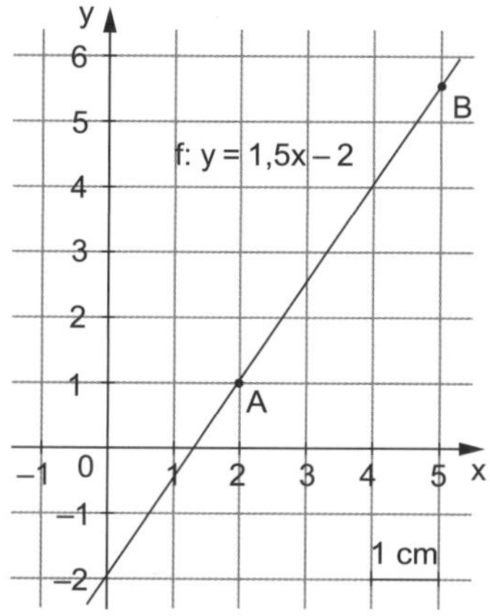

Lösung:

$A(2 | 1);\ B(5 | 5{,}5)$ — Lies die Koordinaten ab.

$\overline{AB} = \sqrt{(5{,}5 - 1)^2 + (5 - 2)^2}$ — Setze die Koordinaten der Punkte in die Abstandsformel ein.

$\overline{AB} = \sqrt{4{,}5^2 + 3^2}$

$\overline{AB} = \sqrt{20{,}25 + 9}$

$\overline{AB} = \sqrt{29{,}25}$

$\overline{AB} = 5{,}40\ldots \approx 5{,}4$

Der Abstand der Punkte beträgt 5,4 cm.

Aufgaben

16. Berechne den Umfang des Dreiecks.
Runde, falls erforderlich, auf eine Dezimalstelle.

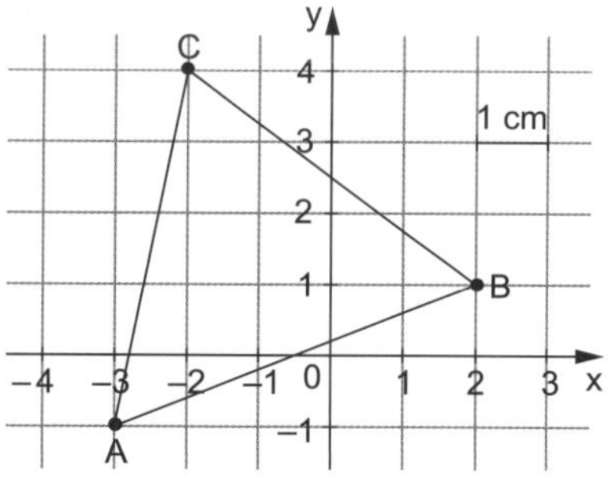

17. Die Punkte $E(4 | -3)$ und $F(-8 | -12)$ liegen auf dem Graphen einer linearen Funktion.
Berechne die Funktionsgleichung, die Koordinaten der Nullstelle und den Abstand der beiden Punkte.

Das musst du wissen!

- **Parallele Geraden** haben die **gleiche Steigung**. Der y-Achsenabschnitt unterscheidet sich.
- Steht eine Gerade h **senkrecht** zu einer Geraden g, dann gilt: $\mathbf{m_h \cdot m_g = -1}$.

Beispiel

Bestimme die Funktionsgleichungen für folgende Geraden. Was stellst du fest?

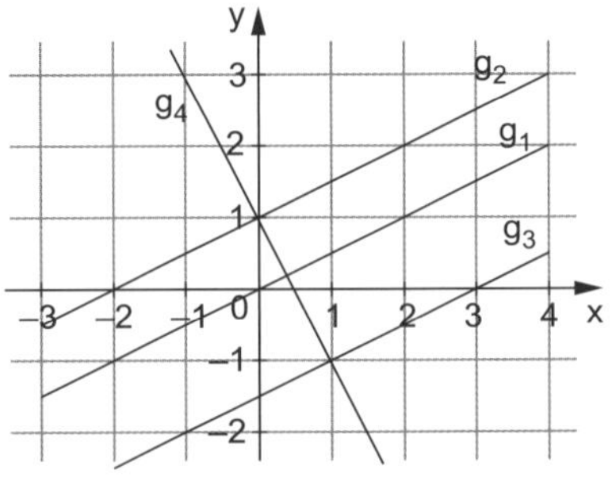

Lösung:

g_1: $y = 0,5x$
g_2: $y = 0,5x + 1$
g_3: $y = 0,5x - 1,5$
g_4: $y = -2x + 1$

Lies die y-Achsenabschnitte und die Steigungen der Geraden ab.
$m_{g_1} = m_{g_2} = m_{g_3}$
$m_{g_1} \cdot m_{g_4} = 0,5 \cdot (-2) = -1$

Die Geraden g_1, g_2 und g_3 sind parallel, sie stehen senkrecht zur Geraden g_4.

Aufgaben

18. Die Punkte $A(2\,|\,2,5)$ und $B(-1\,|\,0,25)$ liegen auf der Geraden g_1.

a) Berechne die Funktionsgleichung für die Gerade g_1.

b) Die Gerade g_2 verläuft parallel zu g_1 und schneidet die y-Achse bei $Y(0\,|\,3)$.
Gib die Funktionsgleichung von g_2 an.

c) Die Gerade g_3 ist eine weitere Parallele zu g_1. Auf g_3 liegt der Punkt $P(8\,|\,4)$.
Gib die vollständige Funktionsgleichung von g_3 an.

d) Zeichne die drei Geraden in ein Koordinatensystem mit der Einheit 1 cm ein.

Interaktive Aufgabe
8. Parallele und senkrechte Geraden

19. Die Gerade g verläuft durch die Punkte $A(3\,|\,4)$ und $B(-12\,|\,-6)$.

a) Berechne die Funktionsgleichung der Geraden g.

b) Die Gerade h steht im Punkt A senkrecht zur Geraden g.
Gib die vollständige Funktionsgleichung der senkrechten Gerade h an.

20. Auf der Geraden g liegen die Punkte $A(3\,|\,8)$ und $B(-12\,|\,-22)$.

a) Berechne die Funktionsgleichung für die Gerade g.

b) Die Gerade h hat eine Nullstelle bei $N(9\,|\,0)$ und steht senkrecht zur Geraden g.
Gib die Funktionsgleichung der senkrechten Gerade h an.

Das musst du wissen!

- Wird eine Gerade g: $y = m \cdot x + t$ **an der y-Achse gespiegelt**, entsteht die Spiegelgerade g': $y = m' \cdot x + t$. Die Steigung der Spiegelgeraden m' ändert die Richtung und damit das Vorzeichen, es gilt: $\mathbf{m' = -m}$. Der y-Achsenabschnitt **t bleibt unverändert**.
- Wird eine Gerade g: $y = m \cdot x + t$ **an der x-Achse gespiegelt**, entsteht die Spiegelgerade g': $y = m' \cdot x + t'$. Die Steigung der Spiegelgeraden m' ändert die Richtung und damit das Vorzeichen, es gilt: $\mathbf{m' = -m}$. Der y-Achsenabschnitt t wird am Koordinatenursprung gespiegelt und ändert ebenfalls das Vorzeichen, es gilt: $\mathbf{t' = -t}$.

Beispiel

Zeichne die Gerade g: $y = -1{,}5x + 3$ in ein Koordinatensystem mit der Einheit 1 cm ein.

a) Spiegle die Gerade g an der y-Achse.
Gib die Funktionsgleichung der Spiegelgeraden f an.

b) Spiegle die Gerade g an der x-Achse.
Gib die Funktionsgleichung der Spiegelgeraden h an.

Lösung:

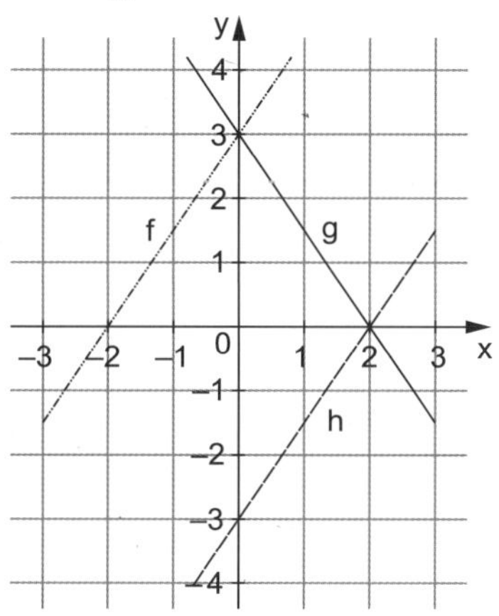

Originalgerade g:
$y = -1{,}5x + 3$

$m = -1{,}5;\ t = +3$

Spiegelgerade f:
$y = 1{,}5x + 3$

Spiegelung an der y-Achse:
$m' = -m = 1{,}5$

Spiegelgerade h:
$y - 1{,}5x - 3$

Spiegelung an der x-Achse:
$m' = -m = 1{,}5;\ t' = -t = -3$

Aufgaben

21. Die Gerade g: $y = 0{,}75x + 4$ wird an der y-Achse gespiegelt. Gib die Funktionsgleichung von g' an und zeichne die Gerade g und die Spiegelgerade g' in ein Koordinatensystem mit der Einheit 1 cm ein.

Interaktive Aufgabe
9. Spiegelbild einer Geraden

22. Die Gerade g verläuft durch die Punkte $A(8\,|\,{-1})$ und $B(-4\,|\,2)$.

a) Berechne die Funktionsgleichung von g.

b) Die Gerade g wird an der x-Achse gespiegelt.
Gib die Funktionsgleichung von g' an.

c) Zeichne die beiden Geraden g und die Spiegelgerade g' in ein Koordinatensystem mit der Einheit 1 cm ein.

Fit für die Prüfung?

23. Gegeben sind folgende Funktionsgraphen:

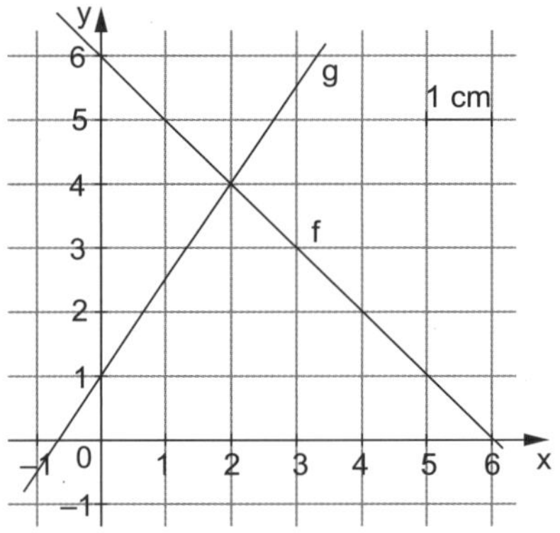

a) Gib die Funktionsgleichung für die Geraden g und f an.

b) Berechne die Nullstellen der Geraden g und f.

c) Berechne die Koordinaten des Schnittpunktes S der beiden Geraden.

d) Berechne den Umfang und den Flächeninhalt des Dreiecks, das die Geraden g und f mit der x-Achse bilden.
Runde die Streckenlängen auf zwei Dezimalstellen.

24. Die Punkte A, B, C und D bestimmen das Parallelogramm ABCD.

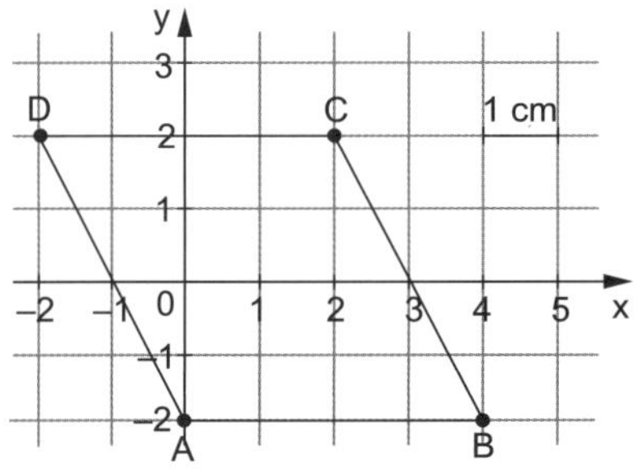

a) Stelle die Funktionsgleichungen für die beiden Diagonalen auf und berechne den Diagonalenschnittpunkt S.

b) Berechne den Flächeninhalt des Parallelogramms.

c) Berechne den Umfang des Parallelogramms.
Runde, falls erforderlich, auf eine Dezimalstelle.

25. Zeichne die Punkte $A(-7\,|\,-5{,}5)$, $B(7\,|\,1{,}5)$, $C(3\,|\,5{,}5)$ und $D(-6\,|\,1)$ in ein Koordinatensystem mit der Einheit 1 cm ein. Verbinde die Punkte zu einem Trapez.

a) Berechne für die Trapezseiten a und c jeweils die Funktionsgleichung.

b) Die Gerade h steht im Punkt C senkrecht zur Geraden c.
Berechne die Funktionsgleichung für die Gerade h.

c) Die Gerade h und die Gerade a schneiden sich im Punkt S.
Berechne die Koordinaten des Schnittpunktes S.

d) Berechne den Umfang und den Flächeninhalt des Trapezes (ABCD).
Runde alle Seitenlängen auf zwei Dezimalstellen.

3 Lineare Gleichungssysteme

Das musst du wissen!

Zwei Funktionsgleichungen

I $y = m_1 x + t_1$

II $y = m_2 x + t_2$

stellen ein **lineares Gleichungssystem** dar.

Beim Lösen von Gleichungssystemen unterscheidet man drei rechnerische Lösungsverfahren, die prinzipiell bei allen Gleichungssystemen angewendet werden können.

Das musst du wissen!

- **Einsetzungsverfahren:** Löse eine Gleichung nach einer Variablen auf. Setze dann den Ausdruck für diese Variable in die andere Gleichung ein.
- **Gleichsetzungsverfahren:** Löse beide Gleichung nach derselben Variablen auf. Setze dann die beiden erhaltenen Terme gleich.
- **Additionsverfahren:** Forme beide Gleichungen so um, dass bei der anschließenden Addition der Gleichungen eine der beiden Variablen wegfällt und eine Gleichung mit nur einer Variablen entsteht.

Beispiel

Löse das lineare Gleichungssystem mit einem rechnerischen Lösungsverfahren.

I $4y - 12x = 16$

II $30x - 6y = -12$

Lösung:

Möglichkeit 1 (Einsetzungsverfahren):

I $4y = 12x + 16$ — Löse die Gleichung I nach y auf.

I $y - \mathbf{3x + 4}$

in II $30x - 6(\mathbf{3x + 4}) = -12$ — Setze den Term für die Variable y in die Gleichung II ein. Löse die Gleichung II nach x auf.

$30x - 18x - 24 = -12$

$12x - 24 = -12$

$12x = 12$

$x = 1$

in I $y = 3 \cdot 1 + 4$ — Setze das Ergebnis für x in eine der beiden Gleichungen (hier: die umgeformte Gleichung I) ein und berechne y.

$y = 7$

$\Rightarrow \mathbb{L} = \{1; 7\}$

Möglichkeit 2 (Gleichsetzungsverfahren):

I $4y = 12x + 16$ — Löse beide Gleichungen nach y auf.

I $\mathbf{y} = 3x + 4$

II $-6y = -30x - 12$

II $\mathbf{y} = 5x + 2$

I = II $3x + 4 = 5x + 2$ — Setze die erhaltenen Terme beider Gleichungen gleich und löse die Gleichung nach x auf.

$2 = 2x$

$x = 1$

in II $y = 5 \cdot 1 + 2$
$y = 7$
$\Rightarrow \mathbb{L} = \{1; 7\}$

Setze das Ergebnis für x in eine der beiden Gleichungen (hier: die umgeformte Gleichung II) ein und berechne y.

Möglichkeit 3 (Additionsverfahren):

I $4y - 12x = 16 \quad |:2$
I $2y - 6x = 8$
II $30x - 6y = -12x \quad |:3$
II $10x - 2y = -4$

Forme die beiden Gleichungen so um, dass die Faktoren einer Variable in beiden Gleichungen denselben Betrag, aber unterschiedliche Vorzeichen haben.

I + II
$2y - 6x + 10x - 2y = 8 - 4$
$4x = 4$
$x = 1$

Addiere die umgeformten Gleichungen I und II. Die Variable y fällt bei der Addition weg. Löse die Gleichung nach x auf.

in I $2y - 6 \cdot 1 = 8$
$2y = 14$
$y = 7$
$\Rightarrow \mathbb{L} = \{1; 7\}$

Setze das Ergebnis für x in eine der beiden Gleichungen (hier: die umgeformte Gleichung I) ein und berechne y.

Aufgaben

26. Löse die linearen Gleichungssysteme mit einem rechnerischen Lösungsverfahren.

a) I $7x + 8y = 5$
II $6y + 6x = 48$

b) I $3x - 12 = 4y$
II $30 + 3y = 4x$

c) I $8x - 8y - 8 = 0$
II $2x + 2y = 30$

d) I $8x + 6y + 2 = 0$
II $7x + 3y - 10 = 0$

Interaktive Aufgaben
1. Einsetzungsverfahren
2. Gleichsetzungsverfahren
3. Additionsverfahren
4. Hannes, René und Aaron

27. Bestimme die Lösungsmenge der Gleichungssysteme. Ordne jedem Gleichungssystem ein Schaubild zu.

a) I $2x + 8y = 8$
II $-2x = 10 - 4y$

b) I $x + 2 - 2y = 0$
II $1{,}5x = 3y + 3$

c) I $4y = 6x - 4$
II $3x - 2y = 2$

A

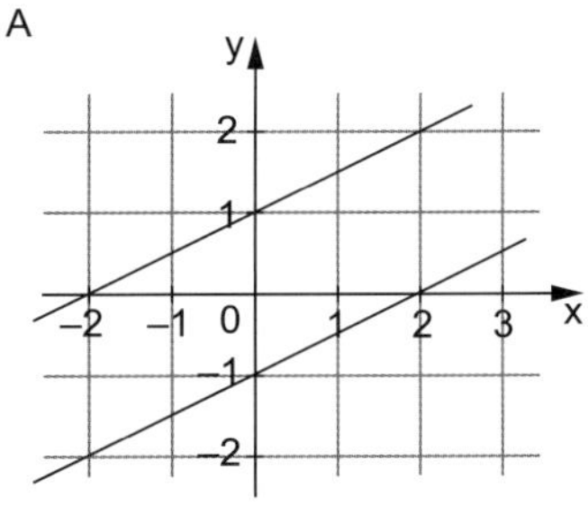

B

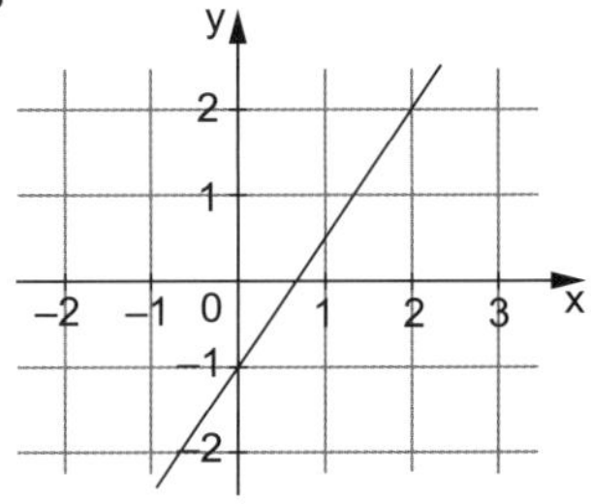

C

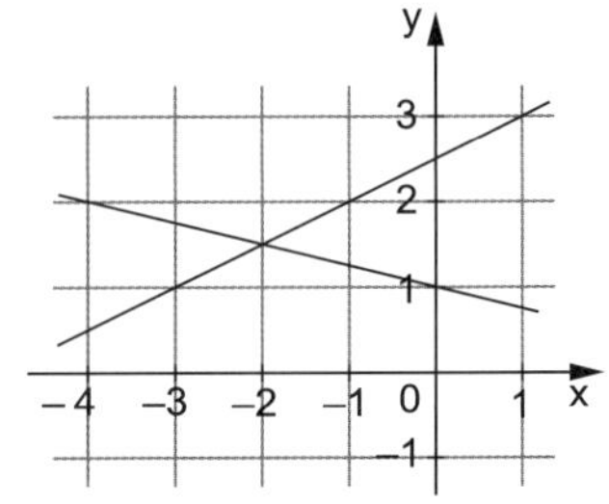

Fit für die Prüfung?

28. Ermittle die Zahlen mithilfe eines lineraren Gleichungssystems.

a) Die Summe zweier Zahlen beträgt 35, ihre Differenz ist 17.

b) Die Summe zweier Zahlen ist 49, ihr Quotient ist 6.

29. Eine zweistellige Zahl wird um 54 kleiner, wenn man ihre Ziffern vertauscht. Ihre Zehnerziffer ist viermal so groß wie ihre Einerziffer.
Wie heißt die Zahl?

30. Auf einem Parkplatz stehen Motorräder und Pkws, zusammen 446 Fahrzeuge und 1 656 Reifen.
Berechne die Anzahl der Motorräder und Pkws.

31. In der letzten GSE-Probe erreichten die 28 Schüler*innen der Klasse M7 einen Notendurchschnitt von 3,5.
Wie oft wurden die einzelnen Noten vergeben?
Löse die Aufgabe mithilfe eines linearen Gleichungssystems.

Note	Verteilung	Variable
Note 1	genauso oft wie Note 6	
Note 2	halb so oft wie Note 4	
Note 3	halb so oft wie Note 2	
Note 4	doppelt so oft wie Note 2	
Note 5	einmal mehr als Note 1	
Note 6	genau so oft wie Note 1	

32. In einem Viereck ist der Winkel α doppelt so groß wie der Winkel γ. Der Winkel β ist halb so groß wie der Winkel δ. Die Winkel γ und δ messen zusammen 200°.
Wie viel Grad hat jeder Winkel?

33. Ein Hausmeister verkaufte während der Pause Apfelsaft, Orangensaft und Mineralwasser, zusammen 240 Flaschen. Vom Apfelsaft verkaufte er 80 Flaschen weniger als vom Orangensaft. Vom Mineralwasser verkaufte er 40 Flaschen weniger als von den beiden anderen Getränken zusammen.
Wie viele Flaschen konnte er von jedem Getränk verkaufen?

34. Lukas hat beim Kartenspiel 70 Münzen im Gesamtwert von 5,25 € gewonnen. Es handelt sich um lauter 5 Cent- und 10 Cent-Münzen.
Wie viele Münzen hat er von jeder Sorte gewonnen?

35. Für eine 24 km lange Fahrt mit dem Taxi bezahlt Herr Schmid einschließlich der Grundgebühr 33,95 €. Frau Manchen bezahlt nach einer 19 km langen Fahrt mit dem Taxi inklusive Grundgebühr 27,45 €.
Wie hoch sind die Grundgebühr und die Kosten für einen gefahrenen Kilometer?

4 Potenzen, Wurzeln und Logarithmen

Das musst du wissen!

- Ein Produkt aus gleichen Faktoren kann als **Potenz** geschrieben werden.

  $\underbrace{a \cdot a \cdot a \cdot \ldots \cdot a}_{\text{n-mal}} = a^n$ (a: Basis, n: Exponent)

  Beachte: $a^1 = a$; $a^0 = 1$
- Jeder **Bruch** kann als Potenz mit negativem Exponenten geschrieben werden.

  $\frac{1}{a^n} = a^{-n}$
- **Wurzeln** können als Potenzen mit rationalen Zahlen als Exponenten dargestellt werden.

  $\sqrt[n]{a} = a^{\frac{1}{n}}$

  $\sqrt[n]{a^m} = a^{\frac{m}{n}}$

Beispiele

1. a) $3 \cdot 3 \cdot 3 \cdot 3 \cdot 3 = 3^5 = 243$

   b) $\frac{1}{4} \cdot \frac{1}{4} \cdot \frac{1}{4} = \left(\frac{1}{4}\right)^3 = \frac{1}{64}$

   Fasse die Produkte aus gleichen Faktoren zu Potenzen zusammen.

2. a) $\frac{2}{3} = 2 \cdot 3^{-1}$

   b) $\frac{3q^3}{p^2 \cdot r} = 3p^{-2} \cdot q^3 \cdot r^{-1}$

   Schreibe die Brüche als Potenzen mit negativem Exponenten.

3. a) $\sqrt{7} = \sqrt[2]{7^1} = 7^{\frac{1}{2}}$

   b) $\sqrt[3]{2x^2} = 2^{\frac{1}{3}} x^{\frac{2}{3}}$

   Schreibe die Wurzeln als Potenzen mit Brüchen als Exponenten.

Aufgaben

36. Fasse zu Potenzen zusammen.

a) $2{,}5 \cdot 2{,}5 \cdot 2{,}5 \cdot 2{,}5$ b) $a \cdot a \cdot c \cdot a \cdot c \cdot b \cdot c \cdot b$

37. Schreibe die Brüche als Potenzen.

a) $\frac{a^3}{b^7}$ b) $\frac{2p^2}{3q^4r}$

38. Schreibe die Potenzen als Brüche.

a) $2y^{-1}x^3 5^{-3} z^2$ b) $r^{-4}s^{-5}t^{-2}$

39. Schreibe als Potenz.

a) $\sqrt[5]{7^4 a^3}$ b) $\sqrt[4]{2^{-3}a^{-2}b}$

40. Schreibe in der Wurzelschreibweise.

a) $x^{\frac{5}{6}}$ b) $a^{\frac{3}{5}} b^{-\frac{1}{2}}$

Das musst du wissen!

Für das Rechnen mit Potenzen gelten besondere **Potenzgesetze**:

- Summen und Differenzen von Potenzen mit **gleicher Basis** und **gleichem Exponenten** können zusammengefasst werden.
  $xa^n + ya^n = (x+y)a^n$
  $xa^n - ya^n = (x-y)a^n$
- Potenzen mit **gleicher Basis** werden multipliziert bzw. dividiert, indem man die Exponenten addiert bzw. subtrahiert.
  $a^m \cdot a^n = a^{m+n}$
  $a^m : a^n = a^{m-n}$
- Potenzen mit **gleichem Exponenten** werden multipliziert bzw. dividiert, indem man die Basen multipliziert bzw. dividiert und den Exponenten beibehält.
  $a^n \cdot b^n = (a \cdot b)^n$
  $a^n : b^n = (a : b)^n$
- Potenzen werden **potenziert**, indem man die Exponenten multipliziert. Die Basis bleibt unverändert.
  $(a^m)^n = a^{m \cdot n}$

Beispiele

1. $3a^3+4b^4-2b^4+7a^3$
   $=10a^3+2b^4$
   Fasse gleiche Potenzen zusammen.
2. a) $x^3 \cdot x^5 = x^{3+5} = x^8$
   b) $4y^7 : y^2 = 4y^{7-2} = 4y^5$
   Addiere bzw. subtrahiere die Exponenten bei gleicher Basis.
3. a) $4^6 \cdot a^6 = (4a)^6$
   b) $\frac{12^5}{3^5} = \left(\frac{12}{3}\right)^5 = 4^5$
   Multipliziere bzw. dividiere die Basen bei gleichem Exponenten.
4. $(q^4)^3 = q^{4 \cdot 3} = q^{12}$
   Multipliziere die Exponenten.

Aufgaben

41. Fasse zusammen.

a) $a^6-a^8+7a^6-12a^8$

b) $x^4y^9-x^9y^4+24x^4y^9-13x^9y^4$

Interaktive Aufgaben
1. Zusammenfassen
2. Vereinfachen
3. Potenzen und Wurzeln

42. Fasse zu einer Potenz zusammen.

a) $4a^5 \cdot 3a^6$ b) $15y^5 : 3y^7$

c) $5r^3 \cdot 3p^3$ d) $45z^7 : 9q^7$

43. Vereinfache und schreibe das Ergebnis ohne Bruchstrich.

a) $\frac{x^3y^5}{y^3x^5}$ b) $\frac{3^3x^3y^3z^3}{3^2x^{-3}y^6z^3}$

44. Schreibe als Potenz mit negativem Exponenten und vereinfache.

a) $\dfrac{\sqrt[5]{u^3v}}{\sqrt[5]{u^3v^6}}$ b) $\sqrt[7]{a^4b^5} \cdot \sqrt[7]{a^{-3}b^{-2}}$

45. Vereinfache die Terme.

a) $\dfrac{x^{\frac{3}{4}}y^{\frac{3}{4}}}{x^{-\frac{1}{4}}y^{-\frac{1}{4}}}$ b) $\dfrac{a^{\frac{2}{3}} \cdot b^{\frac{3}{4}} \cdot c^{\frac{5}{6}}}{a^{\frac{1}{6}} \cdot b^{-\frac{1}{4}} \cdot c^{\frac{2}{3}}}$

46. Potenziere.

a) $(3^2x^3y^4z^5)^3$ b) $(x^5y^{-2})^{-4}$

47. Schreibe als Potenzen mit negativem Exponenten und vereinfache soweit wie möglich.

a) $\dfrac{(5abc^2)^3}{(25a^4b^4c^6)^2}$ b) $\left(\dfrac{2a^2b^3c^{-3}}{3b^2c^{-4}d^7}\right)^2$

Das musst du wissen!

Mit dem **Logarithmus** wird der **Exponent** bestimmt:

- Die Lösung x der Gleichung $b^x = a$ bezeichnet man als **Logarithmus von a zur Basis b** ($\log_b a$). $\log_b a$ ist diejenige Zahl, mit der man die Basis b potenzieren muss, um a zu erhalten.
  $b^x = a \iff x = \log_b a$
- Logarithmen zur Basis 10 heißen **Zehnerlogarithmen**.
  Statt $\log_{10}$ schreibt man **log** oder **lg**.
  $10^x = a \iff x = \lg a$
- Mit dem **Taschenrechner** können nur Zehnerlogarithmen berechnet werden. Um Logarithmen auch mit anderer Basis zu berechnen, kannst du folgende Formel verwenden:
  $\log_b a = \dfrac{\lg a}{\lg b}$

Beispiel

Bestimme den Exponenten.
$2^x = 64$

Lösung:

$x = \log_b a$

$x = \log_2 64$

$x = \dfrac{\lg 64}{\lg 2}$

$x = 6$

Setze b = 2 und a = 64 in die Gleichung ein. Berechne dann den Logarithmus zur Basis 2 mithilfe der Zehnerlogarithmen.

Aufgabe

Interaktive Aufgabe
4. Logarithmieren

48. Berechne den Exponenten.

a) $10^x = 1\,000$ b) $10^x = 100\,000\,000$

c) $8^x = 32\,768$ d) $2{,}5^x = 39{,}0625$

e) $625^x = 5$ f) $11 = 14\,641^x$

Fit für die Prüfung?

49. Ordne die Zahlen der Größe nach. Beginne mit der kleinsten Zahl.

99^9; 9^{99}; 9^{-99}; 99^{-9}; $(-9)^{99}$; 9^{9^9}; $(-9)^{-99}$; $(9^9)^9$; 999

50. Vereinfache so weit wie möglich. Schreibe das Ergebnis ohne Bruch.

a) $\dfrac{(-3x^3)^2 \cdot (-2y^2)^3 \cdot 4x^2y}{6x \cdot 2y^2}$

b) $\dfrac{(2a^2b \cdot 3ab^2)^5 \cdot 4ab}{(5a^4b^2)^3 \cdot (3a^5b^2) \cdot (3a^5b^3)^2}$

51. Der Rasen im Garten der Familie Goetze muss pro Jahr 35-mal gemäht werden. Fabian verlangt pro Mähen 5 € von seinen Eltern. Theresa will für das erste Mähen des Rasens 10 Cent, für das zweite Mähen 20 Cent, für das dritte Mähen 40 Cent und danach wieder das Doppelte usw.

a) Vervollständige die Tabellen.

Fabian:

Mähen	1.	2.	3.	4.	5.	6.
Verdienst	5 €	5 €	5 €			
Gesamtverdienst	5 €	10 €				

Theresa:

Mähen	1.	2.	3.	4.	5.	6.
Verdienst	0,10 €	0,20 €	0,40 €			
Gesamtverdienst	0,10 €	0,30 €				

b) Welche Aussagen sind richtig?

A Mit der Funktionsgleichung $y = 5 \cdot x$ wird der jeweilige Verdienst Fabians berechnet.

B Mit der Funktionsgleichung $y = 5 \cdot x$ wird der gesamte Verdienst Fabians berechnet.

C Mit der Funktionsgleichung $y = 0{,}10 \cdot 2^{x-1}$ wird der jeweilige Verdienst Theresas berechnet.

D Mit der Funktionsgleichung $y = 0{,}10 \cdot 2^{x-1}$ wird der gesamte Verdienst Theresas berechnet.

c) Wie viel Geld will Fabian insgesamt?

d) Wie viel Geld bekäme Theresa alleine für das letzte Mähen?

52. In 26,982 g Aluminium befinden sich $6{,}022 \cdot 10^{23}$ Aluminiumatome.

a) Wie viele Aluminiumatome enthält ein Aluminiumwürfel von 1 kg Masse?

b) Ein anderer Aluminiumwürfel mit der Kantenlänge 5 cm wird in zwei gleiche Teile zerschnitten, ein Teil davon wiederum in zwei gleiche Teile usw.
Wie oft müsste man schneiden, um schließlich ein Aluminiumatom zu erhalten? 1 cm^3 Aluminium wiegt 2,7 g.

5 Exponentielle Wachstums- und Zerfallsprozesse

Das musst du wissen!

Wird ein Anfangswert in gleichen Intervallen jeweils mit dem gleichen Faktor multipliziert, dann liegt ein exponentielles Wachstum vor.

Für das **exponentielle Wachstum** gilt folgende Formel:

$$W_n = W_0 \cdot \left(1 \pm \frac{p}{100}\right)^n$$

W_0: Anfangswert
W_n: Endwert
p: Prozentsatz
n: Anzahl der Intervalle

$$q = 1 + \frac{p}{100}$$

Wachstumsfaktor $q > 1$
$\Rightarrow$ **positives Wachstum**

$$q = 1 - \frac{p}{100}$$

Wachstumsfaktor $q < 1$
$\Rightarrow$ **negatives Wachstum**

Beispiel

Tina legt 500 € für sieben Jahre zu 3,5 % an.
Wie viel Geld bekommt sie nach sieben Jahren mit Zinseszinsen ausbezahlt?

Lösung:

Gegeben: $W_0 = 500$ €; $n = 7$ Jahre; $p\,\% = 3{,}5\,\%$;
$q = (1 + 0{,}035) = 1{,}035$

Gesucht: W_7

In die Formel einsetzen:

$W_7 = 500\text{ €} \cdot 1{,}035^7$

$W_7 \approx 636{,}14$ €

Tina bekommt 636,14 € ausbezahlt.

Aufgaben

53. Susanne bekommt zu ihrem 12. Geburtstag insgesamt 720 € geschenkt. Sie legt das Geld zu 5,2 % an.
Wie viel Geld kann sie an ihrem 18. Geburtstag abheben?

Interaktive Aufgaben
1. Stundenlohn
2. Autokauf
3. Hausmüll

54. Herr Berger legt 15 000 € in Aktien an. Die Aktien verlieren jeden Monat 1,25 % des Kaufwerts.

a) Wie viel € sind die Aktien nach einem halben Jahr noch wert?

b) Wie viel Prozent seines angelegten Geldes hat Herr Berger in den sechs Monaten verloren?
Runde den Prozentsatz auf eine Dezimalstelle.

55. Wendy legt einen Lottogewinn zu einem Zinssatz von 5,2 % an.
Nach zwölf Jahren kann sie 2 756,01 € abheben.
Wie viel Geld hatte sie angelegt?

56. Jens kann sein fünf Jahre altes Motorrad für 3 150 € verkaufen.
Der jährliche Wertverlust betrug 18 %
Welchen Neuwert hatte sein Motorrad?

57. Stefanie zahlte 1 250 € auf ein Sparkonto ein. Nach acht Jahren ist ihr Guthaben mit Zinseszinsen auf 1 919,79 € angewachsen. Wie hoch war der Zinssatz?

58. Frau Bauer legt 25 000 € in einem Fond an. Wegen der schlechten Ertragsentwicklung bekommt sie nach vier Jahren nur noch 24 503,74 € zurück.
Wie viel Prozent des eingesetzten Kapitals verlor sie jährlich?

59. Eine seltene Gedenkmünze hat einen Zeitwert von 3 850 €, der jährliche Wertzuwachs beträgt 12,5 %. Der Ausgabewert der Münze betrug 100 €.

a) Vor wie vielen Jahren wurde die Münze geprägt?

b) In wie vielen Jahren wird die Münze bei gleichbleibendem Wertzuwachs über 10 000 € kosten?

Runde jeweils auf ganze Jahre.

60. Herr Stadler kauft einen Neuwagen im Wert von 45 500 €. Der jährliche Wertverlust für diesen Typ liegt bei 16,5 %.
Wann muss Herr Stadler das Auto wieder verkaufen, wenn er nicht mehr als 15 000 € verlieren will?
Runde auf ganze Jahre.

Beim **radioaktiven Zerfall** liegt negatives Wachstum vor (Wachstumsfaktor $q<1$).

Das musst du wissen!

Ist die **Halbwertszeit** eines radioaktiven Stoffes bekannt, dann kann man die **Restmenge** in Gramm, Prozent etc. der **Ausgangsmenge** eines radioaktiven Stoffes für die **Zerfallsdauer** mit folgender Formel berechnen:

$N_t = N_0 \cdot 0{,}5^{\frac{t}{T}}$

N_t: Restmenge nach einer bestimmten Zeit t
N_0: Anfangsmenge
t: Zerfallsdauer
T: Halbwertszeit

Beispiel

Kobalt 58 hat eine Halbwertszeit von 71 Tagen. Zu Beginn der Messung sind 100 g Kobalt vorhanden.

a) Welche Menge Kobalt ist nach 20 Tagen noch vorhanden?

b) Wie lange dauert es, bis 35 g Kobalt zerfallen sind?

Lösung:

a) Gegeben: $N_0 = 100$ g; $t = 20$ Tage; $T = 71$ Tage
Gesucht: N_{20}
In die Formel einsetzen:

$$N_{20} = 100\,\text{g} \cdot 0{,}5^{\frac{20}{71}}$$
$$N_{20} \approx 82{,}263\,\text{g}$$

Es sind noch rund 82,263 g vorhanden.

b) Gegeben: $N_0 = 100$ g; $T = 71$ Tage; $N_t = 100\text{ g} - 35\text{ g} = 65$ g
Gesucht: t
In die Formel einsetzen:

$$65\text{ g} = 100\text{ g} \cdot 0{,}5^{\frac{t}{71}} \quad \vert :100\text{ g}$$

$$0{,}65 = 0{,}5^{\frac{t}{71}} \quad \vert \text{ nach t auflösen}$$

$$\frac{t}{71} = \log_{0{,}5} 0{,}65$$

$$t = 71 \cdot \log_{0{,}5} 0{,}65$$

$$t = 71 \cdot \frac{\lg 0{,}65}{\lg 0{,}5}$$

$$t \approx 44$$

Es dauert ca. 44 Tage.

Aufgaben

61. Infolge der Reaktorkatastrophe von Tschernobyl fielen auf Bayern ca. 450 g des radioaktiven Isotops Cäsium 137. Cäsium 137 hat eine Halbwertszeit von 30 Jahren.
Wie viel Gramm sind nach 20 Jahren noch vorhanden?
Runde auf zwei Dezimalstellen.

Interaktive Aufgabe
4. Radioaktiver Zerfall

62. Strontium 90 hat eine Halbwertszeit von 28 Jahren. Bei einem Langzeitversuch werden nach 19 Jahren noch 1,9 mg Strontium 90 gemessen.
Wie viel mg waren zu Beginn des Versuchs vorhanden?
Runde auf zwei Dezimalstellen.

63. Radioaktives Jod 131 hat eine Halbwertszeit von 8 Tagen.
Nach welcher Zeit sind von 250 mg Jod 131 noch 20 mg übrig?
Runde die Zerfallszeit auf ganze Tage.

64. Zu Beginn einer Messung sind 43 mg Plutonium 241 vorhanden. Nach 8,5 Jahren sind noch 27,33 mg vorhanden.
Welche Halbwertszeit hat Plutonium 241?
Runde die Halbwertszeit auf ganze Jahre.

65. In einem Labor lagern 3 g Radium (Halbwertszeit 1 620 Jahre).

a) Wie viel mg Radium zerfallen in 150 Tagen?
Runde auf zwei Dezimalstellen.

b) Wie lange dauert es, bis 1 g Radium zerfallen ist?
Runde auf ganze Jahre.

Fit für die Prüfung?

66. Eine Bakterienkolonie (425 Bakterien) verdreifacht sich unter optimalen Bedingungen in vier Stunden.

a) Wie viele Bakterien entstehen in fünf Tagen?
Schreibe das Ergebnis mit einer führenden Stelle und einer Nachkommastelle.

b) Nach welcher Zeit sind eine Million Bakterien entstanden?
Runde auf ganze Stunden.

67. Eine Großgemeinde hat derzeit 24 520 Einwohner*innen. In den letzten sechs Jahren stieg die Bevölkerungszahl jährlich durchschnittlich um 2,1 %, in den nächsten zehn Jahren wird sie voraussichtlich nur um 0,85 % pro Jahr anwachsen.

a) Wie viele Einwohner*innen hatte die Großgemeinde vor sechs Jahren?

b) Wie viele Einwohner*innen wird die Großgemeinde in zehn Jahren haben?

c) Wie hoch wäre dann das durchschnittliche jährliche Wachstum der Bevölkerung in den 16 Jahren?
Runde den Prozentsatz auf zwei Dezimalstellen.

68. Ein oben offener Wasserbehälter ist anfangs randvoll mit 7 630 Liter Wasser gefüllt. Täglich verdunsten 2 % des Inhalts.

a) Wie viel Wasser ist nach zwei Wochen noch im Tank?
Runde auf ganze Liter.

b) An drei anderen Tagen verdunsten von 2 400 Litern insgesamt 340 Liter.
Berechne die tägliche prozentuale Verdunstung.
Runde das Ergebnis auf ganze Prozent.

69. Von einem Antibiotika-Wirkstoff (eine Tablette enthält 325 mg Wirkstoff) ist bekannt, dass er im Körper nach sechs Stunden um 75 % abgebaut wird.

a) Welche Menge Wirkstoff ist nach 15 Stunden im Körper noch vorhanden?
Runde das Endergebnis auf eine Dezimalstelle.

b) Nach welcher Zeit muss man spätestens wieder eine Tablette einnehmen, wenn die Wirkstoffkonzentration nicht unter 100 mg fallen soll?
Runde die Zeit auf ganze Stunden.

70. Frau Müller legte vor acht Jahren einen Lottogewinn zu einem Zinssatz von 6,5 % an. Die Zinsen blieben auf dem Konto und wurden mitverzinst. Nun verfügt sie über 66 199,83 €.

a) Wie hoch war der Gewinn?
Runde auf ganze €.

b) Eine andere Bank machte ihr ein Angebot mit einem Aktienfond über 59 098,22 € Auszahlung nach acht Jahren.
Wie hoch wäre hier der Zinssatz gewesen?

6 Binomische Formeln

Man unterscheidet drei binomische Formeln:

Das musst du wissen!

1. Binomische Formel: $\mathbf{(a+b)^2} = a^2 + 2ab + b^2$
2. Binomische Formel: $\mathbf{(a-b)^2} = a^2 - 2ab + b^2$
3. Binomische Formel: $\mathbf{(a+b) \cdot (a-b)} = a^2 - b^2$

Beispiele

1. $(c+3)^2 = c^2 + 2 \cdot c \cdot 3 + 3^2 = c^2 + 6c + 9$
2. $(4-2x)^2 = 4^2 - 2 \cdot 4 \cdot 2x + (2x)^2 = 16 - 16x + 4x^2$
3. $(3b+2c) \cdot (3b-2c) = (3b)^2 - (2c)^2 = 9b^2 - 4c^2$

Aufgaben

71. Multipliziere mithilfe einer binomischen Formel aus.

a) $(5+4y)^2$ b) $(3x-1)^2$
c) $(x-2) \cdot (x+2)$ d) $(0{,}5x+1{,}5)^2$
e) $(7a-4bc)^2$ f) $(m+0{,}1) \cdot (0{,}1-m)$

Interaktive Aufgaben
1. Formel anwenden I
2. Formel anwenden II
3. Term in Binom I
4. Term in Binom II
5. Formel ergänzen

72. Forme die Terme jeweils in ein Binom um.

a) $y^2 + 8xy + 16x^2$ b) $25a^2 - 10a + 1$
c) $196 - 121f^2$ d) $144 + 72b + 9b^2$
e) $169p^2 - 25q^2$ f) $625a^2 - 100ab + 4b^2$

73. Ergänze die Lücken so, dass eine binomische Formel entsteht.

a) $100 + \_\_\_\_\_\_ + 36a^2$ b) $\_\_\_\_\_\_ - 8xy + 4x^2$
c) $25x^2 - \_\_\_\_\_\_ + 4$ d) $49y^2 - 70y + \_\_\_\_\_\_$

74. Multipliziere und fasse soweit wie möglich zusammen.

a) $(9x-3y)^2 - (3x-y)^2$
b) $(8x+4y) \cdot (8x-4y) + (10x^2 - 7y^2)$
c) $(12r-13s) \cdot (12r+13s) - (6s-15r) \cdot (6s+15r)$
d) $(12-6a)^2 - (7+4a)^2 - (2a+7b) \cdot (2a-7b)$

75. Welche Terme ergeben keine binomischen Formeln?

a) $0{,}25x^2 - x + 1$ b) $(s+t) \cdot (s+t)$
c) $r - s \cdot (r+s)$ d) $(6p-3q) \cdot (3q+6p)$
e) $(10s+10r) + (10s+10r)$ f) $x^2 - 4x - 4$

7 Quadratische Gleichungen

Das musst du wissen!

Die **Normalform** einer quadratischen Gleichung lautet
$\mathbf{x^2 + px + q = 0}$.
Du kannst eine Gleichung in der Normalform durch die **quadratische Ergänzung** oder mithilfe folgender **Lösungsformel** lösen:

$$x_{1/2} = -\frac{p}{2} \pm \sqrt{\left(\frac{p}{2}\right)^2 - q}$$

Den Term unter der Wurzel $\left(\frac{p}{2}\right)^2 - q$ nennt man **Diskriminante D**.

Die Anzahl der Lösungen einer quadratischen Gleichung hängt vom Wert der Diskriminante ab:

- $D > 0$: genau **zwei** Lösungen
- $D = 0$: genau **eine** Lösung, nämlich $-\frac{p}{2}$
- $D < 0$: **keine** Lösung

Beispiel

Löse die quadratische Gleichung $x^2 + 8x - 9 = 0$ mit einem geeigneten Verfahren.

Lösung mit der quadratischen Ergänzung:

$$\begin{aligned} x^2 + 8x - 9 &= 0 \quad &|+9 \\ x^2 + 8x &= 9 \quad &|+4^2 \\ \underbrace{x^2 + 2 \cdot 4x + \mathbf{4^2}}_{\text{Binom}} &= 9 + \mathbf{4^2} \\ (x+4)^2 &= 25 \quad &|\sqrt{\ } \\ x + 4 &= \pm 5 \quad &|-4 \\ x &= -4 \pm 5 \\ x_1 &= -9 \\ x_2 &= 1 \end{aligned}$$

Ergänze die beiden Summanden $x^2 + 8x$ mithilfe der 1. Binomischen Formel zu einem vollständigen Quadrat.

$\mathbb{L} = \{-9; 1\}$

Lösung mit der Lösungsformel:

$$x_{1/2} = -\frac{p}{2} \pm \sqrt{\left(\frac{p}{2}\right)^2 - q}$$

$x^2 + 8x - 9 = 0 \Rightarrow$ Setze $p = 8$ und $q = -9$ in die Lösungsformel ein.

$$x_{1/2} = -\frac{8}{2} \pm \sqrt{\left(\frac{8}{2}\right)^2 - (-9)}$$

$$x_{1/2} = -4 \pm \sqrt{4^2 + 9}$$

$$x_{1/2} = -4 \pm \sqrt{25}$$

$D = 25 > 0 \Rightarrow$ zwei Lösungen

$$x_{1/2} = -4 \pm 5$$

$$x_1 = -9$$

$$x_2 = 1$$

$\mathbb{L} = \{-9; 1\}$

Aufgaben

Interaktive Aufgaben
1. Anzahl der Lösungen
2. Lösungsmenge
3. Zeitungsanzeige
4. Kugeloberfläche

76. Löse die quadratischen Gleichungen mit der quadratischen Ergänzung.

a) $x^2+4x-12=0$ b) $x^2+15x\ 4=-32$

77. Löse die quadratischen Gleichungen mit der Lösungsformel.

a) $x^2-4x+3=0$ b) $x^2-4x-3=42$

78. Welche Werte muss q in der Gleichung $x^2-18x-q=0$ annehmen, dass für die Gleichung keine Lösung, genau eine Lösung bzw. zwei Lösungen existieren?
Begründe deine Entscheidung.

79. Welche Werte muss p in der Gleichung $x^2-px+16=0$ annehmen, damit die Gleichung keine Lösung, genau eine Lösung bzw. zwei Lösungen hat?
Begründe deine Entscheidung.

80. Forme die Gleichungen in die Normalform um und bestimme die Lösungsmenge.

a) $-3x^2+18x+21=0$ b) $2x^2+16x+32=98$

c) $0{,}5x^2-3{,}7x+11=5$ d) $1{,}5x^2+15x+37{,}5=150$

81. Bestimme die Definitionsmenge und die Lösungsmenge.

a) $\frac{x}{5-3x}=\frac{3}{x-11}$ b) $\frac{(x+3)^2}{x-1}=\frac{14x-6}{4}$

82. Löse das Gleichungssystem.

I $2x^2+2xy=686-2y^2$
II $2x-y-21=0$

83. Bestimme die Zahlen.

a) Addiert man zum Quadrat einer Zahl das Sechsfache der Zahl, so erhält man 315.

b) Das Produkt zweier benachbarter Zahlen ist das Zehnfache der kleineren Zahl.

84. Verdoppelt man eine Zahl und addiert 3, erhält man eine zweite Zahl. Addiert man die Quadrate beider Zahlen, beträgt ihre Summe 194.
Wie heißen die Zahlen?

85. In einem rechtwinkligen Dreieck ist eine Kathete um 4 cm kürzer als die andere. Die Hypotenuse misst 20 cm.
Berechne den Flächeninhalt des Dreiecks.

86. Der Umfang eines Rechtecks beträgt 86 cm, sein Flächeninhalt 450 cm^2.
Wie lang sind die Seiten des Rechtecks?

Fit für die Prüfung?

87. Die Länge eines rechteckigen Spielplatzes ist um 4,5 m größer als die Breite. Die 243 m² große Spielfläche soll eingezäunt werden. Für den Eingang werden 3 m offen gelassen.
Wie viele Meter Zaun sind erforderlich?

88. Verlängert man den Radius eines Kreises um 50 cm, so wird die Kreisfläche verdreifacht.
Berechne den ursprünglichen und den neuen Durchmesser.
Runde auf eine Dezimalstelle.

89. Die Kantenlängen eines Quaders haben als Maßzahlen drei aufeinanderfolgende natürliche Zahlen. Die Oberfläche des Quaders beträgt 862 cm².
Wie lang sind die Kanten des Quaders?

90. Eine Konservendose aus Weißblech hat die Form eines Zylinders. Die Dose ist 12 cm hoch, ihre Oberfläche beträgt 466,29 cm².
Berechne den Durchmesser d der Dosengrundfläche.

91. In einem Park wird ein rechteckiges Blumenbeet angelegt (siehe Skizze).
Der Weg um das Beet hat eine gleichbleibende Breite und beansprucht eine Fläche von 205,4 m².
Berechne die Wegbreite.
Runde auf zwei Dezimalstellen.

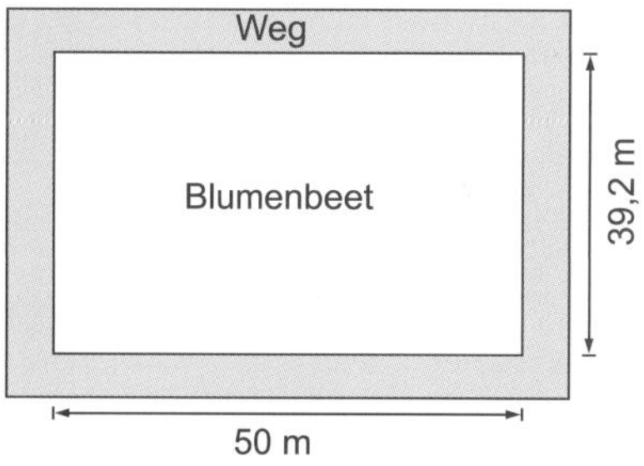

92. Frau Breuer tankt immer für 30 €. Nach einer Preiserhöhung um 5 Cent erhält sie einen Liter weniger.
Wie teuer war ein Liter Benzin vor der Preiserhöhung?
Löse mithilfe eines Gleichungssystems.

93. Eine Schulklasse macht einen Ausflug. Die Kosten von 675 € für den Reisebus werden gleichmäßig auf alle Teilnehmer*innen verteilt. In dem Bus sind noch 15 Plätze frei. Wäre der Bus voll besetzt, würde der Fahrpreis pro Person 7,50 € weniger betragen.

a) Wie viele Schüler*innen fahren mit?

b) Wie hoch ist der Fahrpreis pro Person?

94. Die Firma Bär & Co. beansprucht für zwei Jahre einen Kredit. Im ersten Jahr bezahlt sie 12 250 € Zinsen. Nach dem ersten Jahr tilgt die Firma 75 000 €. Dadurch sinkt der Zinssatz um 1,5 %. Im zweiten Jahr zahlt sie nur noch 5 500 € Zinsen.
Berechne die Zinssätze und die Höhe des Kredits.

8 Quadratische Funktionen

Das musst du wissen!

- Der Graph der quadratischen Funktion mit $y = x^2$ heißt **Normalparabel**. Die Parabel hat ihren **Scheitelpunkt S(0 | 0)** im Koordinatenursprung, ist **nach oben geöffnet** und verläuft **symmetrisch zur y-Achse**.
- Wird die Normalparabel **an der x- Achse gespiegelt**, erhält man eine **nach unten geöffnete** Parabel mit der Funktionsgleichung $y = -x^2$.

Beispiel

Lege für folgende quadratischen Funktionen jeweils eine Wertetabelle von –3 bis +3 an und zeichne die Parabeln in ein gemeinsames Koordinatensystem mit der Einheit 1 cm.

a) p_1: $y = x^2$

b) p_2: $y = -x^2$

Lösung:

a)

x	–3	–2	–1	0	1	2	3
y	9	4	1	0	1	4	9

b)

x	–3	–2	–1	0	1	2	3
y	–9	–4	–1	0	–1	–4	–9

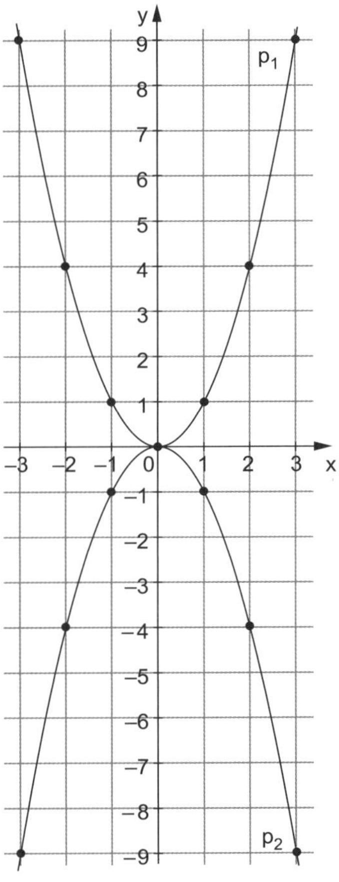

Aufgabe

95. Die folgenden Punkte liegen jeweils auf dem Funktionsgraphen der quadratischen Funktion.
Bestimme die fehlenden Koordinaten der Punkte.

a) $y = x^2$ A(2 | y); B(x | 121); C(–3,5 | y); D(x | 20,25)

b) $y = -x^2$ E(–0,5 | y); F(x | –6,25); G(1,5 | y); H(x | –17,64)

Das musst du wissen!

> Wird die **Normalparabel** längs der x-Achse um x_s Einheiten und längs der y-Achse um y_s Einheiten **verschoben**, lautet die neue Funktionsgleichung $\mathbf{y = (x - x_s)^2 + y_s}$.
> Man spricht von der **Scheitelpunktform**, weil man den Scheitel $\mathbf{S(x_s \mid y_s)}$ direkt aus der Funktionsgleichung ablesen kann.

Beispiel

Bestimme für jede Parabel die Scheitelpunktform.

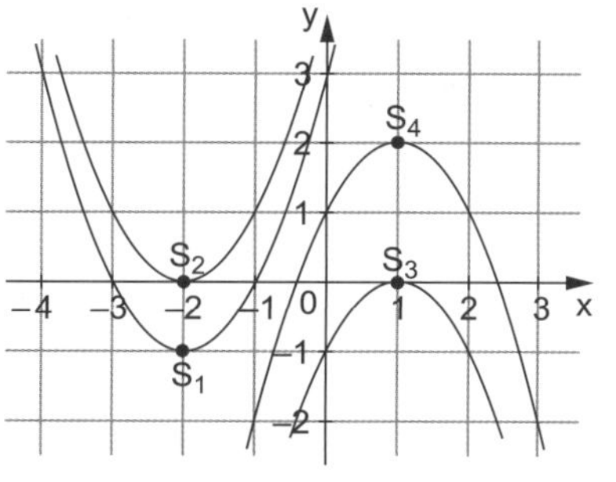

Lösung:

Scheitelpunkt	Scheitelpunktform
$S_1(-2 \mid -1)$	$y = (x+2)^2 - 1$
$S_2(-2 \mid 0)$	$y = (x+2)^2$
$S_3(1 \mid 0)$	$y = -(x-1)^2$
$S_4(1 \mid 2)$	$y = -(x-1)^2 + 2$

Lies die Koordinaten der Scheitelpunkte ab und setze die Koordinaten jeweils in die Gleichung $y = (x - x_s)^2 + y_s$ ein. Bei nach unten geöffneten Parabeln steht ein Minuszeichen vor der Binomischen Formel: $-(x - x_s)^2 + y_s$

Das musst du wissen!

> - Multipliziert man das Binom in der Scheitelpunktform aus und fasst zusammen, so erhält man die **Normalform** der quadratischen Funktion $\mathbf{y = x^2 + px + q}$.
> - Umgekehrt kann man jede quadratische Funktion, die in der Normalform gegeben ist, durch die Methode der **quadratischen Ergänzung** in die Scheitelpunktform überführen.

Beispiel

Berechne den Scheitelpunkt der quadratischen Funktion.
$y = x^2 + 4x + 5$

Lösung:

$y = x^2 + 4x + 5$

Normalform
$y = x^2 + p \cdot x + q$

$y = (x^2 + 2 \cdot 2x + \mathbf{2^2}) + 5 - \mathbf{2^2}$

quadratische Ergänzung
$y = x^2 + p \cdot x + \left(\frac{p}{2}\right)^2 + q - \left(\frac{p}{2}\right)^2$

$y = (x+2)^2 + 5 - 4$

Binom
$y = \left(x + \frac{p}{2}\right)^2 + q - \left(\frac{p}{2}\right)^2$

$y = (x+2)^2 + 1$

Scheitelpunktform
$y = \left(x + \frac{p}{2}\right)^2 + q - \frac{p^2}{4}$

$S(-2 \mid 1)$

Scheitelpunktkoordinaten
$\mathbf{S\left(-\frac{p}{2} \,\middle|\, q - \frac{p^2}{4}\right)}$

Aufgaben

96. Gib für jede Parabel den Scheitelpunkt, die Scheitelpunktform und die Normalform an.

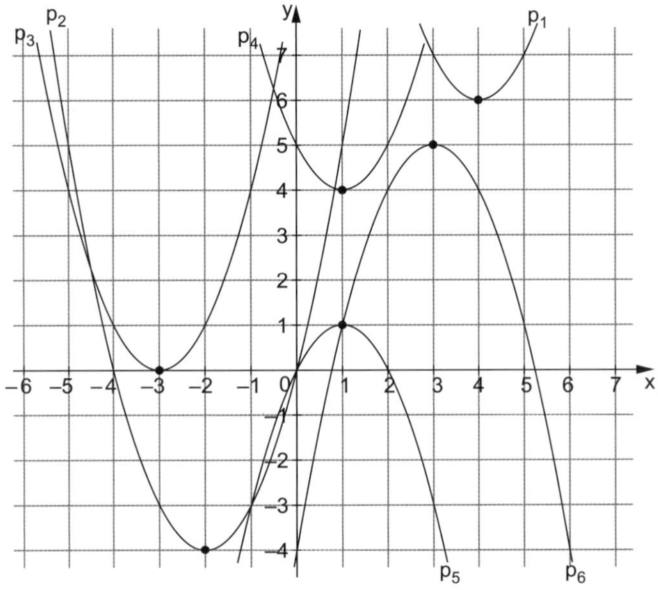

Interaktive Aufgaben
1. Parabel zuordnen
2. Scheitelpunkt bestimmen

97. Stelle für die folgenden Scheitelpunkte jeweils die Normalform für eine nach oben und eine nach unten geöffnete Normalparabel auf.

a) $S(2|0)$ b) $S(1|4)$

98. Berechne den Scheitelpunkt und beschreibe das Aussehen und die Lage der Parabel.

a) $y=x^2-4x-4$ b) $y=-x^2+6x+2$

c) $y=-x^2+x+0{,}5$ d) $y=x^2+3x+1{,}5$

Das musst du wissen!

Die Lösungen der quadratischen Gleichung $x^2+px+q=0$ sind die **Nullstellen** der quadratischen Funktion $y=x^2+px+q$ (**Schnittpunkte der Parabel mit der x-Achse**).

Nullstellen: $x_{1/2}=-\frac{p}{2}\pm\sqrt{\left(\frac{p}{2}\right)^2-q}$

Entsprechend der Anzahl der Lösungen unterscheidet man drei Fälle: Eine Parabel kann **zwei, eine** oder **keine** Nullstelle haben.

Beispiel

Berechne die Nullstellen der Parabel p: $y=x^2+8x+7$.

Lösung:

$x^2+8x+7=0$

Setze die Funktionsgleichung gleich null und berechne x mithilfe der Lösungsformel.

$x_{1/2}=-4\pm\sqrt{16-7}$

$x_{1/2}=-4\pm3$

$x_1=-7$

$x_2=-1$

$\Rightarrow N_1(-7|0);\ N_2(-1|0)$

Aufgabe

Interaktive Aufgabe
3. Nullstellen bestimmen

99. Lies aus dem Schaubild jeweils die Nullstellen der Parabeln ab.
Überprüfe die Nullstellen rechnerisch.

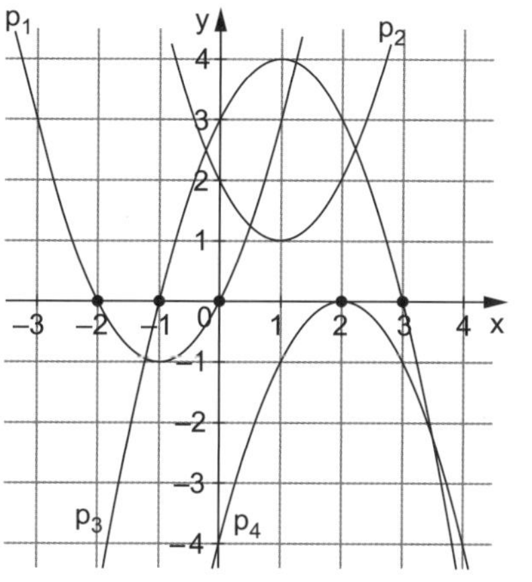

Das musst du wissen!

> Eine Funktionsgleichung der Form $\mathbf{y=x^2+px+q}$ kannst du rechnerisch durch **zwei Punkte** A und B ermitteln.

Beispiel

Die Punkte A(1|2) und B(4|5) liegen auf einer **nach oben** geöffneten Normalparabel.
Berechne die Funktionsgleichung der Normalparabel p.
Berechne den Scheitelpunkt und zeichne den Graphen.

Lösung:

I $\quad 2=1^2+1p+q$
II $\quad 5=4^2+4p+q$

Setze die Koordinaten von A und B jeweils in die Normalform $y=x^2+px+q$ ein.

I $\quad 2=1+p+q$
$\quad q=1-p$

Löse dann das Gleichungssystem auf. Hier wird das Einsetzungsverfahren angewendet.

in II $\quad 5=16+4p+q$
$\quad 5=16+4p+1-p$
$\quad 5=17+3p \quad |-17$
$\quad -12=3p \quad |:3$
$\quad p=-4$

in I $\quad q=1-(-4)$
$\quad q=5$

Funktionsgleichung:
$y=x^2-4x+5$
$y=(x^2-2\cdot 2x+2^2)+5-2^2$
$y=(x-2)^2+1$
S(2|1)

Setze $p=-4$ und $q=5$ in die Funktionsgleichung $y=x^2+px+q$ ein.
Wandle die Normalform der Funktionsgleichung mithilfe der quadratischen Ergänzung in die Scheitelpunktform um und bestimme den Scheitelpunkt.
Zeichne die Parabel anhand der drei Punkte A, B und S.

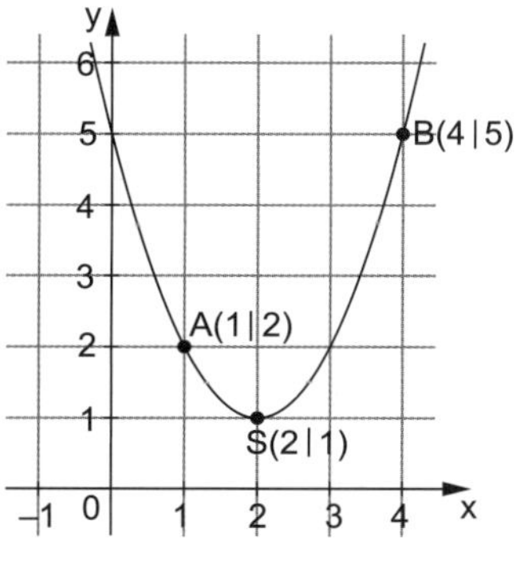

TIPP

Ist die Normalparabel nach **unten geöffnet**, musst du die Funktionsgleichung $y=\mathbf{-x^2}+px+q$ als Ausgangsgleichung verwenden.

Aufgabe

Interaktive Aufgabe
4. Normalparabel durch zwei Punkte

100. Die Punkte liegen jeweils auf einer Normalparabel. Berechne jeweils die Funktionsgleichung und den Scheitelpunkt. Zeichne dann die Graphen in ein gemeinsames Koordinatensystem mit der Einheit 1 cm.

a) p_1: A(1|7), B(3|–1) nach oben geöffnet

b) p_2: A(–2|3), B(–4|–1) nach unten geöffnet

Das musst du wissen!

Eine **Gerade und eine Parabel** oder **zwei Parabeln** können **zwei** Schnittpunkte, **einen** Schnittpunkt oder **keinen** Schnittpunkt haben. Die **Koordinaten der Schnittpunkte** erfüllen beide Funktionsgleichungen. Du kannst sie durch **Gleichsetzen der Gleichungen** berechnen.

Beispiel

Berechne die Schnittpunkte P und Q der Parabel p_1: $y=x^2+6x+7$ mit der Parabel p_2: $y=-x^2-4x-1$.

Lösung:

$x^2+6x+7=-x^2-4x-1$

$2x^2+10x+8=0$

$x^2+5x+4=0$

Setze die Funktionsgleichungen beider Parabeln gleich. Wandle die entstandene Gleichung in die Normalform um.

$x_{1/2}=-2{,}5\pm\sqrt{6{,}25-4}$

$x_{1/2}=-2{,}5\pm1{,}5$

$\Rightarrow x_1=-1;\ x_2=-4$

Berechne x mithilfe der Lösungsformel.

$y_1=(-1)^2+6\cdot(-1)+7$

$y_1=2$

$y_2=(-4)^2+6\cdot(-4)+7$

$y_2=-1$

$\Rightarrow P(-1|2);\ Q(-4|-1)$

Berechne die zugehörigen y-Werte, indem du die Werte für x in die Funktionsgleichung einer Parabel (hier: p_1) einsetzt.

Aufgaben

101. Berechne die Schnittpunkte der Geraden mit der Parabel. Überprüfe die Koordinaten durch eine Zeichnung.

a) p: $y=x^2+2x+1$ g: $y=2x+2$

b) p: $y=x^2-2x+2$ g: $y=2x-2$

c) p: $y=x^2-2x+3$ g: $y=0{,}5x+1$

Interaktive Aufgabe
5. Schnittpunkt von zwei Parabeln

102. Berechne jeweils die Schnittpunkte der beiden Parabeln. Überprüfe die Koordinaten der Schnittpunkte durch eine Zeichnung.

a) p_1: $y=-x^2-4x-1$ p_2: $y=x^2+4x+5$

b) p_1: $y=x^2-4x+4$ p_2: $y=x^2-8x+16$

c) p_1: $y=-x^2-4x-5$ p_2: $y=x^2-2x-3$

Fit für die Prüfung?

103. Gegeben sind folgende Parabeln.

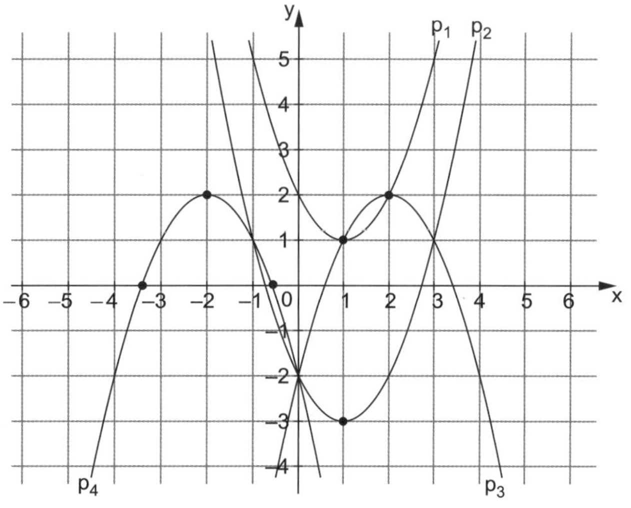

a) Gib die Scheitelpunktform der Parabeln an.

b) Berechne die Koordinaten der Schnittpunkte P und Q von p_1 mit p_3.

c) Berechne die Nullstellen N_1 und N_2 von p_4.

104. Schneidet die Gerade g mit der Funktionsgleichung $y = -0{,}75x + 5$ eine nach unten geöffnete Normalparabel mit dem Scheitelpunkt $S(4\,|\,3)$?
Begründe deine Entscheidung.

105. $S_1(-4\,|\,-2)$ ist der Scheitelpunkt einer nach unten geöffneten Normalparabel. Eine nach oben geöffnete Normalparabel besitzt den Scheitelpunkt $S_2(-3\,|\,-2)$.
Existiert ein Schnittpunkt?
Begründe deine Entscheidung.

106. Auf der nach oben geöffneten Normalparabel p liegen die Punkte $A(-4\,|\,6)$ und $B(2{,}5\,|\,22{,}25)$.

a) Berechne die Funktionsgleichung der Parabel p.

b) Berechne die Koordinaten des Scheitelpunktes S.

c) Hat die Parabel Nullstellen?
Begründe deine Entscheidung.

107. Zwei Normalparabeln schneiden sich in den Punkten $A(-3\,|\,-1)$ und $B(2\,|\,4)$. Die Parabel p_1 ist nach oben geöffnet, p_2 nach unten.

a) Berechne die Funktionsgleichungen für p_1 und p_2.

b) Berechne die Scheitelpunkte für p_1 und p_2.

c) Berechne die Funktionsgleichung für die Gerade g, die durch die Schnittpunkte der Parabeln verläuft.

d) Zeichne p_1, p_2 und g in ein Koordinatensystem mit der Einheit 1 cm.

9 Wahrscheinlichkeit

Das musst du wissen!

- Versuche, bei denen verschiedene, nicht sicher vorhersehbare **Ergebnisse** auftreten, heißen **Zufallsversuche**.
- Die Menge aller möglichen Ergebnisse eines Zufallsversuchs bildet die **Ergebnismenge Ω**.
- Ergebnisse, die eine **bestimmte Eigenschaft** erfüllen, heißen **Ereignisse** (günstige Ergebnisse).
- Sind bei einem Zufallsversuch alle Ergebnisse **gleich wahrscheinlich**, so gilt für die **Wahrscheinlichkeit P** eines **Ereignisses E** folgende Formel:

  $$P(E) = \frac{\text{Anzahl der günstigen Ergebnisse}}{\text{Anzahl der möglichen Ergebnisse}}$$

Beispiel

In einer Urne liegen fünf Kugeln. Die Kugeln sind fortlaufend mit den Zahlen 1 bis 5 beschriftet. Es wird eine Kugel gezogen. Gib die Ergebnismenge an und bestimme für folgende Ereignisse jeweils die Ereignismenge sowie die zugehörige Wahrscheinlichkeit.

a) Die Zahl auf der gezogenen Kugel ist durch 2 teilbar.

b) Die Zahl auf der Kugel ist ein Vielfaches von 6.

c) Die Zahl auf der Kugel ist größer als 0 und kleiner als 6.

Lösung:

Ergebnismenge $\Omega = \{1; 2; 3; 4; 5\}$

a) Ereignismenge $E_1 = \{2; 4\}$

$$P(E_1) = \frac{2}{5} = 0{,}4 = 40\ \%$$

b) Ereignismenge $E_2 = \{\ \}$

$$P(E_2) = \frac{0}{5} = 0 \quad \Rightarrow \quad \text{unmögliches Ergebnis}$$

c) Ereignismenge $E_3 = \{1; 2; 3; 4; 5\}$

$$P(E_3) = \frac{5}{5} = 1 = 100\ \% \quad \Rightarrow \quad \text{sicheres Ergebnis}$$

Aufgaben

108. In einer Urne befinden sich 14 Kugeln, die fortlaufend mit den Zahlen 1 bis 14 beschriftet sind. Es wird eine Kugel gezogen. Gib jeweils die Ereignismenge und die Wahrscheinlichkeit für folgende Ereignisse an.

a) Die Zahl ist größer als 8.

b) Die Zahl ist ungerade.

c) Die Zahl ist durch 3 oder durch 2 teilbar.

d) Die Zahl ist eine Primzahl.

Interaktive Aufgabe
1. Glücksrad

109. In einer Urne liegen vier rote, sechs blaue, sieben grüne und drei gelbe Kugeln. Es wird eine Kugel gezogen.
Bestimme jeweils die Wahrscheinlichkeit für das Ziehen einer

a) blauen Kugel. b) roten Kugel.
c) nicht grünen Kugel. d) gelben oder grünen Kugel.

Das musst du wissen!

Wird ein Zufallsversuch mehrfach durchgeführt, spricht man von einem **mehrstufigen Zufallsversuch**. Die Ergebnisse lassen sich in einem **Baumdiagramm** jeweils als **Pfad** darstellen.

Beispiel

Eine Münze wird zweimal geworfen.
Stelle die möglichen Ergebnisse in einem Baumdiagramm dar und gib die Ergebnismenge an (W = Wappen; Z = Zahl).

Lösung:

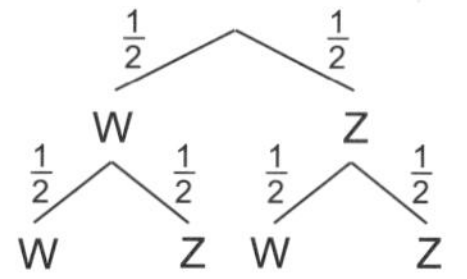

Ergebnismenge $\Omega = \{WW; WZ; ZW; ZZ\}$

Beim Berechnen von Wahrscheinlichkeiten mehrstufiger Zufallsversuche helfen dir diese **Pfadregeln**:

Das musst du wissen!

- **1. Pfadregel (Multiplikationsregel):**
  Die Wahrscheinlichkeit für ein **Ergebnis** (einen Pfad) ist gleich dem **Produkt** der Wahrscheinlichkeiten **entlang des Pfades**.
- **2. Pfadregel (Additionsregel):**
  Führen mehrere Pfade zum selben Ereignis, ist die Wahrscheinlichkeit für ein **Ereignis** gleich der **Summe** der Wahrscheinlichkeiten **der zugehörigen Ergebnisse (Pfade)**.

Beispiel

Eine Münze wird wieder zweimal geworfen.

a) Wie groß ist die Wahrscheinlichkeit, dass zuerst Wappen und anschließend Zahl fällt?
b) Wie groß ist die Wahrscheinlichkeit, dass einmal Wappen und einmal Zahl geworfen wird?

Lösung:

a) $P(WZ) = \frac{1}{2} \cdot \frac{1}{2} = \frac{1}{4}$ 1. Pfadregel

b) $E = \{WZ; ZW\}$

$P(WZ) = \frac{1}{2} \cdot \frac{1}{2} = \frac{1}{4}$ 1. Pfadregel

$P(ZW) = \frac{1}{2} \cdot \frac{1}{2} = \frac{1}{4}$ 1. Pfadregel

$P(E) = \frac{1}{4} + \frac{1}{4} = \frac{2}{4} = \frac{1}{2}$ 2. Pfadregel

Aufgaben

110. In einem Behälter befinden sich vier blaue und sechs weiße Kugeln. Es werden nacheinander drei Kugeln **mit Zurücklegen** gezogen.
Zeichne das Baumdiagramm mit den Wahrscheinlichkeiten.
Wie groß ist die Wahrscheinlichkeit für folgende Ereignisse?

a) E_1: drei blaue Kugeln

b) E_2: genau eine weiße Kugel

c) E_3: zwei weiße und eine blaue Kugel

Interaktive Aufgaben
2. Baumdiagramm I
3. Baumdiagramm II
4. Multiplikationsregel I
5. Multiplikationsregel II

111. Aus einem Kartenspiel werden vier Asse, drei Könige und eine Dame genommen und gemischt. Nicole zieht nacheinander zwei Karten **ohne Zurücklegen**.
Zeichne das Baumdiagramm mit den Wahrscheinlichkeiten.
Berechne die Wahrscheinlichkeiten für folgende Ereignisse.

a) E_1: zwei Asse

b) E_2: ein König und eine Dame

c) E_3: kein Ass

d) E_4: ein Ass und ein König

Zur Berechnung von Wahrscheinlichkeiten wird die **Anzahl von Ergebnissen** benötigt. Um ein langwieriges Abzählen zu vermeiden, werden die Berechnungen der **Kombinatorik** verwendet.

Das musst du wissen!

Produktregel (allgemeines Zählprinzip):
Gibt es ein erstes Auswahlmerkmal mit x Möglichkeiten und ein zweites Auswahlmerkmal mit y Möglichkeiten, dann gibt es für beide Auswahlmerkmale zusammen **x · y Kombinationen**.

Beispiel

Der Pausenverkauf bietet Mohn-, Kaiser-, Sesam- und Vollkornbrötchen an. Jedes Brötchen kann mit Frischkäse, Thunfisch oder Putenwurst belegt werden.

a) Stelle alle möglichen Kombinationen in einem Baumdiagramm dar.

b) Sabine mag kein Vollkornbrötchen und keinen Frischkäse. Wie viele Kombinationsmöglichkeiten hat sie?

Lösung:

a)

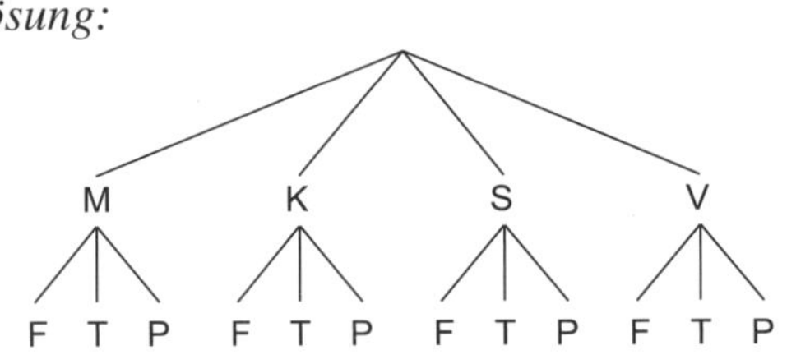

Auswahl aus 4 Brötchen und 3 Belägen:
$4 \cdot 3 = 12$ Kombinationsmöglichkeiten

b) Sabine kann aus 3 Brötchen und 2 Belägen wählen:
$3 \cdot 2 = 6$ Kombinationsmöglichkeiten

Aufgaben

112. Leo möchte sich seinen Computer selbst zusammenstellen. Er kann aus vier Prozessortypen, neun Gehäusen, sechs DVD-Brennern, drei Soundkarten und acht Grafikkarten auswählen. Die restlichen Komponenten sind festgelegt.

a) Wie viele Kombinationsmöglichkeiten hat Leo für den PC?

b) Leo hat sich nun bereits auf ein Gehäuse und einen Prozessor festgelegt. Von den Grafikkarten sind sechs nicht lieferbar. Wie viele Auswahlmöglichkeiten hat er noch?

Interaktive Aufgabe
6. FC Grün-Weiß

113. Aline besitzt 12 Hosen, 17 Röcke, 24 Blusen, 36 T-Shirts, 9 Jacken und 48 Paar Schuhe.

a) Wie oft kann sie sich unterschiedlich kleiden?

b) Aline wechselt täglich die Kombinationen.
Nach wie vielen Jahren würden ihr die Kombinationsmöglichkeiten ausgehen?

114. Julia hat die vierstellige PIN für ihr Handy vergessen.

a) Wie viele Zahlenkombinationen sind möglich, wenn die erste Stelle keine Null sein darf?

b) Julia fällt ein, dass die letzte Ziffer eine 4 und die erste Ziffer eine 7 war.
Wie viele falsche Zahlenkombinationen kann Julia jetzt noch tippen?

Das musst du wissen!

Eine **Anordnung** von verschiedenen Elementen in einer bestimmten **Reihenfolge** heißt **Permutation**. Für n verschiedene Elemente gibt es **n! Permutationen**.

n! (gelesen: **n Fakultät**) ist die abgekürzte Schreibweise für das Produkt der ersten n natürlichen Zahlen:
$n! = n \cdot (n-1) \cdot (n-2) \cdot \ldots \cdot 3 \cdot 2 \cdot 1$

Beispiel

Zu Verenas Geburtstag kommen fünf Freundinnen. Das Abendessen wird an einem runden Tisch mit sechs Plätzen serviert.

a) Wie viele verschiedene Sitzordnungen gibt es?

b) Verena weiß, dass sich Katrin und Ronja nicht leiden können und auf keinen Fall nebeneinander sitzen dürfen. Daher schreibt sie für die beiden Platzkarten.
Wie viele Möglichkeiten haben die übrigen Mädchen, auf den noch freien Stühlen Platz zu nehmen?

Lösung:

a) $6! = 6 \cdot 5 \cdot 4 \cdot 3 \cdot 2 \cdot 1 = 720$ — Für die Anordnung der sechs Mädchen um den Tisch gibt es 6! Möglichkeiten.

b) $4! = 4 \cdot 3 \cdot 2 \cdot 1 = 24$ — Katrin und Ronja haben einen festen Platz. Die anderen vier Mädchen können sich auf den noch verbleibenden Stühlen unterschiedlich anordnen.

TIPP

Fakultäten können mit der dafür vorgesehenen Taste am Taschenrechner einfach berechnet werden.

Aufgaben

115. Bei einem Staffellauf sind vier Läufer in einer Mannschaft.

a) Wie viele Möglichkeiten hat der Trainer, die Staffel aufzustellen?

b) Der Startläufer steht fest.
Wie viele Aufstellungsmöglichkeiten hat der Trainer noch?

116. a) Wie viele Möglichkeiten gibt es, die 36 Karten eines Kartenspiels anzuordnen?

b) Wie viele Möglichkeiten gibt es, die vier Asse und die vier Könige eines Kartenspiels anzuordnen?

Das musst du wissen!

> Werden aus **n** Elementen **k** Elemente **ausgewählt**, so ergeben sich folgende Möglichkeiten:
>
> - Auswahl **mit** Berücksichtigung der Reihenfolge:
> $n \cdot (n-1) \cdot (n-2) \cdot \ldots \cdot (n-k+1)$
> - Auswahl **ohne** Berücksichtigung der Reihenfolge:
> $\dfrac{n \cdot (n-1) \cdot (n-2) \cdot \ldots \cdot (n-k+1)}{k!}$

Beispiel

Zur Neueröffnung einer Eisdiele kann man aus 18 Sorten Eis einen Eisbecher mit fünf Kugeln zum Einführungspreis von 3 € zusammenstellen.
Wie viele Eisbecher sind jeweils möglich,

a) wenn die Reihenfolge berücksichtigt wird.

b) wenn die Reihenfolge nicht berücksichtigt wird.

Lösung:

$n=18;\ k=5;\ n-k+1=18-5+1=14$

a) $18 \cdot 17 \cdot 16 \cdot 15 \cdot 14 = 1\,028\,160$ mögliche Eisbecher

b) $\dfrac{18 \cdot 17 \cdot 16 \cdot 15 \cdot 14}{5!} = \dfrac{1\,028\,160}{120} = 8\,568$ mögliche Eisbecher

Aufgaben

117. Beim Lotto spielt die Reihenfolge der 6 aus 49 gezogenen Gewinnzahlen keine Rolle.
Wie viele Tipps müsste man abgeben, um sicher …

a) sechs Richtige …

b) drei Richtige bei nur drei gezogenen Kugeln …

zu haben?

Interaktive Aufgabe
7. Bilder an der Wand

118. Bei einem Freundschaftsspiel hat eine Trainerin neun Spielerinnen auf der Ersatzbank. Fünf Spielerinnen dürfen eingewechselt werden.
Wie viele Wechselmöglichkeiten bieten sich der Trainerin mit und ohne Berücksichtigung der Reihenfolge an?

10 Kugel

Das musst du wissen!

Volumen einer Kugel:

$V = \frac{4}{3} r^3 \pi$

Oberfläche einer Kugel:

$O = 4 r^2 \pi$

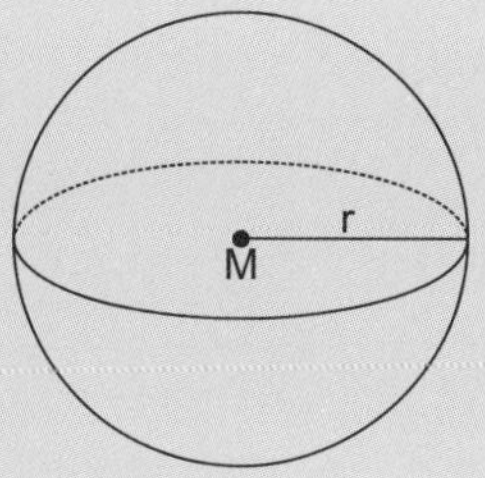

Beispiel

Das Volumen einer Kugel beträgt 14 cm^3.
Berechne die Oberfläche der Kugel.

Lösung:

$14\,cm^3 = \frac{4}{3} r^3 \pi$

Setze für $V = 14\,cm^3$ in die Volumenformel der Kugel ein und löse nach r auf.

$r^3 = \frac{3 \cdot 14\,cm^3}{4 \cdot \pi}$

$r = \sqrt[3]{\frac{3 \cdot 14\,cm^3}{4 \cdot \pi}}$

$r \approx 1{,}5\,cm$

$O = 4 r^2 \pi$

$O = 4 \cdot (1{,}5\,cm)^2 \cdot \pi$

$O \approx 28{,}27\,cm^2$

Setze dann $r = 1{,}5$ cm in die Oberflächenformel der Kugel ein und berechne O.

Hinweis

Wenn nicht anders angegeben, wird im Folgenden der genaue Wert (Taschenrechnerwert!) von π verwendet. Rechnest du mit $\pi = 3{,}14$, können kleine Abweichungen im Ergebnis auftreten.

Aufgaben

Interaktive Aufgaben
1. Bowlingkugel
2. Restkörper
3. Zusammengesetzter Körper
4. Knetkugel

119. Berechne den Rauminhalt und die Oberfläche der kugelförmigen Körper.

a) Fußball: $r = 11$ cm

b) Sonne: $d = 2{,}8 \cdot 10^7$ km

120. Ein kugelförmiger Gasbehälter ($d = 28$ m) benötigt einen neuen Schutzanstrich. Ein Fass Farbe reicht für 350 m^2.
Wie viele Fässer Farbe werden benötigt?

121. Berechne die Oberfläche und das Volumen einer Kugel mit dem Radius $r = 10$ cm.

a) Welchen Radius hat eine Kugel, deren Oberfläche nur halb so groß ist? Berechne ihr Volumen.

b) Welchen Radius hat eine Kugel, deren Oberfläche doppelt so groß ist? Berechne das Kugelvolumen.

122. Ein Bleibarren mit einer Masse von 7,345 kg wird eingeschmolzen. Aus der Schmelzmasse werden 50 kleinere Kugeln gegossen. 1 dm^3 Blei wiegt 11,3 kg.
Welchen Durchmesser hat eine kleine Kugel?

Fit für die Prüfung?

123. Berechne den Rauminhalt der Körper.
Zylinder: $r = 5$ cm; $h_Z = 10$ cm
Kugel: $r = 5$ cm
Kegel: $r = 5$ cm; $h_{Ke} = 10$ cm
Welchen Bruchteil des Rauminhalts des Zylinders besitzen die Kugel und der Kegel?

124. Ein Maurerlot (Senkblei) setzt sich aus einer Halbkugel und einem Kegel zusammen.

a) Berechne das Gewicht des Maurerlotes.
1 cm^3 Edelstahllegierung wiegt 7,8 g.

b) Wie groß ist die Oberfläche des Maurerlotes?

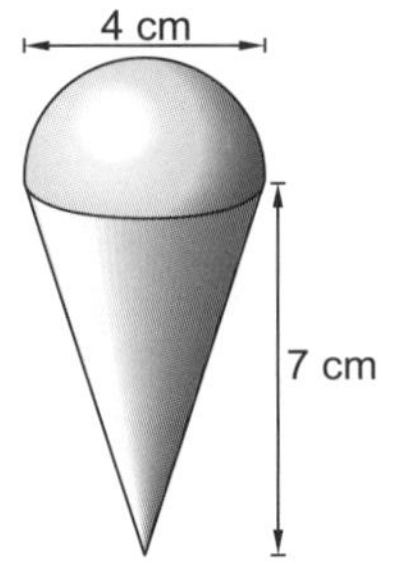

125. Ein kugelförmiger Gastank fasst 904 320 Liter Gas.

a) Wie hoch müsste ein zylinderförmiger Tank mit dem gleichen Durchmesser wie der kugelförmige Gastank sein, wenn er die gleiche Gasmenge fassen soll?
Gib die Höhe in Meter an.

b) Um wie viel Prozent ist die Zylinderoberfläche größer als die Kugeloberfläche?

126. In einem zylinderförmigen Gefäß befindet sich ein Liter Wasser.

a) Wie hoch steht das Wasser im Gefäß?

b) Nun wird eine Metallkugel in das zylinderförmige Gefäß gelegt. Um wie viele cm steigt das Wasser an?

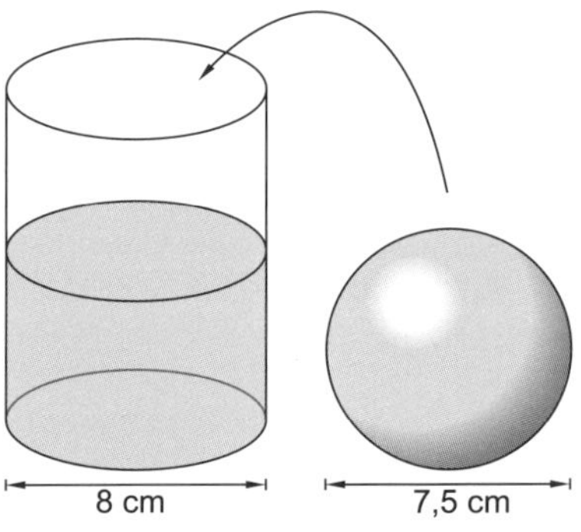

127. Aus einem Seifenwassertropfen mit einem Durchmesser von 6 mm wird eine Seifenblase aufgeblasen. Der äußere Durchmesser der Seifenblase beträgt 6 cm.
Berechne die Wandstärke der Seifenblasenhaut.

128. Aus einem Granitwürfel ($a = 1{,}2$ m) wird ein halbkugelförmiges Brunnenbecken geschlagen. Das fertige Brunnenteil wiegt 4,463 t.
Die Dichte von Granit beträgt $2{,}8\ \frac{kg}{dm^3}$.

a) Wie viele Liter Wasser fasst das Brunnenbecken, wenn es bis zu Rand gefüllt wird?

b) Berechne den Durchmesser des halbkugelförmigen Brunnenbeckens.

11 Zentrische Streckung

Das musst du wissen!

Eine **zentrische Streckung** ist durch das **Streckungszentrum Z** und den **Streckungsfaktor k** festgelegt:
- $k > 1 \quad \Rightarrow$ Vergrößerung
- $0 < k < 1 \Rightarrow$ Verkleinerung

Original- und Bildpunkt liegen auf einer Geraden durch das Streckungszentrum Z.

Für eine Strecke [AB] und ihre Bildstrecke [A'B'] gilt:
- $AB \parallel A'B'$
- $\overline{A'B'} = k \cdot \overline{AB}$
- $\frac{\overline{ZA'}}{\overline{ZA}} = \frac{\overline{ZB'}}{\overline{ZB}} = k$
- $\frac{\text{Bildstrecke}}{\text{Originalstrecke}} = k$

Beispiel

Die Strecke [AB] wird auf die Strecke [A'B'] abgebildet. Berechne die fehlenden Streckenlängen.

Lösung:

$\frac{\overline{ZB'}}{\overline{ZB}} = \frac{12\text{ cm}}{3\text{ cm}} = 4 \quad \Rightarrow \quad k = 4$

$\frac{\overline{ZA'}}{\overline{ZA}} = 4$

$\frac{16\text{ cm}}{\overline{ZA}} = 4 \qquad | \cdot \overline{ZA};\ :4$

$\overline{ZA} = \frac{16\text{ cm}}{4} = 4\text{ cm}$

$\overline{A'B'} = k \cdot \overline{AB}$

$\overline{A'B'} = 4 \cdot 5\text{ cm} = 20\text{ cm}$

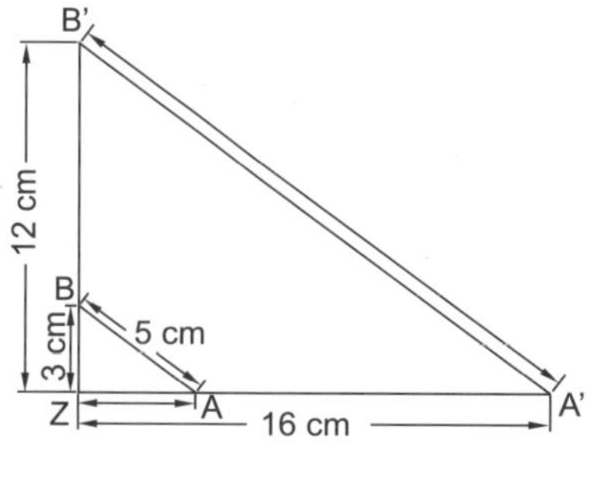

Aufgaben

129. Überprüfe jeweils, ob eine zentrische Streckung vorliegt. Berechne gegebenenfalls die fehlende Strecke.

a)

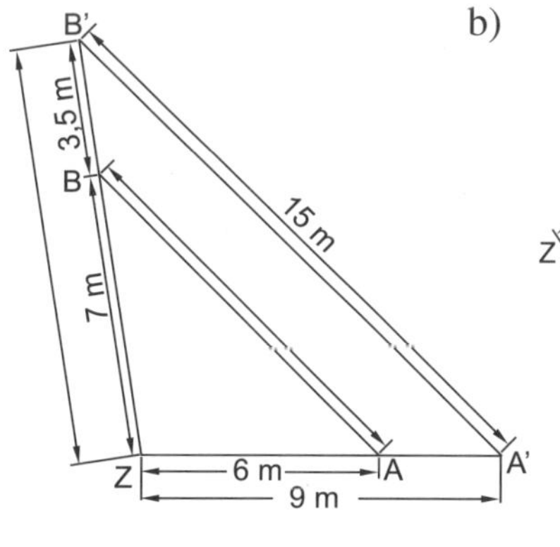

b)

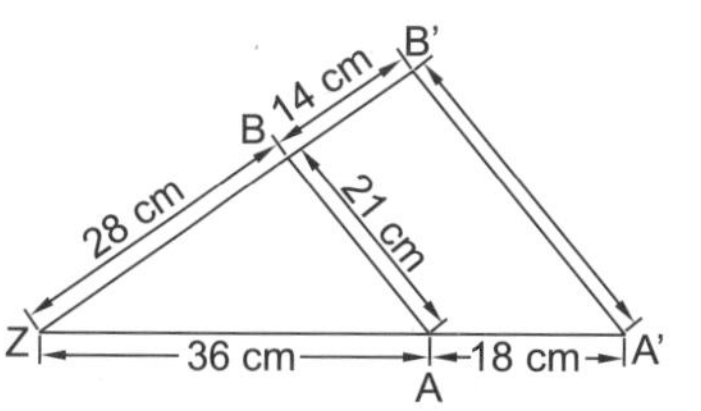

130. Beschrifte die Skizzen dieser zentrischen Streckungen.
Berechne dann die fehlenden Werte.

a)

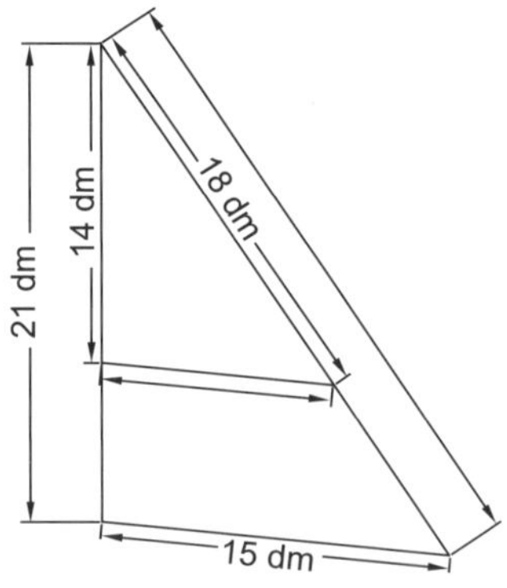

b)

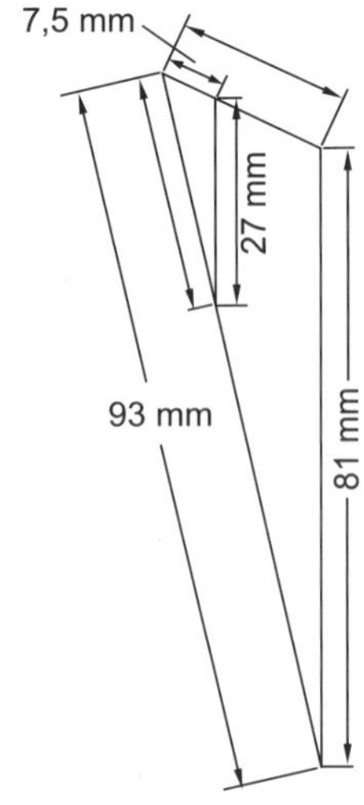

Interaktive Aufgaben
1. Dreieck zeichnen
2. Figuren vergrößern und verkleinern

131. Übertrage die Figuren in dein Heft und strecke sie jeweils von Z aus mit dem angegebenen Streckungsfaktor.

a)

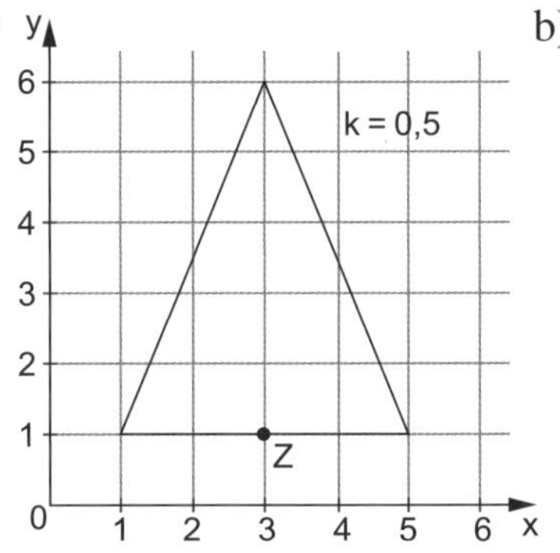

b)

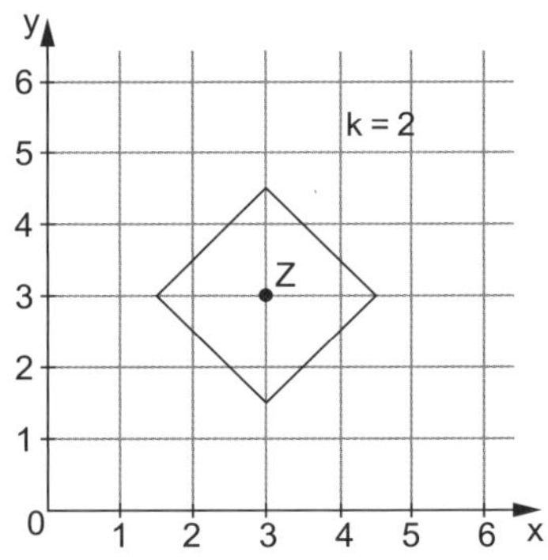

Das musst du wissen!

Flächen werden mit dem **Streckungsfaktor k^2** gestreckt. Es gilt:

$$\frac{\text{Bildfläche}}{\text{Originalfläche}} = k^2$$

Beispiel

Ein Quadrat (a = 2 cm) wird mit k = 3 zentrisch gestreckt.
Berechne den Flächeninhalt von Original- und Bildfläche.

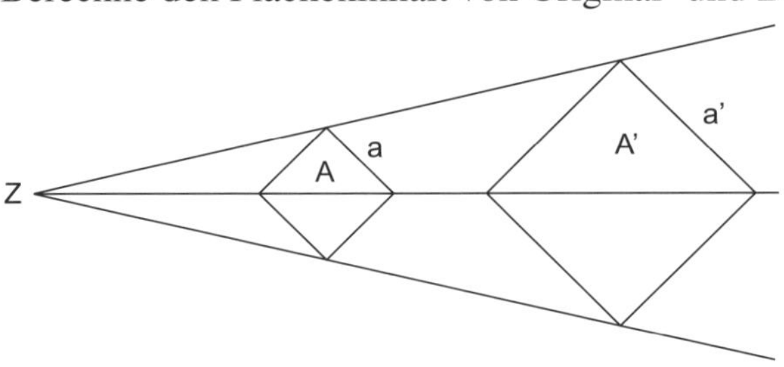

Lösung:

Originalfläche:
$A = a \cdot a$
$A = 2\ \text{cm} \cdot 2\ \text{cm}$
$A = 4\ \text{cm}^2$

Bildfläche:
$A' = a' \cdot a' = k \cdot a \cdot k \cdot a = a \cdot a \cdot k^2$
$A' = 4\ \text{cm}^2 \cdot 3^2$
$A' = 36\ \text{cm}^2$

Aufgaben

132. Ein Rechteck besitzt einen Flächeninhalt von 56 cm^2. Durch eine zentrische Streckung vergrößert sich der Flächeninhalt um 294 cm^2. Die Seite a' hat nun eine Länge von 17,5 cm. Berechne den Umfang des ursprünglichen Rechtecks.

133. Ein Dreieck (g = 12 cm; h = 7 cm) wird mit dem Streckungsfaktor k = 0,5 verkleinert.
Berechne den Flächeninhalt des Bilddreiecks.

Das musst du wissen!

Volumina werden mit dem **Streckungsfaktor k^3** gestreckt. Es gilt:

$$\frac{\text{Bildvolumen}}{\text{Originalvolumen}} = k^3$$

Beispiel

Ein Würfel (a = 4 cm) wird mit dem Faktor k = 3 vergrößert.
Berechne das Volumen von Original- und Bildwürfel.

Lösung:

Originalvolumen:
$V = a \cdot a \cdot a$
$V = 4\ cm \cdot 4\ cm \cdot 4\ cm$
$V = 64\ cm^3$

Bildvolumen:
$V' = a' \cdot a' \cdot a' = k \cdot a \cdot k \cdot a \cdot k \cdot a$
$V' = V \cdot k^3$
$V' = 64\ cm^3 \cdot 3^3$
$V' = 1\,728\ cm^3$

Aufgaben

Interaktive Aufgabe
3. Veränderte Kantenlänge

134. Berechne jeweils die fehlenden Werte.

a) quadratische Pyramide
gegeben: $V = 3\,840\ cm^3$; h = 20 cm; k = 2
gesucht: a; a'; h'; V'

b) Kegel
gegeben: $V' = 18{,}54\ cm^3$; r = 9 cm; h = 8,1 cm
gesucht: r'; h'; V; k

c) Zylinder
gegeben: r = 9 cm; h = 18 cm; k = 4
gesucht: r'; h'; V; V'; M; M'

Fit für die Prüfung?

135. Bei einer zentrischen Streckung wird der Radius eines Kreises um 5 cm verlängert. Dadurch wächst der ursprüngliche Flächeninhalt um das Neunfache.

a) Ermittle den Streckungsfaktor.
b) Berechne den ursprünglichen und den neuen Radius.

136. Ein Rechteck mit dem Flächeninhalt A = 100 cm^2 und dem Umfang u = 41 cm wird mit k = 2,5 zentrisch gestreckt.

a) Berechne die Seitenlängen des ursprünglichen Rechtecks mithilfe eines Gleichungssystems.
b) Berechne den neuen Flächeninhalt A'.
c) Um wie viel Prozent wächst der Umfang des Rechtecks?

12 Strahlensätze

Das musst du wissen!

Voraussetzung für die Strahlensätze ist, dass von einem gemeinsamen Punkt (Zentrum) **zwei Strahlen** ausgehen, die **von zwei parallelen Geraden geschnitten** werden.

- **1. Strahlensatz**
  Die Streckenabschnitte auf dem einen Strahl verhalten sich wie die entsprechenden Abschnitte auf dem anderen Strahl.
  $\frac{\overline{ZA}}{\overline{ZA'}} = \frac{\overline{ZB}}{\overline{ZB'}}$ $\frac{\overline{ZA}}{\overline{AA'}} = \frac{\overline{ZB}}{\overline{BB'}}$
- **2. Strahlensatz**
  Die Abschnitte auf den Parallelen verhalten sich wie die vom Strahlenschnittpunkt aus gemessenen Abschnitte auf jedem einzelnen Strahl.
  $\frac{\overline{AB}}{\overline{A'B'}} = \frac{\overline{ZA}}{\overline{ZA'}}$ $\frac{\overline{AB}}{\overline{A'B'}} = \frac{\overline{ZB}}{\overline{ZB'}}$

Beispiel

Berechne die Länge der Strecken $\overline{BB'}$ und $\overline{A'B'}$.

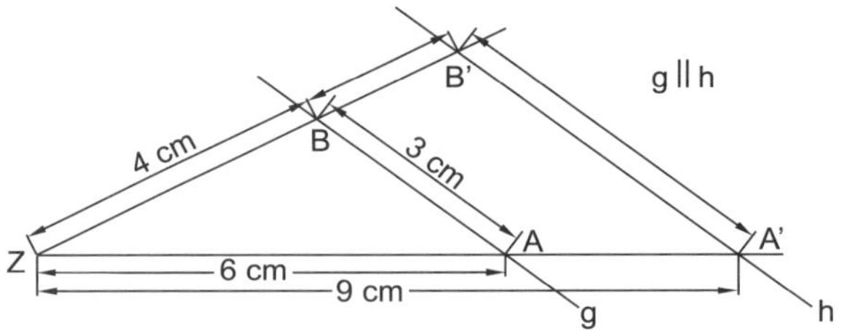

Lösung:

1. Strahlensatz

$\frac{\overline{ZA}}{\overline{ZA'}} = \frac{\overline{ZB}}{\overline{ZB'}}$

$\frac{6\text{ cm}}{9\text{ cm}} = \frac{4\text{ cm}}{\overline{ZB'}}$

$6\text{ cm} \cdot \overline{ZB'} = 4\text{ cm} \cdot 9\text{ cm}$

$\overline{ZB'} = \frac{4\text{ cm} \cdot 9\text{ cm}}{6\text{ cm}} = 6\text{ cm}$

$\overline{BB'} = \overline{ZB'} - \overline{ZB}$

$\overline{BB'} = 6\text{ cm} - 4\text{ cm} = 2\text{ cm}$

2. Strahlensatz

$\frac{\overline{AB}}{\overline{A'B'}} = \frac{\overline{ZA}}{\overline{ZA'}}$

$\frac{3\text{ cm}}{\overline{A'B'}} = \frac{6\text{ cm}}{9\text{ cm}}$

$3\text{ cm} \cdot 9\text{ cm} = 6\text{ cm} \cdot \overline{A'B'}$

$\overline{A'B'} = \frac{3\text{ cm} \cdot 9\text{ cm}}{6\text{ cm}} = 4{,}5\text{ cm}$

Aufgaben

Interaktive Aufgaben
1. Strecke bestimmen I
2. Strecke bestimmen II
3. Straßen

137. Berechne die fehlenden Streckenlängen mithilfe der Strahlensätze.

a)

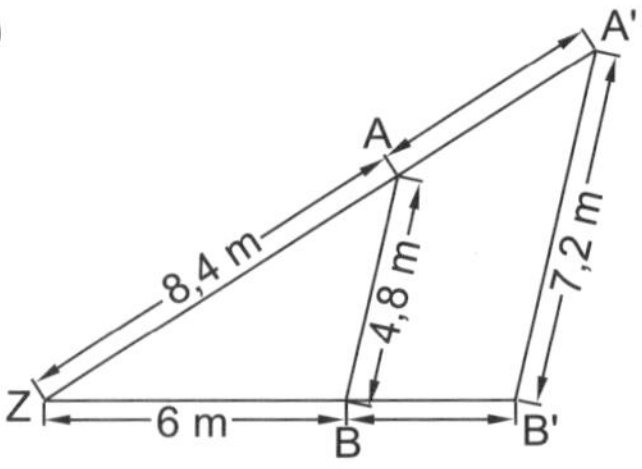

b)

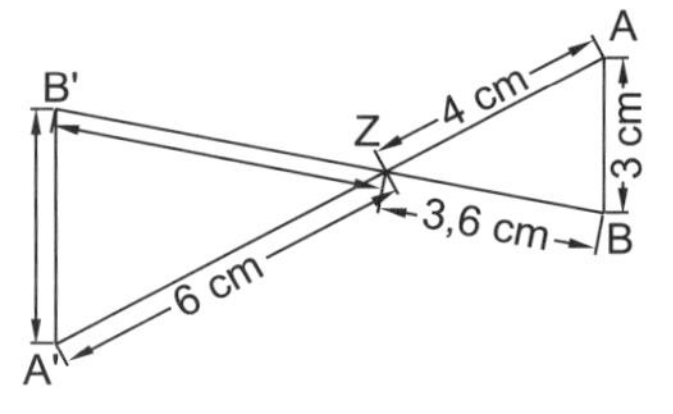

Fit für die Prüfung?

138. Berechne die Längen von s und w.

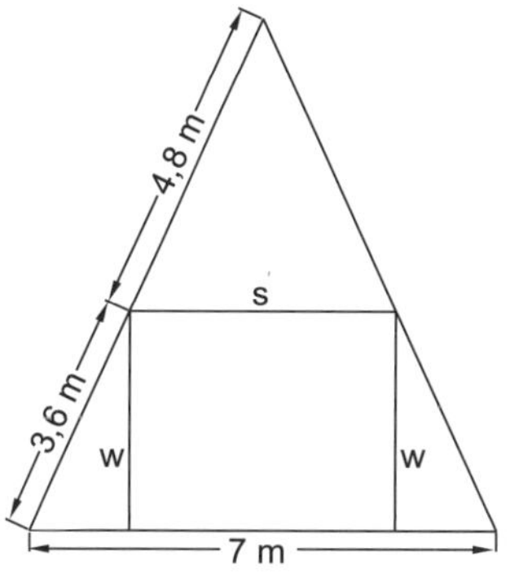

139. Ein Dachboden wird ausgebaut. Es soll ein Atelier eingerichtet werden. Zur Abtrennung vom oberen Dach wird eine Decke eingezogen.

a) Wie hoch ist das Dach?

b) Wie breit wird die Decke?

c) Welche Höhe hat das Atelier?

d) Welche Fläche hat das neue Atelier, wenn es 12,5 m lang ist?

e) Berechne den Rauminhalt des Ateliers.

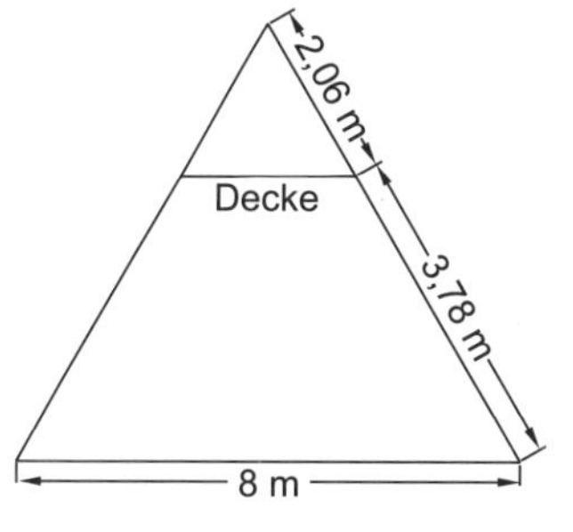

140. a) Lies die Koordinaten der Punkte A, C, D und S ab und berechne die Länge der Strecken $\overline{AD}$, $\overline{SC}$ und $\overline{SD}$.

b) Berechne die Länge der Strecke $\overline{BC}$ mithilfe eines Strahlensatzes.

c) Nach einer zentrischen Streckung des Dreiecks SAB um das Streckungszentrum S entsteht das kleine Dreieck SDC. Berechne den Streckungsfaktor k.

d) Berechne den Flächeninhalt beider Dreiecke sowie des Trapezes ABCD.

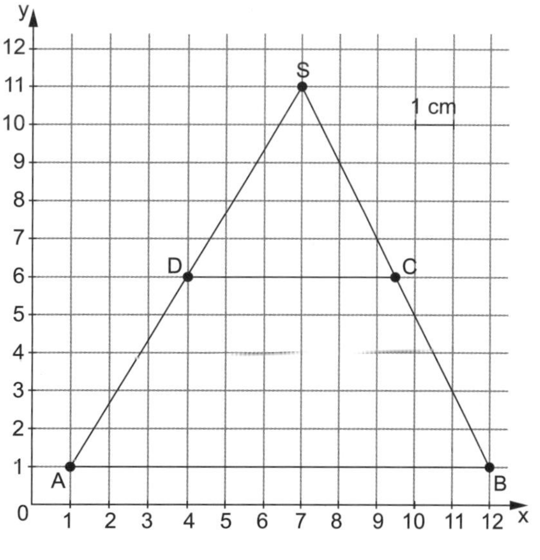

13 Satzgruppe des Pythagoras

Das musst du wissen!

Satz des Pythagoras
In jedem rechtwinkligen Dreieck ist die Summe der beiden **Kathetenquadrate** genauso groß wie das **Hypotenusenquadrat**.

$\mathbf{a^2 + b^2 = c^2}$

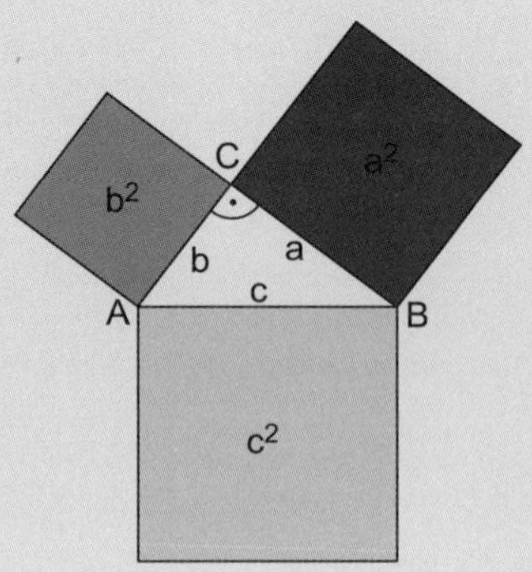

Beispiel

Berechne den Flächeninhalt des gleichschenkligen Dreiecks.

Lösung:

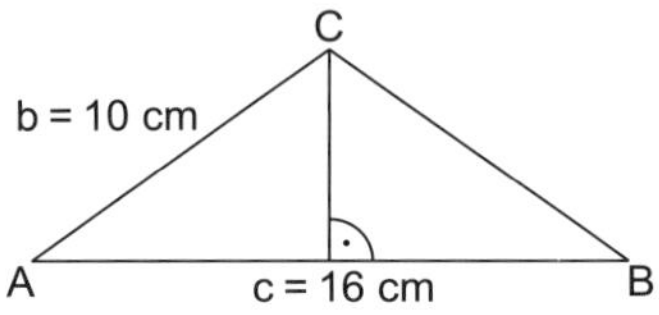

$h^2 = b^2 - \left(\frac{c}{2}\right)^2$

$h^2 = (10\text{ cm})^2 - (8\text{ cm})^2$

$h^2 = 36\text{ cm}^2$

$h = 6\text{ cm}$

$A = \frac{10\text{ cm} \cdot 6\text{ cm}}{2}$

$A = 30\text{ cm}^2$

Das musst du wissen!

Höhensatz des Euklid
Im rechtwinkligen Dreieck teilt die Höhe auf die Hypotenuse diese in die **Hypotenusenabschnitte p und q**.
Der Flächeninhalt des **Quadrats über der Höhe** ist gleich dem Flächeninhalt des **Rechtecks aus den beiden Hypotenusenabschnitten**.

$\mathbf{h^2 = p \cdot q}$

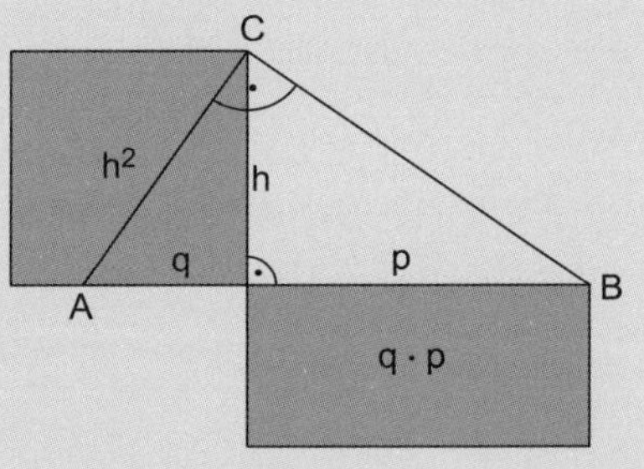

Beispiel

Berechne den Flächeninhalt des Dreiecks.

Lösung:

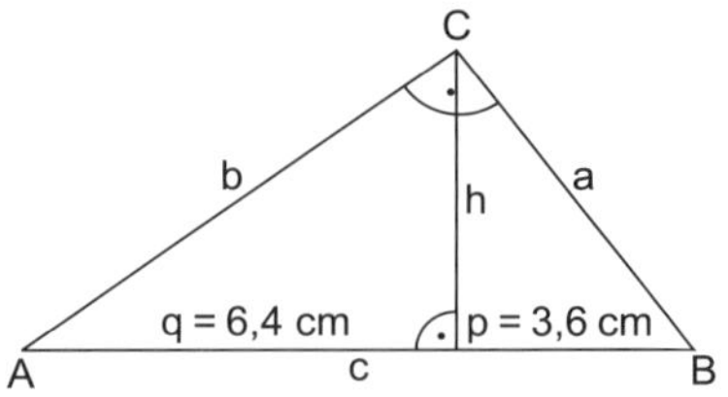

$h^2 = p \cdot q$

$h^2 = 3{,}6\text{ cm} \cdot 6{,}4\text{ cm}$

$h^2 = 23{,}04\text{ cm}^2 \quad |\sqrt{\ }$

$h = 4{,}8\text{ cm}$

$c = 6{,}4\text{ cm} + 3{,}6\text{ cm}$

$c = 10\text{ cm}$

$A = \frac{10\text{ cm} \cdot 4{,}8\text{ cm}}{2}$

$A = 24\text{ cm}^2$

Das musst du wissen!

Kathetensatz des Euklid
Im rechtwinkligen Dreieck ist der Flächeninhalt des **Quadrats über einer Kathete** gleich dem Flächeninhalt des **Rechtecks aus der Hypotenuse** und dem an der Kathete **anliegenden Hypotenusenabschnitt**.

$\mathbf{a^2 = c \cdot p}$
$\mathbf{b^2 = c \cdot q}$

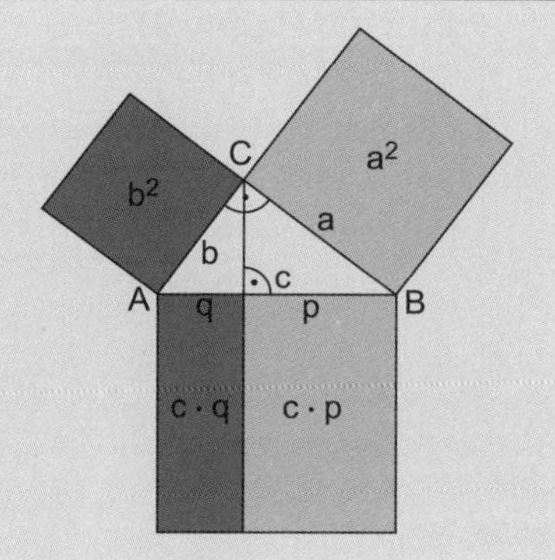

Beispiel

Berechne den Flächeninhalt des Dreiecks.

Lösung:

$$a^2 = c \cdot p$$
$$(4{,}5\text{ cm})^2 = c \cdot 2{,}7\text{ cm}$$
$$20{,}25\text{ cm}^2 = 2{,}7\text{ cm} \cdot c$$
$$c = 7{,}5\text{ cm}$$

$$q = c - p$$
$$q = 7{,}5\text{ cm} - 2{,}7\text{ cm}$$
$$q = 4{,}8\text{ cm}$$

$$h^2 = p \cdot q$$
$$h^2 = 2{,}7\text{ cm} \cdot 4{,}8\text{ cm}$$
$$h^2 = 12{,}96\text{ cm}^2 \quad | \sqrt{\ }$$
$$h = 3{,}6\text{ cm}$$

$$A = \frac{c \cdot h}{2}$$
$$A = \frac{7{,}5\text{ cm} \cdot 3{,}6\text{ cm}}{2}$$
$$A = 13{,}5\text{ cm}^2$$

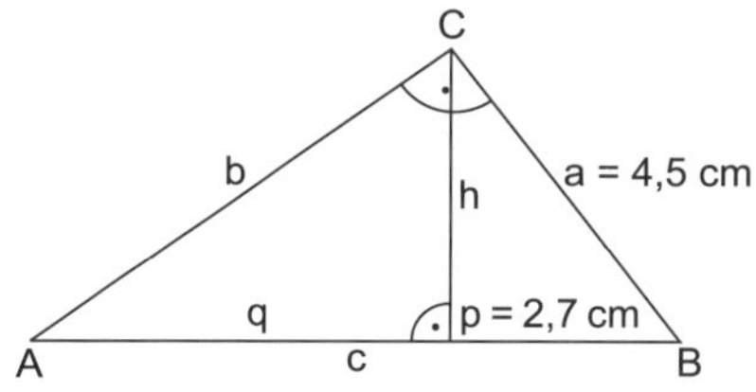

Aufgaben

141. Berechne den Flächeninhalt und den Umfang des grauen Dreiecks.
Runde auf eine Dezimalstelle.

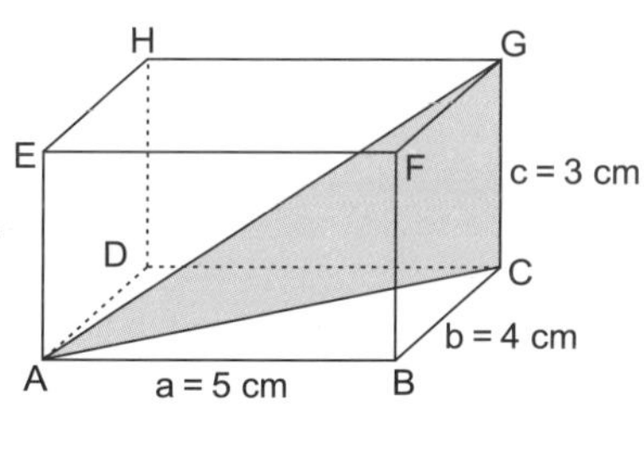

Interaktive Aufgaben
1. Hypotenuse bestimmen
2. Kathete bestimmen I
3. Spielplatz
4. Höhe bestimmen
5. Kathete bestimmen II

142. Berechne die fehlenden Größen.
Runde auf eine Dezimalstelle.

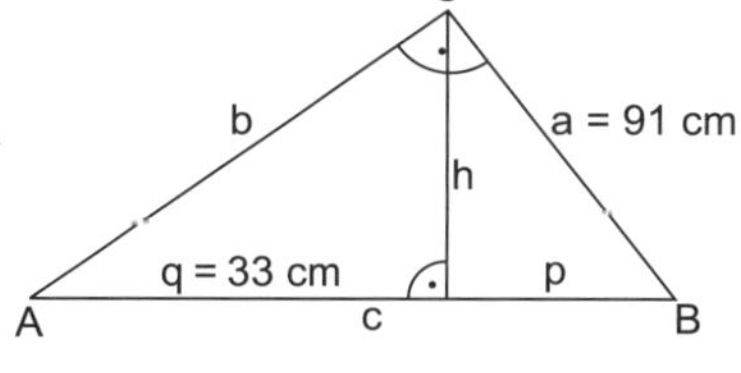

Fit für die Prüfung?

143. Ein Sendemast ist in zwei Drittel seiner Höhe mit zwei Seilen gesichert.

a) Berechne die Länge der Seile.

b) Wie hoch ist der Mast?

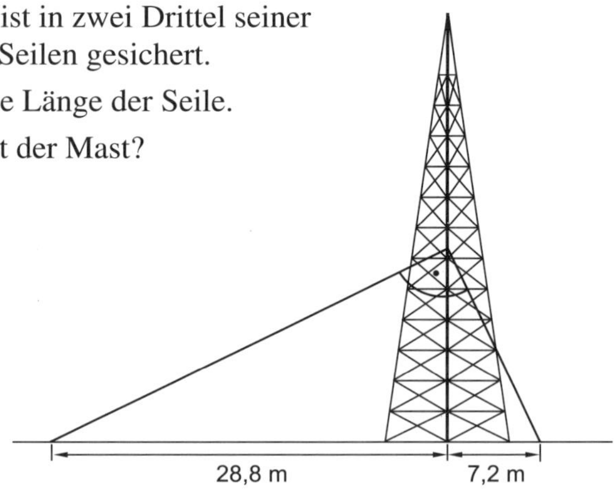

144. Für eine Werbeveranstaltung wird ein Drachen gefertigt. Berechne den Umfang und den Flächeninhalt des Drachens.

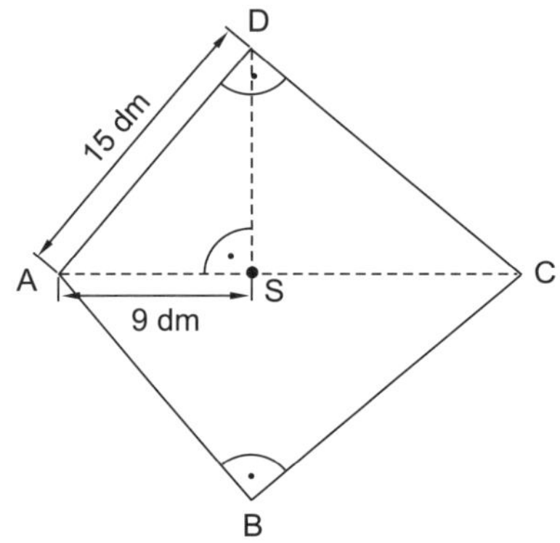

145. Die Punkte B und C liegen voneinander doppelt so weit entfernt wie die Punkte C und D. A und D sind 4 m voneinander entfernt.
Berechne die Länge aller Strecken.

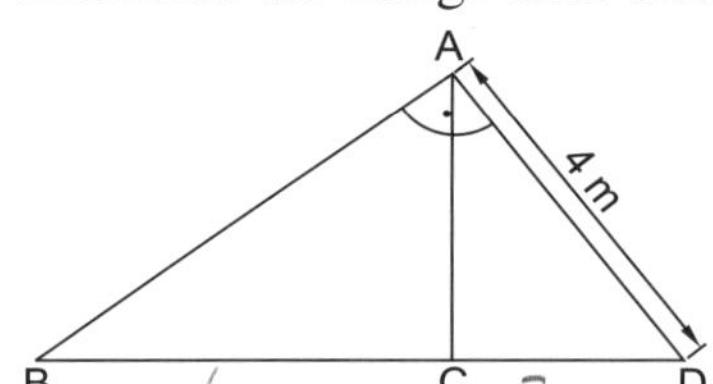

146. Der Flächeninhalt des durch zentrische Streckung mit dem Zentrum C entstandenen Dreiecks A'B'C ist 2,25-mal so groß wie der Flächeninhalt des Dreiecks ABC.
Berechne den Umfang und den Flächeninhalt des ursprünglichen Dreiecks.
Runde Längen auf zwei, Flächen auf drei Dezimalstellen.

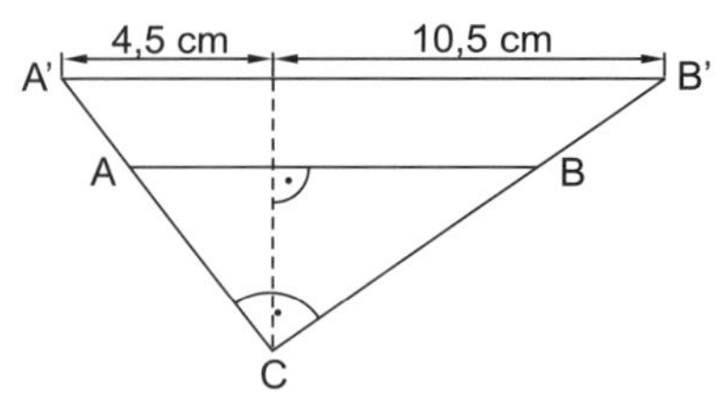

14 Winkelsätze

Das musst du wissen!

Für einen Winkel im rechtwinkligen Dreieck gilt:

- **Sinus**

$$\sin\alpha = \frac{\text{Gegenkathete}}{\text{Hypotenuse}} = \frac{a}{c}$$

- **Kosinus**

$$\cos\alpha = \frac{\text{Ankathete}}{\text{Hypotenuse}} = \frac{b}{c}$$

- **Tangens**

$$\tan\alpha = \frac{\text{Gegenkathete}}{\text{Ankathete}} = \frac{a}{b}$$

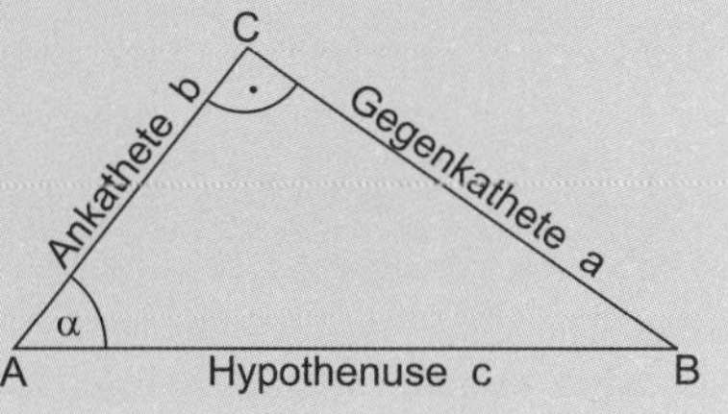

Beispiel

Berechne die Länge der Seiten a und b im rechtwinkligen Dreieck.

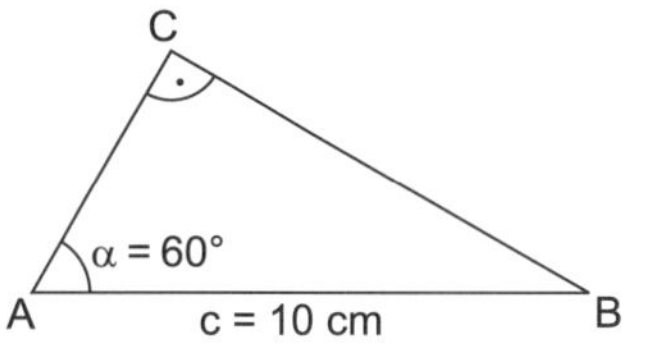

Lösung:

$\frac{b}{c} = \cos\alpha$

$b = c \cdot \cos\alpha$

$b = 10\text{ cm} \cdot \cos 60°$

$b = 5\text{ cm}$

$\frac{a}{c} = \sin\alpha$

$a = c \cdot \sin\alpha$

$a = 10\text{ cm} \cdot \sin 60°$

$a \approx 8{,}66\text{ cm}$

Aufgaben

147. Berechne jeweils die fehlenden Größen.

a) b)

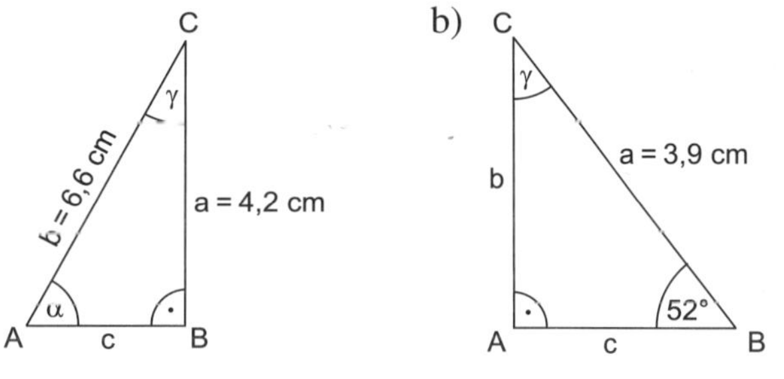

Interaktive Aufgaben
1. Seite bestimmen
2. Gebäudehöhe
3. Hängebrücke

148. Ein Artist will mit dem Motorrad auf einem Drahtseil die Spitze eines 50 m hohen Kirchturms erreichen. Für die Befestigung des Seils sind 2 m zu berücksichtigen. Das Motorrad hat eine maximale Steigfähigkeit von 40°.

a) Wie lang muss das Seil mindestens sein?

b) Welcher Steigungswinkel würde sich bei einem 102 m langen Seil ergeben?

149. Die Orte A und B sind 15 km voneinander entfernt, dazwischen befindet sich ein Turm. Von A aus wird die Turmspitze unter einem Winkel von 48° angepeilt, von B aus unter einem Winkel von 42°.
Berechne die Entfernung des Turms von den Orten A und B.

Fit für die Prüfung?

150. Berechne Rauminhalt und Oberfläche des Doppelkegels.

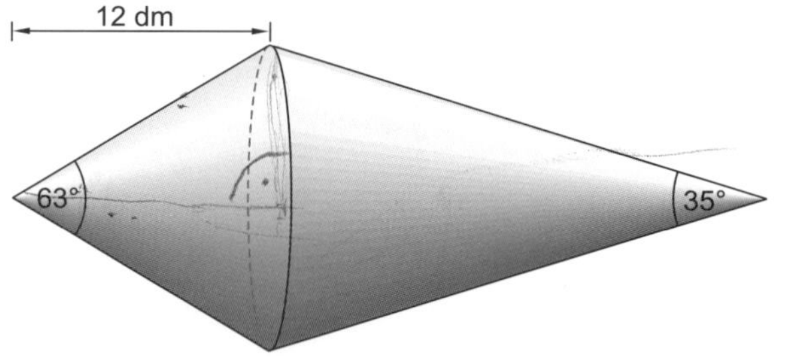

151. Für eine Gartenausstellung werden Granitsäulen transportiert. Die Grundfläche jeder Säule ist ein regelmäßiges Fünfeck, das durch den Umkreis mit dem Radius r = 70 cm bestimmt ist. Die Höhe einer Säule beträgt 60 cm.

a) Zeichne eine Skizze des Bestimmungsdreiecks.

b) Berechne die Seitenlänge s.

c) Wie viele Säulen darf ein Lkw mit einem Ladegewicht von 6 t zuladen? 1 m^3 Granit wiegt 2,8 t.

152. Wie weit ist das Schiff jeweils von den Leuchttürmen entfernt?

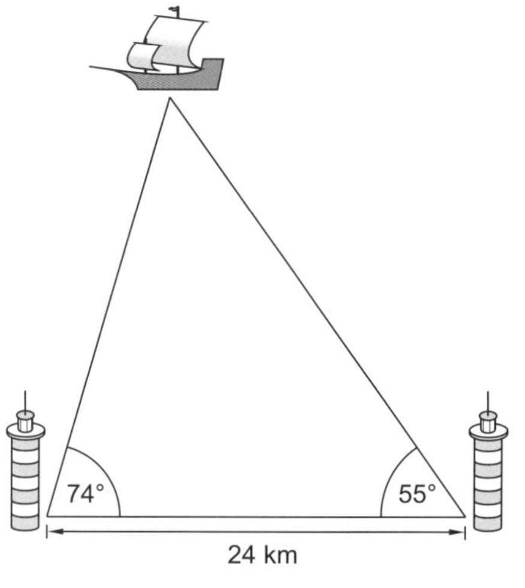

153. Die Gerade f hat eine Nullstelle bei N(–3 | 0) und verläuft durch den Punkt P(–1 | 2).
Auf der Geraden g liegen die Punkte A(2 | 2) und B(3,5 | –1).

a) Zeichne die beiden Geraden in ein Koordinatensystem mit der Einheit 1 cm ein.
Gib die Koordinaten des Schnittpunktes der Geraden an.

b) Berechne jeweils den Winkel der Geraden f und g mit der x-Achse.

c) Die Geraden bilden mit der x-Achse ein Dreieck.
Berechne den Umfang und den Flächeninhalt des Dreiecks.

d) Die Höhe h_c teilt den Winkel γ.
Berechne jeweils die Größe der Teilwinkel.

Lösungen mit vielen Hinweisen und Tipps

Hinweise und Tipps

1. a) $\frac{3}{x}=\frac{6}{x+1}$

Bestimme zuerst die Definitionsmenge. Die Terme im Nenner der Brüche müssen ungleich null sein.

- $x \neq 0$
- $x+1 \neq 0 \;\Rightarrow\; x \neq -1$

$\mathbb{D}=\mathbb{R}\setminus\{0;-1\}$

$\frac{3}{x}=\frac{6}{x+1} \qquad |\cdot x\cdot(x+1)$

Multipliziere mit dem Hauptnenner.

$\frac{3\cdot \cancel{x}\cdot(x+1)}{\cancel{x}}=\frac{6\cdot x\cdot\cancel{(x+1)}}{\cancel{(x+1)}}$

Kürze.

$$\begin{aligned}
3(x+1)&=6x\\
3x+3&=6x &&|-6x-3\\
-3x&=-3 &&|:(-3)\\
x&=1\\
\mathbb{L}&=\{1\}
\end{aligned}$$

Multipliziere aus.
Löse nach x auf.

Die Lösung liegt in der Definitionsmenge.

b) $\frac{5}{x-3}=2$

Bestimme zuerst die Definitionsmenge. Der Nenner des Bruchs darf nicht den Wert null annehmen.

- $x-3 \neq 0 \;\Rightarrow\; x \neq 3$

$\mathbb{D}=\mathbb{R}\setminus\{3\}$

$\frac{5}{x-3}=2 \qquad |\cdot(x-3)$

Multipliziere mit dem Hauptnenner.

$\frac{5\cancel{(x-3)}}{\cancel{(x-3)}}=2(x-3)$

Kürze.

$$\begin{aligned}
5&=2(x-3)\\
5&=2x-6 &&|+6\\
11&=2x &&|:2\\
x&=5{,}5\\
\mathbb{L}&=\{5{,}5\}
\end{aligned}$$

Multipliziere aus.
Löse nach x auf.

Die Lösung liegt in der Definitionsmenge.

---

2. a) $\frac{x+2}{x-3}=\frac{x+8}{x-5}$

Bestimme zuerst die Definitionsmenge. Schließe die unzulässigen Werte aus der Definitionsmenge aus.

- $x-3 \neq 0 \;\Rightarrow\; x \neq 3$
- $x-5 \neq 0 \;\Rightarrow\; x \neq 5$

$\mathbb{D}=\mathbb{R}\setminus\{3;5\}$

$\frac{x+2}{x-3}=\frac{x+8}{x-5} \qquad |\cdot(x-3)(x-5)$

Multipliziere mit dem Hauptnenner.

$\frac{(x+2)\cancel{(x-3)}(x-5)}{\cancel{(x-3)}}=\frac{(x+8)(x-3)\cancel{(x-5)}}{\cancel{(x-5)}}$

Kürze.

$$\begin{aligned}
(x+2)(x-5)&=(x+8)(x-3)\\
x^2-5x+2x-10&=x^2-3x+8x-24\\
\cancel{x^2}-3x-10&=\cancel{x^2}+5x-24 &&|-5x+10\\
-8x&=-14 &&|:(-8)\\
x&=1{,}75\\
\mathbb{L}&=\{1{,}75\}
\end{aligned}$$

Multipliziere die Klammern aus.
Fasse zusammen.
Löse nach x auf.

Die Lösung liegt in der Definitionsmenge.

b) $\frac{3-x}{x+1} - \frac{7-2x}{x+2} = \frac{4+x}{x+1}$

- $x+1 \neq 0 \Rightarrow x \neq -1$
- $x+2 \neq 0 \Rightarrow x \neq -2$

$\mathbb{D} = \mathbb{R} \setminus \{-2; -1\}$

$\frac{3-x}{x+1} - \frac{7-2x}{x+2} = \frac{4+x}{x+1} \quad | \cdot (x+1)(x+2)$

$\frac{(3-x)\cancel{(x+1)}(x+2)}{\cancel{(x+1)}} - \frac{(7-2x)(x+1)\cancel{(x+2)}}{\cancel{(x+2)}} = \frac{(4+x)\cancel{(x+1)}(x+2)}{\cancel{(x+1)}}$

$(3-x)(x+2) - (7-2x)(x+1) = (4+x)(x+2)$

$3x + 6 - x^2 - 2x - 7x - 7 + 2x^2 + 2x = 4x + 8 + x^2 + 2x$

$\cancel{x^2} - 4x - 1 = \cancel{x^2} + 6x + 8 \quad | -6x+1$

$-10x = 9 \quad | :(-10)$

$x = -0{,}9$

$\mathbb{L} = \{-0{,}9\}$

Hinweise und Tipps

Bestimme zuerst die Definitionsmenge. Schließe die unzulässigen Werte aus der Definitionsmenge aus.

Multipliziere mit dem Hauptnenner.

Kürze.

Multipliziere die Klammern schrittweise aus. Beachte das negative Vorzeichen vor dem zweiten Produkt.

Löse nach x auf.

Die Lösung liegt in der Definitionsmenge.

---

3. Normalform der Funktionsgleichung:

$y = m \cdot x + t$

g_1: $m_1 = 1{,}5$; $t_1 = 2 \Rightarrow y = 1{,}5x + 2$

g_2: $m_2 = 1$; $t_2 = -2 \Rightarrow y = x - 2$

g_3: $m_3 = 0$; $t_3 = 3 \Rightarrow y = 3$

g_4: $m_4 = \frac{1}{5}$; $t_4 = 1 \Rightarrow y = \frac{1}{5}x + 1$

g_5: $m_5 = -\frac{1}{2}$; $t_5 = 0 \Rightarrow y = -\frac{1}{2}x$

g_6: $m_6 = -1$; $t_6 = -1{,}5 \Rightarrow y = -x - 1{,}5$

g_7: $m_7 = 0$; $t_7 = -1{,}5 \Rightarrow y = -1{,}5$

Lies die Steigung und den y-Achsenabschnitt der Graphen jeweils aus dem Schaubild ab. Setze die Werte dann in die Formel für die Normalform einer linearen Funktion ein.
Achte auf die Vorzeichen.

4.

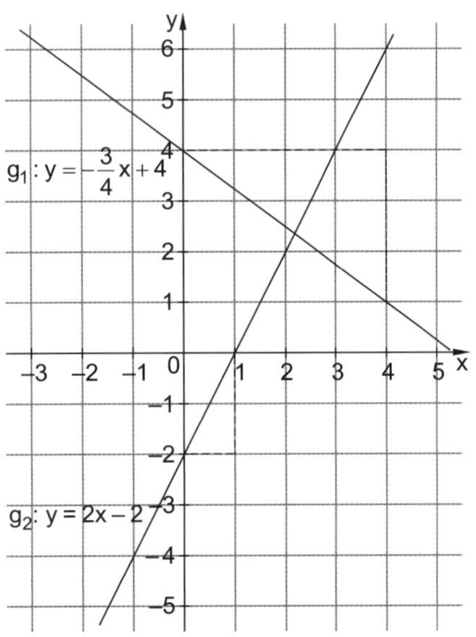

a) Markiere den y-Achsenabschnitt bei $t = 4$. Zeichne das Steigungsdreieck $m = -\frac{3}{4}$, das heißt: 4 Einheiten nach rechts, 3 Einheiten nach unten (negative Steigung).

b) Markiere den y-Achsenabschnitt bei $t = -2$. Zeichne das Steigungsdreieck $m = 2$, das heißt: 1 Einheit nach rechts, 2 Einheiten nach oben (positive Steigung).

5.

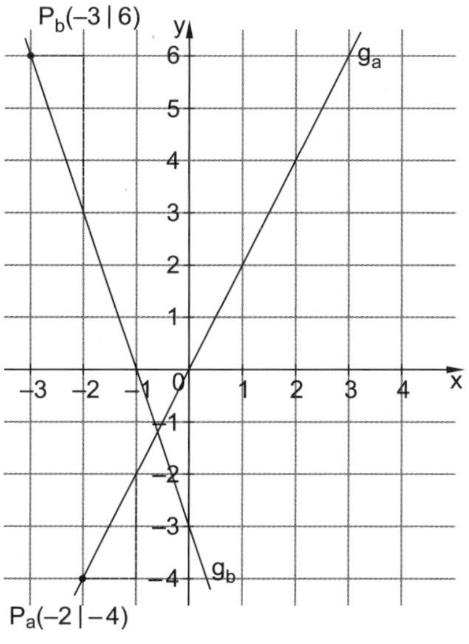

a) $m=2;\quad t_a=0 \quad \Rightarrow \quad g_a\colon y=2x$

b) $m=-3;\quad t_b=-3 \quad \Rightarrow \quad g_b\colon y=-3x-3$

Hinweise und Tipps

Trage die Punkte in das Koordinatensystem ein. Zeichne jeweils das Steigungsdreieck (1 Einheit nach rechts, 2 Einheiten nach oben bzw. 1 Einheit nach rechts, 3 Einheiten nach unten). Zeichne dann die Geraden und lies jeweils den y-Achsenabschnitt ab.
Gib die Funktionsgleichungen an.

---

6. Normalform: $y=mx+t$

a) $P(13|7);\ m=-2$

$7=(-2)\cdot 13+t$

$7=-26+t \quad |+26$

$33=t$

$\Rightarrow \quad y=-2x+33$

b) $P(-9|1);\ m=4$

$1=4\cdot(-9)+t$

$1=-36+t \quad |+36$

$37=t$

$\Rightarrow \quad y=4x+37$

Setze die Koordinaten $P(x|y)$ und den Wert der Steigung m jeweils in die Normalform ein.
Löse nach t auf.
Gib dann die vollständige Funktionsgleichung an.

---

7. Normalform: $y=mx+t$

a) $b=2;\ P(2|-4)$

$-4=m\cdot 2+2 \quad |-2$

$-6=2m \quad |:2$

$m=-3$

$\Rightarrow \quad y=-3x+2$

b) $t=-3;\ P(4|5)$

$5=m\cdot 4-3 \quad |+3$

$8=4m \quad |:4$

$m=2$

$\Rightarrow \quad y=2x-3$

Setze die Koordinaten $P(x|y)$ und den Wert von t jeweils in die Normalform ein.
Löse nach m auf.
Gib dann die vollständige Funktionsgleichung an.

Hinweise und Tipps

8. Steigungsformel: $m = \frac{y_2 - y_1}{x_2 - x_1}$

Normalform f: $y = m \cdot x + t$

a) $A(1\,|\,3);\ B(3\,|\,7)$

$m = \frac{7-3}{3-1} = \frac{4}{2} = 2$

$A(1\,|\,3)$ und $m = 2$ in f

$3 = 2 \cdot 1 + t \quad |-2$

$t = 1$

$\Rightarrow \quad y = 2x + 1$

b) $A(1\,|-4);\ B(-2\,|\,5)$

$m = \frac{5-(-4)}{-2-1} = \frac{9}{-3} = -3$

$A(1\,|-4)$ und $m = -3$ in f

$-4 = (-3) \cdot 1 + t$

$-4 = -3 + t \quad |+3$

$t = -1$

$\Rightarrow \quad y = -3x - 1$

Zur Berechnung der Funktionsgleichung benötigst du die Steigungsformel und die Normalform.
Setze jeweils die Koordinaten der Punkte $A(x_1\,|\,y_1)$ und $B(x_2\,|\,y_2)$ in die Steigungsformel ein und berechne m.
Setze den Wert der Steigung und die Koordinaten eines Punktes in die Normalform ein. Löse dann nach t auf und gib die vollständige Funktionsgleichung an.

---

9. a) $y = -1{,}5x - 2{,}25;\ A(1\,|\,1)$

$y = -1{,}5 \cdot 1 - 2{,}25$

$y = -3{,}75$

$-3{,}75 \neq 1$ (f) falsche Aussage $\Rightarrow$ A gehört nicht zur Funktion.

$y = -1{,}5x - 2{,}25;\ B(-2\,|\,5{,}5)$

$y = -1{,}5 \cdot (-2) - 2{,}25$

$y = 3 - 2{,}25$

$y = 0{,}75$

$0{,}75 \neq 5{,}5$ (f) falsche Aussage $\Rightarrow$ B gehört nicht zur Funktion.

b) $y = 0{,}75x + 2;\ A(2\,|\,3{,}5)$

$y = 0{,}75 \cdot 2 + 2$

$y = 1{,}5 + 2$

$y = 3{,}5$

$3{,}5 = 3{,}5$ (w) wahre Aussage $\Rightarrow$ A gehört zur Funktion.

$y = 0{,}75x + 2;\ B(-4\,|-1)$

$y = 0{,}75 \cdot (-4) + 2$

$y = -3 + 2$

$y = -1$

$-1 = -1$ (w) wahre Aussage $\Rightarrow$ B gehört zur Funktion.

Ein Punkt P gehört dann zu einer linearen Funktion, wenn die Koordinaten des Punktes P die Funktionsgleichung der linearen Funktion erfüllen.
Setze jeweils den Wert der x-Koordinate des Punktes in die Funktionsgleichung ein und berechne den Funktionswert.
Vergleiche den Funktionswert mit dem Wert der y-Koordinate des Punktes P.

---

10. a) $y = 3x - 1;\ P(x\,|\,5)$

$5 = 3x - 1 \quad |+1$

$6 = 3x \quad |:3$

$x = 2 \quad \Rightarrow \quad P(2\,|\,5)$

$y = 3x - 1;\ Q(x\,|-4)$

$-4 = 3x - 1 \quad |+1$

$-3 = 3x \quad |:3$

$x = -1 \quad \Rightarrow \quad Q(-1\,|-4)$

Setze die y-Koordinaten der Punkte jeweils in die Funktionsgleichung ein und löse nach x auf.
Gib die vollständigen Koordinaten der Punkte an.

Hinweise und Tipps

b) $y = x + 2{,}5;\ P(-1{,}5 \mid y)$
$y = -1{,}5 + 2{,}5$
$y = 1 \Rightarrow P(-1{,}5 \mid 1)$
$y = x + 2{,}5;\ Q(5{,}5 \mid y)$
$y = 5{,}5 + 2{,}5$
$y = 8 \Rightarrow Q(5{,}5 \mid 8)$

Setze die x-Koordinate der Punkte jeweils in die Funktionsgleichung ein.
Berechne den Funktionswert y.
Gib die vollständigen Koordinaten der Punkte an.

---

11. a) $y = 4x + t;\ P(3 \mid 5)$
$5 = 4 \cdot 3 + t$
$5 = 12 + t \quad | -12$
$t = -7$
$\Rightarrow y = 4x - 7$

b) $y = m \cdot x + 8;\ P(-2 \mid 18)$
$18 = m \cdot (-2) + 8 \quad | -8$
$10 = -2m \quad | : (-2)$
$m = -5$
$\Rightarrow y = -5x + 8$

Setze die Koordinaten des Punktes P jeweils in die Funktionsgleichung ein
Löse nach t bzw. m auf.
Gib dann die vollständigen Funktionsgleichungen an.

---

12. a) $y = -0{,}5x + 4$
$0 = -0{,}5x + 4 \quad | + 0{,}5x$
$0{,}5x = 4 \quad | \cdot 2$
$x = 8$
$\Rightarrow N(8 \mid 0)$

b) $y = 2x - 7$
$0 = 2x - 7 \quad | - 2x$
$-2x = -7 \quad | : (-2)$
$x = 3{,}5$
$\Rightarrow N(3{,}5 \mid 0)$

Setze jeweils für $y = 0$ ein und löse nach x auf.

---

13. $m_1 = -2;\ t_1 = -6$
g_1: $y = -2x - 6$
$0 = -2x - 6 \quad | + 2x$
$2x = -6 \quad | : 2$
$x = -3$
$\Rightarrow N_1(-3 \mid 0)$

$m_2 = -0{,}5;\ t_2 = 2$
g_2: $y = -0{,}5x + 2$
$0 = -0{,}5x + 2 \quad | + 0{,}5x$
$0{,}5x = 2 \quad | \cdot 2$
$x = 4$
$\Rightarrow N_2(4 \mid 0)$

Geraden, die von links oben nach rechts unten verlaufen, haben eine negative Steigung.
Der y-Achsenabschnitt ist der Schnittpunkt mit der y-Achse.

$m_3 = 1;\ t_3 = 1$
g_3: $y = x + 1$
$0 = x + 1 \quad | - x$
$-x = 1 \quad | \cdot (-1)$
$x = -1$
$\Rightarrow N_3(-1 \mid 0)$

Geraden, die von links unten nach rechts oben verlaufen, haben eine positive Steigung.

Hinweise und Tipps

$m_4 = 2;\ t_4 = -5$

$$
\begin{aligned}
g_4:\quad y &= 2x - 5 \\
0 &= 2x - 5 && |-2x \\
-2x &= -5 && |:(-2) \\
x &= 2{,}5
\end{aligned}
$$

$\Rightarrow\ N_2(2{,}5\,|\,0)$

$m_5 = 0;\ t_5 = 3$

$$
\begin{aligned}
g_5:\ y &= 0 \cdot x + 3 \\
y &= 3
\end{aligned}
$$

Parallele Geraden zur x-Achse besitzen keine Steigung.
Hier existiert auch keine Nullstelle.

---

14. a) $g_1: y = x + 2$
$g_2: y = -x - 8$

$$
\begin{aligned}
x + 2 &= -x - 8 && |+x-2 \\
2x &= -10 && |:2 \\
x &= -5
\end{aligned}
$$

in g_1: $y = -5 + 2$
$y = -3$

$\Rightarrow\ S(-5\,|\,-3)$

b) $g_1: y = 1{,}5x - 1$
$g_2: y = 2x - 3$

$$
\begin{aligned}
1{,}5x - 1 &= 2x - 3 && |-2x+1 \\
-0{,}5x &= -2 && |\cdot(-2) \\
x &= 4
\end{aligned}
$$

in g_2: $y = 2 \cdot 4 - 3$
$y = 8 - 3$
$y = 5$

$\Rightarrow\ S(4\,|\,5)$

Setze jeweils die beiden Funktionsgleichungen gleich und löse nach x auf.
Setze dann den berechneten Wert für x in eine Funktionsgleichung ein und berechne den Funktionswert y.
Gib jeweils die Koordinaten des Schnittpunktes an.

---

15. f:

$$
\begin{aligned}
30 &= -10x + 5y && |-5y-30 \\
-5y &= -10x - 30 && |:(-5) \\
y &= 2x + 6
\end{aligned}
$$

Forme jede Gleichung in die Normalform um.

g:

$$
\begin{aligned}
2y + 12 &= 6x && |-12 \\
2y &= 6x - 12 && |:2 \\
y &= 3x - 6
\end{aligned}
$$

$$
\begin{aligned}
2x + 6 &= 3x - 6 && |-3x-6 \\
-x &= -12 && |\cdot(-1) \\
x &= 12
\end{aligned}
$$

Setze dann die beiden Funktionsgleichungen gleich und löse nach x auf.

in f: $y = 2x + 6$
$y = 2 \cdot 12 + 6$
$y = 24 + 6$
$y = 30$

Setze $x = 12$ in eine Funktionsgleichung ein und berechne den Funktionswert.

$\Rightarrow\ S(12\,|\,30)$

Gib die Koordinaten des Schnittpunktes an.

16. A(−3 | −1); B(2 | 1)

$\overline{AB} = \sqrt{(1-(-1))^2 + (2-(-3))^2}$

$\overline{AB} = \sqrt{2^2 + 5^2}$

$\overline{AB} = \sqrt{29}$

$\overline{AB} = 5{,}38... \approx 5{,}4\ (cm)$

A(−3 | −1); C(−2 | 4)

$\overline{AC} = \sqrt{(4-(-1))^2 + (-2-(-3))^2}$

$\overline{AC} = \sqrt{5^2 + 1^2}$

$\overline{AC} = \sqrt{26}$

$\overline{AC} = 5{,}09... \approx 5{,}1\ (cm)$

B(2 | 1); C(−2 | 4)

$\overline{BC} = \sqrt{(4-1)^2 + (-2-2)^2}$

$\overline{BC} = \sqrt{3^2 + (-4)^2}$

$\overline{BC} = \sqrt{25}$

$\overline{BC} = 5\ (cm)$

$u = 5{,}4\ cm + 5{,}1\ cm + 5\ cm$

$u = 15{,}5\ cm$

Hinweise und Tipps

Lies die Koordinaten der Punkte A, B und C aus dem Schaubild ab.
Berechne die Länge der Dreieckseiten mit folgenden Formeln:

$\overline{AB} = \sqrt{(y_b - y_a)^2 + (x_b - x_a)^2}$

$\overline{AC} = \sqrt{(y_c - y_a)^2 + (x_c - x_a)^2}$

$\overline{BC} = \sqrt{(y_c - y_b)^2 + (x_c - x_b)^2}$

Berechne dann den Umfang:
$u = \overline{AB} + \overline{AC} + \overline{BC}$

---

17. E(4 | −3); F(−8 | −12)

$m = \frac{-12-(-3)}{-8-4} = \frac{-9}{-12} = \frac{3}{4} = 0{,}75$

Berechne zuerst die Steigung mithilfe der Steigungsformel.

m = 0,75 und E(4 | −3) in f: $y = m \cdot x + t$

$-3 = 0{,}75 \cdot 4 + t$

$-3 = 3 + t \qquad |-3$

$t = -6$

$\Rightarrow\ y = 0{,}75x - 6$

Setze den Wert der Steigung und die Koordinaten eines Punktes in die Normalform ein und berechne t.
Gib dann die Funktionsgleichung an.

$0 = 0{,}75x - 6$

$-0{,}75x = -6 \qquad |:(-0{,}75)$

$x = 8$

$\Rightarrow\ N(8\,|\,0)$

Setze für den Funktionswert y = 0 ein und löse nach x auf.
Gib die Koordinaten der Nullstelle an.

$\overline{EF} = \sqrt{(-12-(-3))^2 + (-8-4)^2}$

$\overline{EF} = \sqrt{(-9)^2 + (-12)^2}$

$\overline{EF} = \sqrt{225}$

$\overline{EF} = 15$

Der Abstand der beiden Punkte voneinander ist die Länge der Strecke $\overline{EF}$.
Verwende die Abstandsformel.

---

18. a) A(2 | 2,5); B(−1 | 0,25)

$m = \frac{0{,}25 - 2{,}5}{-1-2} = \frac{-2{,}25}{3} = 0{,}75$

Berechne zuerst die Steigung mithilfe der Steigungsformel.

m = 0,75 und A(2 | 2,5) in f: $y = m \cdot x + t$

$2{,}5 = 0{,}75 \cdot 2 + t$

$2{,}5 = 1{,}5 + t \qquad |-1{,}5$

$t = 1$

$\Rightarrow\ g_1\!: y = 0{,}75x + 1$

Setze den Wert der Steigung und die Koordinaten eines Punktes in die Normalform ein und berechne t.

Hinweise und Tipps

b) $m = 0{,}75$; $t = 3$ da $Y(0\,|\,3)$
$\Rightarrow$ g_2: $y = 0{,}75x + 3$

Parallele Geraden haben die gleiche Steigung.

c) $m = 0{,}75$ und $P(8\,|\,4)$ in f: $y = m \cdot x + t$
$4 = 0{,}75 \cdot 8 + t$
$4 = 6 + t \qquad |-6$
$t = -2$
$\Rightarrow$ g_3: $y = 0{,}75x - 2$

Setze die Steigung der Geraden g_3 und die Koordinaten von P in die Normalform ein und berechne t.

d)

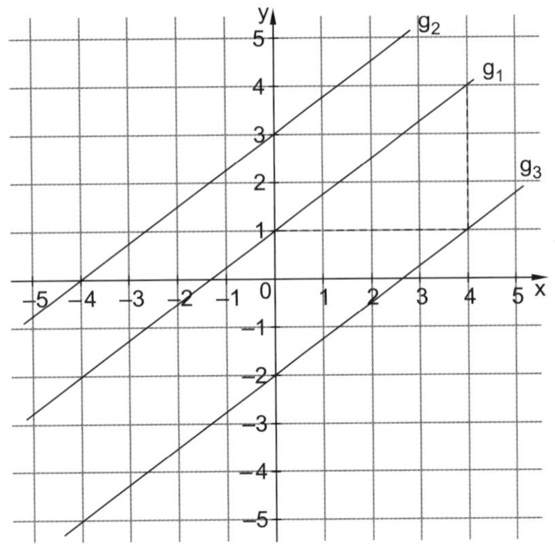

$m = 0{,}75 = \frac{3}{4}$; das bedeutet für das Steigungsdreieck der drei parallelen Geraden: Gehe vom jeweiligen y-Achsenabschnitt 4 Einheiten nach rechts und 3 Einheiten nach oben.

19. a) $A(3\,|\,4)$; $B(-12\,|\,-6)$

$$m = \frac{-6-4}{-12-3} = \frac{-10}{-15} = \frac{2}{3}$$

Berechne zuerst die Steigung mithilfe der Steigungsformel.

$m = \frac{2}{3}$ und $A(3\,|\,4)$ in g: $y = m \cdot x + t$

$4 = \frac{2}{3} \cdot 3 + t$
$4 = 2 + t \qquad |-2$
$t = 2$
$\Rightarrow$ g: $y = \frac{2}{3}x + 2$

Setze den Wert der Steigung und die Koordinaten eines Punktes in die Normalform ein und berechne t.

b) $m_h \cdot \frac{2}{3} = -1 \qquad |\cdot\frac{3}{2}$

$m_h = -\frac{3}{2} = -1{,}5$

Berechne die Steigung der senkrechten Geraden h mit der Formel: $m_h \cdot m_g = -1$.

$m_h = -1{,}5$ und $A(3\,|\,4)$ in h: $y = m_h \cdot x + t$
$4 = -1{,}5 \cdot 3 + t$
$4 = -4{,}5 + t \qquad |+4{,}5$
$t = 8{,}5$
$\Rightarrow$ h: $y = -1{,}5x + 8{,}5$

Setze den Wert der Steigung m_h und die Koordinaten des Punktes A in die Normalform ein und berechne t.

20. a) $A(3\,|\,8)$; $B(-12\,|\,-22)$

$$m_g = \frac{-22-8}{-12-3} = \frac{-30}{-15} = 2$$

Berechne zuerst die Steigung der Geraden g mithilfe der Steigungsformel.

$m_g = 2$ und A(3 | 8) in g: $y = m_g \cdot x + t$

$8 = 2 \cdot 3 + t$

$8 = 6 + t \quad |-6$

$t = 2$

$\Rightarrow$ g: $y = 2x + 2$

b) $m_h \cdot 2 = -1 \quad |:2$

$m_h = -\frac{1}{2} = -0{,}5$

$m_h = -0{,}5$ und N(9 | 0) in h: $y = m_h \cdot x + t$

$0 = -0{,}5 \cdot 9 + t$

$0 = -4{,}5 + t \quad |+4{,}5$

$t = 4{,}5$

$\Rightarrow$ h: $y = -0{,}5x + 4{,}5$

Hinweise und Tipps

Setze den Wert der Steigung und die Koordinaten eines Punktes in die Normalform ein und berechne t.

Berechne die Steigung der senkrechten Geraden h mit der Formel: $m_h \cdot m_g = -1$.

Setze dann den Wert der Steigung m_h und die Koordinaten der Nullstelle in die Normalform ein und berechne t.

21. g: $y = 0{,}75x + 4 \Rightarrow$ g': $y = -0{,}75x + 4$

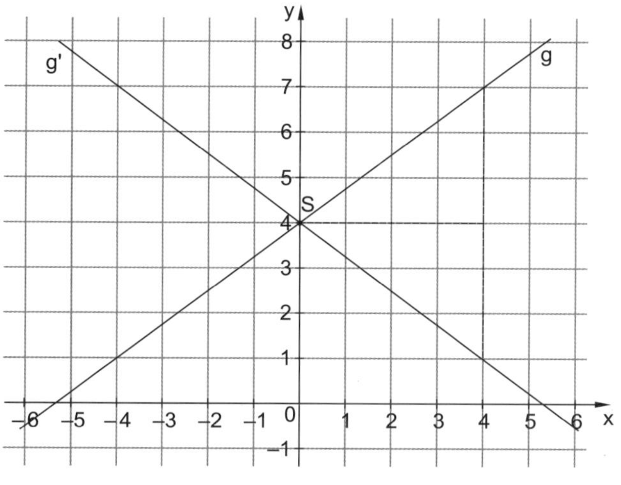

Zeichne die Gerade g mit dem y-Achsenabschnitt $t = 4$ und der Steigung $m = 0{,}75 = \frac{3}{4}$.

Zeichne die Spiegel-Gerade g' mit dem y-Achsenabschnitt $t = 4$ und der Steigung $m = -0{,}75 = -\frac{3}{4}$.

22. a) A(8 | −1); B(−4 | 2)

$m = \frac{2-(-1)}{-4-8} = \frac{2+1}{-12} = -\frac{3}{12} = -\frac{1}{4} = -0{,}25$

$m = -0{,}25$ und A(8 | −1) in g: $y = m \cdot x + t$

$-1 = -0{,}25 \cdot 8 + t$

$-1 = -2 + t \quad |+2$

$t = 1$

$\Rightarrow$ g: $y = -0{,}25x + 1$

b) g': $y = 0{,}25x - 1$

c)

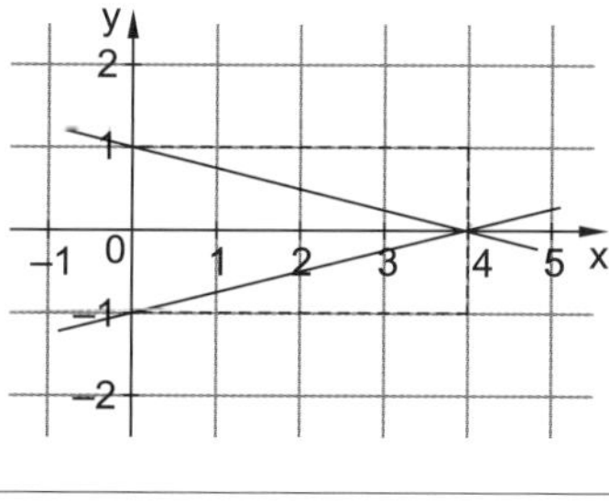

Berechne zuerst die Steigung der Geraden g mithilfe der Steigungsformel.

Setze den Wert der Steigung und die Koordinaten eines Punktes in die Normalform ein und berechne t.

Bei der Spiegelung von g an der x-Achse entsteht die Spiegelgerade g' mit $m' = -m$ und $t' = -t$.

Zeichne die beiden Geraden mithilfe des y-Achsenabschnittes t (t') und der Steigung m (m').

Hinweise und Tipps

23. a) f: $m=-1;\ t=6$
$\Rightarrow\ y=-x+6$
g: $m=1{,}5;\ t=1$
$\Rightarrow\ y=1{,}5x+1$

Lies jeweils den y-Achsenabschnitt und die Steigung ab.

b) g: $y=1{,}5x+1$

$$0=1{,}5x+1 \quad |-1{,}5x$$
$$-1{,}5x=1 \quad |:(-1{,}5)$$
$$x=-\frac{2}{3} \Rightarrow N_1\left(-\frac{2}{3}\,\middle|\,0\right)$$

f: $y=-x+6$
$$0=-x+6 \quad |+x$$
$$x=6 \Rightarrow N_2(6\,|\,0)$$

Setze jeweils für den Funktionswert $y=0$ ein und löse nach x auf.

c)
$$-x+6=1{,}5x+1 \quad |-1{,}5x-6$$
$$-2{,}5x=-5 \quad |:(-2{,}5)$$
$$x=2$$

Setze die Funktionsgleichungen gleich und löse nach x auf.

in f: $y=-1\cdot 2+6$
$y=4 \Rightarrow S(2\,|\,4)$

Setze dann $x=2$ in eine Funktionsgleichung ein und berechne den Funktionswert.

d) $u=\overline{N_1N_2}+\overline{N_1S}+\overline{N_2S}$

$$\overline{N_1N_2}=\left|-\frac{2}{3}\right|+|6|$$
$$\overline{N_1N_2}=\frac{2}{3}+6$$
$$\overline{N_1N_2}=6\frac{2}{3}\ (\text{cm})$$

Berechne die Länge der Strecke $\overline{N_1N_2}$. Addiere die Beträge der Nullstellen $N_1\left(-\frac{2}{3}\,|\,0\right)$ und $N_2(6\,|\,0)$.

$$\overline{N_1S}=\sqrt{(4-0)^2+\left(2-\left(-\frac{2}{3}\right)\right)^2}$$
$$\overline{N_1S}=\sqrt{16+\frac{64}{9}}$$
$$\overline{N_1S}=4{,}807\ldots\approx 4{,}81\ (\text{cm})$$

Berechne die Länge der Strecke $\overline{N_1S}$ mit der Abstandsformel.

$$\overline{N_2S}=\sqrt{(4-0)^2+(2-6)^2}$$
$$\overline{N_2S}=\sqrt{32}$$
$$\overline{N_2S}=5{,}656\ldots\approx 5{,}67\ (\text{cm})$$

Berechne die Länge der Strecke $\overline{N_2S}$ mit der Abstandsformel.

$$u=6\frac{2}{3}\text{ cm}+4{,}81\text{ cm}+5{,}67\text{ cm}$$
$$u\approx 17{,}15\text{ cm}$$

Berechne den Umfang.

$$A=\frac{1}{2}\cdot g\cdot h$$
$$g=\overline{N_1N_2}=6\frac{2}{3}\text{ cm};\ h=4\text{ cm}$$
$$A=\frac{1}{2}\cdot 6\frac{2}{3}\text{ cm}\cdot 4\text{ cm}$$
$$A=13\frac{1}{3}\text{ cm}^2$$

Berechne den Flächeninhalt des Dreiecks (N_1N_2S).
Die Länge der Grundseite ist bekannt.
Die Länge der Höhe h ist der Abstand des Punktes $S(2\,|\,4)$ von der x-Achse.

24. a) Diagonale e:

$t=-2$ und $C(2\,|\,2)$ in e: $y=m\cdot x+t$

$2 = m\cdot 2-2 \quad |+2$

$4 = 2m \quad |:2$

$m = 2$

$\Rightarrow$ e: $y=2x-2$

Diagonale f:

$m = \frac{2-(-2)}{-2-4} = \frac{4}{-6} = -\frac{2}{3}$

$m=-\frac{2}{3}$ und $B(4\,|\,-2)$ in f: $y=m\cdot x+t$

$-2 = -\frac{2}{3}\cdot 4+t$

$-2 = -\frac{8}{3}+t \quad |+\frac{8}{3}$

$t = \frac{2}{3}$

$\Rightarrow$ f: $y=-\frac{2}{3}x+\frac{2}{3}$

Diagonalenschnittpunkt S:

$2x-2 = -\frac{2}{3}x+\frac{2}{3} \quad |+\frac{2}{3}x+2$

$2\frac{2}{3}x = 2\frac{2}{3}$

$x = 1$

in e: $y=2\cdot 1-2$

$y=0 \Rightarrow S(2\,|\,0)$

b) $A=g\cdot h$

$g=\overline{AB}=4$ cm; $h=4$ cm

$A=4\text{ cm}\cdot 4\text{ cm}$

$A=16\text{ cm}^2$

c) $u = \overline{AB}+\overline{BC}+\overline{DC}+\overline{AD}$

$u = 2\cdot\overline{AB}+2\cdot\overline{BC}$

$\overline{BC} = \sqrt{(2-(-2))^2+(2-4)^2}$

$\overline{BC} = \sqrt{4^2+(-2)^2}$

$\overline{BC} = \sqrt{20}$

$\overline{BC} = 4,47... \approx 4,5$ (cm)

$u=2\cdot 4\text{ cm}+2\cdot 4{,}5\text{ cm}$

$u=8\text{ cm}+9\text{ cm}$

$u=17$ cm

Hinweise und Tipps

Auf der Diagonalen e liegen die Punkte $A(0\,|\,-2)$ und $C(2\,|\,2)$. Die y-Koordinate von A ist der y-Achsenabschnitt von e. Setze den y-Achsenabschnitt und die Koordinaten von C in die Normalform ein.
Löse nach m auf.

Auf der Diagonalen f liegen die Punkte $B(4\,|\,-2)$ und $D(-2\,|\,2)$.
Berechne mithilfe der Steigungsformel die Steigung.

Setze den Wert der Steigung und die Koordinaten eines Punktes in die Normalform ein und berechne t.

Setze die Funktionsgleichungen e und f gleich und löse nach x auf.

Setze $x=1$ in eine Funktionsgleichung ein und berechne y.

Lies die Länge der Strecke $\overline{AB}$ und der Höhe h ab.

Berechne mit der Abstandsformel die Länge der Strecke $\overline{BC}$ (oder $\overline{AD}$).

Addiere die Teilstrecken.

Hinweise und Tipps

25. A(–7 | –5,5); B(7 | 1,5); C(3 | 5,5); D(–6 | 1)

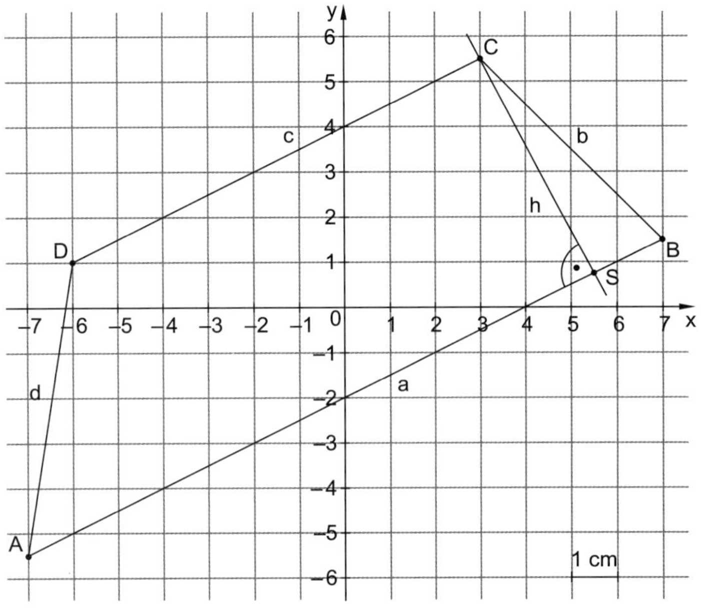

a) a: A(–7 | –5,5); B(7 | 1,5)

$m = \frac{1{,}5-(-5{,}5)}{7-(-7)} = \frac{7}{14} = \frac{1}{2} = 0{,}5$

Berechne zuerst die Steigung der Geraden a mithilfe der Steigungsformel.

m = 0,5 und B(7 | 1,5) in a: $y = m \cdot x + t$

$1{,}5 = 0{,}5 \cdot 7 + t$

$1{,}5 = 3{,}5 + t \quad | -3{,}5$

$t = -2$

$\Rightarrow$ a: $y = 0{,}5x - 2$

Setze den Wert der Steigung und die Koordinaten eines Punktes in die Normalform ein.
Löse nach t auf.

$c \parallel a \Rightarrow m_c = m_a = 0{,}5$

$m_c = 0{,}5$ und D(–6 | 1) in c: $y = m \cdot x + t$

$1 = 0{,}5 \cdot (-6) + t$

$1 = -3 + t \quad | +3$

$t = 4$

$\Rightarrow$ c: $y = 0{,}5x + 4$

Jedes Trapez hat ein Paar parallele Seiten:
$a \parallel c \Rightarrow$ c hat dieselbe Steigung wie a.

b) $m_h \cdot 0{,}5 = -1 \quad | \cdot 2$

$m_h = -2$

Berechne die Steigung der Geraden h mit der Formel: $m_h \cdot m_c = -1$

$m_h = -2$ und C(3 | 5,5) in h: $y = m \cdot x + t$

$5{,}5 = -2 \cdot 3 + t$

$5{,}5 = -6 + t \quad | +6$

$t = 11{,}5$

$\Rightarrow$ h: $y = -2x + 11{,}5$

Setze den Wert der Steigung m_h und die Koordinaten des Punktes C in die Normalform ein und berechne t.

c) h: $y = -2x + 11{,}5$

a: $y = 0{,}5x - 2$

$-2x + 11{,}5 = 0{,}5x - 2 \quad | -0{,}5x - 11{,}5$

$-2{,}5x = -13{,}5 \quad | :(-2{,}5)$

$x = 5{,}4$

Setze die Funktionsgleichungen der Geraden a und h gleich und löse nach x auf.

in a: $y = 0{,}5 \cdot 5{,}4 - 2$

$y = 2{,}7 - 2$

$y = 0{,}7 \Rightarrow S(5{,}4 \mid 0{,}7)$

Setze x = 5,4 in eine Funktionsgleichung ein und berechne den Funktionswert.

d) $u = a + b + c + d$

$\overline{AB} = \sqrt{(1{,}5-(-5{,}5))^2+(7-(-7))^2}$

$\overline{AB} = \sqrt{7^2+14^2}$

$\overline{AB} = \sqrt{245}$

$\overline{AB} = 15{,}652... \approx 15{,}65\ (\text{cm})$

$\overline{BC} = \sqrt{(5{,}5-1{,}5)^2+(3-7)^2}$

$\overline{BC} = \sqrt{4^2+(-4)^2}$

$\overline{BC} = \sqrt{32}$

$\overline{BC} = 5{,}656... \approx 5{,}66\ (\text{cm})$

$\overline{CD} = \sqrt{(1-5{,}5)^2+(-6-3)^2}$

$\overline{CD} = \sqrt{(-4{,}5)^2+(-9)^2}$

$\overline{CD} = \sqrt{101{,}25}$

$\overline{CD} = 10{,}062... \approx 10{,}06\ (\text{cm})$

$\overline{AD} = \sqrt{(1-(-5{,}5))^2+(-6-(-7))^2}$

$\overline{AD} = \sqrt{6{,}5^2+1^2}$

$\overline{AD} = \sqrt{43{,}25}$

$\overline{AD} = 6{,}576... \approx 6{,}58\ (\text{cm})$

$u = 15{,}65\text{ cm} + 5{,}66\text{ cm} + 10{,}06\text{ cm} + 6{,}58\text{ cm}$

$u = 37{,}95\text{ cm}$

$A = \frac{1}{2}(a+c)\cdot h$

$\overline{CS} = \sqrt{(0{,}7-5{,}5)^2+(5{,}4-3)^2}$

$\overline{CS} = \sqrt{(-4{,}8)^2+2{,}4^2}$

$\overline{CS} = \sqrt{28{,}8}$

$\overline{CS} = 5{,}366... \approx 5{,}37\ (\text{cm})$

$A = \frac{1}{2}(15{,}65\text{ cm} + 10{,}06\text{ cm})\cdot 5{,}37\text{ cm}$

$A = 69{,}03135\text{ cm}^2 \approx 69{,}03\text{ cm}^2$

Hinweise und Tipps

Berechne nacheinander die Länge der Strecken $\overline{AB} = a$, $\overline{BC} = b$, $\overline{CD} = c$, und $\overline{AD} = d$ mit der Abstandsformel.

Berechne den Flächeninhalt des Trapezes mit $a = \overline{AB} = 15{,}65$ cm, $c = \overline{CD} = 10{,}06$ cm und $h = \overline{CS}$.

Berechne mit der Abstandsformel die Länge der Strecke $\overline{CS}$.

---

26. a) I $7x + 8y = 5$

II $6y + 6x = 48 \quad |:6$

II $y + x = 8 \quad |-y$

$x = 8 - y$

in I $7(8-y)+8y = 5$

$56 - 7y + 8y = 5 \quad |-56$

$y = -51$

in II $x = 8-(-51)$

$x = 59$

$\Rightarrow \mathbb{L} = \{59; -51\}$

Einsetzungsverfahren:
Löse die Gleichung II nach x auf.

Setze den Term für die Variable x in die Gleichung I ein und löse nach y auf.

Setze $y = -51$ in die umgeformte Gleichung II ein und berechne x.

b) I $3x - 12 = 4y \quad |:4$

II $30 + 3y = 4x$

I $0{,}75x - 3 = y$

Einsetzungsverfahren:
Löse die Gleichung I nach y auf.

	Hinweise und Tipps
in II $30+3(0{,}75x-3)=4x$ $30+2{,}25x-9=4x$ $21+2{,}25x=4x \quad \vert -21-4x$ $-1{,}75x=-21 \quad \vert :(-1{,}75)$ $x=12$	Setze den Term für die Variable y in die Gleichung II ein und löse nach x auf.
in I $y=0{,}75\cdot 12-3$ $y=6$ $\Rightarrow\ \mathbb{L}=\{12;\,6\}$	Setze das Ergebnis für x in die umgeformte Gleichung I ein und berechne y.
c) I $8x-8y-8=0 \quad \vert :4$ II $2x+2y=30$ I $2x-2y-2=0$ I+II $4x-2=30 \quad \vert +2$ $4x=32 \quad \vert :4$ $x=8$	Additionsverfahren: Forme die Gleichung I so um, dass der Faktor der Variable y denselben Betrag hat wie der Faktor der Variable y in der Gleichung II. Addiere die Gleichungen. Löse nach x auf.
in I $2\cdot 8-2y-2=0$ $14-2y=0 \quad \vert -14$ $-2y=-14 \quad \vert :(-2)$ $y=7$ $\Rightarrow\ \mathbb{L}=\{8;\,7\}$	Setze das Ergebnis für x in die umgeformte Gleichung I ein und berechne y.
d) I $8x+6y-2=0 \quad \vert -8x+2$ II $7x+3y-10=0 \quad \vert -7x+10$ I $6y=-8x+2 \quad \vert :2$ II $3y=-7x+10$ I $3y=-4x+1$	Gleichsetzungsverfahren: Löse beide Gleichungen nach einem gemeinsamen Vielfachen der Variable y auf.
I=II $-7x+10=-4x+1 \quad \vert +4x-10$ $-3x=-9 \quad \vert :(-3)$ $x=3$	Setze die erhaltenen Terme beider Gleichungen gleich und löse nach x auf.
in I $3y=-4\cdot 3+1$ $3y=-11$ $y=-\frac{11}{3}$ $\Rightarrow\ \mathbb{L}=\left\{3;\,-\frac{11}{3}\right\}$	Setze das Ergebnis für x in die umgeformte Gleichung I ein und berechne y.

---

27. a) I $2x+8y=8$ II $-2x=10-4y$ I+II $8y=18-4y \quad \vert +4y$ $12y=18 \quad \vert :12$ $y=\frac{18}{12}=\frac{3}{2}=1{,}5$	Additionsverfahren: Addiere die Gleichungen. Löse nach y auf.
in I $2x+8\cdot 1{,}5=8$ $2x+12=8 \quad \vert -12$ $2x=-4 \quad \vert :2$ $x=-2$	Setze das Ergebnis für y in die erste Gleichung ein und berechne x.
$\Rightarrow\ \mathbb{L}=\{-2;\,1{,}5\}$; Schaubild C	Die Gleichung hat eine Lösung. $\Rightarrow$ Schnittpunkt $(-2\,\vert\,1{,}5)$

b) I $x + 2 - 2y = 0$ $\quad |-x-2$
II $1{,}5x = 3y + 3$ $\quad |-3y-1{,}5x$

I $-2y = -x - 2$ $\quad |:(-2)$
$y = 0{,}5x + 1$

II $-3y = -1{,}5x + 3$ $\quad |:(-3)$
$y = 0{,}5x - 1$

I = II $0{,}5x + 1 = 0{,}5x - 1$
$1 \neq -1$

$\Rightarrow$ keine Lösung; Schaubild A

c) I $4y = 6x - 4$
II $3x - 2y = 2$ $\quad |\cdot 2$

II $6x - 4y = 4$ $\quad |+4y-4$
$6x - 4 = 4y$
$4y = 6x - 4$

I = II $6x - 4 = 6x - 4$
$0 = 0$

$\Rightarrow$ unendlich viele Lösungen; Schaubild B

Hinweise und Tipps

Gleichsetzungsverfahren:
Löse beide Gleichungen nach y auf.

Setze dann die erhaltenen Terme beider Gleichungen gleich.
Es gibt keine Lösung. Parallele Geraden besitzen keinen gemeinsamen Punkt.

Gleichsetzungsverfahren:
Multipliziere die Gleichung II mit 2 und forme die Gleichung um.

Die Gleichungen I und II sind identisch. Die beiden Geraden liegen übereinander. Sie berühren sich in unendlich vielen gemeinsamen Punkten.

---

28. a) I $x + y = 35$
II $x - y = 17$

I + II $2x = 52$ $\quad |:2$
$x = 26$

in I $26 + y = 35$ $\quad |-26$
$y = 9$

Die eine Zahl heißt 26, die andere Zahl 9.

Erste Zahl: x
Zweite Zahl: y
Gleichung I: Summe der Zahlen
Gleichung II: Differenz der Zahlen
Löse mit dem Additionsverfahren.

b) I $x + y = 49$
II $\frac{x}{y} = 6$ $\quad |\cdot y$

II $x = 6y$

in I $6y + y = 49$
$7y = 49$ $\quad |:7$
$y = 7$

in II $x = 6 \cdot 7$
$x = 42$

Die erste Zahl heißt 42, die zweite Zahl 7.

Erste Zahl: x
Zweite Zahl: y
Gleichung I: Summe zweier Zahlen
Gleichung II: Quotient $\Rightarrow$ $x : y$ oder $\frac{x}{y}$
Löse mit dem Einsetzungsverfahren.

---

29. I $10x + y = 10y + x + 54$
II $x = 4y$

in I $10 \cdot 4y + y = 10y + 4y + 54$ $\quad |-14y$
$27y = 54$
$y = 2$

in II $x = 4 \cdot 2$
$x = 8$

Die Zahl heißt 82.

Bei der Gleichung geht es um den Stellenwert der Zahl und um die Ziffern der Zahl.
Zehnerziffer: x
Einerziffer: y
Gleichung I: Stellenwert der Zahl
ursprüngliche Zahl: $10 \cdot x + y$
„vertauschte" Zahl: $10 \cdot y + x$
Gleichung II: Ziffern der Zahl
Wenn du die Einerziffer mit 4 multiplizierst, sind beide Ziffern gleich groß.
Löse mit dem Einsetzungsverfahren.

30.

$$\begin{aligned}
&\text{I} \quad x+y=446 && \mid -x\\
&\text{II} \quad 4x+2y=1\,656\\
&\text{I} \quad y=446-x\\
&\text{in II} \quad 4x+2(446-x)=1\,656\\
&\qquad 4x+892-2x=1\,656 && \mid -892\\
&\qquad 2x=764 && \mid :2\\
&\qquad x=382\\
&\text{in I} \quad y=446-382\\
&\qquad y=64
\end{aligned}$$

Es sind 382 Pkw und 64 Motorräder.

Hinweise und Tipps

Anzahl der Pkw: x
Anzahl der Motorräder: y

Stelle die Gleichung I für die Anzahl der Fahrzeuge auf.
Stelle die Gleichung II für die Anzahl der Reifen auf.
Löse mit dem Einsetzungsverfahren.

31.

$$\begin{aligned}
&\text{I} \quad x+y+0{,}5y+2y+(x+1)+x=28\\
&\text{II} \quad [1\cdot x+2\cdot y+3\cdot 0{,}5y+4\cdot 2y+5(x+1)+6x]:28=3{,}5\\
&\text{I} \quad 3x+3{,}5y+1=28 && \mid -1\\
&\qquad 3x+3{,}5y=27 && \mid \cdot(-4)\\
&\text{II} \quad x+2y+1{,}5y+8y+5x+5+6x=3{,}5\cdot 28\\
&\qquad 12x+11{,}5y+5=98 && \mid -5\\
&\qquad 12x+11{,}5y=93\\
&\text{I} \quad -12x-14y=-108\\
&\text{I}+\text{II} \quad -2{,}5y=-15 && \mid :(-2{,}5)\\
&\qquad y=6\\
&\text{in I} \quad 3x+3{,}5\cdot 6=27\\
&\qquad 3x+21=27 && \mid -21\\
&\qquad 3x=6 && \mid :3\\
&\qquad x=2
\end{aligned}$$

Note 1: 2 Note 4: 12
Note 2: 6 Note 5: 3
Note 3: 3 Note 6: 2

Lege die Variablen fest:

1	2	3	4	5	6
x	y	0,5y	2y	x + 1	x

Stelle die Gleichung I für die Anzahl aller Noten auf.
Stelle die Gleichung II für den Notendurchschnitt auf.
Löse mit dem Additionsverfahren.

32.

$$\begin{aligned}
&\text{I} \quad 2x+y+x+2y=360\\
&\text{II} \quad x+2y=200 && \mid -2y\\
&\text{II} \quad x=200-2y\\
&\text{in I} \quad 2(200-2y)+y+200-2y+2y=360\\
&\qquad 400-4y+y+200=360\\
&\qquad -3y+600=360 && \mid -600\\
&\qquad -3y=-240 && \mid :(-3)\\
&\qquad y=80\\
&\text{in II} \quad x=200-2\cdot 80\\
&\qquad x=200-160\\
&\qquad x=40
\end{aligned}$$

α: 80° γ: 40°
β: 80° δ: 160°

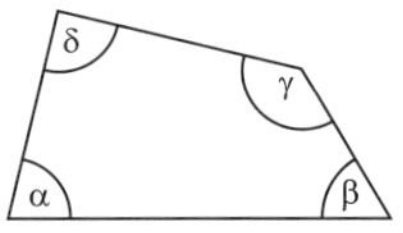

γ: x δ: 2y
α: 2x β: y

Stelle die Gleichung I für die Winkelsumme in einem Viereck auf.
Stelle die Gleichung II für die Winkelsumme von γ und δ auf.
Löse mit dem Einsetzungsverfahren.

33.

$$\begin{aligned}
&\text{I} \quad x+x-80+y=240\\
&\text{II} \quad y+40=x+x-80 && \mid -40\\
&\text{II} \quad y=2x-120
\end{aligned}$$

Orangensaft: x Flaschen
Apfelsaft: x – 80 Flaschen
Mineralwasser: y Flaschen

Stelle die Gleichung I für alle verbrauchten Getränke auf.

in I $2x-80+2x-120=240$
$4x-200=240 \quad |+200$
$4x=440 \quad |:4$
$x=110$

in II $y=2\cdot 110-120$
$y=220-120$
$y=100$

Orangensaft: 110 Flaschen
Apfelsaft: 30 Flaschen
Mineralwasser: 100 Flaschen

Hinweise und Tipps

Stelle die Gleichung II für den Zusammenhang zwischen Mineralwasser und den beiden anderen Getränken auf.
Löse mit dem Einsetzungsverfahren.

---

34. I $x+y=70 \quad |-x$
II $5x+10y=525$
I $y=70-x$

in II $5x+10(70-x)=525$
$5x+700-10x=525 \quad |-700$
$-5x=-175 \quad |:(-5)$
$x=35$

in I $y=70-35$
$y=35$

Lukas hat von den 5 Cent-Münzen und von den 10 Cent-Münzen jeweils 35 Stück gewonnen.

Anzahl der 5 Cent-Münzen: x
Anzahl der 10 Cent-Münzen: y
Stelle die Gleichung I für die Anzahl der Münzen auf.
Stelle die Gleichung II für den Wert der Münzen auf: 5,25 € = 525 Ct.
Löse mit dem Einsetzungsverfahren.

---

35. I $24\cdot x+y=33{,}95$
II $19\cdot x+y=27{,}45 \quad |\cdot(-1)$
II $-19x-y=-27{,}45$
I+II $5x=6{,}5 \quad |:5$
$x=1{,}3$

in I $24\cdot 1{,}3+y=33{,}95$
$31{,}2+y=33{,}95 \quad |-31{,}2$
$y=2{,}75$

Die Grundgebühr beträgt 2,75 €.
Ein gefahrener Kilomcter kostet 1,30 €.

x: Kosten für jeden gefahrenen Kilometer
y: Grundgebühr
Stelle für Herrn Schmid und Frau Manchen jeweils eine Gleichung für die Gesamtkosten auf.
Löse mit dem Additionsverfahren.

---

36. a) $2{,}5\cdot 2{,}5\cdot 2{,}5\cdot 2{,}5=2{,}5^4$

b) $a\cdot a\cdot c\cdot a\cdot c\cdot b\cdot c\cdot b=a^3b^2c^3$

Ein Produkt aus gleichen Faktoren kann als Potenz geschrieben werden.

---

37. a) $\frac{a^3}{b^7}=a^3b^{-7}$

b) $\frac{2p^2}{3q^4r}=2p^2 3^{-1}q^{-4}r^{-1}$

Ein Bruch kann als Potenz geschrieben werden. Der Exponent hat dann ein negatives Vorzeichen.

Hinweise und Tipps

38. a) $2y^{-1}x^3 5^{-3} z^2 = \frac{2x^3z^2}{5^3 y}$

b) $r^{-4}s^{-5}t^{-2} = \frac{1}{r^4 s^5 t^2}$

Die Potenzen mit negativem Exponenten bilden den Nenner der Brüche.

---

39. a) $\sqrt[5]{7^4 a^3} = 7^{\frac{4}{5}} a^{\frac{3}{5}}$

b) $\sqrt[4]{2^{-3} a^{-2} b} = 2^{-\frac{3}{4}} a^{-\frac{2}{4}} b^{\frac{1}{4}}$

Wurzeln können als Potenzen mit rationalen Zahlen als Exponenten geschrieben werden, d. h., die Exponenten sind Brüche.

---

40. a) $x^{\frac{5}{6}} = \sqrt[6]{x^5}$

b) $a^{\frac{3}{5}} b^{-\frac{1}{2}} = \sqrt[5]{a^3}\,\sqrt[2]{b^{-1}}$

Der Nenner des Exponenten steht „auf der Wurzel".

---

41. a) $a^6 - a^8 + 7a^6 - 12a^8 = 8a^6 - 13a^8$

b) $x^4y^9 - x^9y^4 + 24x^4y^9 - 13x^9y^4 = 25x^4y^9 - 14x^9y^4$

Du kannst nur Potenzen mit gleicher Basis und gleichem Exponenten zusammenfassen.

---

42. a) $4a^5 \cdot 3a^6 = 4 \cdot 3 \cdot a^5 \cdot a^6 = 12a^{5+6} = 12a^{11}$

b) $15y^5 : (3y^7) = 15 : 3 \cdot y^5 \cdot y^{-7} = 5y^{-2}$

c) $5r^3 \cdot 3p^3 = 5 \cdot 3 \cdot (p \cdot r)^3 = 15(pr)^3$

d) $45z^7 : (9q^7) = 45 : 9 \cdot (z : q)^7 = 5\left(\frac{z}{q}\right)^7$

Wende beim Vereinfachen der Terme die Potenzgesetze an.

---

43. a) $\frac{x^3y^5}{y^3x^5} = \frac{y^2}{x^2} = x^{-2}y^2$

b) $\frac{3^3x^3y^3z^3}{3^2x^{-3}y^6z^3} = \frac{3x^3}{x^{-3}y^3} = 3x^6y^{-3}$

Kürze zuerst.

---

44. a) $\frac{\sqrt[5]{u^3v}}{\sqrt[5]{u^3v^6}} = u^{\frac{3}{5}} v^{\frac{1}{5}} u^{-\frac{3}{5}} v^{-\frac{6}{5}} = v^{-1}$

b) $\sqrt[7]{a^4b^5} \cdot \sqrt[7]{a^{-3}b^{-2}} = a^{\frac{4}{7}} b^{\frac{5}{7}} a^{-\frac{3}{7}} b^{-\frac{2}{7}} = a^{\frac{1}{7}} b^{\frac{3}{7}}$

Achte beim Vereinfachen auf die Potenzgesetze.

---

45. a) $\frac{x^{\frac{3}{4}} y^{\frac{3}{4}}}{x^{-\frac{1}{4}} y^{-\frac{1}{4}}} = x^{\frac{3}{4}} \cdot x^{\frac{1}{4}} \cdot y^{\frac{3}{4}} \cdot y^{\frac{1}{4}} = xy$

$\frac{3}{4} + \frac{1}{4} = 1$

b) $\frac{a^{\frac{2}{3}} \cdot b^{\frac{3}{4}} \cdot c^{\frac{5}{6}}}{a^{\frac{1}{6}} b^{-\frac{1}{4}} c^{\frac{2}{3}}} = a^{\frac{2}{3}} \cdot a^{-\frac{1}{6}} \cdot b^{\frac{3}{4}} \cdot b^{\frac{1}{4}} \cdot c^{\frac{5}{6}} \cdot c^{-\frac{2}{3}} = a^{\frac{1}{2}} b c^{\frac{1}{6}}$

$\frac{2}{3} - \frac{1}{6} = \frac{3}{6} = \frac{1}{2}$; $\frac{5}{6} - \frac{2}{3} = \frac{1}{6}$

Hinweise und Tipps

46. a) $(3^2x^3y^4z^5)^3 = 3^6x^9y^{12}z^{15}$

b) $(x^5y^{-2})^{-4} = x^{-20}y^8$

Potenziere die Potenzen, indem du die Exponenten multiplizierst.

---

47. a) $\dfrac{(5abc^2)^3}{(25a^4b^4c^6)^2} = \dfrac{5^3a^3b^3c^6}{5^4a^8b^8c^{12}} = \dfrac{1}{5a^5b^5c^6} = 5^{-1}a^{-5}b^{-5}c^{-6}$

$= 5^{-1}(a \cdot b)^{-5}c^{-6}$

b) $\left(\dfrac{2a^2b^3c^{-3}}{3b^2c^{-4}d^7}\right)^2 = \dfrac{4a^4b^6c^{-6}}{9b^4c^{-8}d^{14}} = 4 \cdot 9^{-1}a^4b^6b^{-4}c^{-6}c^8d^{-14}$

$= 4 \cdot 9^{-1}a^4b^2c^2d^{-14} = 4 \cdot 9^{-1}a^4(bc)^2d^{-14}$

Potenzrechnung geht vor Punktrechnung.
$25 = 5^2$

---

48. a) $10^x = 1\,000$
$x = 3$

$10^x = a \Rightarrow x = \lg a$

b) $10^x = 100\,000\,000$
$x = 8$

c) $8^x = 32\,768$
$x = \log_8 32\,768$
$x = \dfrac{\lg 32\,768}{\lg 8}$
$x = 5$

$b^x = a \Rightarrow x = \log_b a$
$x = \dfrac{\lg a}{\lg b}$

d) $2{,}5^x = 39{,}0625$
$x = \log_{2,5} 39{,}0625$
$x = \dfrac{\lg 39{,}0625}{\lg 2{,}5}$
$x = 4$

e) $625^x = 5$
$x = \log_{625} 5$
$x = \dfrac{\lg 5}{\lg 625}$
$x = 0{,}25$

f) $11 = 14\,641^x$
$14\,641^x = 11$
$x = \log_{14\,641} 11$
$x = \dfrac{\lg 11}{\lg 14\,641}$
$x = 0{,}25$

49.

$99^9 \approx 9{,}14 \cdot 10^{17}$		⑥
$9^{99} \approx 2{,}95 \cdot 10^{94}$		⑧
$9^{-99} \approx 3{,}39 \cdot 10^{-95}$	positiver Bruch	③
$99^{-9} \approx 1{,}09 \cdot 10^{-18}$	positiver Bruch	④
$(-9)^{99} \approx -2{,}95 \cdot 10^{94}$	negative ganze Zahl	①
$9^{9^9} = 9^{387\,420\,489}$	ERROR	⑨
$(-9)^{-99} \approx -3{,}39 \cdot 10^{-95}$	negativer Bruch	②
$(9^9)^9 = 387\,420\,489^9 = 1{,}97 \cdot 10^{77}$		⑦
$999 = 9{,}99 \cdot 10^2$		⑤

$$\Rightarrow \quad -9^{99} < -9^{-99} < 9^{-99} < 99^{-9} < 999 < 99^9 < (9^9)^9 < 9^{99} < 9^{9^9}$$

Hinweise und Tipps

Berechne mit dem Taschenrechner den Wert der Potenzen.
Schreibe die Taschenrechnerergebnisse auf. Runde auf zwei Dezimalstellen.

ERROR: Die Zahl ist zu groß für den Taschenrechner. Sie übersteigt jedes Vorstellungsvermögen.

---

50. a)

$$\frac{(-3x^3)^2 \cdot (-2y^2)^3 \cdot 4x^2y}{6x \cdot 2y^2}$$

$$= \frac{\overset{3}{\cancel{9}} \cdot x^6 \cdot (-8) \cdot y^6 \cdot \cancel{4}x^2y}{\cancel{6}x \cdot \cancel{2}y^2}$$

$$= 3x^6x^2x^{-1}(-8)y^6yy^{-2} = -24x^7y^5$$

Achte auf die Vorzeichen.
$(-3)^2 = +9$
$(-2)^3 = -8$

b)

$$\frac{(2a^2b \cdot 3ab^2)^5 \cdot 4ab}{(5a^4b^2)^3 \cdot (3a^5b^2) \cdot (3a^5b^3)^2}$$

Fasse gleiche Faktoren in der Klammer im Zähler zusammen.

$$= \frac{(2 \cdot 3 \cdot a^3b^3)^5 \cdot 4ab}{5^3a^{12}b^6 3a^5b^2 3^2a^{10}b^6}$$

Potenziere die Klammer im Nenner.

$$= \frac{2^5 3^5 a^{15}b^{15} 2^2 ab}{5^3 3^3 a^{27}b^{14}}$$

$4 = 2^2$

$$= \frac{2^7 3^5 a^{16}b^{16}}{5^3 3^3 a^{27}b^{14}}$$

Kürze.

$$= \frac{2^7 3^2 b^2}{5^3 a^{11}} = 2^7 3^2 5^{-3} a^{-11} b^2$$

Schreibe ohne Bruchstrich.

---

51. a) Fabian:

Mähen	1.	2.	3.	4.	5.	6.
Verdienst	5 €	5 €	5 €	5 €	5 €	5 €
Gesamtverdienst	5 €	10 €	15 €	20 €	25 €	30 €

Theresa:

Mähen	1.	2.	3.	4.	5.	6.
Verdienst	0,10 €	0,20 €	0,40 €	0,80 €	1,60 €	3,20 €
Gesamtverdienst	0,10 €	0,30 €	0,70 €	1,50 €	3,10 €	6,30 €

b) Die Aussagen B und C sind richtig.

c) $y = 5 \cdot 35$
$y = 175$
Fabian will insgesamt 175 €.

Fabians Forderung wird mit der Funktionsgleichung B aus Teilaufgabe b berechnet.

d) $y = 0{,}10 \cdot 2^{35-1}$
$y = 0{,}10 \cdot 2^{34}$
$y \approx 1\,717\,986\,918$
Theresa bekäme für das letzte Mähen über 1,7 Mrd. €.

Theresas Verdienst für das letzte Mähen wird mit der Funktionsgleichung C aus Teilaufgabe b berechnet.

Hinweise und Tipps

52. a) $26{,}982\ \text{g} \mathrel{\hat{=}} 6{,}022 \cdot 10^{23}$

$1\ \text{g} \mathrel{\hat{=}} 6{,}022 \cdot 10^{23} : 26{,}982$

$1\,000\ \text{g} \mathrel{\hat{=}} 6{,}022 \cdot 10^{23} : 26{,}982 \cdot 1\,000 = 2{,}2318\ldots \cdot 10^{25}$

$\approx 2{,}232 \cdot 10^{25}$

Der Würfel besteht aus rund $2{,}232 \cdot 10^{25}$ Aluminiumatomen.

Berechne zuerst, wie viele Atome sich in 1 g Aluminium befinden.

1 kg = 1 000 g

b) $V = 5\ \text{cm} \cdot 5\ \text{cm} \cdot 5\ \text{cm}$

$V = 125\ \text{cm}^3$

$m = 125\ \text{cm}^3 \cdot 2{,}7 \frac{\text{g}}{\text{cm}^3}$

$m = 337{,}5\ \text{g}$

Berechne zuerst die Masse des Aluminiumwürfels:
Masse = Volumen · Dichte

$1\ \text{g} \mathrel{\hat{=}} 6{,}022 \cdot 10^{23} : 26{,}982$

$337{,}5\ \text{g} \mathrel{\hat{=}} 6{,}022 \cdot 10^{23} : 26{,}982 \cdot 337{,}5 = 7{,}5325\ldots \cdot 10^{24}$

$\approx 7{,}533 \cdot 10^{24}$

Wie viele Atome befinden sich in 337,5 g Aluminium?

$1 = 7{,}533 \cdot 10^{24} \cdot 0{,}5^x \quad |: 7{,}533 \cdot 10^{24}$

$\frac{1}{7{,}533 \cdot 10^{24}} = 0{,}5^x$

$x = \log_{0,5} \frac{1}{7{,}533 \cdot 10^{24}}$

$x = \frac{\lg \frac{1}{7{,}533 \cdot 10^{24}}}{\lg 0{,}5}$

$x = 82{,}6\ldots \approx 83$ Schnitte

Man müsste rund 83-mal schneiden, um ein Aluminiumatom zu erhalten.

Jeder Schnitt halbiert die Masse.
Anzahl der Schnitte : x
Ausgangswert : $7{,}533 \cdot 10^{24}$ Atome
Endwert : 1 Atom

53. $W_0 = 720$ €

$p\,\% = 5{,}2\,\% = 0{,}052$

$q = 1 + 0{,}052 = 1{,}052$

$n = 18\ \text{a} - 12\ \text{a} = 6\ \text{a}$

$W_6 = 720$ € $\cdot\ 1{,}052^6$

$W_6 = 975{,}948\ldots$ € $\approx 975{,}95$ €

Sie kann 975,95 € abheben.

Zwischen dem 12. Geburtstag und dem 18. Geburtstag liegen 6 Jahre.

54. a) $W_0 = 15\,000$ €

$p\,\% = 1{,}25\,\% = 0{,}0125$

$q = 1 - 0{,}0125 = 0{,}9875$

$n = 6\ \text{m}$

$W_6 = 15\,000$ € $\cdot\ 0{,}9875^6$

$W_6 = 13\,909{,}575\ldots$ € $\approx 13\,909{,}58$ €

Nach einem halben Jahr sind seine Aktien noch 13 909,58 € wert.

Ein halbes Jahr sind 6 Monate.

b) $15\,000$ € $- 13\,909{,}58$ € $= 1\,090{,}42$ €

$1\,090{,}42$ € $: 15\,000$ € $\cdot\ 100\,\% = 7{,}26\ldots\,\% \approx 7{,}3\,\%$

Er hat rund 7,3 % seines angelegten Geldes verloren.

Verlust nach 6 Monaten in €
Verlust in Prozent

Hinweise und Tipps

55. $W_{12} = 2\,756{,}01$ €
$p\,\% = 5{,}2\,\% = 0{,}052$
$q = 1 + 0{,}052 = 1{,}052$
$n = 12$ a

$$2\,756{,}01\,€ = W_0 \cdot 1{,}052^{12} \quad |:1{,}052^{12}$$
$$W_0 = 1\,500{,}002\ldots\,€$$
$$W_0 \approx 1\,500\,€$$

Sie hatte 1 500 € angelegt.

Setze die gegebenen Werte in die Wachstumsformel ein und löse nach W_0 auf.

---

56. $W_5 = 3\,150$ €
$p\,\% = 18\,\% = 0{,}18$
$q = 1 - 0{,}18 = 0{,}82$
$n = 5$ a

$$3\,150\,€ = W_0 \cdot 0{,}82^5 \quad |:0{,}82^5$$
$$W_0 = 8\,496{,}524\ldots\,€$$
$$W_0 \approx 8\,496{,}52\,€$$

Sein Motorrad hatte einen Neuwert von 8 496,52 €.

Setze die gegebenen Werte in die Wachstumsformel ein und löse nach W_0 auf.

---

57. $W_0 = 1\,250$ €
$W_8 = 1\,919{,}79$ €
$n = 8$ a

$$1\,919{,}79\,€ = 1\,250\,€ \cdot q^8 \quad |:1\,250\,€;\ \sqrt[8]{\ }$$
$$\sqrt[8]{\frac{1\,919{,}79\,€}{1\,250\,€}} = q$$
$$q = 1{,}055098\ldots$$
$$\frac{p}{100} = 1{,}055098\ldots - 1$$
$$\frac{p}{100} = 0{,}055098\ldots$$
$$p\,\% \approx 5{,}5\,\%$$

Der Zinssatz betrug 5,5 %.

Setze die gegebenen Werte in die Wachstumsformel ein und löse nach q auf.

Berechne den Zinssatz.
$q = 1 + \frac{p}{100}$
$\frac{p}{100} = q - 1$

---

58. $W_0 = 25\,000$ €
$W_4 = 24\,503{,}74$ €
$n = 4$ a

$$24\,503{,}74\,€ = 25\,000\,€ \cdot q^4 \quad |:25\,000\,€;\ \sqrt[4]{\ }$$
$$\sqrt[4]{\frac{24\,503{,}74\,€}{25\,000\,€}} = q$$
$$q = 0{,}995000\ldots$$
$$\frac{p}{100} = 1 - 0{,}995000\ldots$$
$$\frac{p}{100} \approx 0{,}005$$
$$p\,\% \approx 0{,}5\,\%$$

Sie verlor jährlich 0,5 %.

Setze die gegebenen Werte in die Wachstumsformel ein und löse nach q auf.

Verlust:
$q = 1 - \frac{p}{100}$
$\frac{p}{100} = 1 - q$

Hinweise und Tipps

59. a) $W_n = 3\,850$ €
$W_0 = 100$ €
$p\,\% = 12{,}5\,\% = 0{,}125$
$q = 1 + 0{,}125 = 1{,}125$

$$3\,850\text{ €} = 100\text{ €} \cdot 1{,}125^n \quad |:100\text{ €}$$
$$38{,}5 = 1{,}125^n$$
$$n = \log_{1{,}125} 38{,}5$$
$$n = \frac{\lg 38{,}5}{\lg 1{,}125}$$
$$n = 30{,}994\ldots \approx 31$$

Die Münze wurde vor 31 Jahren geprägt.

Setze die gegebenen Werte in die Wachstumsformel ein.
Berechne n mit dem Logarithmus.

b) $W_0 = 3\,850$ €
$W_n = 10\,000$ €
$q = 1{,}125$

$$10\,000\text{ €} = 3\,850\text{ €} \cdot 1{,}125^n \quad |:3\,850\text{ €}$$
$$\frac{10\,000\text{ €}}{3\,850\text{ €}} = 1{,}125^n$$
$$n = \log_{1{,}125} \frac{10\,000}{3\,850}$$
$$n = \frac{\lg \frac{10\,000}{3\,850}}{\lg 1{,}125}$$
$$n = 8{,}10\ldots \approx 9 \quad \text{(aufrunden)}$$

Nach 9 Jahren wird die Münze über 10 000 € wert sein.

Setze die gegebenen Werte in die Wachstumsformel ein.
Berechne n mit dem Logarithmus.

60. $W_0 = 45\,500$ €
$p\,\% = 16{,}5\,\% = 0{,}165$
$q = 1 - 0{,}165 = 0{,}835$
$W_n = 45\,500\text{ €} - 15\,000\text{ €} = 30\,500$ €

$$30\,500\text{ €} = 45\,500\text{ €} \cdot 0{,}835^n \quad |:45\,500\text{ €}$$
$$\frac{30\,500\text{ €}}{45\,500\text{ €}} = 0{,}835^n$$
$$n = \log_{0{,}835} \frac{30\,500}{45\,500}$$
$$n = \frac{\lg \frac{30\,500}{45\,500}}{\lg 0{,}835}$$
$$n = 2{,}21\ldots \approx 2$$

Herr Stadler muss das Auto nach zwei Jahren wieder verkaufen.

Setze die gegebenen Werte in die Formel ein.
Berechne n mit dem Logarithmus.

61. $N_0 = 450$ g
$T = 30$ a
$t = 20$ a

$$N_{20} = 450\text{ g} \cdot 0{,}5^{\frac{20}{30}}$$
$$N_{20} = 283{,}482\ldots\text{ g} \approx 283{,}48\text{ g}$$

Nach 20 Jahren sind noch 283,48 g Cäsium 137 vorhanden.

Setze die gegebenen Werte in die Formel für den radioaktiven Zerfall ein:
$N_t = N_0 \cdot 0{,}5^{\frac{t}{T}}$

Hinweise und Tipps

62. $N_t = 1{,}9$ mg
$T = 28$ a
$t = 19$ a

$$1{,}9\text{ mg} = N_0 \cdot 0{,}5^{\frac{19}{28}} \qquad |: 0{,}5^{\frac{19}{28}}$$
$$\frac{1{,}9\text{ mg}}{0{,}5^{\frac{19}{28}}} = N_0$$
$$N_0 = 3{,}041\ldots\text{ mg} \approx 3{,}04\text{ mg}$$

Zu Beginn waren es rund 3,04 mg.

Setze die gegebenen Werte in die Formel für den radioaktiven Zerfall ein. Löse nach N_0 auf.

---

63. $N_0 = 250$ mg
$N_t = 20$ mg
$T = 8$ d

$$20 = 250 \cdot 0{,}5^{\frac{t}{8}} \qquad |: 250$$
$$0{,}08 = 0{,}5^{\frac{t}{8}}$$
$$\frac{t}{8} = \log_{0,5} 0{,}08 \qquad |\cdot 8$$
$$t = 8 \cdot \log_{0,5} 0{,}08$$
$$t = \frac{\lg 0{,}08}{\lg 0{,}5} \cdot 8$$
$$t = 29{,}1\ldots \approx 29$$

Nach rund 29 Tagen sind noch 20 mg vorhanden.

Setze die gegebenen Werte in die Formel für den radioaktiven Zerfall ein. Berechne t mit dem Logarithmus.

---

64. $N_0 = 43$ mg
$N_{8,5} = 27{,}33$ mg
$t = 8{,}5$ a

$$27{,}33\text{ mg} = 43\text{ mg} \cdot 0{,}5^{\frac{8,5}{T}} \qquad |: 43$$
$$\frac{27{,}33\text{ mg}}{43\text{ mg}} = 0{,}5^{\frac{8,5}{T}}$$
$$\frac{8{,}5}{T} = \log_{0,5} \frac{27{,}33}{43}$$
$$\frac{8{,}5}{T} = \frac{\lg \frac{27{,}33}{43}}{\lg 0{,}5}$$
$$\frac{8{,}5}{T} = 0{,}6538512 \qquad |\cdot T; : 0{,}6538512$$
$$T = 12{,}99\ldots \approx 13$$

Die Halbwertszeit beträgt 13 Jahre.

Setze die gegebenen Werte in die Formel für den radioaktiven Zerfall ein. Berechne T mit dem Logarithmus.

---

65. a) $N_0 = 3\text{ g} = 3\,000\text{ mg}$
$T = 1\,620\text{ a} = 1\,620 \cdot 365\text{ d} = 591\,300\text{ d}$
$t = 150$ d

$$N_{150} = 3\,000\text{ mg} \cdot 0{,}5^{\frac{150}{591\,300}}$$
$$N_{150} = 2\,999{,}472\ldots\text{ mg} \approx 2\,999{,}47\text{ mg}$$

zerfallene Menge:
$N_0 - N_t = 3\,000\text{ mg} - 2\,999{,}47\text{ mg} = 0{,}53\text{ mg}$

Berechne die zerfallene Menge, indem du von der Ausgangsmenge die Restmenge abziehst.

Hinweise und Tipps

b) $N_t = 3\text{ g} - 1\text{ g} = 2\text{ g}$

Berechne zuerst die Restmenge.

$$2\text{ g} = 3\text{ g} \cdot 0{,}5^{\frac{t}{1\,620}} \quad |:3\text{ g}$$
$$\frac{2}{3} = 0{,}5^{\frac{t}{1\,620}}$$
$$\frac{t}{1\,620} = \log_{0,5}\frac{2}{3} \quad |\cdot 1\,620$$
$$t = 1\,620 \cdot \log_{0,5}\frac{2}{3}$$
$$t = 1\,620 \cdot \frac{\lg\frac{2}{3}}{\lg 0{,}5}$$
$$t = 947{,}6\ldots \approx 948$$

Setze nun die bekannten Werte in die Formel für den radioaktiven Zerfall ein. Berechne t mit dem Logarithmus.

Es dauert 948 Jahre.

---

66. a) $W_0 = 425$
$q = 3$
$n = 30$ Intervalle

„Verdreifacht" $\Rightarrow$ $q = 3$
$5\text{ d} = 5 \cdot 24\text{ h} = 120\text{ h}$
$4\text{ h} \mathrel{\hat{=}} 1$ Intervall
$120\text{ h} : 4\text{ h} = 30$ Intervalle

$W_{30} = 425 \cdot 3^{30}$
$W_{30} = 8{,}75\ldots \cdot 10^{16} \approx 8{,}8 \cdot 10^{16}$
Es entstehen $8{,}8 \cdot 10^{16}$ Bakterien.

b) $W_n = 1\,000\,000$
$W_0 = 425$
$q = 3$

$$1\,000\,000 = 425 \cdot 3^n \quad |:425$$
$$\frac{1\,000\,000}{425} = 3^n$$
$$n = \log_3\frac{1\,000\,000}{425}$$
$$n = \frac{\lg\frac{1\,000\,000}{425}}{\lg 3}$$
$$n = 7{,}066\ldots$$
$$t = 7{,}066\ldots \cdot 4\text{ h}$$
$$t = 28{,}2\ldots\text{ h} \approx 28\text{ h}$$

Zeit in Stunden:
$t = n \cdot 4\text{ h}$

Es dauert 28 h.

---

67. a) $W_6 = 24\,520$ Einwohner*innen
$p\,\% = 2{,}1\,\% = 0{,}021$
$q = 1 + 0{,}021 = 1{,}021$
$n = 6\text{ a}$

Der Endwert ist hier gegeben, der Ausgangswert wird gesucht.

$$24\,520 = W_0 \cdot 1{,}021^6 \quad |:1{,}021^6$$
$$\frac{24\,520}{1{,}021^6} = W_0$$
$$W_0 = 21\,645{,}4\ldots \approx 21\,645$$

Vor sechs Jahren hatte die Großgemeinde 21 645 Einwohner*innen.

Hinweise und Tipps

b) $W_0 = 24\,520$ Einwohner*innen
$p\,\% = 0{,}85\,\% = 0{,}0085$
$q = 1 + 0{,}0085 = 1{,}0085$
$n = 10$ a

$W_{10} = 24\,520 \cdot 1{,}0085^{10}$
$W_{10} = 26\,685{,}7\ldots \approx 26\,686$
Die Großgemeinde wird in 10 Jahren 26 686 Einwohner*innen haben.

Achte auf die veränderten Werte:
24 520 Einwohner*innen stellen jetzt den Ausgangswert dar. Gesucht wird hier der Endwert.

c) $W_0 = 21\,645$ Einwohner*innen
$W_{16} = 26\,686$ Einwohner*innen
$n = 16$ a

$$26\,686 = 21\,645 \cdot q^{16} \quad |:21\,645;\ \sqrt[16]{\ }$$
$$\sqrt[16]{\frac{26\,686}{21\,645}} = q$$
$$q = 1{,}01317\ldots$$
$$\frac{p}{100} = 0{,}01317\ldots \quad |\cdot 100$$
$$p\,\% = 1{,}317\ldots\,\% \approx 1{,}32\,\%$$

Das durchschnittliche Wachstum läge bei 1,32 %.

W_0: Einwohner*innen vor sechs Jahren
W_{16}: Einwohner*innen in zehn Jahren

$q = 1 + \frac{p}{100}$
$\frac{p}{100} = q - 1$

68. a) $W_0 = 7\,630\ \ell$
$p\,\% = 2\,\% = 0{,}02$
$q = 1 - 0{,}02 = 0{,}98$
$n = 2$ Wochen $= 14$ d

$W_{14} = 7\,630\ \ell \cdot 0{,}98^{14}$
$W_{14} = 5\,750{,}2\ldots\ \ell \approx 5\,750\ \ell$
Nach zwei Wochen sind noch 5 750 ℓ im Tank.

Berechne die Restmenge mithilfe der Wachstumsformel.

b) $W_3 = 2\,400\ \ell - 340\ \ell = 2\,060\ \ell$
$W_0 = 2\,400\ \ell$
$n = 3$ d

$$2\,060\ \ell = 2\,400\ \ell \cdot q^3 \quad |:2\,400\ \ell;\ \sqrt[3]{\ }$$
$$\sqrt[3]{\frac{2\,060}{2\,400}} = q$$
$$q = 0{,}95035\ldots$$
$$\frac{p}{100} = 1 - 0{,}95035\ldots$$
$$\frac{p}{100} = 0{,}04964\ldots \quad |\cdot 100$$
$$p\,\% = 4{,}964\ldots\,\% \approx 5\,\%$$

Die tägliche prozentuale Verdunstung beträgt 5 %.

Berechne zuerst die Restmenge nach drei Tagen.
Setze dann die gegebenen Werte in die Wachstumsformel ein und löse nach q auf.

$q = 1 - \frac{p}{100}$
$\frac{p}{100} = 1 - q$

69. a) $W_0 = 325$ mg
$n = 2{,}5$ Intervalle
$p\,\% = 75\,\% = 0{,}75$
$q = 1 - 0{,}75 = 0{,}25$

$W_{15} = 325\text{ mg} \cdot 0{,}25^{2{,}5}$
$W_{15} = 10{,}156\ldots\text{ mg} \approx 10{,}2$ mg
Es sind noch 10,2 mg Wirkstoff vorhanden.

Ein Intervall beträgt sechs Stunden.
15 h : 6 h = 2,5 Intervalle

Hinweise und Tipps

b) $W_n = 100$ mg
$W_0 = 325$ mg
$q = 0{,}25$

$$100\text{ mg} = 325\text{ mg} \cdot 0{,}25^n \quad |:325\text{ mg}$$
$$\frac{100}{325} = 0{,}25^n$$
$$n = \log_{0{,}25}\frac{100}{325}$$
$$n = \frac{\lg\frac{100}{325}}{\lg 0{,}25}$$
$$n = 0{,}85021\ldots$$
$$t = 0{,}85021\ldots \cdot 6\text{ h}$$
$$t = 5{,}101\ldots\text{ h} \approx 5\text{ h}$$

Nach 5 h muss eine neue Tablette eingenommen werden.

Setze die bekannten Werte in die Formel ein. Berechne n mit dem Logarithmus.

Berechne die Zeit t in Stunden: $t = n \cdot 6$ h

---

70. a) $p\,\% = 6{,}5\,\% = 0{,}065$
$q = 1 + 0{,}065 = 1{,}065$
$n = 8$ a
$W_8 = 66\,199{,}83$ €

$$66\,199{,}83\text{ €} = W_0 \cdot 1{,}065^8 \quad |:1{,}065^8$$
$$\frac{66\,199{,}83\text{ €}}{1{,}065^8} = W_0$$
$$W_0 \approx 40\,000\text{ €}$$

Der Gewinn betrug 40 000 €.

Der Ausgangswert ist gesucht.

b) $W_0 = 40\,000$ €
$W_8 = 59\,098{,}22$ €
$n = 8$ a

$$59\,098{,}22\text{ €} = 40\,000\text{ €} \cdot q^8 \quad |:40\,000\text{ €};\ \sqrt[8]{}$$
$$\sqrt[8]{\frac{59\,098{,}22}{40\,000}} = q$$
$$q = 1{,}05$$
$$\frac{p}{100} = 1{,}05 - 1$$
$$\frac{p}{100} = 0{,}05 \quad |\cdot 100$$
$$p\,\% = 5\,\%$$

Der Zinssatz hätte 5 % betragen.

Setze die gegebenen Werte in die Wachstumsformel ein und löse nach q auf.

$q = 1 + \frac{p}{100}$
$\frac{p}{100} = q - 1$

---

71. a) $(5+4y)^2 = 25 + 40y + 16y^2$

b) $(3x-1)^2 = 9x^2 - 6x + 1$

c) $(x-2)(x+2) = x^2 - 4$

d) $(0{,}5x + 1{,}5)^2 = 0{,}25x^2 + 1{,}5x + 2{,}25$

e) $(7a - 4bc)^2 = 49a^2 - 56abc + 16b^2c^2$

f) $(m + 0{,}1)(0{,}1 - m) = -m^2 + 0{,}01$

Hinweise und Tipps

72. a) $y^2+8xy+16x^2=(y+4x)^2$

b) $25a^2-10a+1=(5a-1)^2$

c) $196-121f^2=(14+11f)(14-11f)$

d) $144+72b+9b^2=(12+3b)^2$

e) $169p^2-25q^2=(13p+5q)(13p-5q)$

f) $625a^2-100ab+4b^2=(25a-2b)^2$

---

73. a) $100+\mathbf{120a}+36a^2$ — $a=10;\ b=6a;\ 2ab=2\cdot 10\cdot 6a$

b) $\mathbf{4y^2}-8xy+4x^2$ — $b=2x;\ -2ab=-8xy;\ a=-8xy:(-2):2x$

c) $25x^2-\mathbf{20x}+4$ — $a=5x;\ b=2;\ -2ab=-2\cdot 5x\cdot 2$

d) $49y^2-70y+\mathbf{25}$ — $a=7y;\ -2ab=-70y;\ b=-70y:(-2):7y$

---

74. a) $(9x-3y)^2-(3x-y)^2$
$=81x^2-54xy+9y^2-9x^2+6xy-y^2$
$=72x^2-48xy+8y^2$

Achte auf die Vorzeichen vor den Klammern.

b) $(8x+4y)(8x-4y)+(10x^2-7y^2)$
$=64x^2-16y^2+10x^2-7y^2$
$=74x^2-23y^2$

c) $(12r-13s)(12r+13s)-(6s-15r)(6s+15r)$
$=144r^2-169s^2-36s^2+225r^2$
$=369r^2-205s^2$

d) $(12-6a)^2-(7+4a)^2-(2a+7b)(2a-7b)$
$=144-144a+36a^2-49-56a-16a^2-4a^2+49b^2$
$=95-200a+16a^2+49b^2$

---

75. a) $0{,}25x^2-x+1=(0{,}5x-1)^2$ — 2. binomische Formel

b) $(s+t)(s+t)=(s+t)^2$ — 1. binomische Formel

c) $r-s\cdot(r+s)$ — keine binomische Formel — Die Klammer fehlt: $(r-s)\cdot(r+s)$

d) $(6p-3q)(3q+6p)=36p^2-9q^2$ — 3. binomische Formel

e) $(10s+10r)+(10s+10r)$ — keine binomische Formel — Summe anstelle eines Produkts: $(10s+10r)\cdot(10s+10r)=(10s+10r)^2$

f) x^2-4x-4 — keine binomische Formel — Minuszeichen anstelle eines Pluszeichens: $x^2-4x\mathbf{+}4$

---

76. a)

$$x^2+4x-12=0 \quad |+12$$
$$x^2+4x=12$$
$$x^2+2\cdot 2x+2^2=12+2^2$$
$$(x+2)^2=16 \quad |\sqrt{\ }$$
$$x+2=\pm 4 \quad |-2$$
$$x_1=-2-4=-6$$
$$x_2=-2+4=2$$
$$\Rightarrow \mathbb{L}=\{-6;\ 2\}$$

1. binomische Formel

Hinweise und Tipps

b)
$$x^2+15x+4=-32 \quad |-4$$
$$x^2+15x=-36$$
$$x^2+2\cdot 7{,}5x+7{,}5^2=-36+7{,}5^2$$
1. binomische Formel
$$(x+7{,}5)^2=20{,}25 \quad |\sqrt{}$$
$$x+7{,}5=\pm 4{,}5 \quad |-7{,}5$$
$$x_1=-7{,}5-4{,}5=-12$$
$$x_2=-7{,}5+4{,}5=-3$$
$$\Rightarrow \mathbb{L}=\{-12;-3\}$$

---

77. a) $x^2-4x+3=0$

$p=-4;\ q=3$

$$x_{1/2}=2\pm\sqrt{\left(-\frac{4}{2}\right)^2-3}$$
$$x_{1/2}=2\pm\sqrt{4-3}$$
$$x_{1/2}=2\pm\sqrt{1}$$
$$x_{1/2}=2\pm 1$$
$$x_1=2-1=1$$
$$x_2=2+1=3$$
$$\Rightarrow \mathbb{L}=\{1;3\}$$

b)
$$x^2-4x-3=42 \quad |-42$$
$$x^2-4x-45=0$$

$p=-4;\ q=-45$

$$x_{1/2}=2\pm\sqrt{\left(-\frac{4}{2}\right)^2-(-45)}$$
$$x_{1/2}=2\pm\sqrt{4+45}$$
$$x_{1/2}=2\pm\sqrt{49}$$
$$x_{1/2}=2\pm 7$$
$$x_1=2-7=-5$$
$$x_2=2+7=9$$
$$\Rightarrow \mathbb{L}=\{-5;9\}$$

---

78. $x^2-18x-q=0$

Bilde die Diskriminante:
$D=\left(\frac{p}{2}\right)^2-q$
$p=-18$
Beachte die Vorzeichen.

$$D=\left(-\frac{18}{2}\right)^2+q$$
$$D=81+q$$

keine Lösung: $D<0$
$$81+q<0$$
$$q<-81$$

eine Lösung: $D=0$
$$81+q=0$$
$$q=-81$$

zwei Lösungen: $D>0$
$$81+q>0$$
$$q>-81$$

79. $x^2 - px + 16 = 0$

$D = \left(\frac{p}{2}\right)^2 - 16$

$D = \frac{p^2}{4} - 16$

keine Lösung: $D < 0$

$\frac{p^2}{4} - 16 < 0 \qquad |+16$

$\frac{p^2}{4} < 16 \qquad |\cdot 4$

$p^2 > 64 \qquad |\sqrt{\ }$

$\Rightarrow \; -8 < p < 8$

eine Lösung: $D = 0$

$p^2 = 64$

$\Rightarrow \; p = -8 \;\text{ oder }\; p = 8$

zwei Lösungen: $D > 0$

$p^2 > 64$

$\Rightarrow \; p < -8 \;\text{ oder }\; p > 8$

Hinweise und Tipps

Bilde die Diskriminante:

$D = \left(\frac{p}{2}\right)^2 - q$

$q = 16$

---

80. a) $-3x^2 + 18x + 21 = 0 \qquad |:(-3)$

$x^2 - 6x - 7 = 0$

$x_{1/2} = 3 \pm \sqrt{(-3)^2 + 7}$

$x_{1/2} = 3 \pm \sqrt{9 + 7}$

$x_{1/2} = 3 \pm \sqrt{16}$

$x_{1/2} = 3 \pm 4$

$x_1 = 3 - 4 = -1$

$x_2 = 3 + 4 = 7$

$\Rightarrow \; \mathbb{L} = \{-1; 7\}$

Normalform: $x^2 + px + q = 0$

b) $2x^2 + 16x + 32 = 98 \qquad |-98$

$2x^2 + 16x - 66 = 0 \qquad |:2$

$x^2 + 8x - 33 = 0$

$x_{1/2} = -4 \pm \sqrt{4^2 + 33}$

$x_{1/2} = -4 \pm \sqrt{16 + 33}$

$x_{1/2} = -4 \pm \sqrt{49}$

$x_{1/2} = -4 \pm 7$

$x_1 = -4 - 7 = -11$

$x_2 = -4 + 7 = 3$

$\Rightarrow \; \mathbb{L} = \{-11; 3\}$

Hinweise und Tipps

c) $0,5x^2 - 3,7x + 11 = 5 \quad |-5$

$0,5x^2 - 3,7x + 6 = 0 \quad |\cdot 2$

$x^2 - 7,4x + 12 = 0$

$x_{1/2} = 3,7 \pm \sqrt{(-3,7)^2 - 12}$

$x_{1/2} = 3,7 \pm \sqrt{13,69 - 12}$

$x_{1/2} = 3,7 \pm \sqrt{1,69}$

$x_{1/2} = 3,7 \pm 1,3$

$x_1 = 3,7 - 1,3 = 2,4$

$x_2 = 3,7 + 1,3 = 5$

$\Rightarrow \mathbb{L} = \{2,4;\ 5\}$

d) $1,5x^2 + 15x + 37,5 = 150 \quad |-150$

$1,5x^2 + 15x - 112,5 = 0 \quad |:1,5$

$x^2 + 10x - 75 = 0$

$x_{1/2} = -5 \pm \sqrt{5^2 + 75}$

$x_{1/2} = -5 \pm \sqrt{25 + 75}$

$x_{1/2} = -5 \pm \sqrt{100}$

$x_{1/2} = -5 \pm 10$

$x_1 = -5 - 10 = -15$

$x_2 = -5 + 10 = 5$

$\Rightarrow \mathbb{L} = \{-15;\ 5\}$

---

81. a) $\dfrac{x}{5-3x} = \dfrac{3}{x-11}$

Bestimme die Definitionsmenge. Der Nenner darf nicht den Wert null annehmen.

- $5 - 3x \neq 0 \ \Rightarrow\ 5 \neq 3x \ \Rightarrow\ x \neq \dfrac{5}{3}$
- $x - 11 \neq 0 \ \Rightarrow\ x \neq 11$

$\mathbb{D} = \mathbb{R} \setminus \left\{\dfrac{5}{3};\ 11\right\}$

Wandle die Gleichung in die Normalform um.

$\dfrac{x}{5-3x} = \dfrac{3}{x-11} \quad |\cdot(5-3x)(x-11)$

$x(x-11) = 3(5-3x)$

$x^2 - 11x = 15 - 9x \quad |-15+9x$

$x^2 - 2x - 15 = 0$

$x_{1/2} = 1 \pm \sqrt{(-1)^2 + 15}$

$x_{1/2} = 1 \pm \sqrt{1 + 15}$

$x_{1/2} = 1 \pm \sqrt{16}$

$x_{1/2} = 1 \pm 4$

$x_1 = 1 - 4 = -3$

$x_2 = 1 + 4 = 5$

$\Rightarrow \mathbb{L} = \{-3;\ 5\}$

Hinweise und Tipps

b) $\frac{(x+3)^2}{x-1} = \frac{14x-6}{4}$

Bestimme zuerst die Definitionsmenge.

- $x-1 \neq 0 \Rightarrow x \neq 1$

$\mathbb{D} = \mathbb{R} \setminus \{1\}$

Bringe die Gleichung in die Normalform.

$$\frac{(x+3)^2}{x-1} = \frac{14x-6}{4} \quad |\cdot(x-1)\cdot 4$$
$$4(x+3)^2 = (x-1)(14x-6)$$
$$4(x^2+6x+9) = 14x^2-6x-14x+6$$
$$4x^2+24x+36 = 14x^2-20x+6 \quad |-14x^2+20x-6$$
$$-10x^2+44x+30 = 0 \quad |:(-10)$$
$$x^2-4,4x-3 = 0$$

$$x_{1/2} = 2,2 \pm \sqrt{(-2,2)^2+3}$$
$$x_{1/2} = 2,2 \pm \sqrt{4,84+3}$$
$$x_{1/2} = 2,2 \pm \sqrt{7,84}$$
$$x_{1/2} = 2,2 \pm 2,8$$
$$x_1 = 2,2-2,8 = -0,6$$
$$x_2 = 2,2+2,8 = 5$$
$$\Rightarrow \mathbb{L} = \{-0,6;\ 5\}$$

---

82. I $2x^2+2xy = 686-2y^2$

Löse die Gleichung II nach y auf und setze den Term für y in die Gleichung I ein.

II $2x-y-21 = 0 \quad |-2x+21$

II $-y = -2x+21 \quad |\cdot(-1)$

$y = 2x-21$

in I $2x^2+2x(2x-21) = 686-2(2x-21)^2$
$$2x^2+4x^2-42x = 686-2(4x^2-84x+441)$$
$$6x^2-42x = 686-8x^2+168x-882$$
$$6x^2-42x = -8x^2+168x-196$$
$$14x^2-210x+196 = 0 \quad |:14$$
$$x^2-15x+14 = 0$$

$$x_{1/2} = 7,5 \pm \sqrt{(-7,5)^2-14}$$
$$x_{1/2} = 7,5 \pm \sqrt{56,25-14}$$
$$x_{1/2} = 7,5 \pm \sqrt{42,25}$$
$$x_{1/2} = 7,5 \pm 6,5$$
$$x_1 = 7,5-6,5 = 1$$
$$x_2 = 7,5+6,5 = 14$$

Setze die Lösungen für x_1 und x_2 in die umgeformte Gleichung II ein und berechne jeweils den zugehörigen y-Wert.

$y = 2x-21$

$y_1 = 2\cdot 1-21 = -19$

$y_2 = 2\cdot 14-21 = 7$

Lösungen:

$x_1 = 1;\quad y_1 = -19$

$x_2 = 14;\quad y_2 = 7$

---

83. a)

$$x^2 + 6x = 315 \qquad |-315$$
$$x^2 + 6x - 315 = 0$$
$$x_{1/2} = -3 \pm \sqrt{3^2 + 315}$$
$$x_{1/2} = -3 \pm \sqrt{324}$$
$$x_{1/2} = -3 \pm 18$$
$$x_1 = -3 - 18 = -21$$
$$x_2 = -3 + 18 = 15$$
$$\Rightarrow \mathbb{L} = \{-21; 15\}$$

Hinweise und Tipps

Zahl: x
Quadrat der Zahl: x^2
Sechsfache der Zahl: 6x

b) 1. Möglichkeit:

$$x \cdot (x - 1) = 10(x - 1)$$
$$x^2 - x = 10x - 10 \qquad |-10x + 10$$
$$x^2 - 11x + 10 = 0$$
$$x_{1/2} = 5{,}5 \pm \sqrt{(-5{,}5)^2 - 10}$$
$$x_{1/2} = 5{,}5 \pm \sqrt{20{,}25}$$
$$x_{1/2} = 5{,}5 \pm 4{,}5$$
$$x_1 = 5{,}5 - 4{,}5 = 1$$
$$x_2 = 5{,}5 + 4{,}5 = 10$$

Die Zahlen sind 1 und 0 oder 10 und 9.

2. Möglichkeit:

$$x \cdot (x + 1) = 10x$$
$$x^2 + x = 10x \qquad |-10x$$
$$x^2 - 9x = 0 \qquad |\ x \text{ ausklammern}$$
$$x(x - 9) = 0$$
$$x_1 = 0$$
$$x_2 - 9 = 0 \Rightarrow x_2 = 9$$

Die Zahlen heißen 0 und 1 oder 9 und 10.

Zahl: x
benachbarte Zahl:
- kleinerer Nachbar: (x – 1)
- größerer Nachbar: (x + 1)

Es gibt daher mehrere Möglichkeiten, die Gleichung anzusetzen.

1. Möglichkeit:
x und (x – 1)

2. Möglichkeit:
x und (x + 1)

Ein Produkt ist genau dann null, wenn ein Faktor null ist.

---

84. I $2x + 3 = y$
II $x^2 + y^2 = 194$

in II

$$x^2 + (2x + 3)^2 = 194$$
$$x^2 + 4x^2 + 12x + 9 = 194 \qquad |-194$$
$$5x^2 + 12x - 185 = 0 \qquad |:5$$
$$x^2 + 2{,}4x - 37 = 0$$
$$x_{1/2} = -1{,}2 \pm \sqrt{1{,}2^2 + 37}$$
$$x_{1/2} = -1{,}2 \pm \sqrt{38{,}44}$$
$$x_{1/2} = -1{,}2 \pm 6{,}2$$
$$x_1 = -1{,}2 - 6{,}2 = -7{,}4$$
$$x_2 = -1{,}2 + 6{,}2 = 5$$

x_1 in I $\quad 2 \cdot (-7{,}4) + 3 = y_1$
$y_1 = -11{,}8$

x_2 in I $\quad 2 \cdot 5 + 3 = y_2$
$y_2 = 13$

Die Zahlen heißen –7,4 und –11,8 oder 5 und 13.

Erste Zahl: x
Zweite Zahl: y
Stelle ein Gleichungssystem auf.
Setze den Term für y aus der Gleichung I in die Gleichung II ein.

Setze die Lösungen x_1 und x_2 in die Gleichung I ein und berechne jeweils den zugehörigen y-Wert.

85.

$$\begin{aligned} x^2+(x-4)^2 &= 20^2 && |-20^2 \\ x^2+x^2-8x+16-400 &= 0 \\ 2x^2-8x-384 &= 0 && |:2 \\ x^2-4x-192 &= 0 \end{aligned}$$

$$\begin{aligned} x_{1/2} &= 2 \pm \sqrt{(-2)^2+192} \\ x_{1/2} &= 2 \pm \sqrt{4+192} \\ x_{1/2} &= 2 \pm \sqrt{196} \\ x_{1/2} &= 2 \pm 14 \\ x_1 &= 2+14 = 16 \\ x_2 &= 2-14 = -12 && \text{(keine sinnvolle Lösung)} \end{aligned}$$

längere Kathete: 16 cm
kürzere Kathete: 16 cm – 4 cm = 12 cm

$$A = \frac{1}{2} \cdot 16\text{ cm} \cdot 12\text{ cm}$$
$$A = 96\text{ cm}^2$$

Hinweise und Tipps

Skizze:

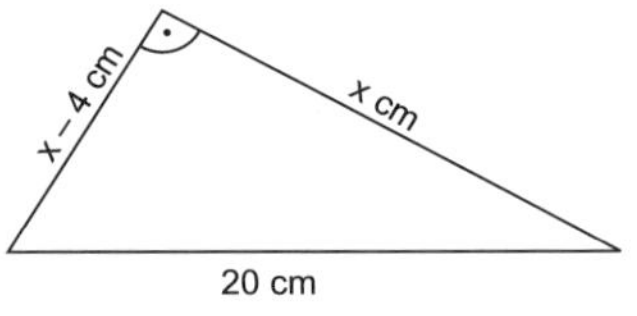

Berechne die Länge der Katheten mithilfe des Satzes von Pythagoras.

Berechne den Flächeninhalt mithilfe der Kathetenlängen.

86.

$$\begin{aligned} &\text{I} \quad 2a+2b = 86 && |:2 \\ &\text{II} \quad a \cdot b = 450 \\ &\text{I} \quad a+b = 43 && |-b \\ &\qquad a = 43-b \end{aligned}$$

$$\begin{aligned} \text{in II} \quad (43-b) \cdot b &= 450 && |-450 \\ 43b-b^2-450 &= 0 && |\cdot(-1) \\ b^2-43b+450 &= 0 \end{aligned}$$

$$\begin{aligned} b_{1/2} &= 21{,}5 \pm \sqrt{(-21{,}5)^2-450} \\ b_{1/2} &= 21{,}5 \pm \sqrt{462{,}25-450} \\ b_{1/2} &= 21{,}5 \pm \sqrt{12{,}25} \\ b_{1/2} &= 21{,}5 \pm 3{,}5 \\ b_1 &= 21{,}5-3{,}5 = 18 \\ b_2 &= 21{,}5+3{,}5 = 25 \end{aligned}$$

b_1 in I $\quad a_1 = 43-18 = 25$
b_2 in I $\quad a_2 = 43-25 = 18$

Seiten des Rechtecks:
$a_1 = 25$ cm und $b_1 = 18$ cm
oder:
$a_2 = 18$ cm und $b_2 = 25$ cm

Skizze:

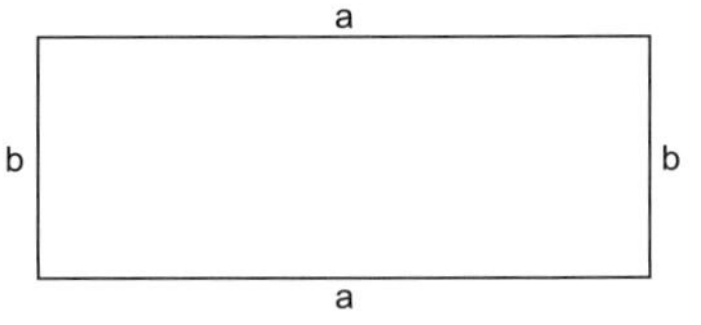

$u = 2a + 2b$
$A = a \cdot b$
Löse mithilfe eines Gleichungssystems.

Setze die Lösungen für b_1 und b_2 in die umgeformte Gleichung I ein und berechne die Lösungen für a_1 und a_2.

87.

$$\begin{aligned} (x+4{,}5) \cdot x &= 243 && |-243 \\ x^2+4{,}5x-243 &= 0 \end{aligned}$$

$$\begin{aligned} x_{1/2} &= -2{,}25 \pm \sqrt{2{,}25^2+243} \\ x_{1/2} &= -2{,}25 \pm \sqrt{5{,}0625+243} \\ x_{1/2} &= -2{,}25 \pm \sqrt{248{,}0625} \\ x_{1/2} &= -2{,}25 \pm 15{,}75 \\ x_1 &= -2{,}25+15{,}75 = 13{,}5 \\ x_2 &= -2{,}25-15{,}75 = -18 && \text{(keine sinnvolle Lösung)} \end{aligned}$$

Skizze:

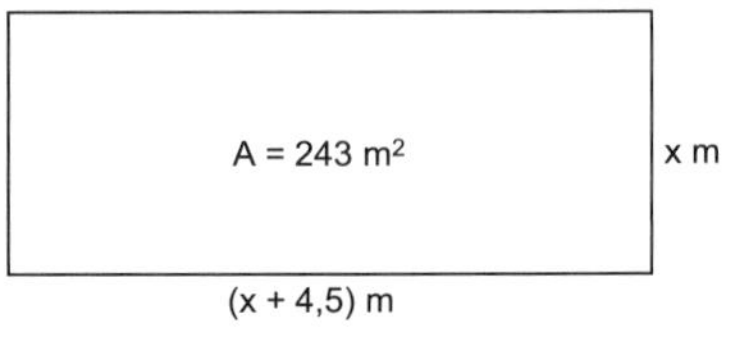

längere Seite: $a = 13{,}5\ \text{m} + 4{,}5\ \text{m} = 18\ \text{m}$
kürzere Seite: $b = 13{,}5\ \text{m}$

$u = 2 \cdot 18\ \text{m} + 2 \cdot 13{,}5\ \text{m} - 3\ \text{m}$
$u = 36\ \text{m} + 27\ \text{m} - 3\ \text{m}$
$u = 60\ \text{m}$

Es sind 60 m Zaun erforderlich.

Hinweise und Tipps

Gib die Seitenlängen an.

Berechne die Länge des Zauns.
Berücksichtige 3 m für den Eingang.
$u = 2a + 2b - 3\ \text{m}$

88.

$$3 \cdot r^2 \cdot \pi = (r+50)^2 \cdot \pi \qquad |:\pi$$
$$3r^2 = (r+50)^2$$
$$3r^2 = r^2 + 100r + 2\,500 \qquad |-r^2 - 100r - 2\,500$$
$$2r^2 - 100r - 2\,500 = 0 \qquad |:2$$
$$r^2 - 50r - 1\,250 = 0$$

$$x_{1/2} = 25 \pm \sqrt{(-25)^2 + 1\,250}$$
$$x_{1/2} = 25 \pm \sqrt{625 + 1\,250}$$
$$x_{1/2} = 25 \pm \sqrt{1\,875}$$
$$x_{1/2} = 25 \pm 43{,}30\ldots$$
$$x_1 \approx 25 + 43{,}3 = 68{,}3$$
$$x_2 \approx 25 - 43{,}3 = -18{,}3 \quad \text{(keine sinnvolle Lösung)}$$

ursprünglicher Durchmesser d_1:
$d_1 = 2 \cdot r_1$
$d_1 = 2 \cdot 68{,}3\ \text{cm} = 136{,}6\ \text{cm}$

neuer Durchmesser d_2:
$d_2 = 2 \cdot (68{,}3\ \text{cm} + 50\ \text{cm})$
$d_2 = 2 \cdot 118{,}3\ \text{cm} = 236{,}6\ \text{cm}$

Ursprünglicher Radius: r
Verlängerter Radius: $r + 50$
Ursprüngliche Fläche: $r^2 \cdot \pi$
Vergrößerte Fläche: $(r+50)^2 \cdot \pi$
Die vergrößerte Fläche ist dreimal so groß wie die ursprüngliche Fläche.

89.

$$2 \cdot x \cdot (x+1) + 2x(x+2) + 2(x+1)(x+2) = 862 \qquad |-862$$
$$2x^2 + 2x + 2x^2 + 4x + 2x^2 + 6x + 4 - 862 = 0$$
$$6x^2 + 12x - 858 = 0 \qquad |:6$$
$$x^2 + 2x - 143 = 0$$

$$x_{1/2} = -1 \pm \sqrt{1^2 + 143}$$
$$x_{1/2} = -1 \pm \sqrt{144}$$
$$x_{1/2} = -1 \pm 12$$
$$x_1 = -1 + 12 = 11$$
$$x_2 = -1 - 12 = -13 \quad \text{(keine sinnvolle Lösung)}$$

Kantenlängen des Quaders:
$a = 11\ \text{cm}$
$b = 12\ \text{cm}$
$c = 13\ \text{cm}$

Skizze:

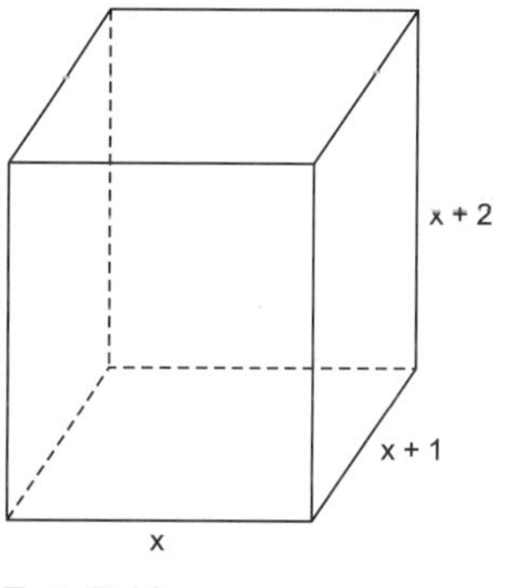

Erste Zahl: x
Zweite Zahl: $x + 1$
Dritte Zahl: $x + 2$
Grundfläche: $x \cdot (x+1)$
Vorderfläche: $x \cdot (x+2)$
Seitenfläche: $(x+1)(x+2)$

90.

$$2 \cdot r^2 \cdot 3{,}14 + 2 \cdot r \cdot 3{,}14 \cdot 12 = 466{,}29 \qquad |:3{,}14$$
$$2r^2 + 24r = 148{,}5 \qquad |-148{,}5$$
$$2r^2 + 24r - 148{,}5 = 0 \qquad |:2$$
$$r^2 + 12r - 74{,}25 = 0$$

Die Oberfläche eines Zylinders setzt sich aus der Grundfläche, der Deckfläche und der Mantelfläche zusammen.
Grund- bzw. Deckfläche: $A_G = r^2 \cdot 3{,}14$
Mantelfläche: $A_M = 2 \cdot r \cdot 3{,}14 \cdot h_k$

Hinweise und Tipps

$r_{1/2} = -6 \pm \sqrt{6^2 + 74,25}$
$r_{1/2} = -6 \pm \sqrt{36 + 74,25}$
$r_{1/2} = -6 \pm \sqrt{110,25}$
$r_{1/2} = -6 \pm 10,5$
$r_1 = -6 + 10,5 = 4,5$
$r_2 = -6 - 10,5 = -16,5$ (keine sinnvolle Lösung)

Durchmesser der Dosengrundfläche:
$d = 2 \cdot r_1$
$d = 2 \cdot 4,5 \text{ cm} = 9 \text{ cm}$

---

91. $(50 + 2x) \cdot (39,2 + 2x) - 50 \cdot 39,2 = 205,4$

$1960 + 100x + 78,4x + 4x^2 - 1960 = 205,4 \quad | -205,4$
$4x^2 + 178,4x - 205,4 = 0 \quad | : 4$
$x^2 + 44,6x - 51,35 = 0$

$x_{1/2} = -22,3 \pm \sqrt{22,3^2 + 51,35}$
$x_{1/2} = -22,3 \pm \sqrt{497,29 + 51,35}$
$x_{1/2} = -22,3 \pm \sqrt{548,64}$
$x_{1/2} = -22,3 \pm 23,4230\ldots$
$x_1 \approx -22,3 + 23,42 = 1,12$
$x_2 \approx -22,3 - 23,42 = -45,72$ (keine sinnvolle Lösung)

Der Weg ist 1,12 m breit.

Skizze:

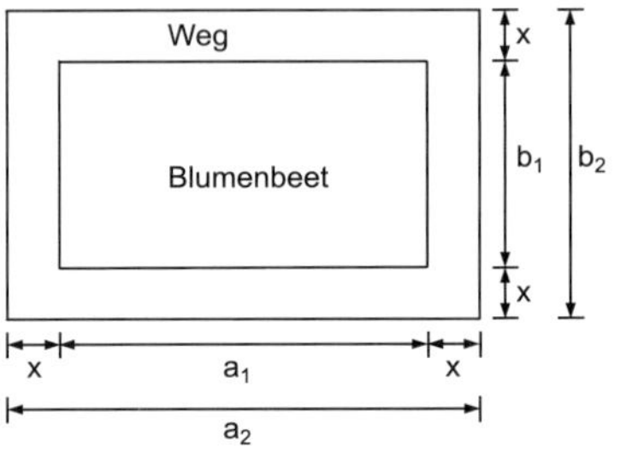

Das innere Rechteck besitzt die Maße $a_1 = 50$ m und $b_1 = 39,2$ m. Das äußere Rechteck hat die Maße $a_2 = 50 \text{ m} + 2x$ und $b_2 = 39,2 \text{ m} + 2x$. Die Differenz der Flächeninhalte ergibt die Fläche des Weges.

---

92. I $\quad x \cdot y = 30 \quad | : x$
II $\quad (x + 0,05) \cdot (y - 1) = 30$

I $\quad y = \frac{30}{x}$

in II $\quad (x + 0,05) \cdot \left(\frac{30}{x} - 1\right) = 30$

$30 - x + \frac{1,5}{x} - 0,05 = 30 \quad | -30$

$-x + \frac{1,5}{x} - 0,05 = 0 \quad | \cdot (-x)$

$x^2 + 0,05x - 1,5 = 0$

$x_{1/2} = -0,025 \pm \sqrt{0,025^2 + 1,5}$
$x_{1/2} = -0,025 \pm \sqrt{0,000625 + 1,5}$
$x_{1/2} = -0,025 \pm \sqrt{1,500625}$
$x_{1/2} = -0,025 \pm 1,225$
$x_1 = -0,025 + 1,225 = 1,20$
$x_2 = -0,025 - 1,225 = -1,25$ (keine sinnvolle Lösung)

Ein Liter Benzin kostete 1,20 €.

Alter Preis: x € pro Liter
Neuer Preis: (x + 0,05) € pro Liter
Getankte Liter vor der Preiserhöhung: y ℓ
Getankte Liter nach der Preiserhöhung: (y − 1) ℓ
Gesamtpreis = Preis pro Liter · getankte Liter

Hinweise und Tipps

93.

$$\text{I} \quad x \cdot y = 675 \qquad |:x$$
$$\text{II} \quad (x+15)(y-7{,}5) = 675$$

$$\text{I} \quad y = \frac{675}{x}$$

$$\text{in II} \qquad (x+15)\left(\frac{675}{x} - 7{,}5\right) = 675$$

$$675 - 7{,}5x + \frac{10\,125}{x} - 112{,}5 = 675 \qquad |-675$$

$$-7{,}5x + \frac{10\,125}{x} - 112{,}5 = 0 \qquad |\cdot x$$

$$-7{,}5x^2 + 10\,125 - 112{,}5x = 0 \qquad |:(-7{,}5)$$

$$x^2 + 15x - 1\,350 = 0$$

$$x_{1/2} = -7{,}5 \pm \sqrt{7{,}5^2 + 1\,350}$$
$$x_{1/2} = -7{,}5 \pm \sqrt{1\,406{,}25}$$
$$x_{1/2} = -7{,}5 \pm 37{,}5$$
$$x_1 = -7{,}5 + 37{,}5 = 30$$
$$x_2 = -7{,}5 - 37{,}5 = -45 \quad \text{(keine sinnvolle Lösung)}$$

a) Es fahren 30 Schüler*innen mit.

b) 675 € : 30 = 22,50 €
Der Fahrpreis beträgt 22,50 € pro Person.

Teilnehmer*innen: x
Kosten pro Teilnehmer*in: y €
Teilnehmer*innen: (x + 15)
Kosten pro Teilnehmer*in: (y – 7,50) €
Gesamtkosten = Teilnehmer*innen · Kosten pro Teilnehmer*in

94.

$$\text{I} \quad x \cdot y = 12\,250 \qquad |:x$$
$$\text{II} \quad (x - 75\,000)(y - 0{,}015) = 5\,500$$

$$\text{I} \quad y = \frac{12\,250}{x}$$

$$\text{in II} \qquad (x - 75\,000)\left(\frac{12\,250}{x} - 0{,}015\right) = 5\,500$$

$$12\,250 - 0{,}015x - \frac{918\,750\,000}{x} + 1\,125 = 5\,500$$

$$13\,375 - 0{,}015x - \frac{918\,750\,000}{x} = 5\,500 \qquad |-5\,500$$

$$7\,875 - 0{,}015x - \frac{918\,750\,000}{x} = 0 \qquad |\cdot x$$

$$7\,875x - 0{,}015x^2 - 918\,750\,000 = 0 \qquad |:(-0{,}015)$$

$$x^2 - 525\,000x + 6{,}125 \cdot 10^{10} = 0$$

$$x_{1/2} = 262\,500 \pm \sqrt{(-262\,500)^2 - 6{,}125 \cdot 10^{10}}$$
$$x_{1/2} = 262\,500 \pm \sqrt{6{,}890625 \cdot 10^{10} - 6{,}125 \cdot 10^{10}}$$
$$x_{1/2} = 262\,500 \pm \sqrt{7\,656\,250\,000}$$
$$x_{1/2} = 262\,500 \pm 87\,500$$
$$x_1 = 262\,500 + 87\,500 = 350\,000$$
$$x_2 = 262\,500 - 87\,500 = 175\,000$$

Erstes Jahr: Gleichung I
Kapital: x
Zinssatz: y
Zinsen: 12 250 €

Zweites Jahr: Gleichung II
Kapital: (x – 75 000) €
Zinssatz: (y – 0,015)
Zinsen: 5 500 €

x_1 in I $\quad y_1 = \frac{12\,250}{350\,000}$

$y_1 = 0{,}035 = 3{,}5\ \%$

x_2 in II $\quad y_1 = \frac{12\,250}{175\,000}$

$y_1 = 0{,}07 = 7\ \%$

Zinssätze für einen Kredit von 350 000 €:
erstes Jahr: 3,5 %
zweites Jahr: 3,5 % – 1,5 % = 2 %

Zinssätze für einen Kredit von 175 000 €:
erstes Jahr: 7 %
zweites Jahr: 7 % – 1,5 % = 5,5 %

Hinweise und Tipps

Setze die Lösungen x_1 und x_2 in die umgeformte Gleichung I ein und berechne y.

Zinssätze von 3,5 % und 2 % sind extrem günstig. Diese Lösung ist daher eher unwahrscheinlich.

Diese Zinssätze entsprechen mehr der Realität.

---

95. a) A(2 | 4)
B(11 | 121) oder: B(–11 | 121)
C(–3,5 | 12,25)
D(4,5 | 20,25) oder: D(–4,5 | 20,25)

b) E(–0,5 | –0,25)
F(2,5 | –6,25) oder: F(–2,5 | –6,25)
G(1,5 | –2,25)
H(4,2 | –17,64) oder: H(–4,2 | –17,64)

Berechne die fehlenden Werte.
$y = x^2$
$x = \pm\sqrt{y}$

$y = -x^2$
$x = \pm\sqrt{-y}$

---

96. p_1: $S_1(4 \mid 6)$ Scheitelpunkt
$y = (x-4)^2 + 6$ Scheitelpunktform
$y = x^2 - 8x + 16 + 6$
$y = x^2 - 8x + 22$ Normalform

p_2: $S_2(-3 \mid 0)$ Scheitelpunkt
$y = (x+3)^2$ Scheitelpunktform
$y = x^2 + 6x + 9$ Normalform

p_3: $S_3(-2 \mid -4)$ Scheitelpunkt
$y = (x+2)^2 - 4$ Scheitelpunktform
$y = x^2 + 4x + 4 - 4$
$y = x^2 + 4x$ Normalform

p_4: $S_4(1 \mid 4)$ Scheitelpunkt
$y = (x-1)^2 + 4$ Scheitelpunktform
$y = x^2 - 2x + 1 + 4$
$y = x^2 - 2x + 5$ Normalform

p_5: $S_5(1 \mid 1)$ Scheitelpunkt
$y = -(x-1)^2 + 1$ Scheitelpunktform
$y = -(x^2 - 2x + 1) + 1$
$y = -x^2 + 2x$ Normalform

p_6: $S_6(3 \mid 5)$ Scheitelpunkt
$y = -(x-3)^2 + 5$ Scheitelpunktform
$y = -(x^2 - 6x + 9) + 5$
$y = -x^2 + 6x - 4$ Normalform

Lies die Koordinaten der Scheitelpunkte ab.
Setze die Koordinaten der Scheitelpunkte jeweils in die Scheitelpunktform ein.
Löse das Binom auf und gib die Normalform an.

97. a) S(2 | 0)
nach oben geöffnet: $y=(x-x_S)^2+y_S$
$y=(x-2)^2+0$
$y=x^2-4x+4$
nach unten geöffnet: $y=-(x-x_S)^2+y_S$
$y=-(x-2)^2+0$
$y=-x^2+4x-4$

b) S(1 | 4)
nach oben geöffnet: $y=(x-x_S)^2+y_S$
$y=(x-1)^2+4$
$y=x^2-2x+1+4$
$y=x^2-2x+5$
nach unten geöffnet: $y=-(x-x_S)^2+y_S$
$y=-(x-1)^2+4$
$y=-(x^2-2x+1)+4$
$y=-x^2+2x+3$

Hinweise und Tipps

Setze die Koordinaten des Scheitelpunktes jeweils in die Scheitelpunktform einer nach oben bzw. nach unten geöffneten Parabel ein.
Berechne dann die Normalform.

---

98. a) $y=x^2-4x-4$
$y=(x^2-2\cdot 2x+2^2)-4-2^2$
$y=(x-2)^2-8$
$\Rightarrow$ S(2 | −8)
Die Normalparabel ist nach oben geöffnet und um zwei Einheiten nach rechts sowie acht Einheiten nach unten verschoben.

b) $y=-x^2+6x+2 \quad |\cdot(-1)$
$-y=x^2-6x-2$
$-y=(x^2-2\cdot 3x+3^2)-2-3^2$
$-y=(x-3)^2-11 \quad |\cdot(-1)$
$y=-(x-3)^2+11$
$\Rightarrow$ S(3 | 11)
Die Normalparabel ist nach unten geöffnet und um drei Einheiten nach rechts sowie elf Einheiten nach oben verschoben.

c) $y=-x^2+x+0{,}5 \quad |\cdot(-1)$
$-y=x^2-x-0{,}5$
$-y=(x^2-2\cdot 0{,}5x+0{,}5^2)-0{,}5-0{,}5^2$
$-y=(x-0{,}5)^2-0{,}75 \quad |\cdot(-1)$
$y=-(x-0{,}5)^2+0{,}75$
$\Rightarrow$ S(0,5 | 0,75)
Die Normalparabel ist nach unten geöffnet und um 0,5 Einheiten nach rechts sowie 0,75 Einheiten nach oben verschoben.

d) $y=x^2+3x+1{,}5$
$y=(x^2+2\cdot 1{,}5x+1{,}5^2)+1{,}5-1{,}5^2$
$y=(x+1{,}5)^2-0{,}75$
$\Rightarrow$ S(−1,5 | −0,75)
Die Normalparabel ist nach oben geöffnet und um 1,5 Einheiten nach links sowie 0,75 Einheiten nach unten verschoben.

Forme die Normalform jeweils mithilfe der quadratischen Ergänzung in die Scheitelpunktform um.
Gib den Scheitelpunkt an.
Beschreibe Form und Lage der Parabel: Der Scheitelpunkt gibt an, wie die Parabel verschoben wurde. Das Vorzeichen vor der binomischen Formel gibt an, ob die Parabel nach oben oder nach unten geöffnet ist.

Hinweise und Tipps

99. p_1: $N_1(-2\,|\,0)$; $N_2(0\,|\,0)$

$S_1(-1\,|\,-1)$; nach oben geöffnete Parabel

$\Rightarrow\ p_1\text{: } y=(x+1)^2-1$

$0=(x+1)^2-1$

$(x+1)^2=1 \quad |\sqrt{\ }$

$x+1=\pm 1$

$x_1=-1-1=2 \ \Rightarrow\ N_1(-2|0)$

$x_2=-1+1=0 \ \Rightarrow\ N_2(0|0)$

Gib die Koordinaten der Nullstellen an.

Lies den Scheitelpunkt ab.

Gib die Scheitelpunktform an.

Setze den Funktionswert $y=0$ und berechne die Nullstellen x_1 und x_2. Vergleiche die abgelesenen und die berechneten Koordinaten der Nullstellen.

p_2: keine Nullstellen

$S_2(1\,|\,1)$; nach oben geöffnete Parabel

$\Rightarrow\ p_2\text{: } y=(x-1)^2+1$

$0=(x-1)^2+1$

$(x-1)^2=-1 \quad |\sqrt{\ }$

$x-1=\pm\sqrt{-1}$ nicht zulässig

Die Parabel hat keine Nullstellen. Die Funktionsgleichung hat daher keine Lösung.

p_3: $N_1(-1\,|\,0)$; $N_2(3\,|\,0)$

$S_3(1\,|\,4)$; nach unten geöffnete Parabel

$\Rightarrow\ p_3\text{: } y=-(x-1)^2+4$

$0=-(x-1)^2+4$

$(x-1)^2=4 \quad |\sqrt{\ }$

$x-1=\pm 2$

$x_1=1-2=-1 \ \Rightarrow\ N_1(-1|0)$

$x_2=1+2=3 \ \Rightarrow\ N_2(3|0)$

p_4: $N(2\,|\,0)$

$S_4(2\,|\,0)$; nach unten geöffnete Parabel

$\Rightarrow\ p_4\text{: } y=-(x-2)^2+0$

$0=-(x-2)^2$

$(x-2)^2=0 \quad |\sqrt{\ }$

$x-2=0$

$x=2 \ \Rightarrow\ N(2|0)$

Die Parabel hat eine Nullstelle. Daher hat die Funktionsgleichung nur eine Lösung.

---

100. a) p_1: $A(1\,|\,7)$; $B(3\,|\,-1)$

I $\quad 7=1^2+1p+q$

II $\quad -1=3^2+3p+q$

I $\quad 7=1+p+q \quad |-1-p$

II $\quad -1=9+3p+q \quad |-9-3p$

I $\quad 6-p=q$

II $\quad -10-3p=q$

I=II $\quad 6-p=-10-3p \quad |+3p-6$

$2p=-16 \quad |:2$

$p=-8$

in I $\quad 6+8=q$

$q=14$

$\Rightarrow\ p_1\text{: } y=x^2-8x+14$

Setze die Koordinaten der Punkte A und B in die Normalform $y=x^2+px+q$ ein. Löse das Gleichungssystem auf. Gib die vollständige Funktionsgleichung an.

p_1: $y = (x^2 - 2 \cdot 4x + 4^2) + 14 - 4^2$
$y = (x-4)^2 - 2$
$\Rightarrow\ S_1(4|-2)$

b) p_2: $A(-2|3)$; $B(-4|-1)$
I $3 = -(-2)^2 - 2p + q$
II $-1 = -(-4)^2 - 4p + q$

I $3 = -4 - 2p + q \quad |+4+2p$
II $-1 = -16 - 4p + q \quad |+16+4p$

I $7 + 2p = q$
II $15 + 4p = q$

I=II $7 + 2p = 15 + 4p \quad |-4p-7$
$-2p = 8 \quad |:(-2)$
$p = -4$

in I $7 + 2 \cdot (-4) = q$
$7 - 8 = q$
$q = -1$

$\Rightarrow\ p_2$: $y = -x^2 - 4x - 1$

p_2: $y = -x^2 - 4x - 1 \quad |:(-1)$
$-y = x^2 + 4x + 1$
$-y = (x + 2 \cdot 2x + 2^2) + 1 - (2)^2$
$-y = (x+2)^2 - 3 \quad |\cdot(-1)$
$y = -(x+2)^2 + 3$
$\Rightarrow\ S_2(-2|3)$

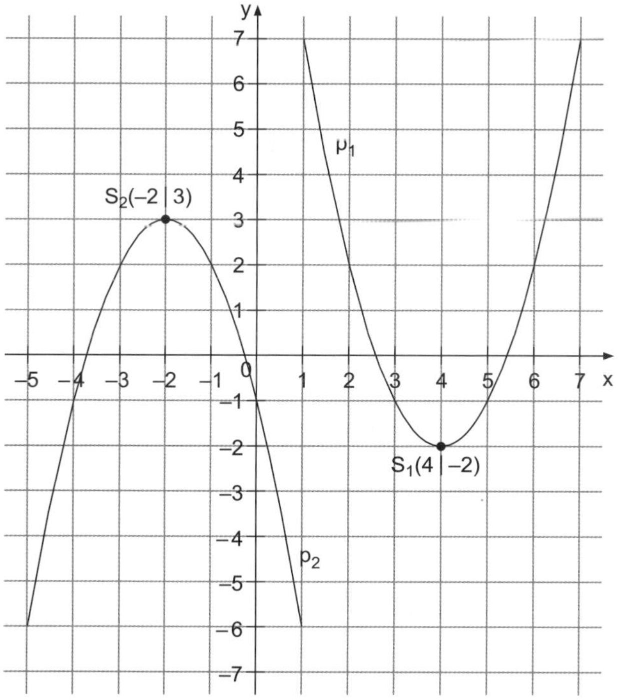

Hinweise und Tipps

Berechne den Scheitelpunkt mithilfe der quadratischen Ergänzung.

Lege ein Koordinatensystem mit der Einheit 1 cm an.
x-Achse: –5 bis +7
y-Achse: –7 bis +7
Trage die Scheitelpunkte S_1 und S_2 in das Koordinatensystem ein.
Zeichne p_1 und p_2 mithilfe der Kurvenschablone.

101. a) $p\colon y = x^2 + 2x + 1$

$g\colon y = 2x + 2$

$p = g$

$x^2 + 2x + 1 = 2x + 2 \quad |-2x-1$

$x^2 = 1 \quad |\sqrt{\ }$

$x_1 = 1$

$x_2 = -1$

x_1 in g: $y_2 = 2 \cdot 1 + 2$

$y_2 = 4 \Rightarrow P(1\,|\,4)$

x_2 in g: $y_2 = 2 \cdot (-1) + 2$

$y_2 = 0 \Rightarrow Q(-1\,|\,0)$

p: $y = x^2 + 2x + 1$

$y = (x^2 + 2 \cdot 1x + 1^2) + 1 - (1)^2$

$y = (x+1)^2 + 0$

$\Rightarrow S(-1\,|\,0)$

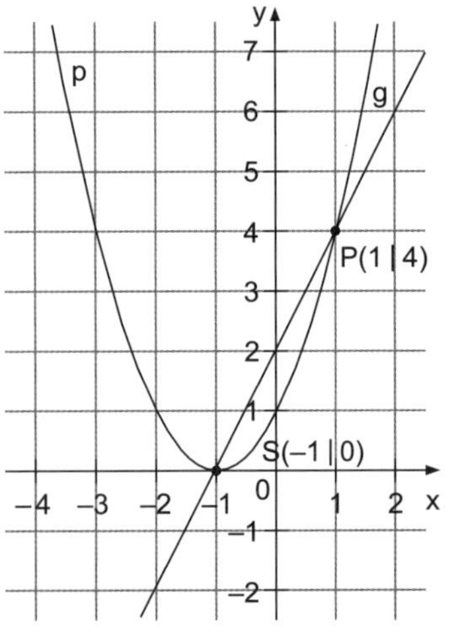

b) p: $y = x^2 - 2x + 2$

g: $y = 2x - 2$

$p = g$

$x^2 - 2x + 2 = 2x - 2 \quad |-2x+2$

$x^2 - 4x + 4 = 0$

$(x-2)^2 = 0 \quad |\sqrt{\ }$

$x - 2 = 0$

$x = 2$

in g: $y = 2 \cdot 2 - 2$

$y = 2 \Rightarrow P(2\,|\,2)$

p: $y = x^2 - 2x + 2$

$y = (x^2 - 2 \cdot 1x + 1^2) + 2 - (1)^2$

$y = (x-1)^2 + 1$

$\Rightarrow S(1\,|\,1)$

Hinweise und Tipps

Setze die Funktionsgleichungen gleich und löse die entstandene quadratische Gleichung.

Berechne die y-Koordinaten der Schnittpunkte und gib die vollständigen Koordinaten der Schnittpunkte an.

Berechne den Scheitelpunkt S von p.

Der Punkt Q entspricht dem Scheitelpunkt S.

Lege ein Koordinatensystem mit der Einheit 1 cm an.
x-Achse: –4 bis +2
y-Achse: –2 bis +7

Trage den Scheitelpunkt S in das Koordinatensystem ein.
Zeichne mit der Schablone den Graphen der Parabel.
Zeichne die Gerade g mit dem y-Achsenabschnitt $t = 2$ und der Steigung $m = 2$.
Vergleiche die Koordinaten der Schnittpunkte in der Zeichnung mit den berechneten Koordinaten.

Die quadratische Gleichung hat nur eine Lösung. Die Parabel und die Gerade berühren sich in einem Punkt.

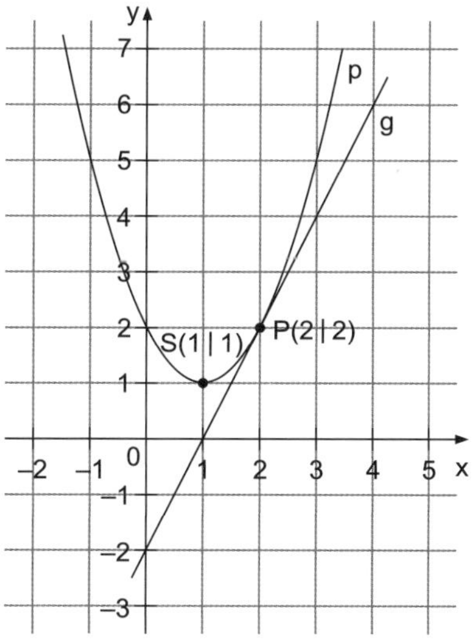

Hinweise und Tipps

Lege ein Koordinatensystem mit der Einheit 1 cm an.
x-Achse: –2 bis +5
y-Achse: –3 bis +7

Trage den Scheitelpunkt S in das Koordinatensystem ein.
Zeichne p mit der Schablone.
Zeichne die Gerade g mit dem y-Achsenabschnitt t = –2 und der Steigung m = 2.
Vergleiche die Koordinaten des Berührpunktes in der Zeichnung mit den berechneten Koordinaten.

c) p: $y = x^2 - 2x + 3$
g: $y = 0{,}5x + 1$

$$p = g$$
$$x^2 - 2x + 3 = 0{,}5x + 1 \qquad |-0{,}5x - 1$$
$$x^2 - 2{,}5x + 2 = 0$$

$$x_{1/2} = 1{,}25 \pm \sqrt{(-1{,}25)^2 - 2}$$
$$x_{1/2} = 1{,}25 \pm \sqrt{1{,}5625 - 2} \quad \text{keine Lösung}$$

Die Diskriminante ist kleiner null. Die quadratische Gleichung hat keine Lösung. Daher gibt es keinen Schnittpunkt.

p: $y = x^2 - 2x + 3$
$y = (x^2 - 2 \cdot 1x + 1^2) + 3 - (1)^2$
$y = (x - 1)^2 + 2$
$\Rightarrow$ S(1 | 2)

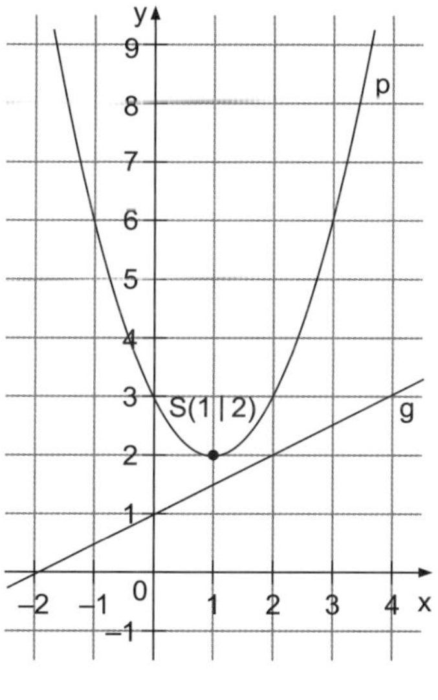

Lege ein Koordinatensystem mit der Einheit 1 cm an.
x-Achse: –2 bis +4
y-Achse: –1 bis +9

Trage den Scheitelpunkt S in das Koordinatensystem ein.
Zeichne mit der Schablone den Graphen der Parabel p.
Zeichne die Gerade g mit dem y-Achsenabschnitt t = 1 und der Steigung m = 0,5.
Anhand der Zeichnung kannst du überprüfen, dass sich die Parabel und die Gerade nicht schneiden.

102. a) p_1: $y = -x^2 - 4x - 1$
p_2: $y = x^2 + 4x + 5$

$$p_1 = p_2$$
$$-x^2 - 4x - 1 = x^2 + 4x + 5 \quad |-x^2 - 4x - 5$$
$$-2x^2 - 8x - 6 = 0 \quad |:(-2)$$
$$x^2 + 4x + 3 = 0$$

$$x_{1/2} = -2 \pm \sqrt{2^2 - 3}$$
$$x_{1/2} = -2 \pm \sqrt{4 - 3}$$
$$x_{1/2} = -2 \pm \sqrt{1}$$
$$x_{1/2} = -2 \pm 1$$
$$x_1 = -2 - 1 = -3$$
$$x_2 = -2 + 1 = -1$$

x_1 in p_2: $y_1 = (-3)^2 + 4 \cdot (-3) + 5$
$y_1 = 9 - 12 + 5 = 2 \Rightarrow P(-3\,|\,2)$
x_2 in p_2: $y_2 = (-1)^2 + 4 \cdot (-1) + 5$
$y_2 = 1 - 4 + 5 = 2 \Rightarrow Q(-1\,|\,2)$

p_1: $y = -x^2 - 4x - 1 \quad |:(-1)$
$$-y = x^2 + 4x + 1$$
$$-y = (x^2 + 2 \cdot 2x + 2^2) + 1 - 2^2$$
$$-y = (x + 2)^2 - 3 \quad |\cdot(-1)$$
$$y = -(x + 2)^2 + 3$$
$\Rightarrow S_1(-2\,|\,3)$

p_2: $y = x^2 + 4x + 5$
$$y = (x^2 + 2 \cdot 2x + 2^2) + 5 - 2^2$$
$$y = (x + 2)^2 + 1$$
$\Rightarrow S_2(-2\,|\,1)$

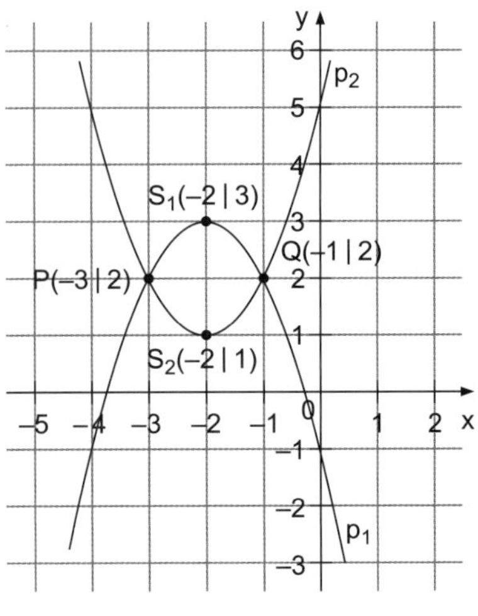

b) p_1: $y = x^2 - 4x + 4$
p_2: $y = x^2 - 8x + 16$

$$p_1 = p_2$$
$$x^2 - 4x + 4 = x^2 - 8x + 16 \quad |-x^2 + 8x - 16$$
$$4x - 12 = 0 \quad |+12$$
$$4x = 12 \quad |:4$$
$$x = 3$$

Hinweise und Tipps

Setze die Funktionsgleichungen gleich und löse die entstandene quadratische Gleichung.

Berechne die y-Koordinaten der Schnittpunkte P und Q, indem du die x-Werte jeweils in eine Parabelgleichung einsetzt.

Berechne die Scheitelpunkte S_1 und S_2.

Lege ein Koordinatensystem mit der Einheit 1 cm an.
x-Achse: –5 bis +2
y-Achse: –3 bis +6
Trage die Scheitelpunkte S_1 und S_2 in das Koordinatensystem ein.
Zeichne mithilfe der Schablone die Parabeln p_1 und p_2.
Vergleiche die Koordinaten der Schnittpunkte in der Zeichnung mit den berechneten Koordinaten.

in p_1: $y = 3^2 - 4 \cdot 3 + 4$
$y = 9 - 12 + 4$
$y = 1 \;\Rightarrow\; P(3\,|\,1)$

p_1: $y = x^2 - 4x + 4$
$y = (x-2)^2$
$\Rightarrow\; S_1(2\,|\,0)$

p_2: $y = x^2 - 8x + 16$
$y = (x-4)^2$
$\Rightarrow\; S_2(4\,|\,0)$

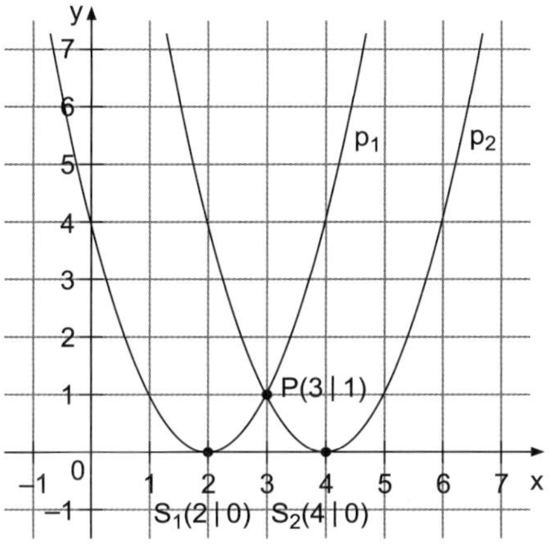

c) p_1: $y = -x^2 - 4x - 5$
p_2: $y = x^2 - 2x - 3$

$p_1 = p_2$
$-x^2 - 4x - 5 = x^2 - 2x - 3 \quad |-x^2 + 2x + 3$
$-2x^2 - 2x - 2 = 0 \quad |:(-2)$
$x^2 + x + 1 = 0$

$x_{1/2} = -0{,}5 \pm \sqrt{0{,}5^2 - 1}$
$x_{1/2} = -0{,}5 \pm \sqrt{0{,}25 - 1}$ keine Lösung

p_1: $y = -x^2 - 4x - 5 \quad |:(-1)$
$-y = x^2 + 4x + 5$
$-y = (x^2 + 2 \cdot 2x + 2^2) + 5 - 2^2$
$-y = (x+2)^2 + 1 \quad |\cdot(-1)$
$y = -(x+2)^2 - 1$
$\Rightarrow\; S_1(-2\,|\,-1)$

p_2: $y = x^2 - 2x - 3$
$y = (x^2 - 2 \cdot 1x + 1^2) - 3 - 1^2$
$y = (x-1)^2 - 4$
$\Rightarrow\; S_2(1\,|\,-4)$

Hinweise und Tipps

Die Parabeln haben nur einen Schnittpunkt.

Lege ein Koordinatensystem mit der Einheit 1 cm an.
x-Achse: –1 bis +7
y-Achse: –1 bis +7
Trage die Scheitelpunkte S_1 und S_2 in das Koordinatensystem ein.
Zeichne mithilfe der Schablone die Parabeln p_1 und p_2.
Vergleiche die Koordinaten des Schnittpunktes in der Zeichnung mit den berechneten Koordinaten.

Die Diskriminante ist kleiner null. Daher existiert keine Lösung. Die Parabeln haben keine Schnittpunkte.

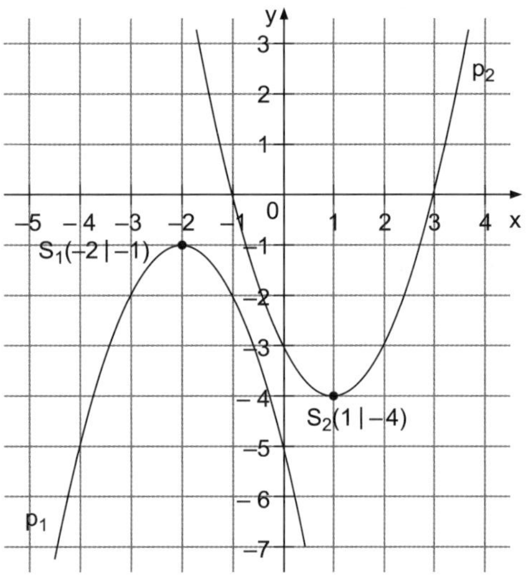

Hinweise und Tipps

Lege ein Koordinatensystem mit der Einheit 1 cm an.
x-Achse: –5 bis +4
y-Achse: –7 bis +3

Trage die Scheitelpunkte S_1 und S_2 in das Koordinatensystem ein.
Zeichne mithilfe der Schablone die Parabeln p_1 und p_2.
Anhand der Zeichnung kannst du überprüfen, dass es keinen Schnittpunkt der beiden Parabeln gibt.

---

103. a) $S_1(1\,|\,1)$
$\Rightarrow\ p_1: y=(x-1)^2+1$
$S_2(1\,|\,-3)$
$\Rightarrow\ p_2: y=(x-1)^2-3$
$S_3(2\,|\,2)$
$\Rightarrow\ p_3: y=-(x-2)^2+2$
$S_4(-2\,|\,2)$
$\Rightarrow\ p_4: y=-(x+2)^2+2$

p_1 ist eine nach oben geöffnete, verschobene Normalparabel.

p_2 ist eine nach oben geöffnete, verschobene Normalparabel.

p_3 ist eine nach unten geöffnete, verschobene Normalparabel.

p_4 ist eine nach unten geöffnete, verschobene Normalparabel.

b)
$$p_1 = p_3$$
$$(x-1)^2+1=-(x-2)^2+2$$
$$x^2-2x+1+1=-x^2+4x-4+2$$
$$x^2-2x+2=-x^2+4x-2 \quad |+x^2-4x+2$$
$$2x^2-6x+4=0 \quad |:2$$
$$x^2-3x+2=0$$

$$x_{1/2}=1{,}5\pm\sqrt{(-1{,}5)^2-2}$$
$$x_{1/2}=1{,}5\pm\sqrt{2{,}25-2}$$
$$x_{1/2}=1{,}5\pm\sqrt{0{,}25}$$
$$x_{1/2}=1{,}5\pm0{,}5$$
$$x_1=1{,}5-0{,}5=1$$
$$x_2=1{,}5+0{,}5=2$$

Setze die Scheitelpunktformen von p_1 und p_3 gleich.
Löse die entstandene quadratische Gleichung.

x_1 in p_1: $y=(x-1)^2+1$
$y_1=(1-1)^2+1$
$y_1=1 \Rightarrow P(1\,|\,1)$

x_2 in p_1: $y_2=(2-1)^2+1$
$y_2=2 \Rightarrow Q(2\,|\,2)$

Berechne die y-Koordinaten der Schnittpunkte, indem du die berechneten x-Werte in die Funktionsgleichung einer Parabel einsetzt.

c) p_4: $y=-(x+2)^2+2$

$$0=-(x+2)^2+2 \qquad |+(x+2)^2$$
$$(x+2)^2=2 \qquad |\sqrt{\ }$$
$$x+2=\pm\sqrt{2}$$
$$x_1=-2+\sqrt{2}\approx-0{,}59 \quad\Rightarrow\quad N_1(-2+\sqrt{2}\,|\,0)$$
$$x_2=-2-\sqrt{2}\approx-3{,}41 \quad\Rightarrow\quad N_2(-2-\sqrt{2}\,|\,0)$$

Hinweise und Tipps

Setze den Funktionswert von p_4 gleich null und berechne die x-Werte.
Gib die vollständigen Koordinaten der Nullstellen an.

---

104. Die Steigung $m=-0{,}75=-\frac{3}{4}$ der Geraden ist negativ. Die Gerade verläuft von links oben nach rechts unten (Steigungsdreieck: 4 Einheiten nach rechts, 3 Einheiten nach unten). Der y-Achsenabschnitt t der Geraden liegt bei +5. Der Scheitelpunkt S(4 | 3) der Parabel liegt oberhalb der Geraden (Entfernung von T(0 | 5): 4 Einheiten nach rechts, 2 Einheiten nach unten).
Da die Parabel nach unten geöffnet ist, existieren zwei Schnittpunkte mit der Geraden.

Skizze:

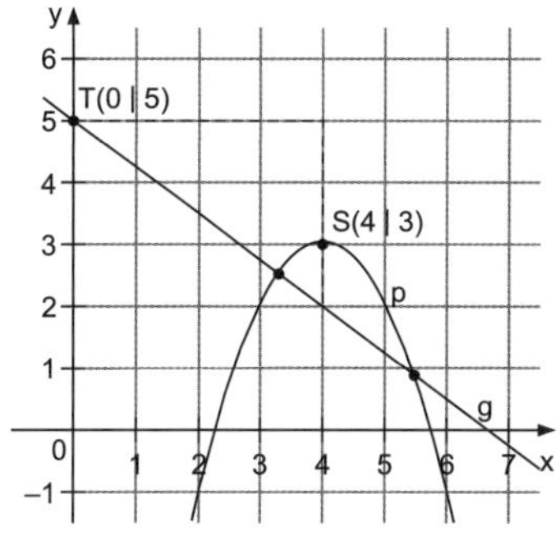

---

105. p_1: $S_1(-4\,|-2)$; nach unten geöffnet
p_2: $S_2(-3\,|-2)$; nach oben geöffnet
S_1 und S_2 haben die gleiche y-Koordinate und liegen in x-Richtung 1 Einheit voneinander entfernt. p_1 ist nach unten, p_2 nach oben geöffnet.
$\Rightarrow$ Es existiert kein Schnittpunkt.

Skizze:

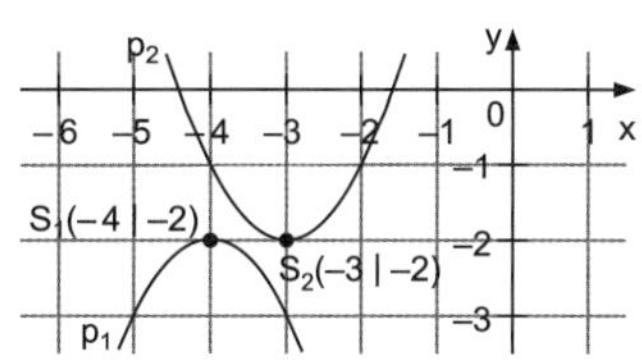

---

106. a) A(–4 | 6); B(2,5 | 22,25)

$$\text{I}\quad 6=(-4)^2-4p+q$$
$$\text{II}\quad 22{,}25=2{,}5^2+2{,}5p+q$$

$$\text{I}\quad 6=16+4p+q \qquad |-16+4p$$
$$\text{II}\quad 22{,}25=6{,}25+2{,}5p+q \qquad |-6{,}25-2{,}5p$$

$$\text{I}\quad -10+4p=q$$
$$\text{II}\quad 16-2{,}5p=q$$

$$\text{I}=\text{II}\quad -10+4p=16-2{,}5p \qquad |+10+2{,}5p$$
$$6{,}5p=26 \qquad |:6{,}5$$
$$p=4$$

$$\text{in I}\quad -10+4\cdot4=q$$
$$q=6$$

$\Rightarrow$ p: $y=x^2+4x+6$

Setze die Koordinaten der Punkte A und B in die Normalform $y=x^2+px+q$ ein und löse das Gleichungssystem auf.

b) $y=x^2+4x+6$
$y=(x^2+2\cdot2x+2^2)+6-2^2$
$y=(x+2)^2+2$
$\Rightarrow$ S(–2 | 2)

Forme die Normalform in die Scheitelpunktform um.

Hinweise und Tipps

c) Der Scheitelpunkt liegt über der x-Achse. Die Parabel ist nach oben geöffnet.
$\Rightarrow$ Die Parabel hat keine Nullstellen.

---

107. a) A(–3 | –1); B(2 | 4)
p_1 nach oben geöffnet

$$\begin{array}{ll} \text{I} & -1 = (-3)^2 - 3p + q \\ \text{II} & 4 = 2^2 + 2p + q \end{array}$$

$$\begin{array}{lll} \text{I} & -1 = 9 - 3p + q & \mid -9 \\ \text{II} & 4 = 4 + 2p + q & \mid -4 - 2p \end{array}$$

$$\begin{array}{ll} \text{I} & -10 = -3p + q \\ \text{II} & -2p = q \end{array}$$

$$\begin{array}{lll} \text{in I} & -10 = -3p - 2p & \\ & -10 = -5p & \mid :(-5) \\ & p = 2 & \end{array}$$

$$\begin{array}{ll} \text{in II} & -2 \cdot 2 = q \\ & q = -4 \end{array}$$

$\Rightarrow$ p_1: $y = x^2 + 2x - 4$

Setze die Koordinaten der Punkte A und B in die Normalform $y = x^2 + px + q$ ein und löse das Gleichungssystem.

A(–3 | –1); B(2 | 4)
p_2 nach unten geöffnet

$$\begin{array}{ll} \text{I} & -1 = -(-3)^2 - 3p + q \\ \text{II} & 4 = -2^2 + 2p + q \end{array}$$

$$\begin{array}{lll} \text{I} & -1 = -9 - 3p + q & \mid +9 + 3p \\ \text{II} & 4 = -4 + 2p + q & \mid +4 - 2p \end{array}$$

$$\begin{array}{ll} \text{I} & 8 + 3p = q \\ \text{II} & 8 - 2p = q \end{array}$$

$$\begin{array}{lll} \text{I=II} & 8 + 3p = 8 - 2p & \mid -8 + 2p \\ & 5p = 0 & \\ & p = 0 & \end{array}$$

$$\begin{array}{ll} \text{in I} & 8 + 3 \cdot 0 = q \\ & q = 8 \end{array}$$

$\Rightarrow$ p_2: $y = -x^2 + 8$

Setze dann die Koordinaten der Punkte A und B in die Normalform $y = -x^2 + px + q$ ein und löse das Gleichungssystem.

b) p_1: $y = x^2 + 2x - 4$
$y = (x^2 + 2 \cdot 1x + 1^2) - 4 - 1^2$
$y = (x+1)^2 - 5$
$\Rightarrow$ $S_1(-1 \mid -5)$

p_2: $y = -x^2 + 8$
$\Rightarrow$ $S_2(0 \mid 8)$

Forme die Normalform von p_1 in die Scheitelpunktform um.
Entnimm der Scheitelpunktform von p_1 die Koordinaten für den Scheitelpunkt S_1.

c) A(–3 | –1); B(2 | 4)
g: $y = m \cdot x + t$

$$m = \frac{4-(-1)}{2-(-3)} = \frac{4+1}{2+3} = \frac{5}{5} = 1$$

$$\begin{array}{ll} y = m \cdot x + t & \\ 4 = 1 \cdot 2 + t & \mid -2 \\ 2 = t & \end{array}$$

$\Rightarrow$ g: $y = x + 2$

Berechne mit der Steigungsformel $m = \frac{y_2 - y_1}{x_2 - x_1}$ die Steigung der Geraden g.
Setze den Wert der Steigung m und die Koordinaten eines Punktes (hier: Punkt B) in die Normalform einer Geradengleichung ein und berechne t.
Gib die vollständige Funktionsgleichung von g an.

d)

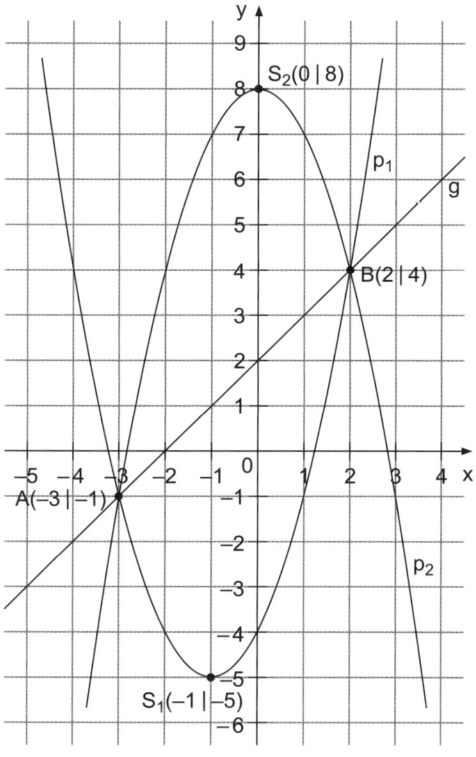

Hinweise und Tipps

Lege ein Koordinatensystem mit der Einheit 1 cm an.
x-Achse: –5 bis +4
y-Achse: –6 bis +9
Trage in das Koordinatensystem die Punkte A, B, S_1 und S_2 ein.
Zeichne mithilfe der Schablone die Parabeln p_1 und p_2.
Zeichne durch die Punkte A und B die Gerade g.

---

108. a) $E = \{9; 10; 11; 12; 13; 14\}$

$P_E = \frac{6}{14} = \frac{3}{7} \approx 42{,}9\ \%$

In der Urne befinden sich 14 Kugeln.
Es gibt 6 günstige Ergebnisse.

b) $E = \{1; 3; 5; 7; 9; 11; 13\}$

$P_E = \frac{7}{14} = \frac{1}{2} = 50\ \%$

Es gibt 7 günstige Ergebnisse.

c) $E = \{2; 3; 4; 6; 8; 9; 10; 12; 14\}$

$P_E = \frac{9}{14} \approx 64{,}3\ \%$

Es gibt 9 günstige Ergebnisse.

d) $E = \{2; 3; 5; 7; 11; 13\}$

$P_E = \frac{6}{14} = \frac{3}{7}$

Die Zahl 1 wird nicht zu den Primzahlen gerechnet.
Es gibt 6 günstige Ergebnisse.

---

109. a) $P_E = \frac{6}{20} = \frac{3}{10} = 30\ \%$

In der Urne liegen 20 Kugeln.

b) $P_E = \frac{4}{20} = \frac{1}{5} = 20\ \%$

c) $P_E = \frac{13}{20} = 65\ \%$

$4 + 6 + 3 = 13$ nicht grüne Kugeln

d) $P_E = \frac{10}{20} = \frac{1}{2} = 50\ \%$

$3 + 7 = 10$ gelbe oder grüne Kugeln

110. Ziehen mit Zurücklegen
Baumdiagramm:

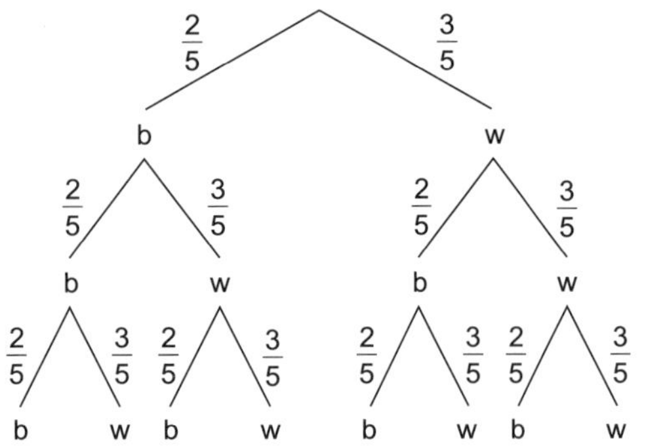

Hinweise und Tipps

10 Kugeln ↗ 4 blaue Kugeln $P(\text{blau}) = \frac{4}{10} = \frac{2}{5}$
10 Kugeln ↘ 6 weiße Kugeln $P(\text{weiß}) = \frac{6}{10} = \frac{3}{5}$

Zeichne das Baumdiagramm und trage die Wahrscheinlichkeiten entlang der Pfade ein.
Beim „Ziehen mit Zurücklegen“ ändern sich die Wahrscheinlichkeiten nicht.

a) $E_1 = \{bbb\}$

$$P(E_1) = \frac{2}{5} \cdot \frac{2}{5} \cdot \frac{2}{5} = \frac{8}{125} = 6{,}4\ \%$$

Für das Ereignis „drei blaue Kugeln“ existiert nur ein Pfad. Wende die Multiplikationsregel an.

b) $E_2 = \{bbw;\ bwb;\ wbb\}$

$$P(bbw) = \frac{2}{5} \cdot \frac{2}{5} \cdot \frac{3}{5} = \frac{12}{125}$$

$$P(bwb) = \frac{2}{5} \cdot \frac{3}{5} \cdot \frac{2}{5} = \frac{12}{125}$$

$$P(wbb) = \frac{3}{5} \cdot \frac{2}{5} \cdot \frac{2}{5} = \frac{12}{125}$$

$$P(E_2) = \frac{12}{125} + \frac{12}{125} + \frac{12}{125} = \frac{36}{125} = 28{,}8\ \%$$

Für das Ereignis „genau eine weiße Kugel“ existieren drei Pfade.
Wende zuerst die Multiplikationsregel an.

Wende dann die Additionsregel an.

c) $E_3 = \{bww;\ wbw;\ wwb\}$

$$P(bww) = \frac{2}{5} \cdot \frac{3}{5} \cdot \frac{3}{5} = \frac{18}{125}$$

$$P(wbw) = \frac{3}{5} \cdot \frac{2}{5} \cdot \frac{3}{5} = \frac{18}{125}$$

$$P(wwb) = \frac{3}{5} \cdot \frac{3}{5} \cdot \frac{2}{5} = \frac{18}{125}$$

$$P(E_3) = \frac{18}{125} + \frac{18}{125} + \frac{18}{125} = \frac{54}{125} = 43{,}2\ \%$$

Für das Ereignis „zwei weiße und eine blaue Kugel“ existieren drei Pfade.
Wende zuerst die Multiplikationsregel an.

Wende dann die Additionsregel an.

---

111. Ziehen ohne Zurücklegen
Baumdiagramm:

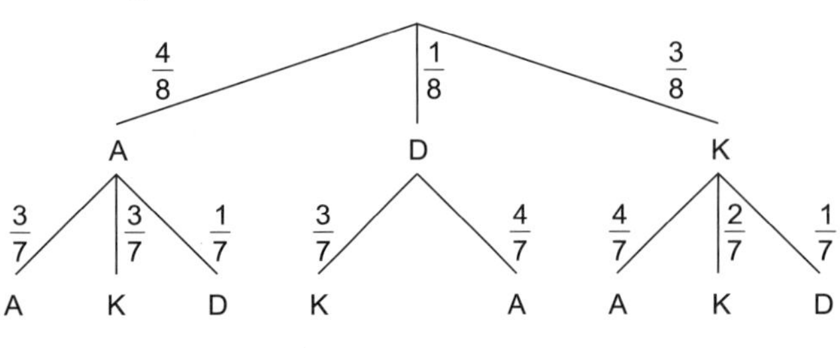

4 Asse; 3 Könige; 1 Dame
1. Zug: 8 Karten
2. Zug: 7 Karten
Trage die Wahrscheinlichkeiten entlang der Pfade ein.
Beachte, beim „Ziehen ohne Zurücklegen“ verändern sich die Wahrscheinlichkeiten.

a) $E_1 = \{AA\}$

$P(E_1) = \frac{4}{8} \cdot \frac{3}{7} = \frac{12}{56} = \frac{3}{14} \approx 21{,}4\ \%$

Hinweise und Tipps

Für das Ereignis „zwei Asse" existiert nur ein Pfad. Wende die Multiplikationsregel an.

b) $E_2 = \{DK; KD\}$

$P(DK) = \frac{1}{8} \cdot \frac{3}{7} = \frac{3}{56}$

$P(KD) = \frac{3}{8} \cdot \frac{1}{7} = \frac{3}{56}$

$P(E_2) = \frac{3}{56} + \frac{3}{56} = \frac{6}{56} = \frac{3}{28} \approx 10{,}7\ \%$

Für das Ereignis „ein König und eine Dame" existieren zwei Pfade.
Wende zuerst die Multiplikationsregel an.

Wende dann die Additionsregel an.

c) $E_3 = \{DK; KK; KD\}$

$P(DK) = \frac{1}{8} \cdot \frac{3}{7} = \frac{3}{56}$

$P(KK) = \frac{3}{8} \cdot \frac{2}{7} = \frac{6}{56}$

$P(KD) = \frac{3}{8} \cdot \frac{1}{7} = \frac{3}{56}$

$P(E_3) = \frac{3}{56} + \frac{6}{56} + \frac{3}{56} = \frac{12}{56} = \frac{3}{14} \approx 21{,}4\ \%$

Für das Ereignis „kein Ass" existieren drei Pfade.
Wende zuerst die Multiplikationsregel an.

Wende dann die Additionsregel an.

d) $E_4 = \{AK; KA\}$

$P(AK) = \frac{4}{8} \cdot \frac{3}{7} = \frac{12}{56}$

$P(KA) = \frac{3}{8} \cdot \frac{4}{7} = \frac{12}{56}$

$P(E_4) = \frac{12}{56} + \frac{12}{56} = \frac{24}{56} = \frac{3}{7} \approx 42{,}9\ \%$

Für das Ereignis „ein Ass und ein König" existieren zwei Pfade.
Wende zuerst die Multiplikationsregel an.

Wende dann die Additionsregel an.

---

112. a) Kombinationsmöglichkeiten:
$4 \cdot 9 \cdot 6 \cdot 3 \cdot 8 = 5\,184$
Leo hat 5 184 Kombinationsmöglichkeiten.

Auswahl aus 4 Prozessoren, 9 Gehäusen, 6 Brennern, 3 Soundkarten, 8 Grafikkarten.

b) Auswahlmöglichkeiten:
$6 \cdot 3 \cdot 2 = 36$
Er hat noch 36 Auswahlmöglichkeiten.

Auswahl aus 6 Brennern, 3 Soundkarten, $8 - 6 = 2$ Grafikkarten.

---

113. a) Kombinationsmöglichkeiten:
$29 \cdot 60 \cdot 9 \cdot 48 = 751\,680$
Sie kann sich 751 680-mal unterschiedlich kleiden.

Annahmen:
- Wenn Aline eine Hose trägt, dann hat sie keinen Rock an und umgekehrt.
  $\Rightarrow$ $12 + 17 = 29$ Beinkleider
- Wenn sie eine Bluse anzieht, dann braucht sie kein T-Shirt und umgekehrt.
  $\Rightarrow$ $24 + 36 = 60$ Oberteile
- Aline trägt immer eine Jacke und Schuhe.

b) $751\,680 : 365 = 2\,059{,}39\ldots$
Nach ca. 2 060 Jahren (!) würden ihr die Kombinationsmöglichkeiten ausgehen.

Rechne mit 1 Jahr = 365 Tagen.

Hinweise und Tipps

114. a) mögliche Zahlenkombinationen:
$9 \cdot 10 \cdot 10 \cdot 10 = 9\,000$
Es gibt 9 000 verschiedene Zahlenkombinationen.

Für die erste Stelle gibt es 9 mögliche Ziffern, für die zweite, dritte und vierte Stelle stehen jeweils 10 Ziffern zur Verfügung.

b) $10 \cdot 10 - 1 = 100 - 1 = 99$
Julia kann noch 99 falsche Zahlenkombinationen eintippen.

Vergiss nicht, die richtige Zahlenkombination abzuziehen.

---

115. a) Aufstellung von 4 Läufern:
$4! = 4 \cdot 3 \cdot 2 \cdot 1 = 24$
Es gibt 24 Möglichkeiten.

b) Aufstellung von 3 Läufern:
$3! = 3 \cdot 2 \cdot 1 = 6$
Es gibt 6 Möglichkeiten.

Der Startläufer steht fest. Es bleiben drei Läufer übrig.

---

116. a) $36! = 3{,}719\ldots \cdot 10^{41} \approx 3{,}72 \cdot 10^{41}$
Es gibt rund $3{,}72 \cdot 10^{41}$ Möglichkeiten.

b) $8! = 40\,320$
Es gibt 40 320 Möglichkeiten.

4 Asse und 4 Könige $\Rightarrow$ 8 Karten

---

117. a) Anzahl der Tipps für einen sicheren „Sechsertipp“:
$$\frac{49 \cdot 48 \cdot 47 \cdot 46 \cdot 45 \cdot 44}{6!} = 13\,983\,816$$
Für einen sicheren „Sechsertipp“ müsste man 13 983 816 Tipps abgeben.

Aus 49 Kugeln werden 6 Kugeln gezogen (Auswahl ohne Berücksichtigung der Reihenfolge).
$n = 49$
$k = 6$
$n - k + 1 = 49 - 6 + 1 = 44$

b) Anzahl der Tipps für einen sicheren „Dreiertipp“:
$$\frac{49 \cdot 48 \cdot 47}{3!} = 18\,424$$
Für einen sicheren „Dreiertipp“ müsste man 18 424 Tipps abgeben.

Aus 49 Kugeln werden 3 Kugeln gezogen (Auswahl ohne Berücksichtigung der Reihenfolge).
$n = 49$
$k = 3$
$n - k + 1 = 49 - 3 + 1 = 47$

---

118. Wechselmöglichkeiten mit Berücksichtigung der Reihenfolge:
$9 \cdot 8 \cdot 7 \cdot 6 \cdot 5 = 15\,120$ Möglichkeiten
Wechselmöglichkeiten ohne Berücksichtigung der Reihenfolge:
$$\frac{9 \cdot 8 \cdot 7 \cdot 6 \cdot 5}{5!} = 126 \text{ Möglichkeiten}$$

Aus neun Spielerinnen werden fünf Spielerinnen ausgewählt:
$n = 9$
$k = 5$
$n - k + 1 = 9 - 5 + 1 = 5$

---

119. a) Fußball: $r = 11$ cm
$$V = \frac{4}{3} \cdot (11\text{ cm})^3 \cdot \pi$$
$V = 5\,575{,}279\ldots\text{ cm}^3 \approx 5\,575{,}28\text{ cm}^3$

$O = 4 \cdot (11\text{ cm})^2 \cdot \pi$
$O = 1\,520{,}530\ldots\text{ cm}^2 \approx 1\,520{,}53\text{ cm}^2$

Setze die gegebenen Werte in die Volumen- bzw. Oberflächenformel einer Kugel ein:
$V = \frac{4}{3} \cdot r^3 \cdot \pi$
$O = 4 \cdot r^2 \cdot \pi$

Hinweise und Tipps

b) Sonne: $d = 2{,}8 \cdot 10^7$ km $\Rightarrow$ $r = 1{,}4 \cdot 10^7$ km

$V = \frac{4}{3} \cdot (1{,}4 \cdot 10^7 \text{ km})^3 \cdot \pi$

$V = 1{,}149\ldots \cdot 10^{22} \text{ km}^3 \approx 1{,}15 \cdot 10^{22} \text{ km}^3$

$O = 4 \cdot (1{,}4 \cdot 10^7 \text{ km})^2 \cdot \pi$

$O = 2{,}463\ldots \cdot 10^{15} \text{ km}^2 \approx 2{,}46 \cdot 10^{15} \text{ km}^2$

---

120. Oberfläche des Gasbehälters:

$d = 28$ m $\Rightarrow$ $r = 14$ m

$O = 4 \cdot (14 \text{ m})^2 \cdot \pi$

$O \approx 2\,463{,}01 \text{ m}^2$

Berechne zuerst die Oberfläche des Gasbehälters.

Anzahl der benötigten Farbfässer:

$2\,463{,}01 \text{ m}^2 : 350 \text{ m}^2 = 7{,}03\ldots$

1 Fass reicht für 350 m².

Es werden rund 7 Fässer benötigt.

---

121. $r = 10$ cm

$V = \frac{4}{3} \cdot (10 \text{ cm})^3 \cdot \pi$

$V \approx 4\,188{,}79 \text{ cm}^3$

$O = 4 \cdot \pi \cdot (10 \text{ cm})^2$

$O \approx 1\,256{,}64 \text{ cm}^2$

Berechne das ursprüngliche Volumen und die ursprüngliche Oberfläche.

a) $1\,256{,}64 \text{ cm}^2 : 2 = 628{,}32 \text{ cm}^2$

Berechne zuerst die halbe Oberfläche.

$628{,}32 \text{ cm}^2 = 4 \cdot r^2 \cdot \pi \quad |:4;:\pi$

$50 \text{ cm}^2 \approx r^2 \quad |\sqrt{\ }$

$r \approx 7{,}07 \text{ cm}$

Setze die bekannten Größen in die Formel für die Oberfläche ein und löse nach r auf.

$V = \frac{4}{3} \cdot \pi \cdot (7{,}07 \text{ cm})^3$

$V \approx 1\,480{,}29 \text{ cm}^3$

Berechne mit dem neuen Radius das Volumen der Kugel.

b) $1\,256{,}64 \text{ cm}^2 \cdot 2 = 2\,513{,}28 \text{ cm}^2$

Berechne zuerst die doppelte Oberfläche.

$2\,513{,}28 \text{ cm}^2 = 4 \cdot r^2 \cdot \pi \quad |:4;:\pi$

$200 \text{ cm}^2 \approx r^2 \quad |\sqrt{\ }$

$r \approx 14{,}14 \text{ cm}$

Setze die bekannten Größen in die Formel für die Oberfläche ein und löse nach r auf.

$V = \frac{4}{3} \cdot (14{,}14 \text{ cm})^3 \cdot \pi$

$V \approx 11\,842{,}32 \text{ cm}^3$

Berechne mit dem neuen Radius das Volumen der Kugel.

---

122. Volumen des Bleibarrens:

$V = 7{,}345 \text{ kg} : 11{,}3 \frac{\text{kg}}{\text{dm}^3}$

$V = 0{,}65 \text{ dm}^3$

Volumen = Masse : Dichte

Volumen einer kleinen Kugel:

$0{,}65 \text{ dm}^3 : 50 = 0{,}013 \text{ dm}^3 = 13 \text{ cm}^3$

Hinweise und Tipps

Radius einer kleinen Kugel:

$13\ \text{cm}^3 = \frac{4}{3} \cdot r^3 \cdot \pi \qquad \Big|\cdot\frac{3}{4};\ :\pi;\ \sqrt[3]{\ }$

$r = 1{,}458\ldots\ \text{cm} \approx 1{,}46\ \text{cm}$

$\Rightarrow\ d = 2 \cdot 1{,}46\ \text{cm} = 2{,}92\ \text{cm}$

Eine kleine Kugel hat einen Durchmesser von 2,92 cm.

---

123. Volumen des Zylinders:

$V_Z = (5\ \text{cm})^2 \cdot \pi \cdot 10\ \text{cm}$

$V_Z \approx 785{,}40\ \text{cm}^3$

Volumen der Kugel:

$V_{Ku} = \frac{4}{3} \cdot (5\ \text{cm})^3 \cdot \pi$

$V_{Ku} \approx 523{,}60\ \text{cm}^3$

Volumen des Kegels:

$V_{Ke} = \frac{1}{3} \cdot (5\ \text{cm})^2 \cdot \pi \cdot 10\ \text{cm}$

$V_{Ke} \approx 261{,}80\ \text{cm}^3$

Bruchteile des Zylindervolumens:

Kugel:

$523{,}60\ \text{cm}^3 : 785{,}40\ \text{cm}^3 = 0{,}666\ldots = \frac{2}{3}$

Kegel:

$261{,}80\ \text{cm}^3 : 785{,}40\ \text{cm}^3 = 0{,}333\ldots = \frac{1}{3}$

Die Kugel hat $\frac{2}{3}$ des Zylindervolumens.

Der Kegel hat $\frac{1}{3}$ des Zylindervolumens.

Hinweise und Tipps:

$V_Z = r^2 \cdot \pi \cdot h_Z$ mit $h_Z = 2r$

$V_{Ku} = \frac{4}{3} \cdot r^3 \cdot \pi$

$V_{Ke} = \frac{1}{3} \cdot r^2 \cdot \pi \cdot h_{Ke}$ mit $h_{Ke} = 2r$

$\frac{V_{Ku}}{V_Z} = \frac{\frac{4}{3} \cdot r^3 \cdot \pi}{r^2 \cdot \pi \cdot h_Z} = \frac{\frac{4}{3} \cdot r^3 \cdot \pi}{r^2 \cdot \pi \cdot 2r} = \frac{\frac{4}{3}}{2} = \frac{4}{6} = \frac{2}{3}$

$\frac{V_{Ke}}{V_Z} = \frac{\frac{1}{3} \cdot r^2 \cdot \pi \cdot h_{Ke}}{r^2 \cdot \pi \cdot h_Z} = \frac{\frac{1}{3} \cdot r^2 \cdot \pi \cdot 2r}{r^2 \cdot \pi \cdot 2r} = \frac{1}{3}$

---

124. a) Volumen:

$V_{Lot} = V_{Halbkugel} + V_{Kegel}$

$V_{Lot} = \frac{1}{2} \cdot \frac{4}{3} \cdot r^3 \cdot \pi + \frac{1}{3} r^2 \cdot \pi \cdot h$

$V_{Lot} = \frac{2}{3} \cdot (2\ \text{cm})^3 \cdot \pi + \frac{1}{3} (2\ \text{cm})^2 \cdot \pi \cdot 7\ \text{cm}$

$V_{Lot} \approx 16{,}76\ \text{cm}^3 + 29{,}32\ \text{cm}^3$

$V_{Lot} \approx 46{,}08\ \text{cm}^3$

Gewicht:

$m = 46{,}08\ \text{cm}^3 \cdot 7{,}8\ \frac{\text{g}}{\text{cm}^3}$

$m \approx 359{,}42\ \text{g}$

Das Maurerlot hat ein Gewicht von 359,42 g.

Hinweise und Tipps:

Der Kegel und die Halbkugel besitzen den gleichen Radius:

$d = 4\ \text{cm} \Rightarrow r = 2\ \text{cm}$

Masse = Volumen · Dichte

b) Kegelmantel:

$A_M = r \cdot \pi \cdot s$

$s^2 = (2\text{ cm})^2 + (7\text{ cm})^2$

$s^2 = 53\text{ cm}^2$

$s \approx 7,28\text{ cm}$

$A_M = 2\text{ cm} \cdot \pi \cdot 7,28\text{ cm}$

$A_M \approx 45,74\text{ cm}^2$

Halbkugel:

$O_{HK} = \frac{1}{2} \cdot 4 \cdot r^2 \cdot \pi$

$O_{HK} = \frac{1}{2} \cdot 4 \cdot (2\text{ cm})^2 \cdot \pi$

$O_{HK} \approx 25,13\text{ cm}^2$

Maurerlot:

$O_{Lot} = A_M + O_{HK}$

$O_{Lot} = 45,74\text{ cm}^2 + 25,13\text{ cm}^2$

$O_{Lot} = 70,87\text{ cm}^2$

Das Lot hat eine Oberfläche von $70,87\text{ cm}^2$.

Hinweise und Tipps

Die Oberfläche des Maurerlotes setzt sich aus dem Kegelmantel und der Oberfläche der Halbkugel zusammen.
Berechne die Länge der Seitenlinie s mithilfe des Satzes von Pythagoras.

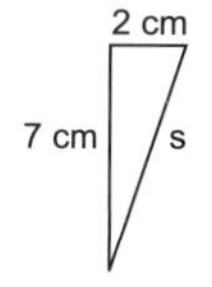

---

125. a) Radius des kugelförmigen Gastanks:

$V = \frac{4}{3} r^3 \cdot \pi$

$904\,320\text{ dm}^3 = \frac{4}{3} \cdot r^3 \cdot \pi$

$r \approx 60\text{ dm}$

Höhe des zylinderförmigen Tanks:

$V = r^2 \cdot \pi \cdot h_Z$

$904\,320\text{ dm}^3 = (60\text{ dm})^2 \cdot \pi \cdot h_Z \quad | : (60\text{ dm})^2; : \pi$

$h_Z \approx 80\text{ dm} = 8\text{ m}$

Der zylinderförmige Tank müsste 8 m hoch sein.

Berechne zuerst den Radius des Gastanks. Der Zylinder hat den gleichen Radius wie die Kugel.
$1\ \ell = 1\text{ dm}^3$

Der zylinderförmige Gastank soll ebenfalls $904\,320\text{ dm}^3$ Gas fassen.
Setze die bekannten Größen in die Formel zur Berechnung des Zylindervolumens ein und löse nach h_Z auf.

b) Kugel:

$O_K = 4 \cdot r^2 \cdot \pi$

$O_K = 4 \cdot (6\text{ cm})^2 \cdot \pi$

$O_K \approx 452,39\text{ cm}^2$

Berechne die Oberfläche der Kugel ($r = 6$ m).

Zylinder:

$O_Z = 2 \cdot r^2 \cdot \pi + 2 \cdot r \cdot \pi \cdot h_Z$

$O_Z = 2 \cdot (6\text{ m})^2 \cdot \pi + 2 \cdot 6\text{ m} \cdot \pi \cdot 8\text{ m}$

$O_Z \approx 226,19\text{ m}^2 + 301,59\text{ m}^2$

$O_Z \approx 527,78\text{ m}^2$

Berechne dann die Oberfläche des Zylinders. Die Zylinderoberfläche setzt sich aus der Grundfläche ($r = 6$ m), der Deckfläche und der Mantelfläche ($d = 12$ m, $h_Z = 8$ m) zusammen.

Unterschied der Oberflächen in m^2:

$527,78\text{ m}^2 - 452,39\text{ m}^2 = 75,39\text{ m}^2$

Unterschied in Prozent:

$75,39\text{ m}^2 : 452,39\text{ m}^2 \cdot 100\,\% = 16,664\ldots\,\% \approx 16,66\,\%$

Die Zylinderoberfläche ist um 16,66 % größer als die Kugeloberfläche.

Der Grundwert ist die Kugeloberfläche.

Hinweise und Tipps

126. a)

$$V_Z = r^2 \cdot \pi \cdot h_Z$$
$$1\,000\text{ cm}^3 = (4\text{ cm})^2 \cdot \pi \cdot h_Z$$
$$1\,000\text{ cm}^3 = 16\text{ cm}^2 \cdot \pi \cdot h_Z \quad |:16\text{ cm}^2;:\pi$$
$$h_Z \approx 19{,}89\text{ cm}$$

Das Wasser steht 19,89 cm hoch.

$1\ \ell = 1\text{ dm}^3 = 1\,000\text{ cm}^3$
$d = 8\text{ cm} \Rightarrow r = 4\text{ cm}$
Setze die bekannten Größen in die Formel zur Berechnung des Zylindervolumens ein und löse nach h_Z auf.

b) Volumen der Kugel:

$$V_K = \frac{4}{3} \cdot r_K^3 \cdot \pi$$
$$V_K = \frac{4}{3} \cdot (3{,}75\text{ cm})^3 \cdot \pi$$
$$V_K \approx 220{,}89\text{ cm}^3$$
$$V_K = V_{Wasser}$$
$$V_{Wasser} = r_Z^2 \cdot \pi \cdot h$$
$$220{,}89\text{ cm}^3 = (4\text{ cm})^2 \cdot \pi \cdot h \quad |:(4\text{ cm})^2;:\pi$$
$$h \approx 4{,}39\text{ cm}$$

Das Wasser steigt um 4,39 cm an.

Berechne zunächst das Volumen der Kugel.
$d_K = 7{,}5\text{ cm} \Rightarrow r_K = 3{,}75\text{ cm}$
Die Metallkugel verdrängt Wasser, das im Zylinder hochsteigt. Das Volumen des verdrängten Wassers entspricht dem Volumen der Kugel.
Setze die bekannten Größen in die Formel zur Berechnung des Zylindervolumens ein und berechne die Höhe.
$d_Z = 8\text{ cm} \Rightarrow r_Z = 4\text{ cm}$

---

127. Volumen des Tropfens:

$$V = \frac{4}{3} \cdot r^3 \cdot \pi$$
$$V = \frac{4}{3} \cdot (3\text{ mm})^3 \cdot \pi$$
$$V \approx 113{,}10\text{ mm}^3$$

Berechne das Volumen des Seifenwassertropfens.
$d = 6\text{ mm} \Rightarrow r = 3\text{ mm}$
Das Volumen des Seifenwassertropfens entspricht dem Volumen der Seifenblasenhaut (Hohlkugel).

Volumen der äußeren Kugel:

$$V_a = \frac{4}{3} \cdot r_a^3 \cdot \pi$$
$$V_a = \frac{4}{3} \cdot (30\text{ mm})^3 \cdot \pi$$
$$V_a = 113\,097{,}34\text{ mm}^3$$

Berechne das Volumen der äußeren Kugel.
$d_a = 6\text{ cm} \Rightarrow r_a = 3\text{ cm} = 30\text{ mm}$

Volumen der inneren Kugel:

$$V_i = V_a - V$$
$$V_i = 113\,097{,}34\text{ mm}^3 - 113{,}10\text{ mm}^3$$
$$V_i = 112\,984{,}24\text{ mm}^3$$

Berechne das Volumen der inneren Kugel.

Radius der inneren Kugel:

$$V_i = \frac{4}{3} \cdot r_i^3 \cdot \pi$$
$$112\,984{,}24\text{ mm}^3 = \frac{4}{3} \cdot r_i^3 \cdot \pi \quad \left| \cdot \frac{3}{4};:\pi;\sqrt[3]{\ } \right.$$
$$r_i \approx 29{,}99\text{ mm}$$

Berechne den Radius der inneren Kugel.

Wandstärke der Seifenblase:
30 mm – 29,99 mm = 0,01 mm
Die Seifenblasenhaut hat eine Wandstärke von 0,01 mm.

Die Differenz aus dem äußeren Radius und dem inneren Radius ergibt die Wandstärke.

Hinweise und Tipps

128. a) Masse des Granitwürfels:

$V_{Würfel} = a^3$

$V_{Würfel} = (1{,}2\text{ m})^3$

$V_{Würfel} = 1{,}728\text{ m}^3 = 1\,728\text{ dm}^3$

$m_{Würfel} = 1\,728\text{ dm}^3 \cdot 2{,}8\,\frac{\text{kg}}{\text{dm}^3}$

$m_{Würfel} = 4\,838{,}4\text{ kg}$

Masse der herausgeschlagenen Halbkugel:
$4\,838{,}4\text{ kg} - 4\,463\text{ kg} = 375{,}4\text{ kg}$

Volumen der Halbkugel:

$375{,}4\text{ kg} : 2{,}8\,\frac{\text{kg}}{\text{dm}^3} \approx 134{,}07\text{ dm}^3 = 134{,}07\ \ell$

Das Brunnenbecken fasst 134,07 Liter Wasser.

Hinweis: Die Differenz aus der Masse des Granitwürfels und der Masse des fertigen Brunnenteils ist die Masse der herausgeschlagenen Halbkugel.

Masse = Volumen · Dichte

4,463 t = 4 463 kg

Volumen = Masse : Dichte
$1\text{ dm}^3 = 1\ \ell$

b) Volumen der ganzen Kugel:
$134{,}07\text{ dm}^3 \cdot 2 = 268{,}14\text{ dm}^3$

Radius der Kugel:

$V = \frac{4}{3} \cdot r^3 \cdot \pi$

$268{,}14\text{ dm}^3 = \frac{4}{3} \cdot r^3 \cdot \pi \qquad \Big|\cdot \frac{3}{4};\ :\pi;\ \sqrt[3]{\ }$

$r \approx 4{,}0\text{ dm} \quad \Rightarrow \quad d \approx 8{,}0\text{ dm}$

Das Brunnenbecken hat einen Durchmesser von 8 dm.

Berechne den Radius der Kugel.
Setze die bekannten Größen in die Formel zur Berechnung des Kugelvolumens ein und löse nach r auf.

129. a) $\overline{ZB'} = 7\text{ m} + 3{,}5\text{ m} = 10{,}5\text{ m}$

$\frac{\overline{ZA'}}{\overline{ZA}} = \frac{9\text{ m}}{6\text{ m}} = 1{,}5$

$\frac{\overline{ZB'}}{\overline{ZB}} = \frac{10{,}5\text{ m}}{7\text{ m}} = 1{,}5$

Es liegt eine zentrische Streckung vor.

$\overline{AB} \cdot 1{,}5 = 15\text{ m} \qquad |:1{,}5$

$\overline{AB} = 10\text{ m}$

Berechne die Länge der Strecke $\overline{ZB'}$.
Berechne dann den Streckungsfaktor für $\frac{\overline{ZA'}}{\overline{ZA}}$ und $\frac{\overline{ZB'}}{\overline{ZB}}$.

Berechne nun die Länge der Originalstrecke $\overline{AB}$:
$\overline{AB} \cdot k = \overline{A'B'}$ mit $k = 1{,}5$

b) $\overline{ZA'} = 36\text{ cm} + 18\text{ cm} = 54\text{ cm}$

$\overline{ZB'} = 28\text{ cm} + 14\text{ cm} = 42\text{ cm}$

$\frac{\overline{ZA'}}{\overline{ZA}} = \frac{54\text{ cm}}{36\text{ cm}} = 1{,}5$

$\frac{\overline{ZB'}}{\overline{ZB}} = \frac{42\text{ cm}}{28\text{ cm}} = 1{,}5$

Es liegt eine zentrische Streckung vor.

$\overline{A'B'} = 21\text{ cm} \cdot 1{,}5 = 31{,}5\text{ cm}$

Berechne die Länge der Strecken $\overline{ZA'}$ und $\overline{ZB'}$.

Berechne den Streckungsfaktor für $\frac{\overline{ZA'}}{\overline{ZA}}$ und $\frac{\overline{ZB'}}{\overline{ZB}}$.

Berechne die Länge der Bildstrecke $\overline{A'B'}$:
$\overline{A'B'} = \overline{AB} \cdot k$ mit $k = 1{,}5$

130. a)

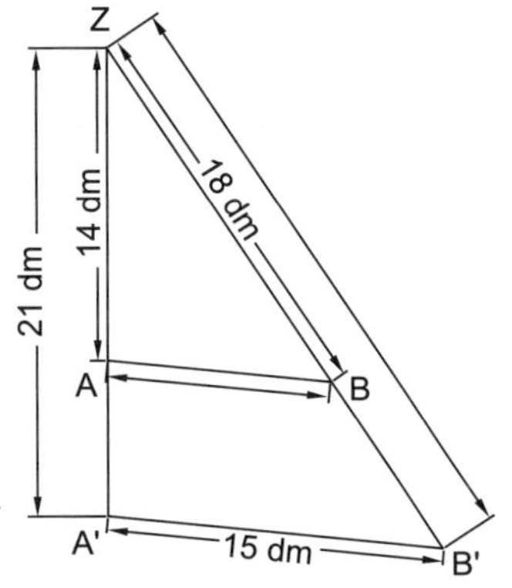

$k = \frac{\overline{ZA'}}{\overline{ZA}}$

$k = \frac{21\,\text{dm}}{14\,\text{dm}} = 1{,}5$

$\overline{ZB'} = \overline{ZB} \cdot k$

$\overline{ZB'} = 18\,\text{dm} \cdot 1{,}5 = 27\,\text{dm}$

$\overline{AB} \cdot k = \overline{A'B'}$

$\overline{AB} \cdot 1{,}5 = 15\,\text{dm} \quad |:1{,}5$

$\overline{AB} = 10\,\text{dm}$

b)

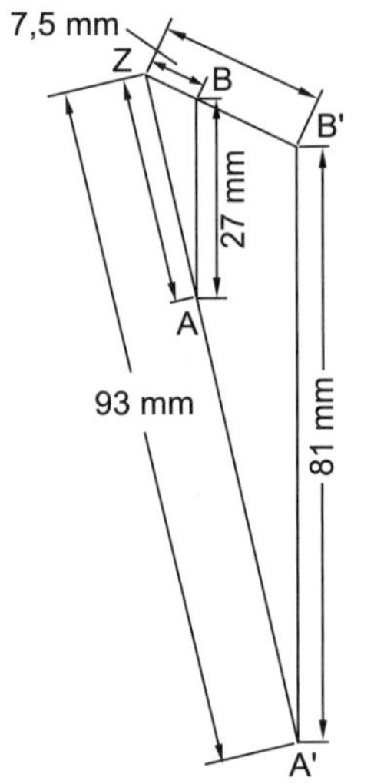

$k = \frac{\overline{A'B'}}{\overline{AB}}$

$k = \frac{81\,\text{mm}}{27\,\text{mm}} = 3$

$\overline{ZA} \cdot k = \overline{ZA'}$

$\overline{ZA} \cdot 3 = 93\,\text{mm} \quad |:3$

$\overline{ZA} = 31\,\text{mm}$

$\overline{ZB'} = \overline{ZB} \cdot k$

$\overline{ZB'} = 7{,}5\,\text{mm} \cdot 3 = 22{,}5\,\text{mm}$

Hinweise und Tipps

Beschrifte die Skizzen:
Lege zuerst das Streckungszentrum fest. Die Originalpunkte werden mit A und B, die Bildpunkte mit A' und B' bezeichnet.

131. a)

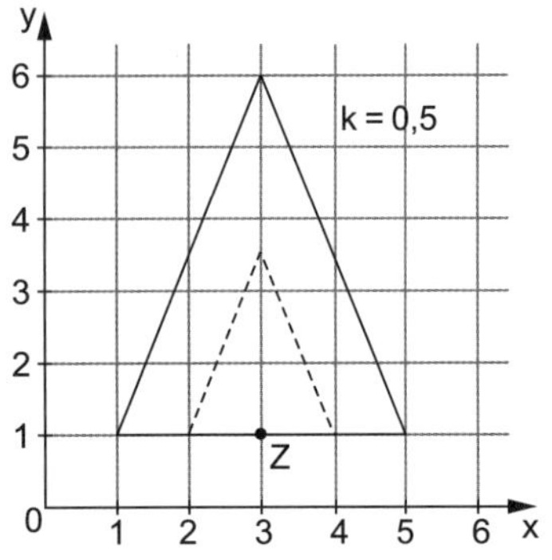

Verkleinere die Figur mit k = 0,5.
⇒ Die Streckenlängen halbieren sich.

b)

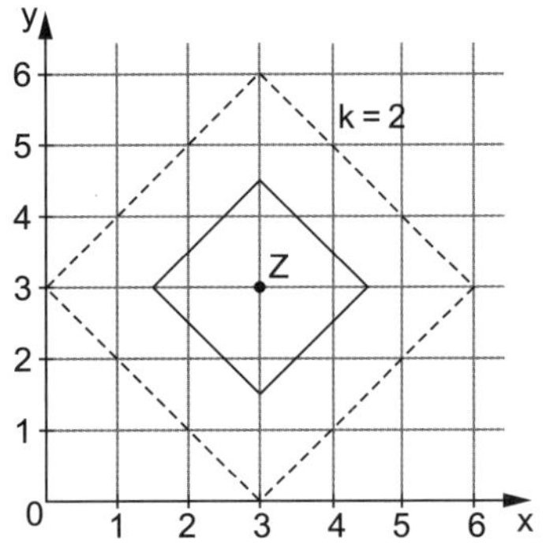

Vergrößere die Figur mit k = 2.
⇒ Die Streckenlängen verdoppeln sich.

Hinweise und Tipps

132. $A' = 56\text{ cm}^2 + 294\text{ cm}^2 = 350\text{ cm}^2$

$k^2 = \frac{A'}{A}$

$k^2 = \frac{350\text{ cm}^2}{56\text{ cm}^2}$

$k^2 = 6{,}25 \quad |\sqrt{\ }$

$k = 2{,}5$

Berechne zuerst den vergrößerten Flächeninhalt.
Ermittle dann den Streckungsfaktor der Fläche.

$a \cdot k = a'$

$a \cdot 2{,}5 = 17{,}5\text{ cm} \quad |:2{,}5$

$a = 7\text{ cm}$

Berechne mithilfe des Streckungsfaktors die Länge der Seite a.

$56\text{ cm}^2 = 7\text{ cm} \cdot b \quad |:7\text{ cm}$

$b = 8\text{ cm}$

Berechne über die Formel zur Flächenberechnung die Länge der Seite b:
$A = a \cdot b$

$u = 2 \cdot 7\text{ cm} + 2 \cdot 8\text{ cm}$

$u = 30\text{ cm}$

Berechne den Umfang: $u = 2 \cdot a + 2 \cdot b$

Das ursprüngliche Rechteck hat einen Umfang von 30 cm.

---

133. $g' = 12\text{ cm} \cdot 0{,}5 = 6\text{ cm}$

$h' = 7\text{ cm} \cdot 0{,}5 = 3{,}5\text{ cm}$

$A' = \frac{1}{2} \cdot g' \cdot h'$

$A' = \frac{1}{2} \cdot 6\text{ cm} \cdot 3{,}5\text{ cm}$

$A' = 10{,}5\text{ cm}^2$

1. Möglichkeit:
Verkleinere g und h mit $k = 0{,}5$.
Berechne den Flächeninhalt des Bilddreiecks mit g' und h'.

oder:

$A = \frac{1}{2} \cdot g \cdot h$

$A = \frac{1}{2} \cdot 12\text{ cm} \cdot 7\text{ cm}$

$A = 42\text{ cm}^2$

2. Möglichkeit:
Berechne zuerst den Flächeninhalt A des Originaldreiecks.

$A' = A \cdot k^2$

$A' = 42\text{ cm}^2 \cdot 0{,}5^2$

$A' = 10{,}5\text{ cm}^2$

Berechne dann den Flächeninhalt A' des Bilddreiecks.

Das Bilddreieck hat einen Flächeninhalt von $10{,}5\text{ cm}^2$.

---

134. a) $3\,840\text{ cm}^3 = \frac{1}{3} \cdot a^2 \cdot 20\text{ cm} \quad |\cdot 3;\ :20\text{ cm};\ \sqrt{\ }$

$a = 24\text{ cm}$

Setze die gegebenen Größen in die Formel $V = \frac{1}{3} \cdot a^2 \cdot h$ ein und löse nach a auf.

$a' = 24\text{ cm} \cdot 2 = 48\text{ cm}$

$h' = 20\text{ cm} \cdot 2 = 40\text{ cm}$

$V' = 3\,840\text{ cm}^3 \cdot 2^3 = 30\,720\text{ cm}^3$

Berechne mithilfe des Streckungsfaktors k die gesuchten Werte:
$a' = a \cdot k$
$h' = h \cdot k$
$V' = V \cdot k^3$

Hinweise und Tipps

b) $V = \frac{1}{3}(9\text{ cm})^2 \cdot \pi \cdot 8{,}1\text{ cm}$

$V \approx 687{,}10\text{ cm}^3$

$k^3 = \frac{18{,}54\text{ cm}^3}{687{,}10\text{ cm}^3} \quad |\sqrt[3]{\ }$

$k = 0{,}299\ldots \approx 0{,}3$

$r' = 9\text{ cm} \cdot 0{,}3 = 2{,}7\text{ cm}$
$h' = 8{,}1\text{ cm} \cdot 0{,}3 = 2{,}43\text{ cm}$

Berechne zunächst das Originalvolumen des Kegels mit $V = \frac{1}{3} \cdot r^3 \cdot \pi \cdot h$.

Berechne den Streckungsfaktor mit $k^3 = \frac{V'}{V}$.

Berechne mithilfe des Streckungsfaktors k die gesuchten Werte:
$r' = r \cdot k$
$h' = h \cdot k$

c) $r' = 9\text{ cm} \cdot 4 = 36\text{ cm}$
$h' = 18\text{ cm} \cdot 4 = 72\text{ cm}$

$V = (9\text{ cm})^2 \cdot \pi \cdot 18\text{ cm}$
$V \approx 4\,580{,}44\text{ cm}^3$

$V' = 4\,580{,}44\text{ cm}^3 \cdot 4^3$
$V' = 293\,148{,}16\text{ cm}^3$

$M = 2 \cdot 9\text{ cm} \cdot \pi \cdot 18\text{ cm}$
$M \approx 1\,017{,}88\text{ cm}^2$

$M' = 1\,017{,}88\text{ cm}^2 \cdot 4^2$
$M' = 16\,286{,}08\text{ cm}^2$

Berechne mithilfe des Streckungsfaktors die Längen von r' und h'.

Berechne das Originalvolumen des Zylinders mit $V = r^2 \cdot \pi \cdot h$.

Berechne mithilfe des Streckungsfaktors k das Bildvolumen: $V' = V \cdot k^3$

Berechne die Mantelfläche des Zylinders mit $M = 2 \cdot r \cdot \pi \cdot h$.

Berechne die Bildfläche: $M' = M \cdot k^2$

---

135. a) $k^2 = 9 \Rightarrow k = 3$

b) $r + 5\text{ cm} = 3r \quad |-r$
$5\text{ cm} = 2r \quad |:2$
$r = 2{,}5\text{ cm}$

$r' = 2{,}5\text{ cm} + 5\text{ cm} = 7{,}5\text{ cm}$

Der ursprüngliche Radius beträgt 2,5 cm, der neue Radius 7,5 cm.

Flächen werden mit k^2 gestreckt.

Der Radius wächst um 5 cm.
Der gestreckte Radius misst $r + 5$ cm.
Der Radius wird mit $k = 3$ gestreckt.

---

136. a) I $\quad a \cdot b = 100$
II $\quad 2a + 2b = 41 \quad |:2$

II $\quad a + b = 20{,}5 \quad |-a$
II $\quad b = 20{,}5 - a$

in I $\quad a(20{,}5 - a) = 100$
$20{,}5a - a^2 = 100 \quad |-100$
$20{,}5a - a^2 - 100 = 0 \quad |\cdot(-1)$
$a^2 - 20{,}5a + 100 = 0$

$a_{1/2} = 10{,}25 \pm \sqrt{105{,}0625 - 100}$
$a_{1/2} = 10{,}25 \pm 2{,}25$
$a_1 = 10{,}25 - 2{,}25 = 8$
$a_2 = 10{,}25 + 2{,}25 = 12{,}5$

a_1 in II $\quad b_1 = 20{,}5 - 8 = 12{,}5$
a_2 in II $\quad b_2 = 20{,}5 - 12{,}5 = 8$

Die Seitenlängen des ursprünglichen Rechtecks betragen $a = 12{,}5$ cm und $b = 8$ cm oder $a = 8$ cm und $b = 12{,}5$ cm.

Flächeninhalt: $A = a \cdot b$
Umfang: $u = 2a + 2b$

Hinweise und Tipps

b) $A' = 100\ cm^2 \cdot 2{,}5^2 = 625\ cm^2$

Der neue Flächeninhalt beträgt $625\ cm^2$.

Berechne die Bildfläche:
$A' = a \cdot k^2$

c) $u' = 41\ cm \cdot 2{,}5 = 102{,}5\ cm$

Berechne den Bildumfang:
$u' = u \cdot k$

$102{,}5\ cm - 41\ cm = 61{,}5\ cm$
$61{,}5\ cm : 41\ cm \cdot 100\ \% = 150\ \%$

Berechne den Zuwachs des Umfangs zunächst in cm und dann in Prozent.

oder:
Original: 1
Bild: $1 \cdot 2{,}5 = 2{,}5$
Unterschied: $1{,}5 = 150\ \%$

Der Umfang des Rechtecks wächst um 150 %.

---

137. a)

Berechne die Länge von $\overline{ZB'}$ mithilfe des 2. Strahlensatzes.

$$\frac{\overline{AB}}{\overline{A'B'}} = \frac{\overline{ZB}}{\overline{ZB'}}$$
$$\frac{4{,}8\ m}{7{,}2\ m} = \frac{6\ m}{\overline{ZB'}}$$
$$4{,}8\ m \cdot \overline{ZB'} = 6\ m \cdot 7{,}2\ m \quad |:4{,}8\ m$$
$$\overline{ZB'} = 9\ m$$

Berechne die Länge von $\overline{BB'}$.

$$\overline{BB'} = \overline{ZB'} - \overline{ZB}$$
$$\overline{BB'} = 9\ m - 6\ m$$
$$\overline{BB'} = 3\ m$$

Berechne die Länge von $\overline{AA'}$ mithilfe des 1. Strahlensatzes.

$$\frac{\overline{ZA}}{\overline{AA'}} = \frac{\overline{ZB}}{\overline{BB'}}$$
$$\frac{8{,}4\ m}{\overline{AA'}} = \frac{6\ m}{3\ m}$$
$$8{,}4\ m \cdot 3\ m = 6\ m \cdot \overline{AA'} \quad |:6\ m$$
$$\overline{AA'} = 4{,}2\ m$$

b)

Berechne die Länge von $\overline{ZB'}$ mithilfe des 1. Strahlensatzes.

$$\frac{\overline{ZA}}{\overline{ZA'}} = \frac{\overline{ZB}}{\overline{ZB'}}$$
$$\frac{4\ cm}{6\ cm} = \frac{3{,}6\ cm}{\overline{ZB'}}$$
$$4\ cm \cdot \overline{ZB'} = 3{,}6\ cm \cdot 6\ cm \quad |:4\ cm$$
$$\overline{ZB'} = 5{,}4\ cm$$

Berechne die Länge von $\overline{A'B'}$ mithilfe des 2. Strahlensatzes.

$$\frac{\overline{AB}}{\overline{A'B'}} = \frac{\overline{ZA}}{\overline{ZA'}}$$
$$\frac{3\ cm}{\overline{A'B'}} = \frac{4\ cm}{6\ cm}$$
$$3\ cm \cdot 6\ cm = 4\ cm \cdot \overline{A'B'} \quad |:4\ cm$$
$$\overline{A'B'} = 4{,}5\ cm$$

138. $\frac{s}{7\ \text{m}} = \frac{4{,}8\ \text{m}}{(4{,}8\ \text{m} + 3{,}6\ \text{m})}$

$8{,}4\ \text{m} \cdot s = 7\ \text{m} \cdot 4{,}8\ \text{m} \quad |:8{,}4\ \text{m}$

$s = 4\ \text{m}$

$w^2 = (3{,}6\ \text{m})^2 - (1{,}5\ \text{m})^2$

$w^2 = 12{,}96\ \text{m}^2 - 2{,}25\ \text{m}^2$

$w^2 = 10{,}71\ \text{m}^2 \quad |\sqrt{\ }$

$w = 3{,}272\ldots\ \text{m} \approx 3{,}27\ \text{m}$

Hinweise und Tipps

Berechne die Länge von s mithilfe des 2. Strahlensatzes.

Berechne die Länge von w mithilfe des Satzes von Pythagoras.
$x = (7\ \text{m} - 4\ \text{m}) : 2 = 3\ \text{m} : 2 = 1{,}5\ \text{m}$

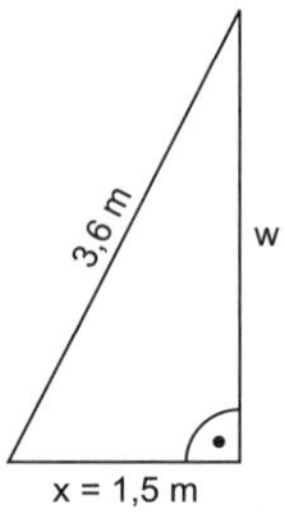

---

139. a) $h^2 = (5{,}84\ \text{m})^2 - (4\ \text{m})^2$

$h^2 = 34{,}1056\ \text{m}^2 - 16\ \text{m}^2$

$h^2 = 18{,}1056\ \text{m}^2 \quad |\sqrt{\ }$

$h = 4{,}255\ldots\ \text{m} \approx 4{,}26\ \text{m}$

Das Dach ist rund 4,26 m hoch.

Berechne die Höhe des Daches mithilfe des Satzes von Pythagoras.
$2{,}06\ \text{m} + 3{,}78 = 5{,}84\ \text{m}$

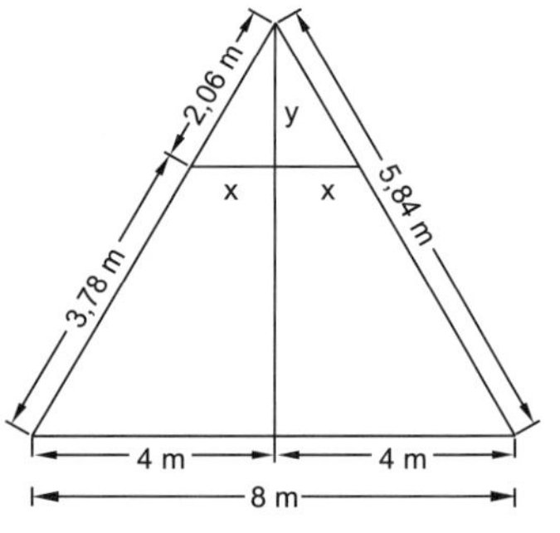

b) $\frac{\text{Decke}}{8\ \text{m}} = \frac{2{,}06\ \text{m}}{5{,}84\ \text{m}} \quad |\cdot 8\ \text{m}$

$\text{Decke} = 2{,}821\ldots\ \text{m} \approx 2{,}82\ \text{m}$

Die Decke wird rund 2,82 m breit.

Die Deckenbreite kannst du mithilfe des 2. Strahlensatzes berechnen.

c) $y^2 = (2{,}06\ \text{m})^2 - (1{,}41\ \text{m})^2$

$y^2 = 2{,}2555\ \text{m}^2 \quad |\sqrt{\ }$

$y = 1{,}501\ldots\ \text{m} \approx 1{,}50\ \text{m}$

$\text{Höhe} = 4{,}26\ \text{m} - 1{,}50\ \text{m} = 2{,}76\ \text{m}$

Das Atelier ist 2,76 m hoch.

Berechne zunächst die Länge von y mithilfe des Satzes von Pythagoras.
$x = 2{,}82\ \text{m} : 2 = 1{,}41\ \text{m}$

d) $A = 8\ \text{m} \cdot 12{,}5\ \text{m}$

$A = 100\ \text{m}^2$

Das Atelier hat eine Fläche von $100\ \text{m}^2$.

Die Wohnfläche des Ateliers ist ein Rechteck mit $a = 8\ \text{m}$ und $b = 12{,}5\ \text{m}$.

e) $V = \frac{8\ \text{m} + 2{,}82\ \text{m}}{2} \cdot 2{,}76\ \text{m} \cdot 12{,}5\ \text{m}$

$V = 5{,}41\ \text{m} \cdot 2{,}76\ \text{m} \cdot 12{,}5\ \text{m}$

$V = 186{,}645\ \text{m}^3 \approx 186{,}65\ \text{m}^3$

Das Atelier hat ein Volumen von $186{,}65\ \text{m}^3$.

Das Atelier ist ein Prisma mit einem Trapez als Grundfläche:
$V = A_G \cdot h_k$
$V = \frac{a+c}{2} \cdot h_T \cdot h_k$

140. a) A(1 | 1); D(4 | 6)

$\overline{AD} = \sqrt{(6-1)^2 + (4-1)^2}$

$\overline{AD} = \sqrt{25+9}$

$\overline{AD} = \sqrt{34}$

$\overline{AD} = 5{,}830\ldots \approx 5{,}83\ (\text{cm})$

S(7 | 11); D(4 | 6)

$\overline{SD} = \sqrt{(6-11)^2 + (4-7)^2}$

$\overline{SD} = \sqrt{25+9}$

$\overline{SD} = \sqrt{34}$

$\overline{SD} = 5{,}830\ldots \approx 5{,}83\ (\text{cm})$

S(7 | 11); C(9,5 | 6)

$\overline{SC} = \sqrt{(6-11)^2 + (9{,}5-7)^2}$

$\overline{SC} = \sqrt{25+6{,}25}$

$\overline{SC} = \sqrt{31{,}25}$

$\overline{SC} = 5{,}590\ldots \approx 5{,}59\ (\text{cm})$

b) $\frac{\overline{SD}}{\overline{AD}} = \frac{\overline{SC}}{\overline{BC}}$

$\frac{5{,}83\text{ cm}}{5{,}83\text{ cm}} = \frac{5{,}59\text{ cm}}{\overline{BC}}$

$1 = \frac{5{,}59\text{ cm}}{\overline{BC}} \quad | \cdot \overline{BC}$

$\overline{BC} = 5{,}59\text{ cm}$

c) $k = \frac{\overline{SD}}{\overline{AS}}$

$k = \frac{5{,}83\text{ cm}}{11{,}66\text{ cm}} = 0{,}5$

Der Steckungsfaktor beträgt 0,5.

d) $A = \frac{1}{2} \cdot g \cdot h$

$A = \frac{1}{2} \cdot 11\text{ cm} \cdot 10\text{ cm}$

$A = 55\text{ cm}^2$

$A' = 55\text{ cm}^2 \cdot 0{,}5^2$

$A' = 13{,}75\text{ cm}^2$

$A_T = 55\text{ cm}^2 - 13{,}75\text{ cm}^2$

$A_T = 41{,}25\text{ cm}^2$

Hinweise und Tipps

Berechne die Länge der Strecken mithilfe der Abstandsformel:

$\overline{AD} = \sqrt{(y_d - y_a)^2 + (x_d - x_a)^2}$

$\overline{SD} = \sqrt{(y_d - y_s)^2 + (x_d - x_s)^2}$

$\overline{SC} = \sqrt{(y_c - y_s)^2 + (x_c - x_s)^2}$

Berechne die Länge der Strecke $\overline{BC}$ mithilfe des 1. Strahlensatzes.

$k = \frac{\text{Bildstrecke}}{\text{Originalstrecke}}$

$\overline{AS} = \overline{AD} + \overline{SD}$

$\overline{AS} = 5{,}83\text{ cm} + 5{,}83\text{ cm} = 11{,}66\text{ cm}$

Berechne den Flächeninhalt A des Originaldreiecks. Entnimm die benötigten Maße aus der Zeichnung:
g = 11 cm; h = 10 cm

Berechne die Fläche des Bilddreiecks mit dem Steckungsfaktor k^2.

Die Differenz aus A und A' ergibt den Flächeninhalt A_T des Trapezes.

Hinweise und Tipps

141. $\overline{AC}^2 = (5\text{ cm})^2 + (4\text{ cm})^2$

$\overline{AC}^2 = 41\text{ cm}^2 \quad |\sqrt{\ }$

$\overline{AC} = 6{,}40\ldots\text{ cm} \approx 6{,}4\text{ cm}$

Berechne die Flächendiagonale $\overline{AC}$ mithilfe des Satzes von Pythagoras.

$\overline{AG}^2 = \overline{AC}^2 + (3\text{ cm})^2$

$\overline{AG}^2 = 41\text{ cm}^2 + 9\text{ cm}^2$

$\overline{AG}^2 = 50\text{ cm}^2 \quad |\sqrt{\ }$

$\overline{AG} = 7{,}07\ldots\text{ cm} \approx 7{,}1\text{ cm}$

Berechne die Raumdiagonale $\overline{AG}$ mithilfe des Satzes von Pythagoras.
$\overline{AC}^2 = 41\text{ cm}^2$

$A = \frac{1}{2} \cdot \overline{AC} \cdot \overline{CG}$

$A = \frac{1}{2} \cdot 6{,}4\text{ cm} \cdot 3\text{ cm}$

$A = 9{,}6\text{ cm}^2$

Das graue Dreieck ist ein rechtwinkliges Dreieck mit $\overline{AC}$ und $\overline{CG}$ als Katheten.

$u = \overline{AC} + \overline{CG} + \overline{AG}$

$u = 6{,}4\text{ cm} + 3\text{ cm} + 7{,}1\text{ cm}$

$u = 16{,}5\text{ cm}$

Das graue Dreieck hat einen Flächeninhalt von 9,6 cm² und einen Umfang von 16,5 cm.

---

142. $91^2 = (p + 33) \cdot p$

$8\,281 = p^2 + 33p \quad |-8\,281$

$p^2 + 33p - 8\,281 = 0$

Berechne p mithilfe des Kathetensatzes:
$a^2 = c \cdot p$ mit $c = (p + 33\text{ cm})$

$p_{1/2} = -16{,}5 \pm \sqrt{16{,}5^2 + 8\,281}$

$p_{1/2} = -16{,}5 \pm \sqrt{8\,553{,}25}$

$p_{1/2} = -16{,}5 \pm 92{,}48\ldots$

$p_1 \approx -16{,}5 - 92{,}5 = -109$ (keine sinnvolle Lösung)

$p_2 \approx -16{,}5 + 92{,}5 = 76 \Rightarrow p = 76\text{ cm}$

Der Hypotenusenabschnitt p ist 76 cm lang.

$c = 76\text{ cm} + 33\text{ cm}$

$c = 109\text{ cm}$

Die Hypotenuse c ist 109 cm lang.

$h^2 = 76\text{ cm} \cdot 33\text{ cm}$

$h^2 = 2\,508\text{ cm}^2 \quad |\sqrt{\ }$

$h = 50{,}07\ldots\text{ cm} \approx 50{,}1\text{ cm}$

Die Höhe ist 50,1 cm lang.

Berechne h mithilfe des Höhensatzes:
$h^2 = p \cdot q$
Du kannst h aber auch mithilfe des Satzes von Pythagoras berechnen:
$h^2 = a^2 - p^2$

$b^2 = 109\text{ cm} \cdot 33\text{ cm}$

$b^2 = 3\,597\text{ cm}^2 \quad |\sqrt{\ }$

$b = 59{,}97\ldots\text{ cm} \approx 60\text{ cm}$

Die Kathete b ist 60 cm lang.

Berechne b mithilfe des Kathetensatzes:
$b^2 = c \cdot q$
Du kannst b aber auch mit dem Satz von Pythagoras berechnen (2 Möglichkeiten):
$b^2 = h^2 + q^2$ oder $b^2 = c^2 - a^2$

Hinweise und Tipps

143. a) $h^2 = 28{,}8\text{ m} \cdot 7{,}2\text{ m}$
$h^2 = 207{,}36\text{ m}^2 \quad |\sqrt{\ }$
$h = 14{,}4\text{ m}$

Berechne die Höhe des Dreiecks mithilfe des Höhensatzes:
$h^2 = p \cdot q$

längeres Seil a:
$a^2 = (28{,}8\text{ m})^2 + (14{,}4\text{ m})^2$
$a^2 = 1\,036{,}8\text{ m}^2 \quad |\sqrt{\ }$
$a = 32{,}199\ldots\text{ m} \approx 32{,}2\text{ m}$

kürzeres Seil b:
$b^2 = (14{,}4\text{ m})^2 + (7{,}2\text{ m})^2$
$b^2 = 259{,}2\text{ m}^2 \quad |\sqrt{\ }$
$b = 16{,}099\ldots\text{ m} \approx 16{,}1\text{ m}$

Die Seile sind 32,2 m und 16,1 m lang.

Berechne die Länge der Seile jeweils mithilfe des Satzes von Pythagoras.

b) $\frac{2}{3} \mathrel{\hat{=}} 14{,}4\text{ m}$
$\frac{1}{3} \mathrel{\hat{=}} 14{,}4\text{ m} : 2 = 7{,}2\text{ m}$
$\frac{3}{3} \mathrel{\hat{=}} 7{,}2\text{ m} \cdot 3 = 21{,}6\text{ m}$

Der Mast ist 21,6 m hoch.

Die Höhe des Dreiecks entspricht zwei Dritteln der Masthöhe.

144. $\overline{DS}^2 = \overline{AD}^2 - \overline{AS}^2$
$\overline{DS}^2 = (15\text{ dm})^2 - (9\text{ dm})^2$
$\overline{DS}^2 = 144\text{ dm}^2 \quad |\sqrt{\ }$
$\overline{DS} = 12\text{ dm}$

Berechne die Länge der Strecke $\overline{DS}$ mithilfe des Satzes von Pythagoras.

$\overline{DS}^2 = \overline{AS} \cdot \overline{CS}$
$144\text{ dm}^2 = 9\text{ dm} \cdot \overline{CS} \quad |:9$
$\overline{CS} = 16\text{ dm}$

Berechne die Länge der Strecke $\overline{CS}$ mithilfe des Höhensatzes.

$\overline{CD}^2 = (25\text{ dm})^2 - (15\text{ dm})^2$
$\overline{CD}^2 = 400\text{ dm}^2 \quad |\sqrt{\ }$
$\overline{CD} = 20\text{ dm}$

Berechne die Länge der Strecke $\overline{CD}$ mithilfe des Satzes von Pythagoras.
$\overline{AC} = 9\text{ dm} + 16\text{ dm} = 25\text{ dm}$

$A = \frac{25\text{ dm} \cdot 24\text{ dm}}{2}$
$A = 300\text{ dm}^2$

Flächeninhalt des Drachenvierecks:
$A = \frac{e \cdot f}{2}$
mit $e = \overline{AC} = 25\text{ dm}$
und $f = 2 \cdot \overline{DS} = 2 \cdot 12\text{ dm} = 24\text{ dm}$

$u = 2 \cdot 15\text{ dm} + 2 \cdot 20\text{ dm}$
$u = 70\text{ dm}$

Der Drachen hat einen Umfang von 70 dm und einen Flächeninhalt von 300 dm².

Umfang des Drachenvierecks:
$u = 2 \cdot a + 2 \cdot b$
mit $a = \overline{AD} = 15\text{ dm}$
und $b = 2 \cdot \overline{CD} = 20\text{ dm}$

145.

$$\overline{AD}^2 = \overline{BD} \cdot \overline{CD}$$
$$4^2 = 3x \cdot x$$
$$16 = 3x^2 \quad |:3$$
$$\frac{16}{3} = x^2 \quad |\sqrt{}$$
$$x = 2,309\ldots \approx 2,31$$
$$\Rightarrow \overline{CD} = 2,31 \text{ m}$$
$$\overline{BC} = 2 \cdot 2,31 \text{ m} = 4,62 \text{ m}$$
$$\overline{BD} = 3 \cdot 2,31 \text{ m} = 6,93 \text{ m}$$

$$\overline{AC}^2 = \overline{BC} \cdot \overline{CD}$$
$$\overline{AC}^2 = 4,62 \text{ m} \cdot 2,31 \text{ m}$$
$$\overline{AC}^2 = 10,67722 \text{ m}^2 \quad |\sqrt{}$$
$$\overline{AC} = 3,266\ldots \text{ m} \approx 3,27 \text{ m}$$

$$\overline{AB}^2 = \overline{BD} \cdot \overline{BC}$$
$$\overline{AB}^2 = 6,91 \text{ m} \cdot 4,62 \text{ m}$$
$$\overline{AB}^2 = 31,9242 \text{ m}^2$$
$$\overline{AB} = 5,650\ldots \text{ m} \approx 5,65 \text{ m}$$

Hinweise und Tipps

Wähle für den Abstand der Punkte C und D die Länge x.
Die Entfernung der Punkte B und C beträgt dann 2x.
Die Länge der Hypotenuse (Abstand der Punkte B und D) beträgt 3x.
Wende den Kathetensatz an.

Berechne die Länge der Strecke $\overline{AC}$ mithilfe des Höhensatzes.

Berechne die Länge der Strecke $\overline{AB}$ mithilfe des Kathetensatzes.
Du kannst aber auch mit dem Satz von Pythagoras rechnen.
Rundungsbedingt können die Ergebnisse bei anderen Lösungswegen von der Musterlösung abweichen.

146.

$$h'^2 = 4,5 \text{ cm} \cdot 10,5 \text{ cm}$$
$$h'^2 = 47,25 \text{ cm}^2 \quad |\sqrt{}$$
$$h' = 6,873\ldots \text{ cm} \approx 6,87 \text{ cm}$$

Berechne die Höhe h' des Bilddreiecks mithilfe des Höhensatzes.

$$A' = \frac{1}{2} \cdot g' \cdot h'$$
$$A' = \frac{1}{2} \cdot 15 \text{ cm} \cdot 6,87 \text{ cm}$$
$$A' = 51,525 \text{ cm}^2$$

Berechne den Flächeninhalt A' des Bilddreiecks mit $g' = 4,5 \text{ cm} + 10,5 \text{ cm} = 15 \text{ cm}$.

$$A \cdot k^2 = A'$$
$$A \cdot 2,25 = 51,525 \text{ cm}^2 \quad |:2,25$$
$$A = 22,9 \text{ cm}^2$$

Das ursprüngliche Dreieck hat einen Flächeninhalt von 22,9 cm².

Berechne mithilfe des Streckungsfaktors $k^2 = 2,25$ den Flächeninhalt des ursprünglichen Dreiecks.

$$a'^2 = h'^2 + p'^2$$
$$a'^2 = (6,87 \text{ cm})^2 + (10,5 \text{ cm})^2$$
$$a'^2 = 157,4469 \text{ cm}^2 \quad |\sqrt{}$$
$$a' = 12,547\ldots \text{ cm} \approx 12,55 \text{ cm}$$

$$b'^2 = h'^2 + q'^2$$
$$b'^2 = (6,87 \text{ cm})^2 + (4,5 \text{ cm})^2$$
$$b'^2 = 67,4469 \text{ cm}^2 \quad |\sqrt{}$$
$$b' = 8,212\ldots \text{ cm} \approx 8,21 \text{ cm}$$

$$c' = g' = 15 \text{ cm}$$

$$u' = a' + b' + c'$$
$$u' = 12,55 \text{ cm} + 8,21 \text{ cm} + 15 \text{ cm}$$
$$u' = 35,76 \text{ cm}$$

Zur Berechnung des Umfangs u gibt es mehrere Möglichkeiten.
Hier wird zunächst der Umfang des Bilddreiecks berechnet.
Berechne jeweils mithilfe des Satzes von Pythagoras die Bildstrecken $\overline{AC} = b'$ und $\overline{BC} = a'$.

$$u \cdot k = u'$$
$$u \cdot 1{,}5 = 35{,}76\text{ cm} \qquad |:1{,}5$$
$$u = 23{,}84\text{ cm}$$

Das ursprüngliche Dreieck hat einen Umfang von 23,84 cm.

Hinweise und Tipps

Berechne den Umfang des ursprünglichen Dreiecks mithilfe des Streckungsfaktors $k = \sqrt{2{,}25} = 1{,}5$.

---

147. a) $c^2 = b^2 - a^2$

$$c^2 = (6{,}6\text{ cm})^2 - (4{,}2\text{ cm})^2$$
$$c^2 = 25{,}92\text{ cm}^2 \qquad |\sqrt{\ }$$
$$c = 5{,}091\ldots\text{ cm} \approx 5{,}09\text{ cm}$$

Berechne die Länge von c mithilfe des Satzes von Pythagoras.

$$\sin\alpha = \frac{a}{b}$$
$$\sin\alpha = \frac{4{,}2\text{ cm}}{6{,}6\text{ cm}}$$
$$\alpha = 39{,}52\ldots° \approx 39{,}5°$$

Die Seite b ist die Hypotenuse, die Seite a die Gegenkathete von α.
$\Rightarrow$ Sinus

$$\cos\gamma = \frac{a}{b}$$
$$\cos\gamma = \frac{4{,}2\text{ cm}}{6{,}6\text{ cm}}$$
$$\gamma = 50{,}47\ldots° \approx 50{,}5°$$

Die Seite a ist die Ankathete von γ.
Die Seite b ist die Hypotenuse.
$\Rightarrow$ Kosinus

b) $\gamma + 90° + 52° = 180° \qquad |-90°;\ -52°$

$$\gamma = 38°$$

Die Winkelsumme im Dreieck beträgt 180°.

$$\frac{b}{a} = \sin 52° \qquad |\cdot a$$
$$b = a \cdot \sin 52°$$
$$b = 3{,}9\text{ cm} \cdot \sin 52°$$
$$b = 3{,}07\ldots\text{ cm} \approx 3{,}1\text{ cm}$$

Die Kathete b ist Gegenkathete des Winkels mit der Größe 52°.
Die Seite a ist die Hypotenuse.
$\Rightarrow$ Sinus

$$c^2 = a^2 - b^2$$
$$c^2 = (3{,}9\text{ cm})^2 - (3{,}1\text{ cm})^2$$
$$c^2 = 5{,}6\text{ cm}^2 \qquad |\sqrt{\ }$$
$$c = 2{,}36\ldots\text{ cm} \approx 2{,}4\text{ cm}$$

Die Länge der Kathete c kann mithilfe des Satzes von Pythagoras berechnet werden. Du kannst c aber auch mit dem Sinus oder mit dem Kosinus berechnen:
$c = a \cdot \sin 38°$
$c = a \cdot \cos 52°$

---

148. a) $\sin 40° = \dfrac{50\text{ m}}{x} \qquad |\cdot x;\ :\sin 40°$

$$x = \frac{50\text{ m}}{\sin 40°}$$
$$x = 77{,}78\ldots\text{ m} \approx 77{,}8\text{ m}$$

Gesamtlänge:
77,8 m + 2 m = 79,8 m

Das Seil muss mindestens 79,8 m lang sein.

Fertige eine Skizze an und trage die bekannten Größen ein:

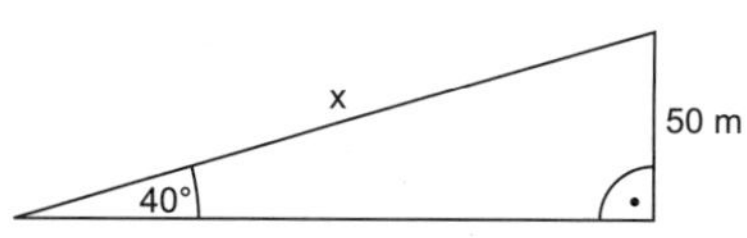

Länge des Seils x (Hypotenuse)
Höhe des Turms h = 50 m (Gegenkathete)

b) $\sin\alpha = \dfrac{50\text{ m}}{100\text{ m}} = 0{,}5 \quad \Rightarrow \quad \alpha = 30°$

Der Steigungswinkel würde 30° betragen.

Länge der Hypotenuse:
102 m – 2 m = 100 m
Die Höhe des Turms bleibt unverändert.

149.

$$\text{I} \quad \frac{h}{x} = \tan 48° \qquad |\cdot x$$

$$\text{II} \quad \frac{h}{(15-x)} = \tan 42° \qquad |\cdot (15-x)$$

$$\text{I} \quad h = x \cdot \tan 48°$$

$$\text{II} \quad h = (15-x) \cdot \tan 42°$$

$$\text{I}=\text{II} \quad x \cdot \tan 48° = (15-x) \cdot \tan 42°$$

$$x \cdot \tan 48° = 15 \cdot \tan 42° - x \cdot \tan 42°$$

$$1{,}11x \approx 13{,}51 - 0{,}9x \qquad |+0{,}9x$$

$$2{,}01x = 13{,}51 \qquad |:2{,}01$$

$$x = 6{,}721\ldots \approx 6{,}72$$

Entfernung von A: 6,72 km
Entfernung von B: 15 km − 6,72 km = 8,28 km

Hinweise und Tipps

Zeichne eine Skizze und trage die bekannten Größen ein:

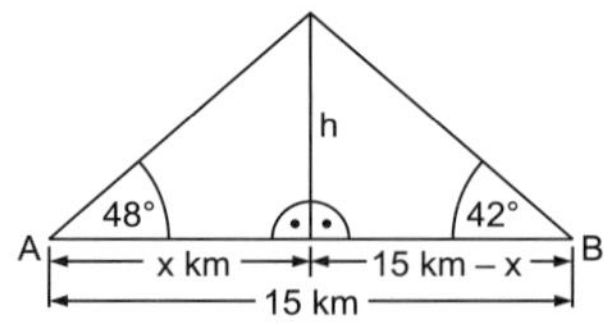

h ist in beiden Dreiecken Gegenkathete zu den gegebenen Winkeln.
Berechne die Variablen h und x mithilfe eines Gleichungssystems.

150.

$$\frac{r}{h_1} = \tan 31{,}5° \qquad |\cdot h_1$$

$$r = h_1 \cdot \tan 31{,}5°$$

$$r = 12\ \text{dm} \cdot \tan 31{,}5°$$

$$r = 7{,}353\ldots\ \text{dm} \approx 7{,}35\ \text{dm}$$

$$\cos 31{,}5° = \frac{h_1}{s_1} \qquad |\cdot s_1;\ :\cos 31{,}5°$$

$$s_1 = \frac{h_1}{\cos 31{,}5°}$$

$$s_1 = \frac{12\ \text{dm}}{\cos 31{,}5°}$$

$$s_1 = 14{,}073\ldots\ \text{dm} \approx 14{,}07\ \text{dm}$$

$$\sin 17{,}5° = \frac{r}{s_2} \qquad |\cdot s_2;\ :\sin 17{,}5°$$

$$s_2 = \frac{r}{\sin 17{,}5°}$$

$$s_2 = \frac{7{,}35\ \text{dm}}{\sin 17{,}5°}$$

$$s_2 = 24{,}442\ldots\ \text{dm} \approx 24{,}44\ \text{dm}$$

$$\tan 17{,}5° = \frac{r}{h_2} \qquad |\cdot h_2;\ :\tan 17{,}5°$$

$$h_2 = \frac{r}{\tan 17{,}5°}$$

$$h_2 = 23{,}311\ldots\ \text{dm} \approx 23{,}31\ \text{dm}$$

$$V_1 = \frac{1}{3} \cdot (7{,}35\ \text{dm})^2 \cdot \pi \cdot 12\ \text{dm}$$

$$V_1 \approx 678{,}867\ \text{dm}^3$$

$$V_2 = \frac{1}{3} \cdot (7{,}35\ \text{dm})^2 \cdot \pi \cdot 23{,}31\ \text{dm}$$

$$V_2 \approx 1\,318{,}699\ \text{dm}^3$$

Zeichne einen Querschnitt des Doppelkegels und trage alle bekannten Maße ein:

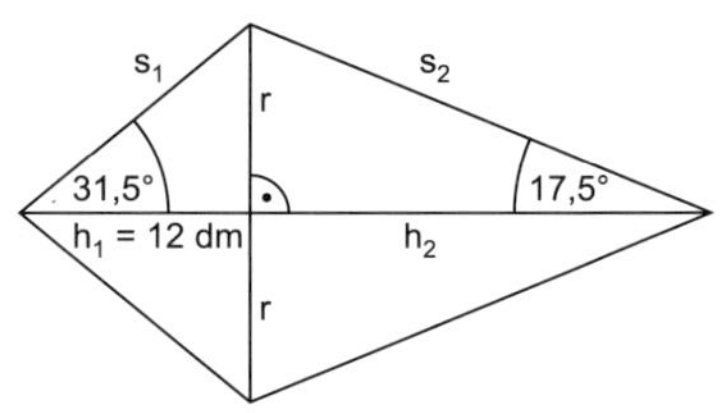

Berechne r mit dem Tangens.
Berechne s_1 mit dem Kosinus.

Berechne s_2 mit dem Sinus.

Berechne h_2 mit dem Tangens.

Das Volumen des Doppelkegels setzt sich aus dem Volumen V_1 des linken Kegels und dem Volumen V_2 des rechten Kegels zusammen. Berechne die Kegelvolumina mit folgender Formel:
$V = \frac{1}{3} \cdot r^2 \cdot \pi \cdot h$

Hinweise und Tipps

$V = V_1 + V_2$

$V = 1\,997{,}566\ \text{dm}^3$

$M_1 = 7{,}35\ \text{dm} \cdot \pi \cdot 14{,}07\ \text{dm}$

$M_1 \approx 324{,}886\ \text{dm}^2$

$M_2 = 7{,}35\ \text{dm} \cdot \pi \cdot 24{,}44\ \text{dm}$

$M_2 \approx 564{,}337\ \text{dm}^2$

$O = M_1 + M_2$

$O = 889{,}223\ \text{dm}^2$

Der Doppelkegel hat ein Volumen von 1 997,566 dm^3 und eine Oberfläche von 889,223 dm^2.

Die Oberfläche des Doppelkegels setzt sich aus den Mantelflächen der beiden Kegel zusammen.
Berechne die Mantelflächen mit folgender Formel:
$M = r \cdot \pi \cdot s$

---

151. a) Bestimmungsdreieck:

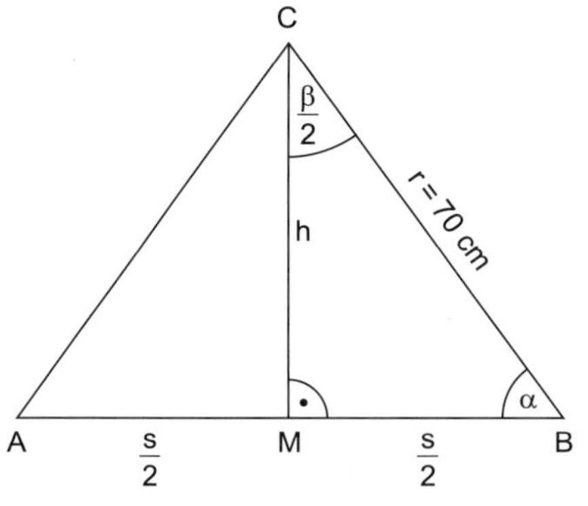

Das Bestimmungsdreieck eines regelmäßigen Fünfecks ist ein gleichschenkliges Dreieck.

b) Mittelpunktswinkel β:

$\beta = 360° : 5 = 72°$

$\frac{\beta}{2} = 72° : 2 = 36°$

Basiswinkel α:

$\alpha = 180° - 90° - 36° = 54°$

$\frac{\frac{s}{2}}{70\ \text{cm}} = \cos 54° \qquad |\cdot 70\ \text{cm}$

$\frac{s}{2} = 70\ \text{cm} \cdot \cos 54°$

$\frac{s}{2} = 41{,}144\ldots\ \text{cm} \approx 41{,}14\ \text{cm}$

$\Rightarrow \quad s = 2 \cdot 41{,}14\ \text{cm} = 82{,}28\ \text{cm}$

Im rechtwinkligen Dreieck MBC sind die Länge der Hypotenuse und die Größe der anliegenden Winkel bekannt. Wende zur Berechnung von $\frac{s}{2}$ die Winkelsätze an.
Du hast mehrere Möglichkeiten.
Hier wird der Kosinus verwendet.

c) $\frac{h}{70\ \text{cm}} = \sin 54° \qquad |\cdot 70\ \text{cm}$

$h = 70\ \text{cm} \cdot \sin 54°$

$h = 56{,}631\ldots\ \text{cm} \approx 56{,}63\ \text{cm}$

Berechne die Höhe des Bestimmungsdreiecks.
Hier wird mit dem Sinus gerechnet. Du kannst aber auch den Kosinus, den Tangens oder den Satz von Pythagoras anwenden.

$V = 5 \cdot \frac{1}{2} \cdot s \cdot h \cdot h_k$

$V = 2{,}5 \cdot 82{,}28\ \text{cm} \cdot 56{,}63\ \text{cm} \cdot 60\ \text{cm}$

$V = 698\,927{,}46\ \text{cm}^3 \approx 0{,}699\ \text{m}^3$

$m = 0{,}699\ \text{m}^3 \cdot 2{,}8 \frac{\text{t}}{\text{m}^3}$

$m \approx 1{,}96\ \text{t}$

$6\ \text{t} : 1{,}96\ \text{t} = 3{,}06\ldots$

Der Lkw darf drei Säulen laden.

Hinweise und Tipps

Berechne das Volumen der Säule mit der Volumenformel für gerade Prismen:
$V = A_G \cdot h_k$

Die Grundfläche der Säule besteht aus fünf Bestimmungsdreiecken:
$A_G = 5 \cdot \frac{1}{2} \cdot s \cdot h$

Wandle cm^3 in m^3 um und berechne die Masse einer Säule in t:
Masse = Volumen · Dichte
Runde sinnvoll.

Berechne die Anzahl der Säulen.

---

152. I $\frac{h}{x} = \tan 74^\circ \quad | \cdot x$

II $\frac{h}{(24 - x)} = \tan 55^\circ \quad | \cdot (24 - x)$

I $h = x \cdot \tan 74^\circ$

II $h = (24 - x) \cdot \tan 55^\circ$

I = II $\quad x \cdot \tan 74^\circ = (24 - x) \cdot \tan 55^\circ$

$x \cdot \tan 74^\circ = 24 \cdot \tan 55^\circ - x \cdot \tan 55^\circ \quad | + x \cdot \tan 55^\circ$

$x \cdot \tan 74^\circ + x \cdot \tan 55^\circ = 24 \cdot \tan 55^\circ$

$4{,}9156x \approx 34{,}2756 \quad | : 4{,}9156$

$x \approx 6{,}973\ (\text{km})$

in I $\quad h = x \cdot \tan 74^\circ$

$h = 6{,}973\ \text{km} \cdot \tan 74^\circ$

$h \approx 24{,}318\ \text{km}$

$\cos 74^\circ = \frac{x}{b} \quad | \cdot b; : \cos 74^\circ$

$b = \frac{x}{\cos 74^\circ}$

$b = \frac{6{,}973\ \text{km}}{\cos 74^\circ}$

$b = 25{,}2977\ldots\ \text{km} \approx 25{,}298\ \text{km}$

$\cos 55^\circ = \frac{24\ \text{km} - x}{a} \quad | \cdot a; : \cos 55^\circ$

$a = \frac{24\ \text{km} - x}{\cos 55^\circ}$

$a = \frac{17{,}027\ \text{km}}{\cos 55^\circ}$

$a = 29{,}6856\ldots\ \text{km} \approx 29{,}686\ \text{km}$

Das Schiff ist 25,298 km vom linken und 29,686 km vom rechten Leuchtturm entfernt.

Zeichne eine Skizze und trage die bekannten Größen ein:

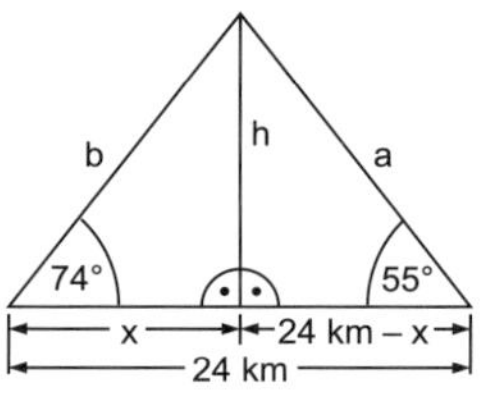

Berechne die Variablen h und x mithilfe eines Gleichungssystems.

Setze die Lösung für x in die umgeformte Gleichung I ein und berechne h.

Berechne die Entfernungen a und b der beiden Leuchttürme vom Schiff mithilfe der Winkelsätze.
Es gibt mehrere Möglichkeiten zur Berechnung.
Hier wird der Kosinus verwendet.

---

153. a)

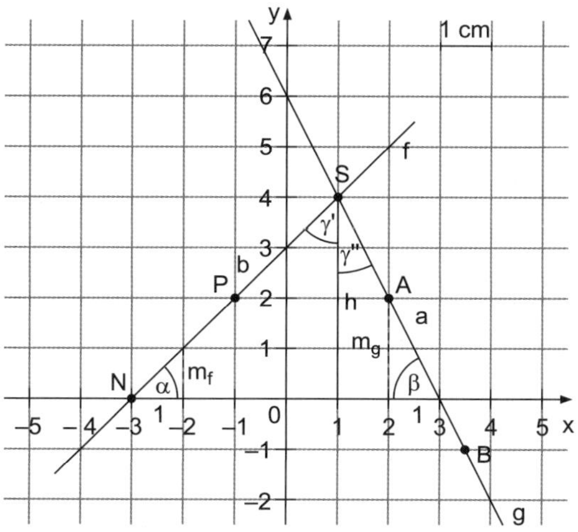

S(1 | 4)

Hinweise und Tipps

Lege ein Koordinatensystem mit der Einheit 1 cm an.
x-Achse: –5 bis +5
y-Achse: –2 bis +7
Trage alle Punkte in das Koordinatensystem ein und zeichne die Geraden f und g.
Gib die Koordinaten des Schnittpunktes der Geraden f und g an.

b) $m_f = 1 \;\Rightarrow\; \tan\alpha = 1$

$\tan\alpha = 45°$

$m_g = -2;\ |m_g| = 2 \;\Rightarrow\; \tan\beta = 2$

$\tan\beta \approx 63{,}4°$

Der Betrag der Steigung m einer Geraden entspricht dem Tangens des Winkels, den die Gerade und die x-Achse bilden (siehe Skizze).

c) $A = \frac{1}{2} \cdot 6\text{ cm} \cdot 4\text{ cm}$

$A = 12\text{ cm}^2$

$a^2 = (4\text{ cm})^2 + (2\text{ cm})^2$

$a^2 = 20\text{ cm}^2 \qquad |\sqrt{\ }$

$a = 4{,}472\ldots\text{ cm} \approx 4{,}47\text{ cm}$

$b^2 = (4\text{ cm})^2 + (4\text{ cm})^2$

$b^2 = 32\text{ cm}^2 \qquad |\sqrt{\ }$

$b = 5{,}65\ldots\text{ cm} \approx 5{,}66\text{ cm}$

$u = 4{,}47\text{ cm} + 5{,}66\text{ cm} + 6\text{ cm}$

$u = 16{,}13\text{ cm}$

Das Dreieck hat einen Flächeninhalt von 12 cm² und einen Umfang von 16,13 cm.

Lies die Länge der Grundseite g und die Länge der Höhe h aus dem Koordinatensystem ab:
g = 6 cm; h = 4 cm

Die Höhe h teilt das Dreieck in zwei rechtwinklige Dreiecke.
Berechne mithilfe des Satzes von Pythagoras die fehlenden Seitenlängen a und b.
Du kannst die fehlenden Seitenlängen auch mit der Abstandsformel oder mithilfe der Winkelsätze berechnen.

d) $\tan\gamma' = \frac{4\text{ cm}}{4\text{ cm}}$

$\tan\gamma' = 1$

$\gamma' = 45°$

$\tan\gamma'' = \frac{2\text{ cm}}{4\text{ cm}}$

$\tan\gamma'' = 0{,}5$

$\gamma'' \approx 26{,}57°$

Berechne die Größe der Teilwinkel mit dem Tangens.

M10-Prüfung an Mittelschulen in Bayern 2016
Mathematik – Aufgabengruppe I

Aufgaben | Punkte

1. Die Gerade g_1 verläuft durch die Punkte A(4 | 1,5) und B(–3 | –2).

a) Bestimmen Sie die Funktionsgleichung von g_1 rechnerisch.

b) Überprüfen Sie mithilfe einer Rechnung, ob der Punkt C(–13 | –44,5) auf der Geraden g_2: $y = 4x + 6{,}5$ liegt.

c) Gegeben ist die Gerade g_3: $y = 2 - 0{,}5x$.
Berechnen Sie die Koordinaten des Schnittpunkts N von g_3 mit der x-Achse und geben Sie N an.

d) Die Gerade g_3 schneidet die Gerade g_2 im Punkt T.
Ermitteln Sie rechnerisch die Koordinaten von T und geben Sie den Punkt an.

e) Zeichnen Sie die Geraden g_1 und g_3 in ein Koordinatensystem (Einheit 1 cm).

f) Berechnen Sie die Größe des spitzen Winkels α, den die Gerade g_1 mit der x-Achse einschließt. 7

2. Schreiben Sie die folgenden Aussagen auf Ihr Lösungsblatt und ersetzen Sie jeweils den Platzhalter ☐ so, dass die Streckenverhältnisse richtig wiedergegeben werden.
Es gilt $g_1 \parallel g_2 \parallel g_3$

a) $\square : \overline{ZA} = \overline{ZF} : \overline{ZD}$

b) $\overline{BE} : \overline{CF} = \square : \overline{ZF}$

c) Wenn gilt:
$\overline{ZA} = 4$ cm,
$\overline{ZC} = 8$ cm,
$\overline{AD} = 3$ cm,
dann gilt:
$\overline{CF} = \square$ cm

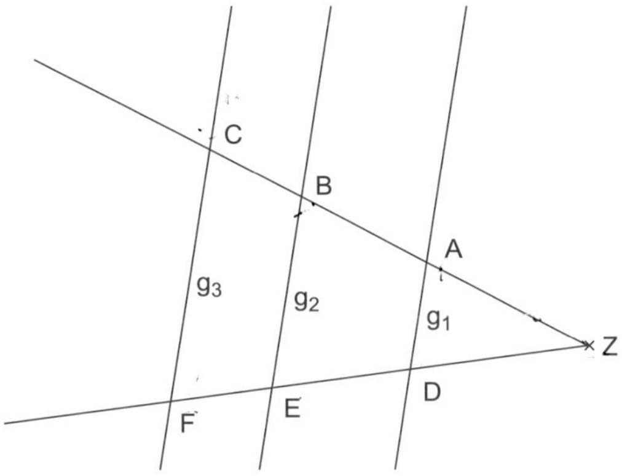

Hinweis: Skizze nicht maßstabsgetreu

3

3. In einer Tüte befinden sich 4 rote, 2 grüne und 1 weißes Gummibärchen.
Christiane nimmt ein Gummibärchen heraus und isst es. Anschließend nimmt sie ein zweites und isst es ebenfalls.

a) Stellen Sie die möglichen Ereignisse in einem Baumdiagramm dar und beschriften Sie die einzelnen Äste mit den jeweiligen Wahrscheinlichkeiten.

b) Berechnen Sie die Wahrscheinlichkeit, dass beide Gummibärchen rot sind.

c) Berechnen Sie die Wahrscheinlichkeit, dass keines der beiden entnommenen Gummibärchen weiß ist. 4

4. Die Halbwertszeit des radioaktiven Elements Astat-210 beträgt 8 Stunden.

a) Berechnen Sie die Masse an Astat-210, die nach zwei Tagen von ursprünglichen 5 Kilogramm noch vorhanden ist.

b) Nach 40 Stunden sind von einer bestimmten Menge Astat-210 noch 16,25 Gramm übrig. Berechnen Sie die Ausgangsmenge.

c) Bei einem weiteren radioaktiven elementaren Stoff sind nach 53 Jahren von einer Masse von 5 120 Gramm noch 5 Gramm vorhanden.
Berechnen Sie die Halbwertszeit und benennen Sie das Element mithilfe der angegebenen Tabelle.

Element	**Halbwertszeit**
Radium-226	1 602 Jahre
Caesium-137	30,2 Jahre
Cobalt-60	5,3 Jahre
Phosphor-32	14,3 Tage
Radon-222	3,8 Tage

4

5. Im rechtwinkligen Dreieck ABC ist [BE] die Winkelhalbierende des Winkels β. Die Längen der Strecken [AD] und [BD] sind bekannt (siehe Skizze).

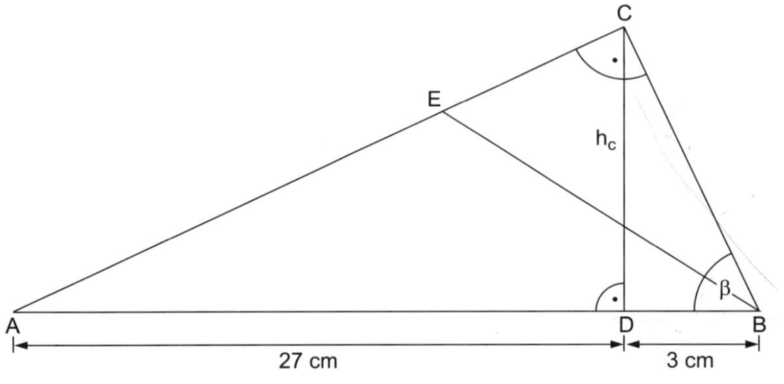

Hinweis: Skizze nicht maßstabsgetreu

a) Berechnen Sie die Höhe h_c.

b) Ermitteln Sie rechnerisch die Größe des Winkels β.
Hinweis: Rechnen Sie mit $h_c = 9$ cm.

c) Berechnen Sie die Länge der Strecke [BE].

d) Das Dreieck ABC wird mit dem Faktor k = 3 zentrisch gestreckt.
Berechnen Sie den Flächeninhalt des gestreckten Dreiecks. 5

6. Geben Sie die Definitionsmenge der folgenden Gleichung an und ermitteln Sie die Lösungsmenge rechnerisch.

$$\frac{2(x+2)}{x} = 2 - \frac{2-x}{x-2}$$

4

7. Eine Niete besteht vereinfacht betrachtet aus einem halbkugelförmigen Kopf und einem weiteren Teilkörper.

In einer Packung befinden sich 1 000 massive Nieten aus Aluminium.

Berechnen Sie die Masse der 1 000 Nieten in Gramm, wenn 1 cm^3 Aluminium 2,71 g wiegt (Maße siehe Skizze).

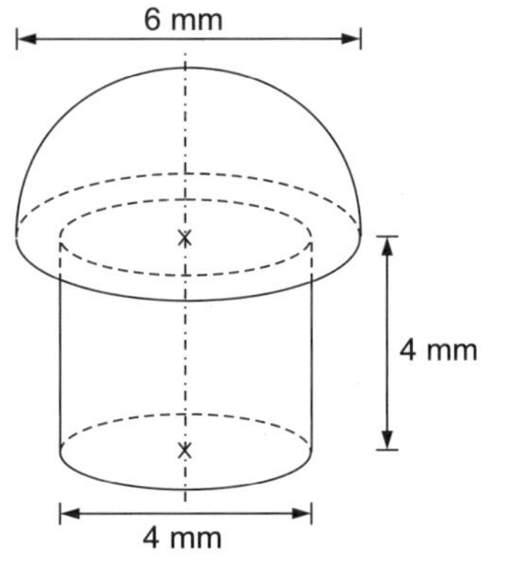

Hinweis: Skizze nicht maßstabsgetreu 3

8. Die nach oben geöffnete Normalparabel p_1 hat den Scheitelpunkt $S_1(4|-3)$.

a) Berechnen Sie die Funktionsgleichung der Parabel p_1 in der Normalform.

b) Ermitteln Sie rechnerisch die Koordinaten des Scheitelpunkts S_2 der Parabel p_2: $y=-x^2+8x-15$ und geben Sie S_2 an.

c) Zeichnen Sie die beiden Parabeln p_1 und p_2 in ein Koordinatensystem mit der Längeneinheit 1 cm.

d) Der Punkt $D(-7|y_D)$ liegt auf der Parabel p_2.
Berechnen Sie die fehlende y-Koordinate des Punkts D.

e) Die Parabel p_3: $y=x^2-6x+5$ schneidet die Parabel p_2 in den Punkten P und Q.
Geben Sie die Punkte P und Q an, indem Sie deren Koordinaten berechnen.

f) Die Punkte $A(1|3)$ und $B(-7|19)$ liegen auf der nach oben geöffneten Normalparabel p_4.
Berechnen Sie die Funktionsgleichung von p_4 in der Normalform. 8

9. Folgende Gleichungen sind Anwendungen von Binomischen Formeln.
Ersetzen Sie jeweils den Platzhalter $\square$ durch die entsprechenden Terme und schreiben Sie die vollständigen Gleichungen auf Ihr Lösungsblatt.

a) $16x^2 - \square + \square = (\square - y)^2$

b) $0{,}25z^2 + 8z + \square = (\square + \square)^2$ 3

10. Der Umfang eines Rechtecks mit den Seiten a und b beträgt 100 cm.
Verkürzt man a um 5 cm und verlängert b um 6 cm, so verkleinert sich der Flächeninhalt um 60 cm^2.
Berechnen Sie die Längen der Seiten a und b. 5

Lösungen

Aufgabengruppe I

Hinweise und Tipps

1. a) Funktionsgleichung der Geraden g_1 durch die Punkte A und B:
A(4 | 1,5); B(–3 | –2)

$m_1 = \frac{-2-1,5}{-3-4} = \frac{-3,5}{-7} = \frac{1}{2} = 0,5$

Steigungsformel: $m = \frac{y_2 - y_1}{x_2 - x_1}$

Setze die Koordinaten der Punkte A und B in die Steigungsformel ein und berechne die Steigung m_1. Achte auf die Vorzeichen.

$m_1 = 0,5$ und A(4 | 1,5) in $g_1: y = m_1 \cdot x + t_1$

$1,5 = 0,5 \cdot 4 + t_1$

$1,5 = 2 + t_1 \quad | -2$

$t_1 = -0,5$

Setze den Wert der Steigung m_1 und die Koordinaten eines Punkts (hier: A) in die Normalform einer linearen Funktion ein und berechne t_1.

$g_1: y = 0,5x - 0,5$

Gib die vollständige Funktionsgleichung an.

b) Lage von Punkt C:
C(–13 | –44,5) in $g_2: y = 4x + 6,5$

Der Punkt C liegt dann auf g_2, wenn seine Koordinaten die Funktionsgleichung von g_2 erfüllen.

$y = 4 \cdot (-13) + 6,5$

$y = -52 + 6,5$

$y = -45,5 \neq -44,5$

Setze die x-Koordinate des Punkts C in die Funktionsgleichung g_2 ein und berechne den Funktionswert y.

Der Punkt C liegt nicht auf g_2.

Vergleiche den Funktionswert mit der y-Koordinate des Punkts C.

c) Koordinaten des Schnittpunkts N von g_3 mit der x-Achse:
$g_3: y = 2 - 0,5x$

$0 = 2 - 0,5x \quad | +0,5x$

$0,5x = 2 \quad | :0,5$

$x = 4$

Der Schnittpunkt der Geraden g_1 mit der x-Achse ist die Nullstelle der linearen Funktion. Setze den Funktionswert $y = 0$ ein und berechne x.

N(4 | 0)

Gib die Koordinaten von N an.

d) Koordinaten des Schnittpunkts T der beiden Geraden g_3 und g_2:
$g_3: y = 2 - 0,5x$
$g_2: y = 4x + 6,5$

$2 - 0,5x = 4x + 6,5 \quad | -2; -4x$

$-4,5x = 4,5 \quad | :(-4,5)$

$x = -1$

Setze die Funktionsgleichungen von g_3 und g_2 gleich und löse die Gleichung nach x auf.

in g_3 $y = 2 - 0,5 \cdot (-1)$

$y = 2 + 0,5$

$y = 2,5$

Setze $x = -1$ in g_2 oder g_3 (hier: g_3) ein und berechne y.

T(–1 | 2,5)

Gib die Koordinaten des Schnittpunkts T an.

Hinweise und Tipps

e) Grafische Darstellung:

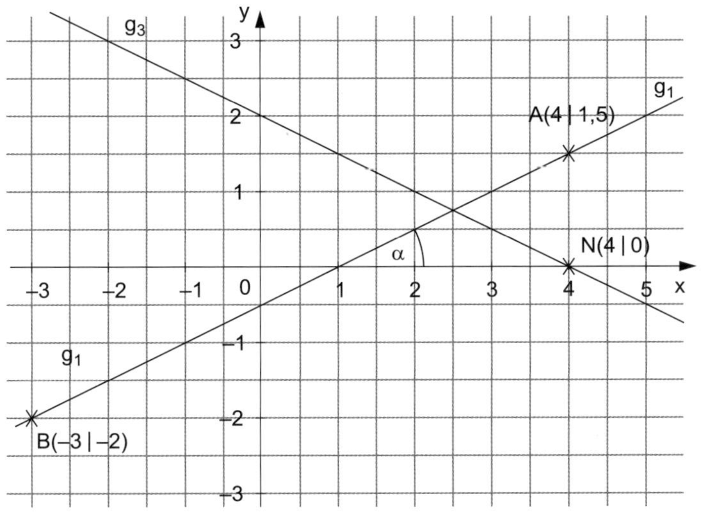

Lege ein Koordinatensystem mit der Einheit 1 cm an.
x-Achse: –3 bis +5
y-Achse: –3 bis +3
Beschrifte das Koordinatensystem vollständig.
Zeichne die beiden Geraden mithilfe des y-Achsenabschnitts und der Steigung.
Du kannst die Gerade g_1 auch mithilfe der Punkte A und B zeichnen und die Gerade g_3 mithilfe der Nullstelle.

f) Größe des spitzen Winkels α:
Länge der Gegenkathete: 1,5 cm
Länge der Ankathete: 3 cm

$$\tan\alpha = \frac{1{,}5\text{ cm}}{3\text{ cm}}$$
$$\tan\alpha = 0{,}5$$
$$\alpha = 26{,}56\ldots°$$
$$\alpha \approx 26{,}6°$$

Die Nullstelle der Gerade g_1, der Punkt N und der Punkt A sind die Eckpunkte eines rechtwinkligen Dreiecks.

Berechne den Winkel α mit dem Tangens.
$\tan\alpha = \frac{\text{Gegenkathete}}{\text{Ankathete}}$
Lies die Länge der Gegenkathete und die Länge der Ankathete aus der grafischen Darstellung ab.
Runde die Größe des Winkels sinnvoll (hier: eine Dezimalstelle).

---

2. a) $\mathbf{\overline{ZC}} : \overline{ZA} = \overline{ZF} : \overline{ZD}$

Wende den 1. Strahlensatz an.

b) $\overline{BE} : \overline{CF} = \mathbf{\overline{ZE}} : \overline{ZF}$

Wende den 2. Strahlensatz an.

c)
$$\overline{ZA} : \overline{ZC} = \overline{AD} : \overline{CF}$$
$$4\text{ cm} : 8\text{ cm} = 3\text{ cm} : \overline{CF}$$
$$0{,}5 = 3\text{ cm} : \overline{CF} \qquad |:0{,}5;\cdot\overline{CF}$$
$$\overline{CF} = \mathbf{6}\text{ cm}$$

Schreibe eine gültige Verhältnisgleichung für die Strecken $\overline{ZA}$, $\overline{ZC}$, $\overline{AD}$ und $\overline{CF}$ auf. Wende dabei den 2. Strahlensatz an. Setze dann die gegebenen Längen für die Strecken ein und löse die Verhältnisgleichung nach $\overline{CF}$ auf.

---

3. a) Baumdiagramm:

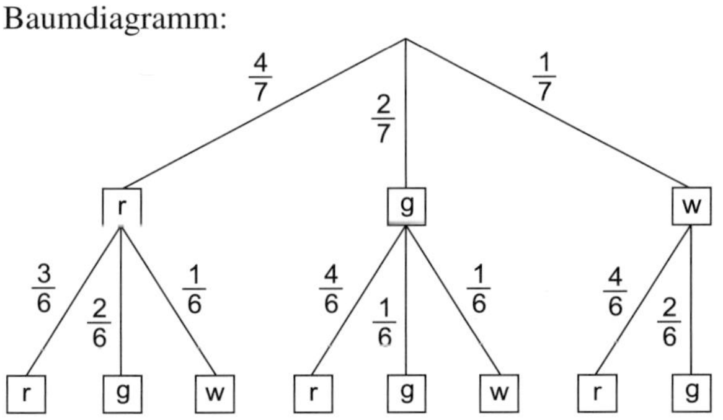

4 **r**ote Gummibärchen
2 **g**rüne Gummibärchen
1 **w**eißes Gummibärchen
In der Tüte befinden sich insgesamt 7 Gummibärchen.
Der Vorgang „Gummibärchen aus einer Tüte herausnehmen und essen" entspricht einem Ziehen ohne Zurücklegen.
Die Anzahl aller Gummibärchen in der Tüte verringert sich also nach jedem Zug um 1.
Wird beim 1. Ziehen ein **r**otes Gummibärchen gezogen, verringert sich die Anzahl der roten Gummibärchen um 1.

Hinweise und Tipps

Wird ein grünes Gummibärchen gezogen, verringert sich die Anzahl der grünen Gummibärchen um 1.
Wird ein weißes Gummibärchen gezogen, verringert sich die Anzahl der weißen Gummibärchen um 1, d. h., die Anzahl der weißen Gummibärchen ist dann 0.

Zeichne das Baumdiagramm für 2 Züge.

Schreibe zu jedem Ereignis die Wahrscheinlichkeit.

b) Wahrscheinlichkeit für „beide Gummibärchen rot":

$p(r; r) = \frac{4}{7} \cdot \frac{3}{6} = \frac{12}{42} = \frac{2}{7}$

Wahrscheinlichkeit in Prozent:

$p\,\% = 2 : 7 \cdot 100\,\%$

$p\,\% = 28{,}57\ldots\,\%$

$p\,\% \approx 29\,\%$

Für das Ereignis „beide Gummibärchen rot" gibt es nur ein günstiges Ereignis.
Wende die 1. Pfadregel (Multiplikationsregel) an.
Gib die Wahrscheinlichkeit auch in Prozent an.

Runde den Prozentsatz sinnvoll (hier: ganze Prozent).

c) Wahrscheinlichkeit für „kein weißes Gummibärchen":

$p(r; r) = \frac{4}{7} \cdot \frac{3}{6} = \frac{12}{42}$

$p(r; g) = \frac{4}{7} \cdot \frac{2}{6} = \frac{8}{42}$

$p(g; r) = \frac{2}{7} \cdot \frac{4}{6} = \frac{8}{42}$

$p(g; g) = \frac{2}{7} \cdot \frac{1}{6} = \frac{2}{42}$

Für das Ereignis „kein weißes Gummibärchen" gibt es 4 günstige Ereignisse.
Wende die 1. Pfadregel (Multiplikationsregel) an.

$p(\text{kein weißes Gummibärchen}) = \frac{12}{42} + \frac{8}{42} + \frac{8}{42} + \frac{2}{42} = \frac{30}{42} = \frac{5}{7}$

Wahrscheinlichkeit in Prozent:

$p\,\% = 5 : 7 \cdot 100\,\%$

$p\,\% = 71{,}42\ldots\,\%$

$p\,\% \approx 71\,\%$

Gib die Gesamtwahrscheinlichkeit an.
Wende dazu die 2. Pfadregel (Additionsregel) an.
Gib die Wahrscheinlichkeit auch in Prozent an.
Runde den Prozentsatz sinnvoll (hier: ganze Prozent).

---

4. a) Restmenge N_t nach 2 Tagen in Gramm:

Ausgangsmenge: $N_0 = 5$ kg

Zerfallsdauer: $t = 2\text{ d} = 48$ h

Halbwertszeit: $T = 8$ h

$N_{48} = 5\text{ kg} \cdot 0{,}5^{\frac{48}{8}}$

$N_{48} = 5\text{ kg} \cdot 0{,}5^6$

$N_{48} = 0{,}078125$ kg

$N_{48} = 78{,}125$ g

Nach 2 Tagen sind noch 78,125 g Astat-210 vorhanden.

Setze die gegebenen Werte in die Formel für den radioaktiven Zerfall ein und berechne die Restmenge N_t.

$N_t = N_0 \cdot 0{,}5^{\frac{t}{T}}$

Achte darauf, dass Zerfallsdauer und Halbwertszeit in der gleichen Einheit (Stunden) eingesetzt werden müssen.

Gib die Restmenge in g an.

b) Ausgangsmenge N_0:
Restmenge: $N_{40} = 16{,}25\ g$
Zerfallsdauer: $t = 40\ h$
Halbwertszeit: $T = 8\ h$

$$16{,}25\ g = N_0 \cdot 0{,}5^{\frac{40}{8}}$$
$$16{,}25\ g = N_0 \cdot 0{,}5^5 \qquad |:0{,}5^5$$
$$N_0 = \frac{16{,}25\ g}{0{,}5^5}$$
$$N_0 = 520\ g$$

Die Ausgangsmenge betrug 520 g.

c) Halbwertszeit eines radioaktiven Elements:
Ausgangsmenge: $N_0 = 5\,120\ g$
Restmenge: $N_{53} = 5\ g$
Zerfallsdauer: $t = 53$ Jahre

$$5\ g = 5\,120\ g \cdot 0{,}5^{\frac{53}{T}} \qquad |:5\,120\ g$$
$$\frac{5}{5\,120} = 0{,}5^{\frac{53}{T}}$$
$$\frac{53}{T} = \log_{0{,}5} \frac{5}{5\,120}$$
$$\frac{53}{T} = \frac{\lg \frac{5}{5\,120}}{\lg 0{,}5}$$
$$\frac{53}{T} = 10 \qquad |\cdot T;:10$$
$$T = 5{,}3$$

Die Halbwertszeit des Elements beträgt 5,3 Jahre. Es handelt sich also um das Element Cobalt-60.

Hinweise und Tipps

Setze die gegebenen Werte in die Formel für den radioaktiven Zerfall ein und berechne die Ausgangsmenge N_0.

Setze die gegebenen Werte in die Formel für den radioaktiven Zerfall ein und löse nach T auf.

Berechne T mit dem Logarithmus.

Löse nach T auf.

---

5. a) Länge der Höhe h_c:

$$\overline{CD}^2 = \overline{AD} \cdot \overline{BD}$$
$$\overline{CD}^2 = 27\ cm \cdot 3\ cm$$
$$\overline{CD}^2 = 81\ cm^2 \qquad |\sqrt{\ }$$
$$\overline{CD} = 9\ cm$$

Die Höhe h_c ist 9 cm lang.

b) Größe des Winkels β:

$$\tan\beta = \frac{\overline{CD}}{\overline{BD}}$$
$$\tan\beta = \frac{9\ cm}{3\ cm}$$
$$\tan\beta = 3$$
$$\beta = 71{,}56\ldots°$$
$$\beta \approx 71{,}6°$$

Der Winkel β misst 71,6°.

Die Strecke $\overline{CD}$ ist die Höhe h_c im rechtwinkligen Dreieck ABC. $\overline{AD}$ und $\overline{DB}$ sind die Hypotenusenabschnitte p und q.
Berechne die Länge der Strecke $\overline{CD}$ mithilfe des Höhensatzes.
$h^2 = p \cdot q$

Im rechtwinkligen Dreieck BCD ist $\overline{CD}$ die Gegenkathete und $\overline{BD}$ die Ankathete zum Winkel β.
Berechne die Größe des Winkels β mit dem Tangens:
$\tan\beta = \frac{\text{Gegenkathete}}{\text{Ankathete}}$
Runde den Winkel sinnvoll (hier: eine Dezimalstelle).

c) Länge der Strecke $\overline{BC}$:

$\overline{BC}^2 = \overline{CD}^2 + \overline{BD}^2$

$\overline{BC}^2 = (9\text{ cm})^2 + (3\text{ cm})^2$

$\overline{BC}^2 = 81\text{ cm}^2 + 9\text{ cm}^2$

$\overline{BC}^2 = 90\text{ cm}^2 \quad |\sqrt{\ }$

$\overline{BC} = 9{,}48\ldots\text{ cm}$

$\overline{BC} \approx 9{,}5\text{ cm}$

Länge der Strecke $\overline{BE}$:

$\beta = 71{,}6° \Rightarrow \frac{\beta}{2} = 35{,}8°$

$\cos\frac{\beta}{2} = \frac{\overline{BC}}{\overline{BE}}$

$\cos 35{,}8° = \frac{9{,}5\text{ cm}}{\overline{BE}} \quad |\cdot \overline{BE};\ :\cos 35{,}8°$

$\overline{BE} = \frac{9{,}5\text{ cm}}{\cos 35{,}8°}$

$\overline{BE} = 11{,}71\ldots\text{ cm}$

$\overline{BE} \approx 11{,}7\text{ cm}$

d) Flächeninhalt des Dreiecks ABC:

$A = \frac{\overline{AB} \cdot h_c}{2}$

$A = \frac{30\text{ cm} \cdot 9\text{ cm}}{2}$

$A = 135\text{ cm}^2$

Flächeninhalt des gestreckten Dreiecks:

$A' = A \cdot k^2$

$A' = 135\text{ cm}^2 \cdot 3^2$

$A' = 135\text{ cm}^2 \cdot 9$

$A' = 1\,215\text{ cm}^2$

Hinweise und Tipps

Im rechtwinkligen Dreieck BCE ist die Strecke $\overline{BE}$ die Hypotenuse und die Strecke $\overline{BC}$ die Ankathete zum Winkel $\frac{\beta}{2}$.
Berechne zunächst $\overline{BC}$.
Im rechtwinkligen Dreieck BCD ist $\overline{BC}$ die Hypotenuse, $\overline{CD}$ und $\overline{BD}$ sind die Katheten.
Berechne die Länge der Strecke $\overline{BC}$ mithilfe des Satzes des Pythagoras.

Runde die Länge der Strecke sinnvoll (hier: eine Dezimalstelle).

Berechne die Länge von $\overline{BE}$ mit dem Kosinus.

$\cos\frac{\beta}{2} = \frac{\text{Ankathete}}{\text{Hypotenuse}}$

Runde sinnvoll (hier: eine Dezimalstelle).

Flächeninhalte werden mit k^2 gestreckt.

Berechne zuerst den Flächeninhalt des Dreiecks ABC.

$A = \frac{g \cdot h}{2}$

---

6. $\frac{2(x+2)}{x} = 2 - \frac{2-x}{x-2}$

Definitionsmenge:

- $x \neq 0$
- $x - 2 \neq 0 \quad |+2$

  $x \neq 2$

$\mathbb{D} = \mathbb{R} \setminus \{0; 2\}$

Bestimme die Definitionsmenge.

Die Terme im Nenner der Brüche dürfen nicht 0 sein.

Gib die Definitionsmenge an.

Hinweise und Tipps

Lösungsmenge:

$$\frac{2(x+2)}{x}=2-\frac{2-x}{x-2} \quad |\cdot x\cdot(x-2)$$

Multipliziere mit dem Hauptnenner.

$$2\cdot(x+2)\cdot(x-2)=2\cdot x\cdot(x-2)-x\cdot(2-x)$$

$$2(x^2-4)=2x^2-4x-2x+x^2$$

Wende die binomische Formel an und multipliziere aus. Beachte die Vorzeichen. Fasse zusammen.

$$2x^2-8=3x^2-6x \quad |-3x^2;\ +6x$$

$$-x^2+6x-8=0 \quad |\cdot(-1)$$

$$x^2-6x+8=0$$

Forme die quadratische Gleichung in die Normalform um.

$$x_{1/2}=3\pm\sqrt{(-3)^2-8}$$
$$x_{1/2}=3\pm\sqrt{9-8}$$
$$x_{1/2}=3\pm\sqrt{1}$$
$$x_{1/2}=3\pm1$$
$$x_1=3+1$$
$$x_1=4$$
$$x_2=3-1$$

Löse mithilfe der Lösungsformel.

$$x_{1/2}=-\frac{p}{2}\pm\sqrt{\left(\frac{p}{2}\right)^2-q}$$

Hier ist $p=-6$ und $q=8$.

$x_2=2$ liegt nicht in $\mathbb{D}$

Überprüfe, ob die Lösungen in $\mathbb{D}$ liegen.

$\mathbb{L}=\{4\}$

Gib die Lösungsmenge an.

---

7. Volumen der Halbkugel V_{HK}:

$d=6\text{ mm} \Rightarrow r=3\text{ mm}$

$$V_{HK}=\frac{1}{2}\cdot\frac{4}{3}\cdot(3\text{ mm})^3\cdot 3{,}14$$

$$V_{HK}=56{,}52\text{ cm}^3$$

Die Niete setzt sich aus einer Halbkugel und einem Zylinder zusammen.

Berechne das Volumen der Halbkugel. Der Durchmesser der Halbkugel ist gegeben.

$$V_{Kugel}=\frac{4}{3}\cdot r^3\cdot\pi$$

Du kannst mit der π-Taste des Taschenrechners oder mit $\pi=3{,}14$ rechnen (hier: $\pi=3{,}14$).

Volumen des Zylinders V_Z:

$d=4\text{ mm} \Rightarrow r=2\text{ mm}$

$h_Z=4\text{ mm}$

$$V_Z=(2\text{ mm})^2\cdot 3{,}14\cdot 4\text{ mm}$$

$$V_Z=50{,}24\text{ mm}^3$$

Berechne das Volumen des Zylinders. Der Durchmesser des Zylinders und die Körperhöhe sind gegeben.

$V_Z=r^2\cdot\pi\cdot h_Z$

Volumen einer Niete V_N:

$$V_N=56{,}52\text{ mm}^3+50{,}24\text{ mm}^3$$

$$V_N=106{,}76\text{ mm}^3$$

Addiere das Volumen der Teilkörper.

Volumen von 1 000 Nieten:

$$V=106{,}76\text{ mm}^3\cdot 1\,000$$

$$V=106\,760\text{ mm}^3$$

$$V=106{,}760\text{ cm}^3$$

Wandle das Volumen in cm^3 um. Die Umrechnungszahl ist 1 000.

Masse von 1 000 Nieten:

$$M=106{,}76\text{ cm}^3\cdot 2{,}71\,\frac{\text{g}}{\text{cm}^3}$$

1 cm^3 Aluminium wiegt 2,71 g.

$$M=289{,}3196\text{ g}$$

$$M\approx 289{,}3\text{ g}$$

Runde sinnvoll (hier: eine Dezimalstelle).

1 000 Nieten haben eine Masse von 289,3 g.

8. a) Funktionsgleichung der Parabel p_1 in der Normalform:

$S_1(4|-3)$

p_1 nach oben geöffnet: $y=(x-x_S)^2+y_S$

$$p_1:\ y=(x-4)^2-3$$
$$y=(x^2-8x+16)-3$$
$$y=x^2-8x+16-3$$
$$y=x^2-8x+13$$

b) Scheitelpunkt S_2 von p_2:

$$y=-x^2+8x-15 \qquad |\cdot(-1)$$
$$-y=x^2-8x+15$$
$$-y=(x^2-2\cdot 4x+4^2)+15-4^2$$
$$-y=(x-4)^2-1 \qquad |\cdot(-1)$$
$$y=-(x-4)^2+1$$

$S_2(4|1)$

c) Grafische Darstellung:

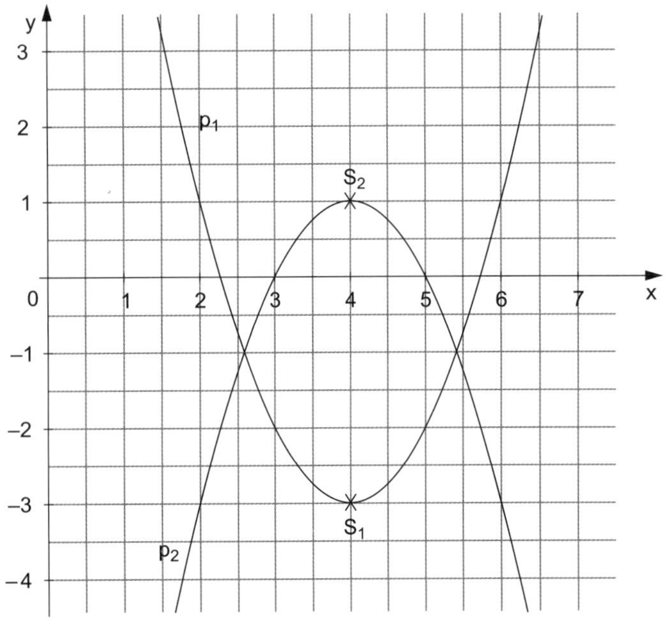

d) Fehlende y-Koordinate des Punkts D:

$D(-7|y_D)$ in p_2: $y=-x^2+8x-15$

$$y_D=-(-7)^2+8\cdot(-7)-15$$
$$y_D=-49-56-15$$
$$y_D=-120$$

$D(-7|-120)$

e) Koordinaten der Schnittpunkte P und Q von p_2 mit p_3:

p_2: $y=-x^2+8x-15$

p_3: $y=x^2-6x+5$

$$-x^2+8x-15=x^2-6x+5 \qquad |-x^2;\ +6x;\ -5$$
$$-2x^2+14x-20=0 \qquad |:(-2)$$
$$x^2-7x+10=0$$

Hinweise und Tipps

Setze die Koordinaten von S_1 in die Scheitelpunktform für eine nach oben geöffnete Normalparabel ein.
Beachte die Vorzeichen.

Löse das Binom auf.

Löse die Klammer auf und fasse zusammen, dann erhältst du die Funktionsgleichung in Normalform.

Ändere die Vorzeichen.
Wandle die Funktionsgleichung durch quadratische Ergänzung in die Scheitelpunktform um. Bilde das Binom.
Ändere die Vorzeichen.

Lies die Koordinaten des Scheitelpunkts S_2 aus der Scheitelpunktform ab.

Lege ein Koordinatensystem mit der Einheit 1 cm an.

x-Achse: 0 bis +7
y-Achse: –4 bis +3

Beschrifte das Koordinatensystem vollständig.

Trage den Scheitelpunkt S_1 ein und zeichne mithilfe der Kurvenschablone die nach oben geöffnete Normalparabel p_1.

Trage den Scheitelpunkt S_2 ein und zeichne mithilfe der Kurvenschablone die nach unten geöffnete Normalparabel p_2.

Setze die x-Koordinate des Punkts D in die Funktionsgleichung der Parabel p_2 ein und berechne den Funktionswert y.

Achte auf die Vorzeichen.

Gib die vollständigen Koordinaten des Punkts D an.

Setze die Funktionsgleichungen von p_2 und p_3 gleich.

Forme die quadratische Gleichung in die Normalform um und löse sie mithilfe der Lösungsformel.

$x_{1/2} = 3{,}5 \pm \sqrt{(-3{,}5)^2 - 10}$
$x_{1/2} = 3{,}5 \pm \sqrt{12{,}25 - 10}$
$x_{1/2} = 3{,}5 \pm \sqrt{2{,}25}$
$x_{1/2} = 3{,}5 \pm 1{,}5$
$x_1 = 3{,}5 - 1{,}5$
$x_1 = 2$
$x_2 = 3{,}5 + 1{,}5$
$x_2 = 5$

x_1 in p_3 $\quad y_1 = 2^2 - 6 \cdot 2 + 5$
$y_1 = 4 - 12 + 5$
$y_1 = -3$

x_2 in p_3 $\quad y_2 = 5^2 - 6 \cdot 5 + 5$
$y_2 = 25 - 30 + 5$
$y_2 = 0$

$P(2\,|\,-3);\ Q(5\,|\,0)$

f) Funktionsgleichung der Parabel p_4 in der Normalform:
$A(1\,|\,3);\ B(-7\,|\,19)$
p_4 nach oben geöffnet: $y = x^2 + px + q$

I $\quad 3 = 1^2 + 1p + q$
II $\quad 19 = (-7)^2 - 7p + q$

I $\quad 3 = 1 + p + q \qquad |-1;\ -p$
II $\quad 19 = 49 - 7p + q \qquad |-49;\ +7p$
I $\quad 2 - p = q$
II $\quad -30 + 7p = q$

I = II $\quad 2 - p = -30 + 7p \qquad |-7p;\ -2$
$-8p = -32 \qquad |:(-8)$
$p = 4$

in I $\quad 2 - 4 = q$
$q = -2$

p_4: $y = x^2 + 4x - 2$

Hinweise und Tipps

$x_{1/2} = -\frac{p}{2} \pm \sqrt{\left(\frac{p}{2}\right)^2 - q}$

Hier $p = -7$ und $q = 10$.

Setze x_1 und x_2 in eine der beiden Funktionsgleichungen (hier: p_3) ein und berechne die y-Koordinaten der Schnittpunkte.

Gib die Koordinaten der Schnittpunkte an.

Setze die Koordinaten der Punkte A und B jeweils in die Normalform für eine nach oben geöffnete Parabel ein.

Achte auf die Vorzeichen.

Löse das Gleichungssystem (hier: mit dem Gleichsetzungsverfahren).

Löse beide Gleichungen nach q auf.

Setze die beiden erhaltenen Terme für q gleich und berechne p.

Setze $p = 4$ in eine umgeformte Gleichung (hier: Gleichung I) ein und berechne q.

Gib die Funktionsgleichung von p_4 in der Normalform an.

---

9. a) $16x^2 - \square + \square = (\square - y)^2$

Linke Seite: $16x^2$
Rechte Seite: $\sqrt{16x^2} = 4x$
$16x^2 - \mathbf{8xy} + \mathbf{y^2} = (\mathbf{4x} - y)^2$

Das negative Rechenzeichen in der Klammer auf der rechten Seite der Gleichung weist auf die 2. binomische Formel hin.
$a^2 - 2ab + b^2 = (a - b)^2$

Berechne das erste Glied in der Klammer auf der rechten Seite durch Wurzelziehen.

Setze 4x in den Klammerterm auf der rechten Seite ein und löse das Binom auf.

b) $0,25z^2 + 8z + \square = (\square + \square)^2$

Linke Seite: $0,25z^2$

Rechte Seite: $\sqrt{0,25z^2} = 0,5z = a$

$2ab = 8z$

$2 \cdot 0,5z \cdot b = 8z$

$z \cdot b = 8z$

$b = 8$

$0,25z^2 + 8z + \mathbf{64} = (\mathbf{0,5z} + \mathbf{8})^2$

Hinweise und Tipps

Das positive Rechenzeichen in der Klammer auf der rechten Seite der Gleichung weist auf die 1. binomische Formel hin.

$a^2 + 2ab + b^2 = (a+b)^2$

Berechne das erste Glied in der Klammer auf der rechten Seite durch Wurzelziehen.

Löse das zweite Glied auf der linken Seite so auf, dass du b erhältst.

---

10. Seitenlängen a und b in cm:

ursprüngliche Seitenlängen für den Umfang des Rechtecks: a; b

veränderte Seitenlängen für den Flächeninhalt des Rechtecks:

a um 5 cm verkürzt: $a - 5$ cm

b um 6 cm verlängert: $b + 6$ cm

Flächeninhalt des veränderten Rechtecks: $a \cdot b - 60\ \text{cm}^2$

I $\quad 2a + 2b = 100 \quad |:2$

II $\quad (a-5)\cdot(b+6) = a \cdot b - 60$

I $\quad a + b = 50 \quad |-a$

I $\quad b = 50 - a$

I in II $\quad (a-5)\cdot(50-a+6) = a\cdot(50-a) - 60$

$(a-5)\cdot(56-a) = 50a - a^2 - 60$

$56a - a^2 - 280 + 5a = 50a - a^2 - 60$

$61a - a^2 - 280 = 50a - a^2 - 60 \quad |+a^2;\ -50a;\ +280$

$11a = 220 \quad |:11$

$a = 20$

in I $\quad b = 50 - 20$

$b = 30$

Die Länge der Seite a beträgt 20 cm, die Länge der Seite b 30 cm.

Die Aufgabe wird mit einem linearen Gleichungssystem gelöst.

Stelle eine Gleichung für den Umfang des Rechtecks und eine Gleichung für den Flächeninhalt des veränderten Rechtecks auf.

$u_{\text{Rechteck}} = 2 \cdot a + 2 \cdot b$

$A_{\text{Rechteck}} = a \cdot b$

Löse das Gleichungssystem mit einem geeigneten Verfahren (hier: Einsetzungsverfahren).

Löse eine Gleichung (hier: Gleichung I) nach a oder b auf und setze das Ergebnis in die andere Gleichung ein.

Setze $a = 20$ in die umgeformte Gleichung I ein und berechne b.

M10-Prüfung an Mittelschulen in Bayern 2016
Mathematik – Aufgabengruppe II

Aufgaben Punkte

1. Gegeben ist die Gerade g_1, die durch die Punkte $A(-2|6)$ und $B(4|3)$ verläuft.

a) Bestimmen Sie die Funktionsgleichung von g_1 rechnerisch.

b) Die Gerade g_2 hat die Funktionsgleichung g_2: $y = 1{,}5x + 3$.
Berechnen Sie die Koordinaten des Schnittpunkts N von g_2 mit der x-Achse und geben Sie N an.

c) Die Gerade g_3 steht senkrecht auf g_2 und verläuft durch den Koordinatenursprung.
Ermitteln Sie die Funktionsgleichung von g_3 rechnerisch.

d) Die Gerade g_4: $y = 10x - 14$ schneidet die Gerade g_2 im Punkt T.
Berechnen Sie die Koordinaten von T und geben Sie den Punkt T an.

e) Zeichnen Sie die Geraden g_2 und g_3 in ein Koordinatensystem mit der Längeneinheit 1 cm. 8

2. Die Strecken g, h und i sind zueinander parallel (siehe Skizze).
Es gilt: a = 4 cm; b = 5 cm; d = 6 cm; g = 3 cm; i = 6,75 cm.

Berechnen Sie die Längen der Strecken c, h und f.

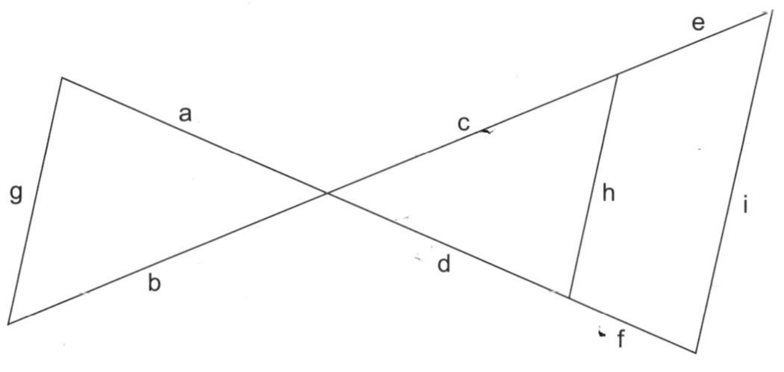

Hinweis: Skizze nicht maßstabsgetreu

3

3. Ein Stapel mit sechs Spielkarten setzt sich aus einer Dame (D), drei Königen (K) und zwei Assen (A) zusammen. Barbara zieht mit geschlossenen Augen zweimal nacheinander eine Karte ohne Zurücklegen.

a) Stellen Sie die möglichen Ereignisse in einem Baumdiagramm dar und beschriften Sie die einzelnen Äste mit den jeweiligen Wahrscheinlichkeiten.

b) Ermitteln Sie rechnerisch die Wahrscheinlichkeit, dass sich unter den beiden gezogenen Karten die Dame befindet.

c) In einem weiteren Stapel befinden sich acht verschiedene Spielkarten.
Geben Sie an, wie viele Anordnungsmöglichkeiten es für diese Karten gibt. 4

4. a) Eine nach oben geöffnete Normalparabel p_1 verläuft durch die Punkte $A(1|11)$ und $B(-3|-5)$.
Berechnen Sie die Funktionsgleichung von p_1 in der Normalform.

b) Eine weitere nach oben geöffnete Normalparabel p_2 hat die Funktionsgleichung p_2: $y = x^2 + 3x + 4{,}25$.
Berechnen Sie die Scheitelpunktform von p_2.

c) Durch Spiegelung von p_2 an der y-Achse entsteht die Parabel p_3.
Ermitteln Sie die Funktionsgleichung von p_3.

d) Die Parabel p_4 mit der Funktionsgleichung p_4: $y=-x^2+4{,}25$ schneidet die Parabel p_2 in den Punkten C und D.
Geben Sie die Schnittpunkte an, indem Sie deren Koordinaten berechnen.

e) Gegeben sind die Graphen der Normalparabel p_5 und der Geraden g.
Bestimmen Sie die Funktionsgleichung der Geraden g (siehe Abbildung).

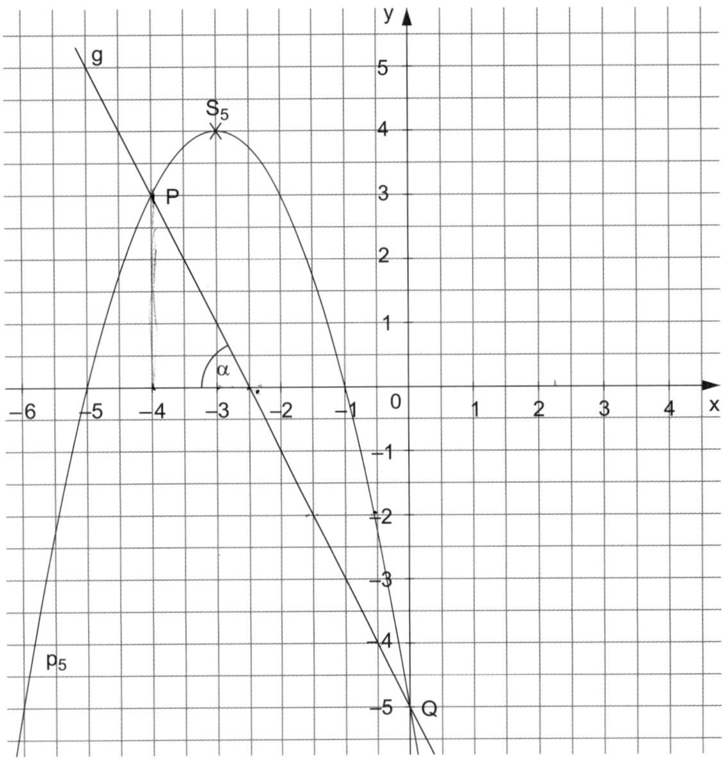

f) Berechnen Sie den spitzen Winkel α, den die Gerade g mit der x-Achse einschließt (siehe Abbildung).

g) Ermitteln Sie rechnerisch die Normalform der Parabel p_5 (siehe Abbildung). 9

5. Vereinfachen Sie den folgenden Term so weit wie möglich.
Es gilt x, y, $z \neq 0$.

$$\frac{4x^4 \cdot 3y^{-8} \cdot 5z^{-3} \cdot 2x^{-2} \cdot 4y^7 \cdot 1z^4}{16z \cdot 15x^2 \cdot 3y^{-2}}$$ 3

6. Aus einem kegelförmigen Werkstück wurde eine halbkugelförmige Vertiefung herausgefräst (siehe Skizze).

Die Mantellinie s des Kegels ist 15 cm lang. Sie schließt mit dem Radius der Grundfläche des Kegels den Winkel $\alpha=53{,}1°$ ein.

Der Radius der Halbkugel beträgt zwei Drittel des Radius der Kegelgrundfläche.

Berechnen Sie das Volumen des Werkstücks.

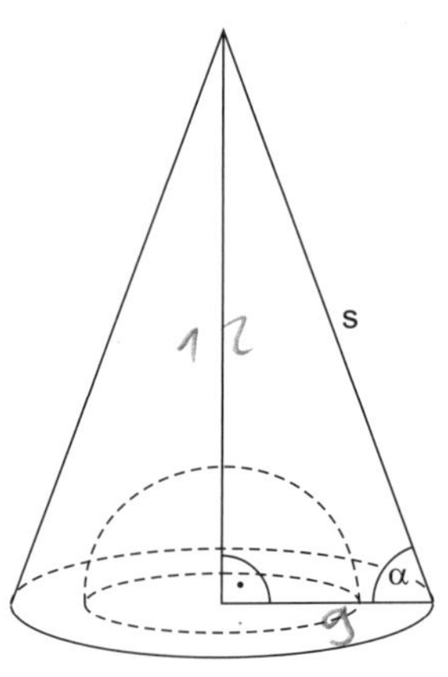

Hinweis: Skizze nicht maßstabsgetreu 4

7. Markus erwirbt einen Motorroller zum Preis von 2 800 €.

a) Ermitteln Sie rechnerisch, nach wie vielen Jahren dieser Motorroller noch einen Wert von 210 € hätte, wenn man von einem gleichbleibenden jährlichen Wertverlust von 21 % in Bezug auf das jeweilige Vorjahr ausgeht.

b) Tatsächlich beträgt der Wertverlust im ersten Jahr 23 %, in den folgenden Jahren jeweils 16 % vom Wert des Vorjahres. Berechnen Sie den Wert des Rollers nach 4 Jahren.

c) Auch Thomas kauft sich einen Motorroller, jedoch zum Preis von 3 200 €. Ermitteln Sie rechnerisch, bei welchem jährlich gleichbleibenden prozentualen Wertverlust in Bezug auf das Vorjahr der Wert des Rollers nach 10 Jahren noch 500 € betragen würde. 5

8. Geben Sie die Definitionsmenge der folgenden Gleichung an und ermitteln Sie die Lösungsmenge rechnerisch.

$$6=\frac{36}{6-3x}-\frac{5x}{3x-6}$$ 4

9. In einem gleichschenkligen Trapez ABCD (siehe Skizze) hat die Strecke [AE] eine Länge von 8,5 cm, die Strecke [EG] eine Länge von 2,5 cm.

Die Größe des Winkels α beträgt 28°.

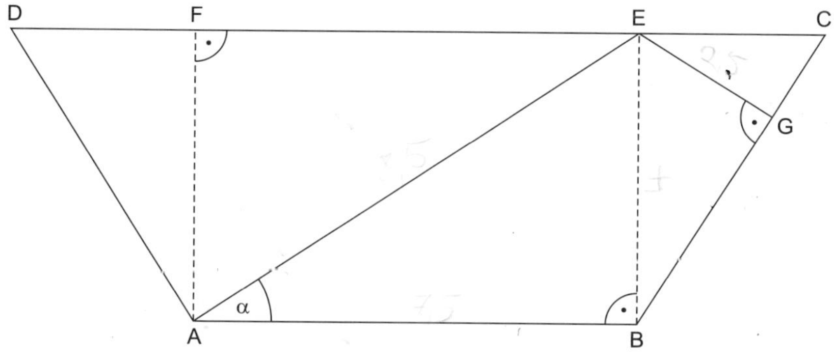

Hinweis: Skizze nicht maßstabsgetreu

a) Berechnen Sie die Höhe [BE] des Trapezes ABCD.

b) Ermitteln Sie die Längen der Strecken [AB] und [BC].
Hinweis: Rechnen Sie mit $\overline{BE} = 4$ cm.

c) Bestimmen Sie rechnerisch den Flächeninhalt des Trapezes ABCD. 6

10. Durch eine zentrische Streckung mit dem Streckungsfaktor $k=\frac{1}{3}$ ist aus dem Parallelogramm ABCD das Bildparallelogramm A'B'C'D' entstanden.

Die beiden folgenden Aussagen sind falsch:

(1) *Die Strecke [A'B'] ist dreimal so lang wie die Strecke [AB].*

(2) *Der Flächeninhalt der Originalfigur beträgt ein Drittel des Flächeninhalts der Bildfigur.*

Stellen Sie beide Aussagen auf Ihrem Lösungsblatt richtig. 2

Lösungen

Aufgabengruppe II

Hinweise und Tipps

1. a) Funktionsgleichung der Geraden g_1:
$A(-2|6)$; $B(4|3)$

$$m_1 = \frac{3-6}{4-(-2)} = \frac{-3}{6} = -\frac{1}{2} = -0{,}5$$

Steigungsformel: $m = \frac{y_2 - y_1}{x_2 - x_1}$

Setze die Koordinaten der Punkte A und B in die Steigungsformel ein und berechne die Steigung m_1. Achte auf die Vorzeichen.

$m_1 = -0{,}5$ und $B(4|3)$ in g_1: $y = m_1 \cdot x + t_1$

$$3 = -0{,}5 \cdot 4 + t_1$$
$$3 = -2 + t_1 \qquad |+2$$
$$t_1 = 5$$

Setze den Wert der Steigung m_1 und die Koordinaten eines Punkts (hier: B) in die Normalform einer linearen Funktion ein und berechne t_1.

g_1: $y = -0{,}5x + 5$

Gib die vollständige Funktionsgleichung an.

b) Koordinaten des Schnittpunkts N:
g_2: $y = 1{,}5x + 3$

$$0 = 1{,}5x + 3 \qquad |-1{,}5x$$
$$-1{,}5x = 3 \qquad |:(-1{,}5)$$
$$x = -2$$

Um den Schnittpunkt der Geraden g_2 mit der x-Achse zu erhalten, berechne die Nullstelle der linearen Funktion. Die Nullstelle einer linearen Funktion hat den Funktionswert $y = 0$.

$N(-2|0)$

Gib die Koordinaten von N an.

c) Funktionsgleichung der Geraden g_3:

$$m_2 = 1{,}5 = \frac{3}{2}$$
$$m_2 \cdot m_3 = -1$$
$$\frac{3}{2} \cdot m_3 = -1 \qquad |\cdot \tfrac{2}{3}$$
$$m_3 = -\frac{2}{3}$$

Die Gerade g_3 steht senkrecht auf g_2. Berechne zuerst die Steigung der Geraden g_3 mit der Formel für senkrechte Geraden.

$t_3 = 0$

g_3: $y = -\frac{2}{3}x$

Die Gerade g_3 verläuft durch den Koordinatenursprung.
Gib die vollständige Funktionsgleichung an.

d) Koordinaten des Schnittpunkts T von g_2 und g_4:
g_2: $y = 1{,}5x + 3$
g_4: $y = 10x - 14$

$$1{,}5x + 3 = 10x - 14 \qquad |-10x; -3$$
$$-8{,}5x = -17 \qquad |:(-8{,}5)$$
$$x = 2$$

Setze die Funktionsgleichungen von g_2 und g_4 gleich und löse die Gleichung nach x auf.

in g_2 $\quad y = 1{,}5 \cdot 2 + 3$
$y = 3 + 3$
$y = 6$

Setze $x = 2$ in eine Funktionsgleichung (hier: g_2) ein und berechne y.

$T(2|6)$

Gib die Koordinaten von T an.

e) Grafische Darstellung:

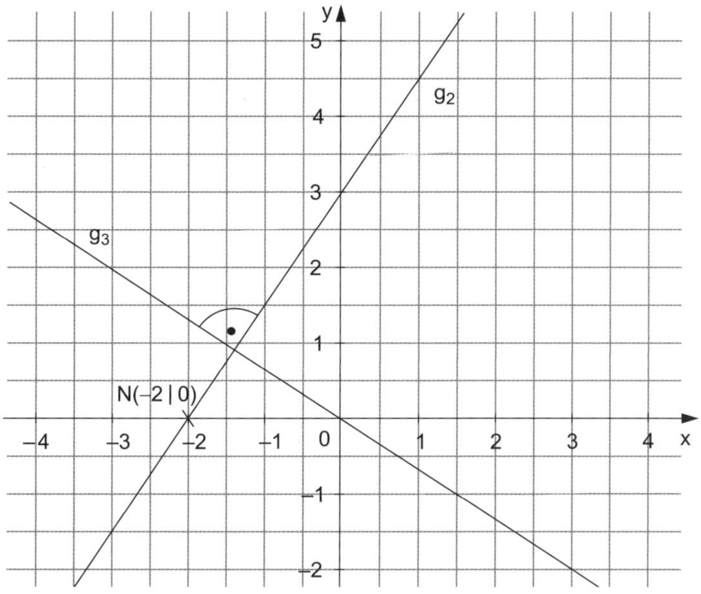

Hinweise und Tipps

Lege ein Koordinatensystem mit der Einheit 1 cm an.

x-Achse: –4 bis +4
y-Achse: –2 bis +5

Beschrifte das Koordinatensystem vollständig.

Zeichne g_2 mithilfe des y-Achsenabschnitts und des Steigungsdreiecks oder der Nullstelle.

Zeichne g_3 mithilfe des Koordinatenursprungs und der Steigung.

2. Skizze

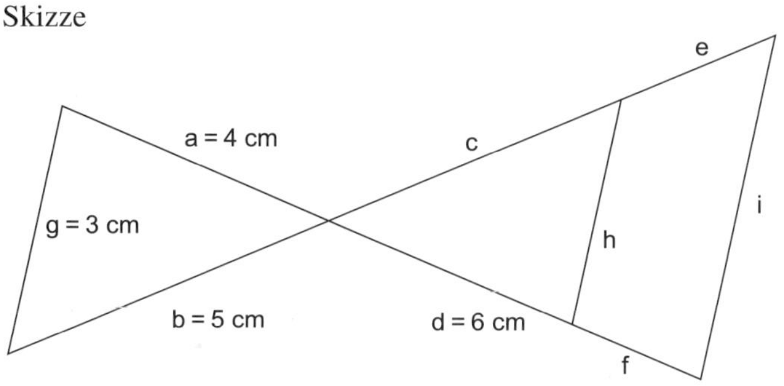

Zeichne auf deinen Arbeitsbogen eine Skizze und trage die gegebenen Längen ein.

Länge der Strecke c:

$$c : b = d : a$$
$$c : 5\text{ cm} = 6\text{ cm} : 4\text{ cm}$$
$$c : 5\text{ cm} = 1{,}5 \quad |\cdot 5\text{ cm}$$
$$c = 7{,}5\text{ cm}$$

Wende den 1. Strahlensatz an.
Stelle die Verhältnisgleichung auf und löse sie nach c auf.

Länge der Strecke h:

$$h : g = d : a$$
$$h : 3\text{ cm} = 6\text{ cm} : 4\text{ cm}$$
$$h : 3\text{ cm} = 1{,}5 \quad |\cdot 3\text{ cm}$$
$$h = 4{,}5\text{ cm}$$

Wende den 2. Strahlensatz an.
Stelle die Verhältnisgleichung auf und löse sie nach h auf.

Länge der Strecke f:

$$d : (d + f) = h : i$$
$$6\text{ cm} : (6\text{ cm} + f) = 4{,}5\text{ cm} : 6{,}75\text{ cm}$$
$$6\text{ cm} : (6\text{ cm} + f) = \frac{2}{3} \quad |\cdot (6\text{ cm} + f)$$
$$6\text{ cm} = \frac{2}{3} \cdot (6\text{ cm} + f) \quad |\cdot \tfrac{3}{2}$$
$$9\text{ cm} = 6\text{ cm} + f \quad |-6\text{ cm}$$
$$f = 3\text{ cm}$$

Wende den 2. Strahlensatz an.
Stelle die Verhältnisgleichung auf und löse sie nach f auf.

3. a) Baumdiagramm:

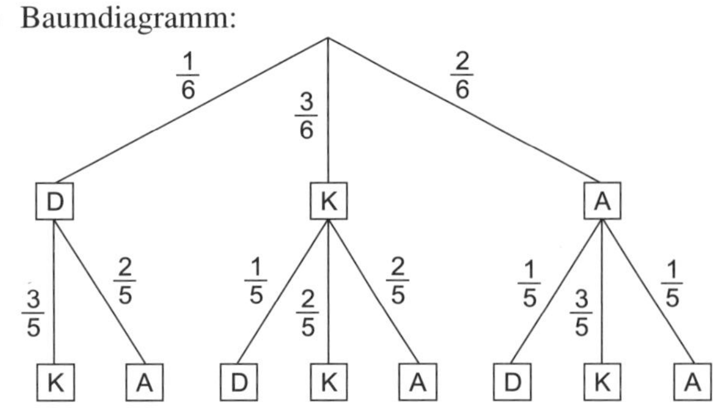

Hinweise und Tipps

1 **D**ame
3 **K**önige
2 **A**sse

Im Stapel befinden sich 6 Spielkarten. Beim Ziehen ohne Zurücklegen verringert sich die Anzahl aller Karten im Stapel nach jedem Zug um 1.

Wird beim ersten Ziehen eine **D**ame gezogen, ist die Zahl der **D**amen im Stapel anschließend 0.

Wird ein **K**önig gezogen, verringert sich die Anzahl der **K**önige im Stapel um 1.

Wird ein **A**ss gezogen, verringert sich die Anzahl der **A**sse im Stapel um 1.

Zeichne das Baumdiagramm für 2 Züge. Schreibe zu jedem Ereignis die Wahrscheinlichkeit.

b) Wahrscheinlichkeit für eine Dame:

$p(D;K)=\frac{1}{6}\cdot\frac{3}{5}=\frac{3}{30}$

$p(D;A)=\frac{1}{6}\cdot\frac{2}{5}=\frac{2}{30}$

$p(K;D)=\frac{3}{6}\cdot\frac{1}{5}=\frac{3}{30}$

$p(A;D)=\frac{2}{6}\cdot\frac{1}{5}=\frac{2}{30}$

$p(\text{eine Dame})=\frac{3}{30}+\frac{2}{30}+\frac{3}{30}+\frac{2}{30}=\frac{10}{30}=\frac{1}{3}$

Wahrscheinlichkeit in Prozent:
$p\,\% = 1:3\cdot 100\,\%$
$p\,\% = 33{,}3\ldots\,\%$
$p\,\% \approx 33\,\%$

Für das Ergebnis „eine Dame" gibt es 4 günstige Ereignisse.

Berechne die Teilwahrscheinlichkeiten.

Wende dazu die 1. Pfadregel (Multiplikationsregel) an.

Berechne die Gesamtwahrscheinlichkeit mit der 2. Pfadregel (Additionsregel).

Gib die Wahrscheinlichkeit auch in Prozent an.

Runde den Prozentsatz sinnvoll (hier: ganze Prozent).

c) Anordnungsmöglichkeiten von 8 verschiedenen Spielkarten:
$8!=40\,320$

Für 8 Spielkarten gibt es 40 320 verschiedene Anordnungsmöglichkeiten.

Für n verschiedene Elemente gibt es n! Anordnungen in einer bestimmten Reihenfolge.

---

4. a) Funktionsgleichung der Parabel p_1 in der Normalform:
$A(1\,|\,11);\ B(-3\,|\,-5)$
p_1 nach oben geöffnet: $y=x^2+px+q$

I $\quad 11=1^2+1p+q$
II $\quad -5=(-3)^2-3p+q$

I $\quad 11=1+p+q \qquad |-1;\ -p$
II $\quad -5=9-3p+q \qquad |-9;\ +3p$

I $\quad 10-p=q$
II $\quad -14+3p=q$

I = II $\quad 10-p=-14+3p \qquad |-10;\ -3p$
$-4p=-24 \qquad |:(-4)$
$p=6$

Setze die Koordinaten der Punkte A und B jeweils in die Normalform für eine nach oben geöffnete Parabel ein.

Achte auf die Vorzeichen.

Löse das Gleichungssystem (hier: mit dem Gleichsetzungsverfahren).

Löse beide Gleichungen nach q auf.

Setze die beiden erhaltenen Terme für q gleich und berechne p.

Hinweise und Tipps

in I $10 - 6 = q$
$q = 4$

p_1: $y = x^2 + 6x + 4$

Setze $p = 6$ in eine umgeformte Gleichung (hier: Gleichung I) ein und berechne q.

Gib die Funktionsgleichung von p_1 in der Normalform an.

b) Scheitelpunktform von p_2:

p_2: $y = x^2 + 3x + 4{,}25$
$y = (x^2 + 2 \cdot 1{,}5x + 1{,}5^2) + 4{,}25 - 1{,}5^2$
$y = (x + 1{,}5)^2 + 4{,}25 - 2{,}25$
$y = (x + 1{,}5)^2 + 2$

Wandle die Funktionsgleichung durch quadratische Ergänzung in die Scheitelpunktform um.
Bilde das Binom.

c) Funktionsgleichung der Parabel p_3:

Koordinaten des Scheitelpunkts von p_2:
$S_2(-1{,}5\,|\,2)$

Lies die Koordinaten des Scheitelpunkts S_2 aus der Scheitelpunktform von p_2 ab.

Koordinaten des Scheitelpunkts von p_3:
$S_3(1{,}5\,|\,2)$

Wird ein Punkt an der y-Achse gespiegelt, ändert die x-Koordinate das Vorzeichen.

Funktionsgleichung der Parabel p_3 in der Normalform:
$y = (x - 1{,}5)^2 + 2$
$y = x^2 - 3x + 2{,}25 + 2$
$y = x^2 - 3x + 4{,}25$

Setze die Koordinaten von S_3 in die Scheitelpunktform für eine nach oben geöffnete Normalparabel ein.
Beachte die Vorzeichen.
Löse das Binom auf und fasse zusammen, dann erhältst du die Funktionsgleichung in der Normalform.

d) Koordinaten der Schnittpunkte C und D von p_2 und p_4:

p_2: $y = x^2 + 3x + 4{,}25$
p_4: $y = -x^2 + 4{,}25$

Setze die Funktionsgleichungen von p_2 und p_4 gleich.

$x^2 + 3x + 4{,}25 = -x^2 + 4{,}25 \quad |+x^2; -4{,}25$
$2x^2 + 3x = 0 \quad |:2$
$x^2 + 1{,}5x = 0$
$x \cdot (x + 1{,}5) = 0$
$x_1 = 0$
$x_2 + 1{,}5 = 0 \quad |-1{,}5$
$x_2 = -1{,}5$

Forme die quadratische Gleichung in die Normalform um.

Klammere x aus.
Ein Produkt hat den Wert 0, wenn einer der beiden Faktoren 0 ist.

x_1 in p_4 $\quad y_1 = -0^2 + 4{,}25$
$y_1 = 4{,}25$

x_2 in p_4 $\quad y_2 = -(-1{,}5)^2 + 4{,}25$
$y_2 = -2{,}25 + 4{,}25$
$y_2 = 2$

Setze x_1 und x_2 in eine der beiden Funktionsgleichungen (hier: p_4) ein und berechne die y-Koordinaten der Schnittpunkte.

$C(0\,|\,4{,}25)$; $D(-1{,}5\,|\,2)$

Gib die Koordinaten der Schnittpunkte an.

e) Funktionsgleichung der Geraden g:

$y = m \cdot x + t$
$m = -2$
$t = -5$
g: $y = -2x - 5$

Lies die Steigung aus der grafischen Darstellung ab. Gehe von der Nullstelle der Geraden 1 Einheit nach rechts und 2 Einheiten nach unten. Die Gerade g hat eine negative Steigung.
Lies aus der grafischen Darstellung den y-Abschnitt t ab.

oder:
$P(-4\,|\,3);\ Q(0\,|\,-5)$

$$m=\frac{-5-3}{0-(-4)}=\frac{-8}{4}=-2$$

$m=-2$ und $Q(0\,|\,-5)$ in g: $y=m\cdot x+t$
$-5=-2\cdot 0+t$
$-5=t$

g: $y=-2x-5$

Hinweise und Tipps

Lies aus der grafischen Darstellung die Koordinaten der Punkte P und Q ab.
Setze die Koordinaten der Punkte in die Steigungsformel ein und berechne die Steigung m.

Steigungsformel: $m=\frac{y_2-y_1}{x_2-x_1}$

Setze den Wert der Steigung m und die Koordinaten eines Punkts (hier: Q) in die Normalform einer linearen Funktion ein und berechne t.

Gib die vollständige Funktionsgleichung an.

f) Größe des spitzen Winkels α:
Länge der Gegenkathete: 3 cm
Länge der Ankathete: 1,5 cm

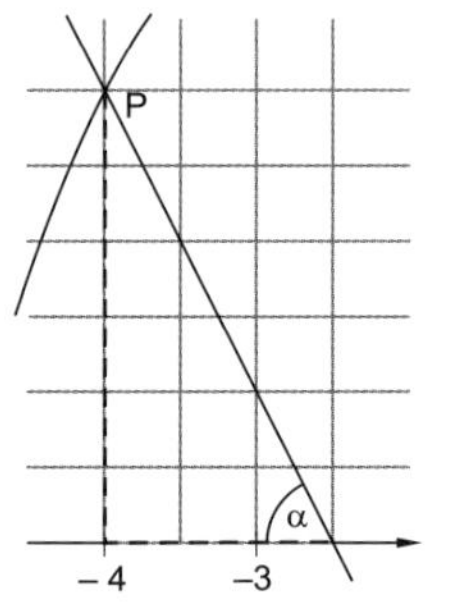

Lies aus der grafischen Darstellung die Länge der Katheten ab.

$$\tan\alpha=\frac{3\text{ cm}}{1{,}5\text{ cm}}$$
$$\tan\alpha=2$$
$$\alpha=63{,}43\ldots^\circ$$
$$\alpha\approx 63{,}4^\circ$$

Berechne die Größe des Winkels α mit dem Tangens.

$\tan\alpha=\frac{\text{Gegenkathete}}{\text{Ankathete}}$

Runde die Größe des Winkels sinnvoll (hier: eine Dezimalstelle).

g) Funktionsgleichung der Parabel p_5 in der Normalform:
$S_5(-3\,|\,4)$
p_5 nach unten geöffnet: $y=-(x-x_S)^2+y_S$

p_5: $y=-(x+3)^2+4$
$y=-(x^2+6x+9)+4$
$y=-x^2-6x-9+4$
$y=-x^2-6x-5$

Lies aus der grafischen Darstellung die Koordinaten des Scheitelpunkts S_5 ab.
Setze die Koordinaten von S_5 in die Scheitelpunktform für eine nach unten geöffnete Normalparabel ein.
Beachte die Vorzeichen.
Löse das Binom auf.
Löse die Klammer auf und fasse zusammen, dann erhältst du die Funktionsgleichung in Normalform.

5.

$$\frac{\cancel{4}x^4\cdot\cancel{3}y^{-8}\cdot\cancel{5}z^{-3}\cdot 2x^{-2}\cdot\cancel{4}y^7\cdot 1z^4}{\cancel{16}z\cdot\cancel{15}x^2\cdot 3y^{-2}}=\frac{2}{3}\cdot\frac{x^4\cdot y^{-8}\cdot z^{-3}\cdot x^{-2}\cdot y^7\cdot z^4}{z^1\cdot x^2\cdot y^{-2}}$$

$$=\frac{2}{3}\cdot\frac{x^{4-2}\cdot y^{-8+7}\cdot z^{-3+4}}{z^1\cdot x^2\cdot y^{-2}}=\frac{2}{3}\cdot\frac{\cancel{x^2}\cdot y^{-1}\cdot\cancel{z^1}}{\cancel{z^1}\cdot\cancel{x^2}\cdot y^{-2}}$$

$$=\frac{2}{3}\cdot y^{-1}\cdot y^2=\frac{2}{3}y^{-1+2}=\frac{2}{3}y$$

Kürze zuerst die Zahlen.
Fasse gleiche Variablen zusammen. Wende dabei die Regel für die Multiplikation von Potenzen an.
Kürze die Variablen. Beachte dabei die Regel für die Division von Potenzen.
Schreibe die Variable y^{-2} in den Zähler und fasse zusammen.

---

6. Länge des Kegelradius r_K:

$\cos 53{,}1° = \frac{r_K}{15\text{ cm}} \quad |\cdot 15\text{ cm}$

$r_K = 15\text{ cm}\cdot\cos 53{,}1°$

$r_K = 9{,}006\ldots\text{cm}$

$r_K \approx 9\text{ cm}$

Länge der Kegelhöhe h_K:

$\sin 53{,}1° = \frac{h_K}{15\text{ cm}} \quad |\cdot 15\text{ cm}$

$h_K = 15\text{ cm}\cdot\sin 53{,}1°$

$h_K = 11{,}995\ldots\text{cm}$

$h_K \approx 12\text{ cm}$

oder:

$h_K^2 = s^2 - r_K^2$

$h_K^2 = (15\text{ cm})^2 - (9\text{ cm})^2$

$h_K^2 = 225\text{ cm}^2 - 81\text{ cm}^2$

$h_K^2 = 144\text{ cm}^2 \quad |\sqrt{\ }$

$h_K = 12\text{ cm}$

Volumen des Kegels V_K:

$V_K = \frac{1}{3}\cdot(9\text{ cm})^2\cdot 3{,}14\cdot 12\text{ cm}$

$V_K = 1\,017{,}36\text{ cm}^3$

Radius der Halbkugel r_{HK}:

$r_{HK} = \frac{2}{3}\cdot 9\text{ cm}$

$r_{HK} = 6\text{ cm}$

Volumen der Halbkugel V_{HK}:

$V_{HK} = \frac{1}{2}\cdot\frac{4}{3}\cdot(6\text{ cm})^3\cdot 3{,}14$

$V_{HK} = 452{,}16\text{ cm}^3$

Volumen des Werkstücks:

$V = 1\,017{,}36\text{ cm}^3 - 452{,}16\text{ cm}^3$

$V = 565{,}2\text{ cm}^3$

Das Werkstück hat ein Volumen von 565,2 cm^3.

Hinweise und Tipps

Das Werkstück setzt sich aus einem Kegel und einer halbkugelförmigen Aussparung zusammen.

Im rechtwinkligen Dreieck ist die Mantellinie s die Hypotenuse und der Kegelradius r_K die Ankathete zum Winkel α.

Berechne die Länge von r_K mit dem Kosinus:

$\cos\alpha = \frac{\text{Ankathete}}{\text{Hypotenuse}}$

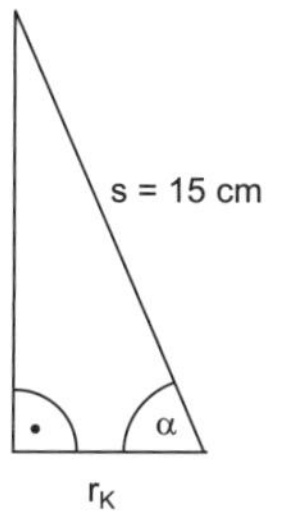

Runde das Ergebnis sinnvoll (hier: ganze cm).

Im rechtwinkligen Dreieck ist die Mantellinie s die Hypotenuse und die Kegelhöhe h_K die Gegenkathete zum Winkel α.

Berechne die Länge von h_K mit dem Sinus:

$\sin\alpha = \frac{\text{Gegenkathete}}{\text{Hypotenuse}}$

Runde das Ergebnis sinnvoll (hier: ganze cm).

Berechne die Kegelhöhe mit dem Satz des Pythagoras.

Berechne das Volumen des Kegels.

$V_K = \frac{1}{3}r^2\cdot\pi\cdot h_k$

Rechne mit $\pi = 3{,}14$.

Berechne den Radius der Halbkugel.

Berechne das Volumen der Halbkugel.

$V_{Kugel} = \frac{4}{3}r^3\cdot\pi$

Rechne mit $\pi = 3{,}14$.

Subtrahiere vom Volumen des Kegels das Volumen der Halbkugel und du erhältst das Volumen des Werkstücks.

Hinweise und Tipps

7. a) Zeit in Jahren:

$W_0 = 2\,800$ €

$W_n = 210$ €

$p\,\% = 21\,\% = 0{,}21$

$q = 1 - 0{,}21 = 0{,}79$

Bestimme den Wachstumsfaktor für negatives Wachstum:

$q = 1 - \frac{p}{100}$

$210\text{ €} = 2\,800\text{ €} \cdot 0{,}79^n \quad |: 2\,800\text{ €}$

$0{,}075 = 0{,}79^n$

$n = \log_{0{,}79} 0{,}075$

$n = \frac{\lg 0{,}075}{\lg 0{,}79}$

$n = 10{,}988\ldots$

$n \approx 11$

Setze die gegebenen Werte in die Wachstumsformel ein.

$W_n = W_0 \cdot q^n$

Berechne n mit dem Logarithmus.

Runde sinnvoll (hier: ganze Jahre).

Der Motorroller wäre nach etwa 11 Jahren noch 210 € wert.

b) Wert nach 4 Jahren:

$W_0 = 2\,800$ €

$p_1\,\% = 23\,\% = 0{,}23$

$q_1 = 1 - 0{,}23 = 0{,}77$

$n_1 = 1$

$p_2\,\% = 16\,\% = 0{,}16$

$q_2 = 1 - 0{,}16 = 0{,}84$

$n_2 = 3$

Bestimme zunächst die Wachstumsfaktoren für das erste Jahr und für die 3 folgenden Jahre. Es handelt sich hier um ein negatives Wachstum:

$q = 1 - \frac{p}{100}$

$W_4 = 2\,800\text{ €} \cdot 0{,}77^1 \cdot 0{,}84^3$

$W_4 = 1\,277{,}869\ldots$ €

$W_4 \approx 1\,277{,}87$ €

Berechne W_4. Setze dazu die gegebenen Werte in die Wachstumsformel ein und verkette die Wachstumsfaktoren.

Runde sinnvoll (hier: auf Cent).

Nach 4 Jahren hat der Motorroller einen Wert von 1 277,87 €.

c) Durchschnittlicher jährlicher Wertverlust des Motorrollers in %:

$W_0 = 3\,200$ €

$W_n = 500$ €

$n = 10$

Setze die gegebenen Werte in die Wachstumsformel ein und berechne q.

$500\text{ €} = 3\,200\text{ €} \cdot q^{10} \quad |: 3\,200\text{ €}$

$0{,}15625 = q^{10} \quad |\sqrt[10]{}$

$q = 0{,}8305\ldots$

$0{,}8305\ldots = 1 - \frac{p}{100} \quad |-1$

$-0{,}1694\ldots = -\frac{p}{100} \quad |\cdot(-100)$

$p\,\% = 16{,}94\ldots\,\%$

$p\,\% \approx 17\,\%$

Berechne p %. Es handelt sich um negatives Wachstum.

$q = 1 - \frac{p}{100}$

Runde den Prozentsatz sinnvoll (hier: ganze Prozent).

Der Motorroller verliert durchschnittlich 17 % pro Jahr an Wert.

Hinweise und Tipps

8. $6 = \frac{36}{6-3x} - \frac{5x}{3x-6}$

Definitionsmenge:

Bestimme die Definitionsmenge. Die Terme im Nenner der Brüche dürfen nicht 0 sein.

- $6-3x \neq 0 \quad |+3x$
  $6 \neq 3x \quad |:3$
  $2 \neq x$
- $3x-6 \neq 0 \quad |+6$
  $3x \neq 6 \quad |:3$
  $x \neq 2$

$\mathbb{D} = \mathbb{R} \setminus \{2\}$

Gib die Definitionsmenge an.

Lösungsmenge:

$6 = \frac{36}{6-3x} - \frac{5x}{3x-6} \quad |\cdot(6-3x)\cdot(3x-6)$ — Multipliziere mit dem Hauptnenner.

$6\cdot(6-3x)\cdot(3x-6) = 36\cdot(3x-6) - 5x\cdot(6-3x)$ — Multipliziere aus.

$6\cdot(18x-36-9x^2+18x) = 108x-216-30x+15x^2$ — Fasse zusammen.

$6\cdot(-9x^2+36x-36) = 15x^2+78x-216$

$-54x^2+216x-216 = 15x^2+78x-216 \quad |-15x^2;\ -78x;\ +216$ — Forme die quadratische Gleichung in die Normalform um.

$-69x^2+138x = 0 \quad |:(-69)$

$x^2-2x = 0$

$x(x-2) = 0$ — Klammere x aus.

Ein Produkt hat genau dann den Wert 0, wenn ein Faktor 0 ist.

$x_1 = 0$

$x_2 - 2 = 0 \quad |+2$

$x_2 = 2$ nicht in $\mathbb{D}$

$\mathbb{L} = \{0\}$

Gib die Lösungsmenge an.

9. Skizze:

Zeichne auf deinen Arbeitsbogen eine Skizze und trage die gegebenen Maße ein.

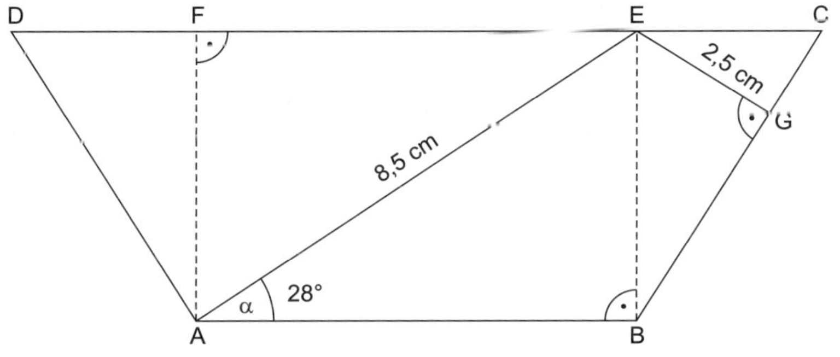

a) Länge der Höhe $\overline{BE}$:

Im rechtwinkligen Dreieck ABE sind die Länge der Hypotenuse $\overline{AE}$ und die Größe des Winkels α bekannt. Berechne die Länge der Höhe $\overline{BE}$ mit dem Sinus:
$\sin\alpha = \frac{\text{Gegenkathete}}{\text{Hypotenuse}}$

$\sin\alpha = \frac{\overline{BE}}{\overline{AE}}$

$\sin 28° = \frac{\overline{BE}}{8{,}5\text{ cm}} \quad |\cdot 8{,}5\text{ cm}$

$\overline{BE} = 8{,}5\text{ cm}\cdot\sin 28°$

$\overline{BE} = 3{,}99\ldots\text{ cm}$

$\overline{BE} \approx 4\text{ cm}$

Runde sinnvoll (hier: ganze Zahl).

b) Länge der Strecke $\overline{AB}$:

$\overline{AB}^2 = \overline{AE}^2 - \overline{BE}^2$

$\overline{AB}^2 = (8{,}5\text{ cm})^2 - (4\text{ cm})^2$

$\overline{AB}^2 = 72{,}25\text{ cm}^2 - 16\text{ cm}^2$

$\overline{AB}^2 = 56{,}25\text{ cm}^2 \quad |\sqrt{\ }$

$\overline{AB} = 7{,}5\text{ cm}$

oder:

$\cos\alpha = \dfrac{\overline{AB}}{\overline{AE}}$

$\cos 28° = \dfrac{\overline{AB}}{8{,}5\text{ cm}} \quad |\cdot 8{,}5\text{ cm}$

$\overline{AB} = 8{,}5\text{ cm}\cdot\cos 28°$

$\overline{AB} = 7{,}50\ldots\text{ cm}$

$\overline{AB} \approx 7{,}5\text{ cm}$

Länge der Strecke $\overline{BG}$:

$\overline{BG}^2 = \overline{BE}^2 - \overline{EG}^2$

$\overline{BG}^2 = (4\text{ cm})^2 - (2{,}5\text{ cm})^2$

$\overline{BG}^2 = 16\text{ cm}^2 - 6{,}25\text{ cm}^2$

$\overline{BG}^2 = 9{,}75\text{ cm}^2 \quad |\sqrt{\ }$

$\overline{BG} = 3{,}12\ldots\text{ cm}$

$\overline{BG} \approx 3{,}1\text{ cm}$

Länge der Strecke $\overline{CG}$:

$\overline{EG}^2 = \overline{BG}\cdot\overline{CG}$

$(2{,}5\text{ cm})^2 = 3{,}1\text{ cm}\cdot\overline{CG}$

$6{,}25\text{ cm}^2 = 3{,}1\text{ cm}\cdot\overline{CG} \quad |:3{,}1\text{ cm}$

$\overline{CG} = 2{,}01\ldots\text{ cm}$

$\overline{CG} \approx 2{,}0\text{ cm}$

Länge der Strecke $\overline{BC}$:

$\overline{BC} = 3{,}1\text{ cm} + 2{,}0\text{ cm}$

$\overline{BC} = 5{,}1\text{ cm}$

c) Länge der Strecke $\overline{CE}$:

$\overline{CE}^2 = \overline{EG}^2 + \overline{CG}^2$

$\overline{CE}^2 = (2{,}5\text{ cm})^2 + (2\text{ cm})^2$

$\overline{CE}^2 = 6{,}25\text{ cm}^2 + 4\text{ cm}^2$

$\overline{CE}^2 = 10{,}25\text{ cm}^2 \quad |\sqrt{\ }$

$\overline{CE} = 3{,}20\ldots\text{ cm}$

$\overline{CE} \approx 3{,}2\text{ cm}$

Länge der Strecke $\overline{CD}$:

$\overline{CD} = 2\cdot\overline{CE} + \overline{AB}$

$\overline{CD} = 2\cdot 3{,}2\text{ cm} + 7{,}5\text{ cm}$

$\overline{CD} = 13{,}9\text{ cm}$

Hinweise und Tipps

Trage die Länge der Strecke $\overline{BE}$ in deine Skizze ein. $\overline{AB}$ kann mit dem Satz des Pythagoras berechnet werden.

$\overline{AE}$ ist die Hypotenuse, $\overline{AB}$ und $\overline{BE}$ sind die Katheten im rechtwinkligen Dreieck ABE.

Im rechtwinkligen Dreieck ABE ist $\overline{AB}$ die Ankathete und $\overline{AE}$ die Hypotenuse. Rechne mit dem Kosinus.

$\cos\alpha = \dfrac{\text{Ankathete}}{\text{Hypotenuse}}$

Runde sinnvoll (hier: eine Dezimalstelle).

Die Länge der Strecke $\overline{BC}$ setzt sich aus den Strecken $\overline{BG}$ und $\overline{GC}$ zusammen.

Berechne zunächst die Länge der Strecke $\overline{BG}$ mit dem Satz des Pythagoras. $\overline{BE}$ ist dabei die Hypotenuse, $\overline{EG}$ und $\overline{BG}$ sind die Katheten im rechtwinkligen Dreieck BGE.

Runde sinnvoll (hier: eine Dezimalstelle).

Im rechtwinkligen Dreieck BCE gilt der Höhensatz.

$h^2 = p\cdot q$

Dabei ist die Länge der Strecke $\overline{EG}$ die Höhe, die Länge der Strecke $\overline{CG}$ der Hypotenusenabschnitt q und die Länge der Strecke $\overline{BG}$ der Hypotenusenabschnitt p.

Runde sinnvoll (hier: eine Dezimalstelle).

Addiere die Teilstrecken.

Zur Berechnung des Flächeninhalts des Trapezes ABCD benötigst du die Länge der Strecke $\overline{CD}$. Das Trapez ist gleichschenklig, daraus folgt: $\overline{CE} = \overline{DF}$.

Berechne die Länge der Strecke $\overline{CE}$ mit dem Satz des Pythagoras.

Runde sinnvoll (hier: eine Dezimalstelle).

Addiere die Teilstrecken.

Flächeninhalt des Trapezes:

$$A_{Trapez} = \frac{\overline{CD} + \overline{AB}}{2} \cdot \overline{BE}$$

$$A_{Trapez} = \frac{13{,}9\text{ cm} + 7{,}5\text{ cm}}{2} \cdot 4\text{ cm}$$

$$A_{Trapez} = 42{,}8\text{ cm}^2$$

oder:

Flächeninhalt des Dreiecks BCE:

$$A_{Dreieck} = \frac{\overline{BC} \cdot \overline{EG}}{2}$$

$$A_{Dreieck} = \frac{5{,}1\text{ cm} \cdot 2{,}5\text{ cm}}{2}$$

$$A_{Dreieck} = 6{,}375\text{ cm}^2$$

Flächeninhalt des Rechtecks ABEF:

$$A_{Rechteck} = \overline{AB} \cdot \overline{BE}$$

$$A_{Rechteck} = 7{,}5\text{ cm} \cdot 4\text{ cm}$$

$$A_{Rechteck} = 30\text{ cm}^2$$

Flächeninhalt des Trapezes:

$$A_{Trapez} = 2 \cdot A_{Dreieck} + A_{Rechteck}$$

$$A_{Trapez} = 2 \cdot 6{,}375\text{ cm}^2 + 30\text{ cm}^2$$

$$A_{Trapez} = 42{,}75\text{ cm}^2$$

$$A_{Trapez} \approx 42{,}8\text{ cm}^2$$

Hinweise und Tipps

Flächeninhalts des Trapezes:

$$A_{Trapez} = \frac{a+c}{2} \cdot h$$

Der Flächeninhalt des Trapezes setzt sich aus dem Rechteck ABEF und den beiden Dreiecken BCE und AFE zusammen. Da das Trapez gleichschenklig ist, sind diese beiden Dreiecke gleich groß.

Flächeninhalt des Dreiecks:

$$A_{Dreieck} = \frac{g \cdot h}{2}$$

Flächeninhalt des Rechtecks:

$$A_{Rechteck} = a \cdot b$$

Runde sinnvoll (hier: eine Dezimalstelle).

---

10. richtige Aussagen:

(1) $\overline{A'B'} = \frac{1}{3} \cdot \overline{AB}$

Die Strecke [A'B'] ist ein Drittel so lang wie die Strecke [AB].

Die Strecke [AB] ist ein dreimal so lang wie die Strecke [A'B'].

(2) $A_{A'B'C'D'} = \left(\frac{1}{3}\right)^2 \cdot A_{ABCD}$

$A_{A'B'C'D'} = \frac{1}{9} \cdot A_{ABCD}$

Der Flächeninhalt der Bildfigur A'B'C'D' beträgt ein Neuntel des Flächeninhalts der Originalfigur ABCD.

Der Flächeninhalt der Originalfigur ABCD beträgt das Neunfache des Flächeninhalts der Bildfigur A'B'C'D'.

Für die zentrische Streckung gilt:

Strecken werden mit dem Faktor k gestreckt, Flächeninhalte werden mit dem Faktor k^2 gestreckt.

$k = \frac{1}{3}$ bedeutet: Das Original wird verkleinert.

Aufgaben

Punkte

1. Die folgende Abbildung zeigt den Graphen der Geraden g_1:

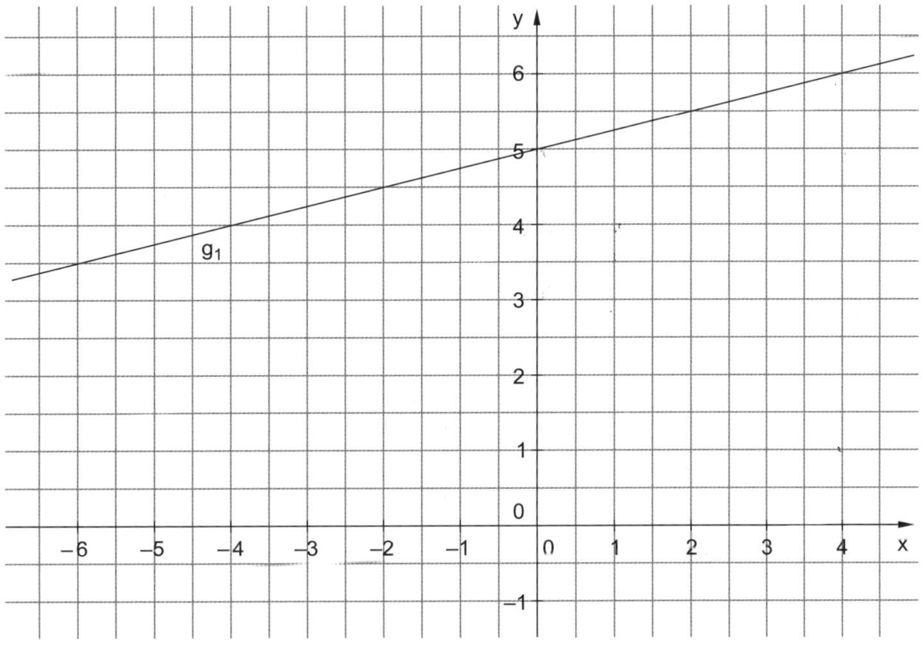

a) Geben Sie die Funktionsgleichung von g_1 an (siehe Abbildung).

b) Die Gerade g_2 durch den Ursprung ist parallel zur Geraden g_1.
Geben Sie die Funktionsgleichung von g_2 an.

c) Die Gerade g_4 verläuft durch den Punkt $D(4\,|\,1)$ und ist parallel zur Geraden g_3: $y=0{,}5x+3$.
Bestimmen Sie rechnerisch die Funktionsgleichung von g_4.

d) Zeichnen Sie die Geraden g_3 und g_4 in ein Koordinatensystem mit der Längeneinheit 1 cm.
Hinweis zum Platzbedarf: x-Achse von –4 bis 6, y-Achse von –3 bis 5

e) Gegeben ist die Gerade g_5: $y = \frac{2}{3}x - 2$.
Berechnen Sie die Koordinaten des Schnittpunkts N von g_5 mit der x-Achse und geben Sie N an.

f) Weisen Sie nach, dass der Punkt $A(-3\,|\,-4)$ auf der Geraden g_5 liegt.

g) Die Gerade g_6 wird durch die Gleichung $4=-2x-2y$ bestimmt und schneidet die Gerade g_5 im Punkt C.
Berechnen Sie die Koordinaten des Schnittpunkts C und geben Sie diesen an.

h) Überprüfen Sie rechnerisch die folgende Aussage:
Die Geraden g_5 und g_6 stehen aufeinander senkrecht. 9

2. Geben Sie die Definitionsmenge der folgenden Gleichung an und ermitteln Sie die Lösungsmenge rechnerisch:

$$\frac{x-4}{6}+\frac{4(x-11)}{x-6}=\frac{16-x}{2}$$ 4

3. a) Eine nach oben geöffnete Normalparabel p_1 verläuft durch die Punkte $A(-4\,|\,6)$ und $B(-2\,|\,-2)$.
Geben Sie die Funktionsgleichung von p_1 in der Normalform an.

b) Eine nach unten geöffnete Normalparabel p_2 hat den Scheitelpunkt $S_2(-1\,|\,2)$.
Ermitteln Sie rechnerisch die Funktionsgleichung von p_2 in der Normalform.

c) Zeichnen Sie die Parabeln p_1 und p_2 in ein Koordinatensystem mit der Längeneinheit 1 cm.
Hinweis zum Platzbedarf: x-Achse von –5 bis 3, y-Achse von –4 bis 7

d) Die Parabeln p_3 und p_4 sind durch folgende Funktionsgleichungen bestimmt:
p_3: $x^2-4x=y-5$
p_4: $y=-x^2+4x-1$
Berechnen Sie die Koordinaten der Schnittpunkte P und Q der Parabel p_3 mit der Parabel p_4 und geben Sie diese Punkte an.

e) Durch Spiegelung der Parabel p_3 an der x-Achse entsteht die Parabel p_5. Geben Sie die Funktionsgleichung von p_5 in der Scheitelpunktform an. 8

4. Im Dreieck ABC hat die Strecke [BC] eine Länge von 4 cm und der Winkel α eine Größe von 53,13° (siehe Skizze).
Berechnen Sie den Flächeninhalt des Quadrats AEFG.

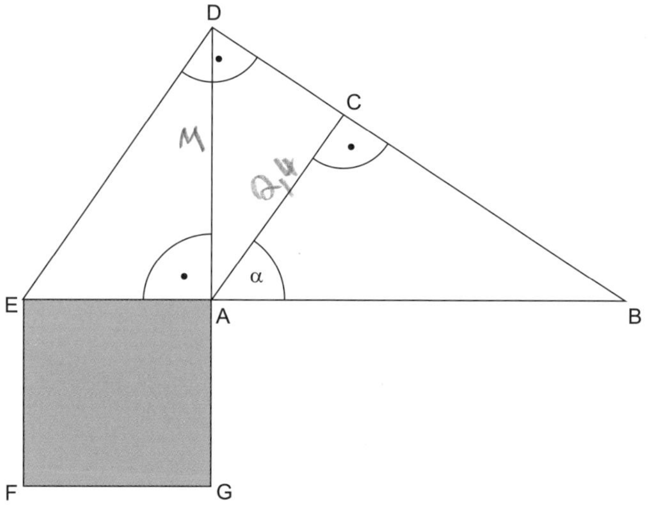

Hinweis: Skizze nicht maßstabsgetreu 4

5. Aus einem Behälter wird zweimal nacheinander eine Kugel entnommen.
Das folgende Baumdiagramm stellt dieses Zufallsexperiment dar:

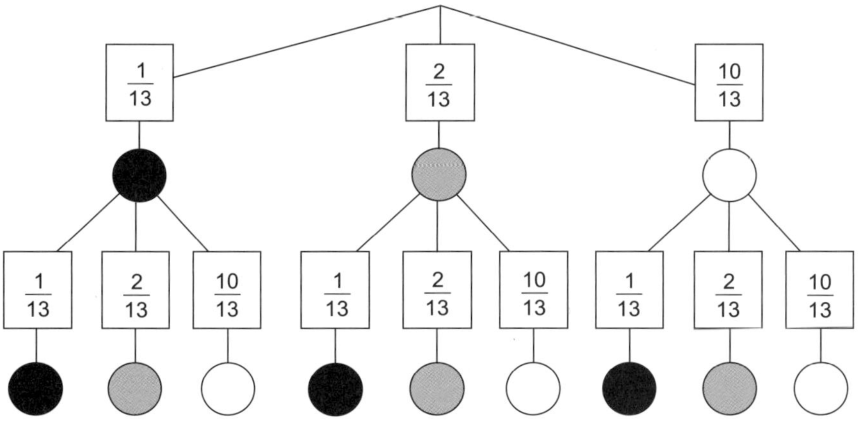

a) Notieren Sie auf Ihrem Lösungsblatt die Nummer des Behälters (siehe Abbildung unten), die zum dargestellten Baumdiagramm passt.

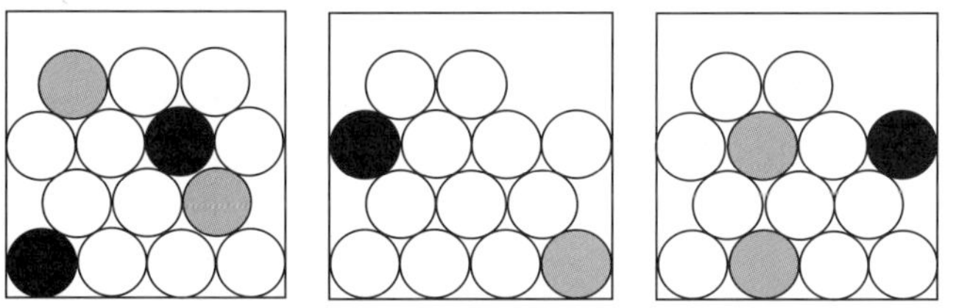

(1) (2) (3)

b) Berechnen Sie die Wahrscheinlichkeit, dass bei dem (im Baumdiagramm dargestellten) Vorgang mindestens eine der beiden entnommenen Kugeln weiß ist.

c) Das Zufallsexperiment wird wiederholt, ohne dass die beiden nacheinander entnommenen Kugeln zurückgelegt werden.
Berechnen Sie die Wahrscheinlichkeit, dass mindestens eine der entnommenen Kugeln weiß ist. 4

6. Die folgenden Gleichungen sind Anwendungen von binomischen Formeln.
Ersetzen Sie jeweils den Platzhalter [redacted] durch den entsprechenden Term und schreiben Sie die mathematisch richtigen Gleichungen auf Ihr Lösungsblatt.

a) ([redacted] $-3z)^2 = 0{,}25x^4y^2 -$ [redacted] $+$ [redacted]

b) $(4\sqrt{z} +$ [redacted] $)\cdot(4\sqrt{z} -$ [redacted] $) =$ [redacted] $-25x^2$ 3

7. Eine Eisenkugel mit der Masse $m = 17{,}5$ kg wurde in einen verformbaren Werkstoff gedrückt (siehe Skizze).
1 cm^3 Eisen wiegt 7,8 g.
Ermitteln Sie rechnerisch die Tiefe x, wenn gilt: $s = 5$ cm.

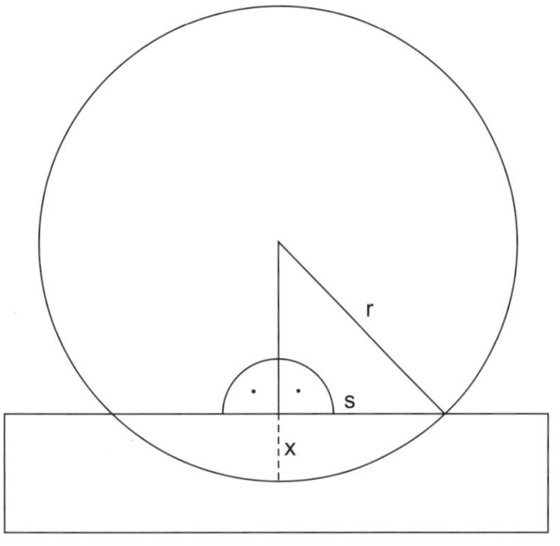

Hinweis: Skizze nicht maßstabsgetreu

4

8. Frau Geiz will zum 1. Januar 2018 bei einer Onlinebank 3 000 € anlegen. Ihr Wunsch ist es, diesen Betrag in den nächsten 17 Jahren mit Zins und Zinseszins zu vervierfachen.

a) Notieren Sie auf Ihrem Lösungsblatt alle Gleichungen, die diesen Sachverhalt richtig darstellen.

- $12\,000 = q^{17} \cdot 3\,000$
- $q = \sqrt[17]{4}$
- $12\,000 = 4 \cdot q^{17} \cdot 3\,000$
- $q^{17} = \frac{1}{4}$

b) Die Bank gewährt Frau Geiz einen Zinssatz von 2,51 %.
Berechnen Sie, nach wie vielen Jahren sich das Kapital tatsächlich vervierfacht hätte.

c) Berechnen Sie die Höhe des Kapitals, das Frau Geiz anlegen müsste, damit sie bei einem Zinssatz von 2,51 % nach 17 Jahren einen Gesamtbetrag von 12 000 € zur Verfügung hätte. 8

9. Das Viereck ABCD wird durch zentrische Streckung mit dem Streckungsfaktor $k = 3$ auf das Viereck A'B'C'D' abgebildet.
Begründen Sie, ob die jeweiligen Aussagen wahr oder falsch sind.

(1) Die Strecken des Vierecks ABCD sind dreimal so lang wie die des Bildvierecks A'B'C'D'.

(2) Der Flächeninhalt des Bildvierecks A'B'C'D' ist neunmal so groß wie der Flächeninhalt des Vierecks ABCD.

(3) Der Winkel α ist dreimal so groß wie der Winkel α'. 3

10. Vereinfachen Sie den folgenden Term so weit wie möglich.
Es gilt: $x, y, z \neq 0$

$$\frac{(3x^2 + 4x^2) \cdot x^3 \cdot y^5 \cdot 2z^{-4}}{x^4 \cdot y^5 \cdot y^{-3} \cdot 2z^2 \cdot z^{-6}}$$ 2

Lösungen

Aufgabengruppe I

1. a) Funktionsgleichung der Geraden g_1:

$t_1 = 5$

$m_1 = \frac{1}{4} = 0,25$

g_1: $y = 0,25x + 5$

✎ Hinweise und Tipps

Lies aus der Abbildung den y-Achsenabschnitt t_1 ab. Wähle ein geeignetes Steigungsdreieck und bestimme die Steigung m_1 der Geraden g_1.

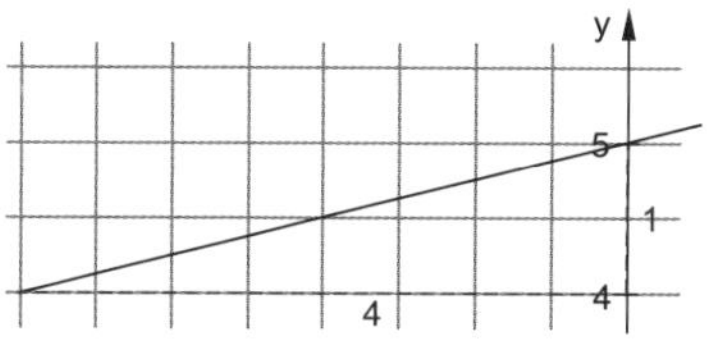

Gib die vollständige Funktionsgleichung der Geraden g_1 an.

b) Funktionsgleichung der Geraden g_2:

$m_2 = m_1 = 0,25$

$t_2 = 0$

g_2: $y = 0,25x$

Parallele Geraden haben die gleiche Steigung. Die Gerade g_2 verläuft durch den Koordinatenursprung, schneidet die y-Achse also bei 0.

Gib die vollständige Funktionsgleichung an.

c) Funktionsgleichung der Geraden g_4:

$m_4 = m_3 = 0,5$

$m_4 = 0,5$ und $D(4\,|\,1)$ in g_4: $y = m_4x + t_4$:

$1 = 0,5 \cdot 4 + t_4$

$1 = 2 + t_4 \quad | -2$

$t_4 = -1$

g_4: $y = 0,5x - 1$

Die Gerade g_4 ist parallel zur Geraden g_3. Setze den Wert der Steigung m_4 und die Koordinaten des Punkts D in die Normalform einer linearen Funktion ein und berechne t_4.

Gib die vollständige Funktionsgleichung an.

d) Grafische Darstellung:

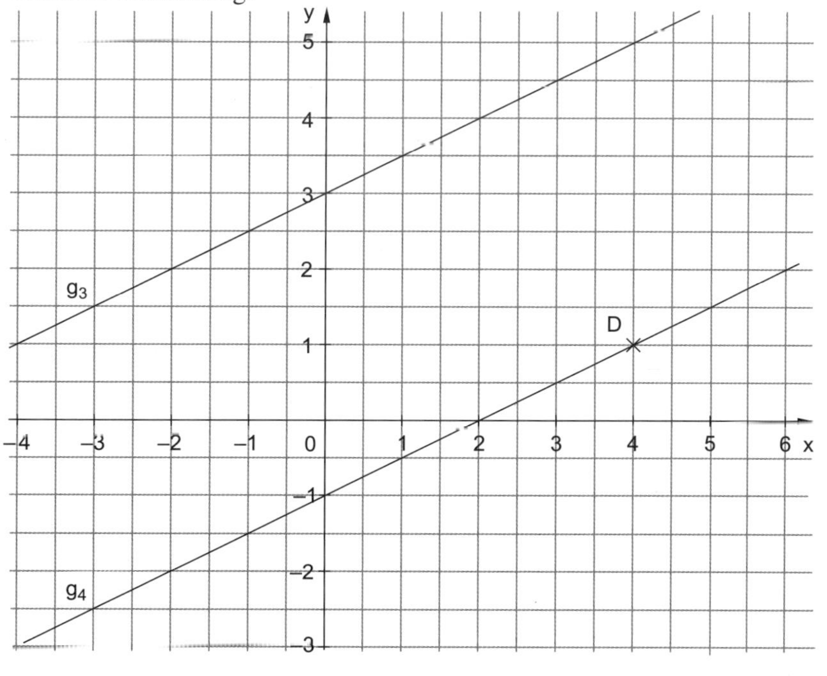

Lege ein Koordinatensystem mit der Einheit 1 cm an.

Der Platzbedarf ist in der Angabe gegeben:

x-Achse: −4 bis +6

y-Achse: −3 bis +5

Beschrifte das Koordinatensystem vollständig.

Zeichne g_3 und g_4 mithilfe des y-Achsenabschnitts und des Steigungsdreiecks oder mithilfe des Punkts $D(4\,|\,1)$.

Überprüfe am Ende, ob deine gezeichneten Geraden parallel sind.

Hinweise und Tipps

e) Koordinaten des Schnittpunkts N:

$g_5\colon y = \frac{2}{3}x - 2$

$\frac{2}{3}x - 2 = 0 \quad |+2$

$\frac{2}{3}x = 2 \quad |\cdot\frac{3}{2}$

$x = 3$

N(3 | 0)

Um den Schnittpunkt der Geraden g_5 mit der x-Achse zu erhalten, berechne die Nullstelle der linearen Funktion.
Die Nullstelle einer linearen Funktion hat den Funktionswert $y = 0$.

Gib die Koordinaten von N an.

f) Lage von Punkt A:
A(−3 | −4)

$g_5\colon y = \frac{2}{3}x - 2$

$y = \frac{2}{3}\cdot(-3) - 2$

$y = -2 - 2$

$y = -4$

Der Punkt A liegt auf der Geraden g_5.

Der Punkt A liegt dann auf g_5, wenn seine Koordinaten die Funktionsgleichung von g_5 erfüllen.

Setze die x-Koordinate des Punkts A in die Funktionsgleichung von g_5 ein und berechne den Funktionswert y.
Vergleiche den Funktionswert mit der y-Koordinate des Punkts A.

g) Koordinaten des Schnittpunkts C der beiden Geraden g_5 und g_6:

$g_6\colon \quad 4 = -2x - 2y \quad |+2x$

$2x + 4 = -2y \quad |:(-2)$

$y = -x - 2$

$g_5\colon y = \frac{2}{3}x - 2$

$\frac{2}{3}x - 2 = -x - 2 \quad |+x+2$

$1\frac{2}{3}x = 0 \quad |:1\frac{2}{3}$

$x = 0$

in g_6: $y = 0 - 2$

$y = -2$

C(0 | −2)

Forme die Gleichung der Geraden g_6 in die Normalform einer linearen Funktion um.

Setze die Funktionsgleichungen von g_5 und g_6 gleich und löse die Gleichung nach x auf.

Setze $x = 0$ in g_5 oder g_6 (hier: g_6) ein und berechne y.
Gib die Koordinaten des Schnittpunkts C an.

h) Überprüfen der Aussage:

$m_5 = \frac{2}{3}$

$m_6 = -1$

$\frac{2}{3}\cdot(-1) = -\frac{2}{3} \neq -1$

g_5 steht nicht senkrecht zu g_6. Die Aussage ist also falsch.

Steht die Gerade g_5 senkrecht zu g_6, dann gilt:
$m_5 \cdot m_6 = -1$

---

2. $\frac{x-4}{6} + \frac{4(x-11)}{x-6} = \frac{16-x}{2}$

Bestimme den Definitionsbereich.
Die Terme im Nenner der Brüche dürfen nicht 0 sein.

Definitionsmenge:

$x - 6 \neq 0 \quad |+6$

$x \neq 6$

$\mathbb{D} = \mathbb{R} \setminus \{6\}$

Gib die Definitionsmenge an.

Hinweise und Tipps

Lösungsmenge:

$$\frac{x-4}{6}+\frac{4(x-11)}{x-6}=\frac{16-x}{2} \quad |\,6\cdot(x-6)$$

Multipliziere mit dem Hauptnenner.

$$(x-6)\cdot(x-4)+6\cdot 4\cdot(x-11)=3\cdot(x-6)\cdot(16-x)$$

Multipliziere aus. Beachte die Vorzeichen.

$$x^2-4x-6x+24+24x-264=3\cdot(16x-x^2-96+6x)$$

Fasse zusammen.

$$x^2+14x-240=-3x^2+66x-288 \quad |+3x^2;\,-66x;\,+288$$

$$4x^2-52x+48=0 \quad |:4$$

$$x^2-13x+12=0$$

Forme die quadratische Gleichung in die Normalform um.

$$x_{1/2}=6{,}5\pm\sqrt{(-6{,}5)^2-12}$$
$$x_{1/2}=6{,}5\pm\sqrt{42{,}25-12}$$
$$x_{1/2}=6{,}5\pm\sqrt{30{,}25}$$
$$x_{1/2}=6{,}5\pm 5{,}5$$
$$x_1=6{,}5-5{,}5$$
$$x_1=1$$
$$x_2=6{,}5+5{,}5$$
$$x_2=12$$

Löse mithilfe der Lösungsformel.

$$x_{1/2}=-\frac{p}{2}\pm\sqrt{\left(\frac{p}{2}\right)^2-q}$$

Hier ist $p=-13$ und $q=12$.

$x_1\neq 6$ und $x_2\neq 6$

$\mathbb{L}=\{1;\,12\}$

Überprüfe, ob die Lösungen in $\mathbb{D}$ liegen, und gib die Lösungsmenge an.

---

3. a) Funktionsgleichung der Parabel p_1 in der Normalform:

$A(-4\,|\,6);\ B(-2\,|\,-2)$

p_1 nach oben geöffnet: $y=x^2+px+q$

Setze die Koordinaten der Punkte A und B jeweils in die Normalform für eine nach oben geöffnete Parabel ein.

$$\text{I}\quad 6=(-4)^2+(-4)\cdot p+q$$
$$\text{II}\quad -2=(-2)^2+(-2)\cdot p+q$$

Achte auf die Vorzeichen.

$$\text{I}\quad 6=16-4p+q \quad |-16;\,+4p$$
$$\text{II}\quad -2=4-2p+q \quad |-4;\,+2p$$

Löse das Gleichungssystem (hier: mit dem Gleichsetzungsverfahren). Löse dazu beide Gleichungen nach q auf.

$$\text{I}\quad -10+4p=q$$
$$\text{II}\quad -6+2p=q$$

$$\text{I}-\text{II}\quad -10+4p=-6+2p \quad |-2p;\,+10$$
$$2p=4 \quad |:2$$
$$p=2$$

Setze die beiden erhaltenen Terme für q gleich und berechne p.

$$\text{in I}\quad -10+4\cdot 2=q$$
$$q=-2$$

Setze $p=2$ in eine umgeformte Gleichung (hier: Gleichung I) ein und berechne q.

p_1: $y=x^2+2x-2$

Gib die Funktionsgleichung von p_1 in der Normalform an.

b) Funktionsgleichung der Parabel p_2 in der Normalform:

$S_2(-1\,|\,2)$

p_2 nach unten geöffnet: $y=-(x-x_s)^2+y_s$

Setze die Koordinaten von S_2 in die Scheitelpunktform für eine nach unten geöffnete Normalparabel ein.

$$p_2:\quad y=-(x+1)^2+2$$

Beachte die Vorzeichen.

$$y=-(x^2+2x+1)+2$$

Löse das Binom auf.

$$y=-x^2-2x-1+2$$
$$y=-x^2-2x+1$$

Löse die Klammer auf und fasse zusammen, dann erhältst du die Funktionsgleichung in Normalform.

c) Grafische Darstellung:
Scheitelpunkt S_1 von p_1:

p_1: $y = x^2 + 2x - 2$

$y = (x^2 + 2 \cdot 1x + 1^2) - 2 - 1^2$

$y = (x+1)^2 - 3$

$S_1(-1\,|\,-3)$

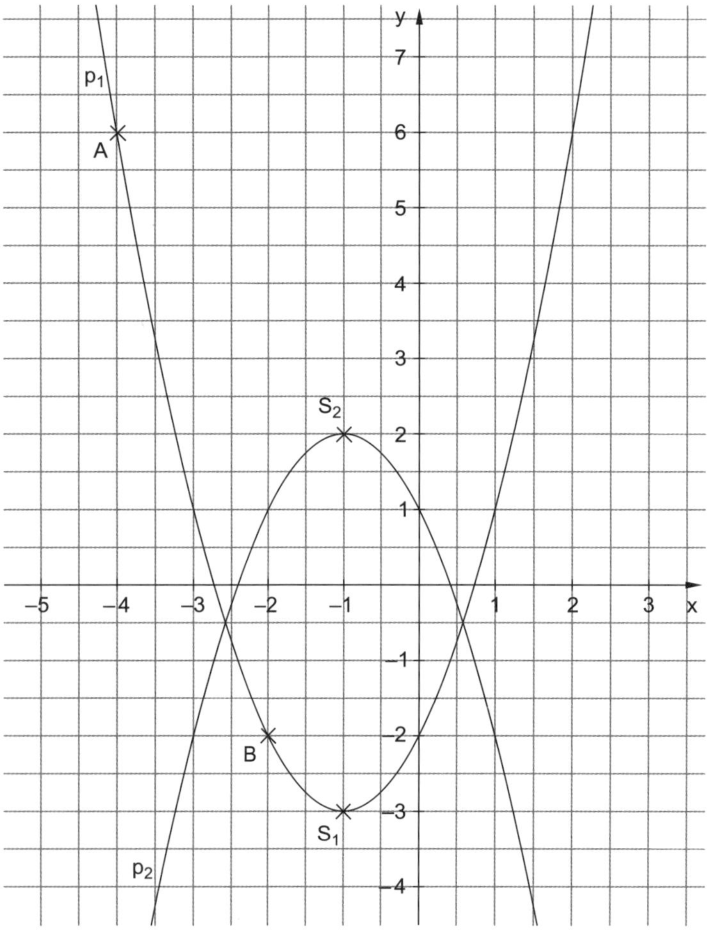

d) Koordinaten der Schnittpunkte P und Q von p_3 und p_4:

p_3: $x^2 - 4x = y - 5 \quad |+5$

$y = x^2 - 4x + 5$

p_4: $y = -x^2 + 4x - 1$

$x^2 - 4x + 5 = -x^2 + 4x - 1 \quad |+x^2; -4x; +1$

$2x^2 - 8x + 6 = 0 \quad |:2$

$x^2 - 4x + 3 = 0$

Hinweise und Tipps

Berechne zunächst den Scheitelpunkt S_1 von p_1.

Wandle dazu die Funktionsgleichung durch quadratische Ergänzung in die Scheitelpunktform um.

Bilde das Binom.

Lies die Koordinaten des Scheitelpunkts S_1 aus der Scheitelpunktform ab.

Lege ein Koordinatensystem mit der Einheit 1 cm an.

x-Achse: –5 bis +3
y-Achse: –4 bis +7

Beschrifte das Koordinatensystem vollständig.

Trage den Scheitelpunkt S_1 ein und zeichne mithilfe der Kurvenschablone die nach oben geöffnete Normalparabel p_1.

oder:

Trage die Punkte A und B in das Koordinatensystem ein. Lege nun die Kurvenschablone so an, dass die beiden Punkte von ihr berührt werden, und zeichne die Normalparabel. Achte dabei auf äußerste Genauigkeit!

Trage den Scheitelpunkt S_2 ein und zeichne mithilfe der Kurvenschablone die nach unten geöffnete Normalparabel p_2.

Forme zuerst die Funktionsgleichung von p_3 in die Normalform um.

Setze die Funktionsgleichungen von p_3 und p_4 gleich.

Forme die quadratische Gleichung in die Normalform um und löse sie mithilfe der Lösungsformel.

$x_{1/2} = 2 \pm \sqrt{(-2)^2 - 3}$
$x_{1/2} = 2 \pm \sqrt{4 - 3}$
$x_{1/2} = 2 \pm \sqrt{1}$
$x_{1/2} = 2 \pm 1$
$x_1 = 2 + 1$
$x_1 = 3$
$x_2 = 2 - 1$
$x_2 = 1$

x_1 in p_3 $y_1 = 3^2 - 4 \cdot 3 + 5$
$y_1 = 9 - 12 + 5$
$y_1 = 2$

x_2 in p_3 $y_2 = 1^2 - 4 \cdot 1 + 5$
$y_2 = 1 - 4 + 5$
$y_2 = 2$

$P(3 \mid 2)$; $Q(1 \mid 2)$

e) Funktionsgleichung der Parabel p_5 in der Scheitelpunktform:
Scheitelpunkt S_3 von p_3:
p_3: $y = x^2 - 4x + 5$
$y = (x^2 - 2 \cdot 2x + 2^2) + 5 - 2^2$
$y = (x - 2)^2 + 1$
$S_3(2 \mid 1)$

Spiegelung von S_3 an der x-Achse:
$S_5(2 \mid -1)$

p_5 nach unten geöffnet: $y = -(x - x_s)^2 + y_s$
p_5: $y = -(x - 2)^2 - 1$

Hinweise und Tipps

$x_{1/2} = -\frac{p}{2} \pm \sqrt{\left(\frac{p}{2}\right)^2 - q}$

Hier ist $p = -4$ und $q = 3$.

Setze x_1 und x_2 in eine der beiden Funktionsgleichungen (hier: p_3) ein und berechne die y-Koordinaten der Schnittpunkte.

Gib die Koordinaten der Schnittpunkte an.

Berechne den Scheitelpunkt von p_3. Wandle die Funktionsgleichung dazu durch quadratische Ergänzung in die Scheitelpunktform um.

Bilde das Binom.

Lies die Koordinaten des Scheitelpunkts S_3 aus der Scheitelpunktform ab.

Wird ein Punkt an der x-Achse gespiegelt, ändert sich das Vorzeichen der y-Koordinate des gespiegelten Punkts.

Wird eine nach oben geöffnete Normalparabel an der x-Achse gespiegelt, erhält man eine nach unten geöffnete Normalparabel. Setze daher die Koordinaten von S_5 in die Scheitelpunktform für eine nach unten geöffnete Normalparabel ein.

Skizze:

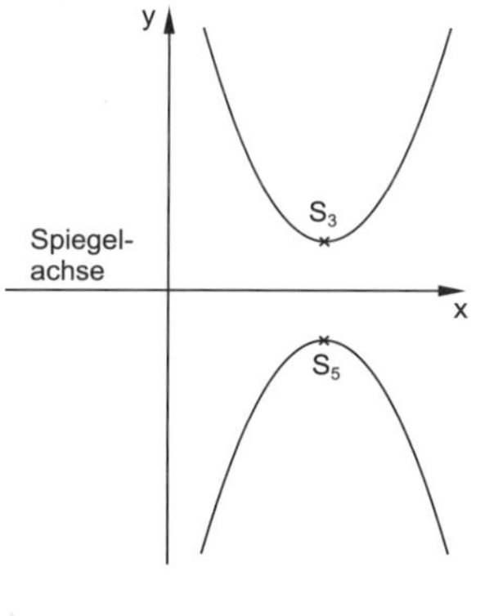

4. Länge der Strecke $\overline{AB}$:

$$\sin 53{,}13° = \frac{4\text{ cm}}{\overline{AB}} \quad |\cdot \overline{AB};\ :\sin 53{,}13°$$

$$\overline{AB} = \frac{4\text{ cm}}{\sin 53{,}13°}$$

$$\overline{AB} = 5{,}000\ldots\text{ cm}$$

$$\overline{AB} \approx 5\text{ cm}$$

Länge der Strecke $\overline{AC}$:

$$\overline{AC}^2 = \overline{AB}^2 - \overline{BC}^2$$

$$\overline{AC}^2 = (5\text{ cm})^2 - (4\text{ cm})^2$$

$$\overline{AC}^2 = 25\text{ cm}^2 - 16\text{ cm}^2$$

$$\overline{AC}^2 = 9\text{ cm}^2 \quad |\sqrt{\ }$$

$$\overline{AC} = 3\text{ cm}$$

oder:

$$\tan 53{,}13° = \frac{4\text{ cm}}{\overline{AC}} \quad |\cdot \overline{AC};\ :\tan 53{,}13°$$

$$\overline{AC} = \frac{4\text{ cm}}{\tan 53{,}13°}$$

$$\overline{AC} = 3{,}000\ldots\text{ cm}$$

$$\overline{AC} \approx 3\text{ cm}$$

Länge der Strecke $\overline{AD}$:

$$\cos 36{,}87° = \frac{3\text{ cm}}{\overline{AD}} \quad |\cdot \overline{AD};\ :\cos 36{,}87°$$

$$\overline{AD} = \frac{3\text{ cm}}{\cos 36{,}87°}$$

$$\overline{AD} = 3{,}750\ldots\text{ cm}$$

$$\overline{AD} \approx 3{,}75\text{ cm}$$

oder:

Länge der Strecke $\overline{CD}$:

$$\overline{AC}^2 = \overline{BC}\cdot\overline{CD}$$

$$(3\text{ cm})^2 = 4\text{ cm}\cdot\overline{CD}$$

$$9\text{ cm}^2 = 4\text{ cm}\cdot\overline{CD} \quad |:4\text{ cm}$$

$$\overline{CD} = 2{,}25\text{ cm}$$

Hinweise und Tipps

Trage in der Skizze alle gegebenen Werte und alle Werte, die du bereits berechnet hast, ein.

Mit den zu Beginn gegebenen Maßen kannst du zunächst nur die Längen der Strecken $\overline{AB}$ und $\overline{AC}$ berechnen.
Im rechtwinkligen Dreieck ABC ist $\overline{AB}$ die Hypotenuse und $\overline{BC}$ die Gegenkathete zum Winkel α.
Berechne die Länge der Strecke $\overline{AB}$ mit dem Sinus.

$$\sin\alpha = \frac{\text{Gegenkathete}}{\text{Hypotenuse}}$$

Runde das Ergebnis sinnvoll.

Im rechtwinkligen Dreieck ABC ist $\overline{AB}$ die Hypotenuse, $\overline{AC}$ und $\overline{BC}$ sind die Katheten.
Berechne die Länge der Strecke $\overline{AC}$ mithilfe des Satzes des Pythagoras.

Berechne die Länge der Strecke $\overline{AC}$ mit dem Tangens.

$$\tan\alpha = \frac{\text{Gegenkathete}}{\text{Ankathete}}$$

Im rechtwinkligen Dreieck ACD ist $\overline{AD}$ die Hypotenuse und $\overline{AC}$ die Ankathete zum Winkel $\alpha' = 90° - 53{,}13° = 36{,}87°$.
Berechne die Strecke $\overline{AD}$ mit dem Kosinus.

$$\cos\alpha = \frac{\text{Ankathete}}{\text{Hypotenuse}}$$

Die Strecke $\overline{AC}$ ist die Höhe im rechtwinkligen Dreieck BDA. $\overline{BC}$ und $\overline{CD}$ sind die Hypotenusenabschnitte p und q.
Berechne die Länge der Strecke $\overline{CD}$ mithilfe des Höhensatzes:
$h^2 = p\cdot q$

Länge der Strecke $\overline{AD}$:

$$\overline{AD}^2 = \overline{AC}^2 + \overline{CD}^2$$
$$\overline{AD}^2 = (3\text{ cm})^2 + (2,25\text{ cm})^2$$
$$\overline{AD}^2 = 9\text{ cm}^2 + 5,0625\text{ cm}^2$$
$$\overline{AD}^2 = 14,0625\text{ cm}^2 \quad |\sqrt{}$$
$$\overline{AD} = 3,75\text{ cm}$$

Hinweise und Tipps

Im rechtwinkligen Dreieck ACD ist $\overline{AD}$ die Hypotenuse, $\overline{AC}$ und $\overline{CD}$ sind die Katheten.
Berechne die Länge der Strecke $\overline{AD}$ mithilfe des Satzes des Pythagoras.

oder:

$$\overline{BD} = \overline{BC} + \overline{CD}$$
$$\overline{BD} = 4\text{ cm} + 2,25\text{ cm}$$
$$\overline{BD} = 6,25\text{ cm}$$

Im rechtwinkligen Dreieck ABD ist $\overline{BD}$ die Hypotenuse, $\overline{AB}$ und $\overline{AD}$ sind die Katheten.

$$\overline{AD}^2 = \overline{BD}^2 - \overline{AB}^2$$
$$\overline{AD}^2 = (6,25\text{ cm})^2 - (5\text{ cm})^2$$
$$\overline{AD}^2 = 39,0625\text{ cm}^2 - 25\text{ cm}^2$$
$$\overline{AD}^2 = 14,0625\text{ cm}^2 \quad |\sqrt{}$$
$$\overline{AD} = 3,75\text{ cm}$$

Berechne die Länge der Strecke $\overline{AD}$ mithilfe des Satzes des Pythagoras.

Länge der Quadratseite $\overline{AE}$:

$$\overline{AD}^2 = \overline{AB} \cdot \overline{AE}$$
$$(3,75\text{ cm})^2 = 5\text{ cm} \cdot \overline{AE}$$
$$14,0625\text{ cm}^2 = 5\text{ cm} \cdot \overline{AE} \quad |:5\text{ cm}$$
$$\overline{AE} = 2,8125\text{ cm}$$

Die Strecke $\overline{AD}$ ist die Höhe im rechtwinkligen Dreieck EBD. $\overline{AB}$ und $\overline{AE}$ sind die Hypotenusenabschnitte p und q.
Berechne die Länge der Strecke $\overline{AE}$ mithilfe des Höhensatzes.
$h^2 = p \cdot q$

Flächeninhalt des Quadrats AEFG:

$$A_{Quadrat} = (2,8125\text{ cm})^2$$
$$A_{Quadrat} = 7,910\ldots\text{ cm}^2$$
$$A_{Quadrat} \approx 7,91\text{ cm}^2$$

Berechne den Flächeninhalt des Quadrats.
$A = a^2$

Runde sinnvoll (hier: 2 Dezimalstellen).

---

5. a) Behälter (3) passt zum dargestellten Baumdiagramm.

Im passenden Behälter müssen insgesamt 13 Kugeln liegen (Nenner der Brüche). Davon müssen 2 Kugeln grau sein und 1 Kugel muss schwarz sein (Zähler der Brüche).
Im Behälter (1) liegen 14 Kugeln.
Im Behälter (2) befindet sich nur 1 graue Kugel.

b) Wahrscheinlichkeit für mindestens eine weiße Kugel:
s – schwarze Kugel; g – graue Kugel; w – weiße Kugel

$$p(s;\,w) = \frac{1}{13} \cdot \frac{10}{13} = \frac{10}{169}$$
$$p(g;\,w) = \frac{2}{13} \cdot \frac{10}{13} = \frac{20}{169}$$
$$p(w) = \frac{10}{13} = \frac{130}{169}$$

Das Baumdiagramm stellt einen zweistufigen Zufallsversuch zum Ziehen mit Zurücklegen dar.
Für das Ereignis „mindestens eine weiße Kugel“ gibt es 3 günstige Ergebnisse. Entweder wird im 1. Zug eine schwarze bzw. graue Kugel gezogen, dann muss im 2. Zug jeweils eine weiße Kugel gezogen werden. Oder es wird im 1. Zug eine weiße Kugel gezogen. Im 2. Zug ist die Farbe der Kugel dann egal.
Berechne die Teilwahrscheinlichkeiten. Wende dazu die 1. Pfadregel (Produktregel) an.

Hinweise und Tipps

$$p(\text{mindestens eine weiße Kugel}) = \frac{10}{169} + \frac{20}{169} + \frac{130}{169} = \frac{160}{169}$$

Berechne die Gesamtwahrscheinlichkeit mit der 2. Pfadregel (Additionsregel).

Wahrscheinlichkeit in Prozent:
$p\,\% = 160 : 169 \cdot 100\,\%$
$p\,\% = 94{,}674\ldots\,\%$
$p\,\% \approx 95\,\%$

Gib die Wahrscheinlichkeit auch in Prozent an.
Runde den Prozentsatz sinnvoll (hier: ganze Prozent).

c) Wahrscheinlichkeit für mindestens eine weiße Kugel beim Ziehen ohne Zurücklegen:

$$p(s;\, w) = \frac{1}{13} \cdot \frac{10}{12} = \frac{10}{156}$$

$$p(g;\, w) = \frac{2}{13} \cdot \frac{10}{12} = \frac{20}{156}$$

$$p(w) = \frac{10}{13} = \frac{120}{156}$$

Beim Ziehen ohne Zurücklegen verringert sich die Anzahl der Kugeln im Behälter nach der 1. Ziehung um 1.
Für das Ereignis „mindestens eine weiße Kugel" gibt es wieder 3 günstige Ergebnisse.
Berechne die Teilwahrscheinlichkeiten. Wende dazu die 1. Pfadregel (Produktregel) an.

$$p(\text{mindestens eine weiße Kugel}) = \frac{10}{156} + \frac{20}{156} + \frac{120}{156} = \frac{150}{156}$$

Berechne die Gesamtwahrscheinlichkeit mit der 2. Pfadregel (Additionsregel).

Wahrscheinlichkeit in Prozent:
$p\,\% = 150 : 156 \cdot 100\,\%$
$p\,\% = 96{,}153\ldots\,\%$
$p\,\% \approx 96\,\%$

Gib die Wahrscheinlichkeit auch in Prozent an.
Runde den Prozentsatz sinnvoll (hier: ganze Prozent).

---

6. a) ([redacted] $-3z)^2 = 0{,}25x^4y^2 -$ [redacted] + [redacted]

Das negative Rechenzeichen in der Klammer auf der linken Seite der Gleichung weist auf die 2. binomische Formel hin.
$(a-b)^2 = a^2 - 2ab + b^2$

$$\sqrt{0{,}25x^4y^2} = 0{,}5x^2y$$

$$(\mathbf{0{,}5x^2y} - 3z)^2 = 0{,}25x^4y^2 - \mathbf{3x^2yz} + \mathbf{9z^2}$$

Berechne das 1. Glied in der Klammer durch Wurzelziehen.
Setze $0{,}5x^2y$ in den Klammerterm auf der linken Seite ein und löse das Binom auf.

b) $(4\sqrt{z} +$ [redacted] $) \cdot (4\sqrt{z} -$ [redacted] $) =$ [redacted] $-25x^2$

Das Produkt aus den beiden Klammertermen auf der linken Seite weist auf die 3. binomische Formel hin.
$(a+b)\cdot(a-b) = a^2 - b^2$

$$\sqrt{25x^2} = \pm\, 5x$$

Berechne die fehlenden Glieder in den Klammern auf der linken Seite durch Wurzelziehen des bekannten Glieds auf der rechten Seite.

$$(4\sqrt{z} + \mathbf{5x}) \cdot (4\sqrt{z} - \mathbf{5x}) = \mathbf{16z} - 25x^2$$

Quadriere das 1. Glied in den Klammertermen auf der linken Seite und du erhältst das fehlende Glied in der Gleichung auf der rechten Seite.

---

7. Volumen der Kugel:
$17{,}5\text{ kg} = 17\,500\text{ g}$

$$V = \frac{17\,500\text{ g}}{7{,}8\,\frac{\text{g}}{\text{cm}^3}}$$

$V = 2\,243{,}589\ldots\text{ cm}^3$
$V \approx 2\,243{,}6\text{ cm}^3$

Du erhältst das Volumen der Kugel, wenn du die Masse durch die Dichte dividierst. Achte auf die Einheiten.

Runde sinnvoll (hier: 1 Dezimalstelle).

Radius der Kugel:

$2\,243{,}6\text{ cm}^3 = \frac{4}{3}\cdot r^3 \cdot 3{,}14 \quad |:4;\ \cdot 3;\ :3{,}14$

$535{,}891\ldots\text{ cm}^3 = r^3 \quad |\sqrt[3]{\ }$

$r = 8{,}122\ldots\text{ cm}$

$r \approx 8{,}1\text{ cm}$

Länge der Strecke y:

$y^2 = r^2 - s^2$

$y^2 = (8{,}1\text{ cm})^2 - (5\text{ cm})^2$

$y^2 = 65{,}61\text{ cm}^2 - 25\text{ cm}^2$

$y^2 = 40{,}61\text{ cm}^2 \quad |\sqrt{\ }$

$y = 6{,}372\ldots\text{ cm}$

$y \approx 6{,}4\text{ cm}$

Tiefe des Abdrucks x:

$x = r - y$

$x = 8{,}1\text{ cm} - 6{,}4\text{ cm}$

$x = 1{,}7\text{ cm}$

Die Tiefe des Abdrucks beträgt 1,7 cm.

Hinweise und Tipps

Setze die bekannten Werte in die Formel für das Volumen einer Kugel ein und löse nach r auf.

$V = \frac{4}{3}\cdot r^3 \cdot \pi$

Rechne mit $\pi = 3{,}14$.

Runde das Ergebnis sinnvoll (hier: 1 Dezimalstelle).

Die Strecken y und x haben zusammen die gleiche Länge wie der Radius.

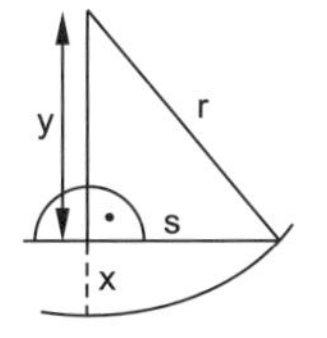

Im rechtwinkligen Dreieck ist r die Hypotenuse, s und y sind die Katheten. Berechne die Länge von y mithilfe des Satzes von Pythagoras. Runde das Ergebnis sinnvoll.

Berechne die Tiefe des Abdrucks x.

---

8. a) richtige Gleichungen für den Sachverhalt:

$n = 17$

$W_0 = 3\,000\text{ €}$

$W_{17} = 3\,000\text{ €}\cdot 4 = 12\,000\text{ €}$

gesucht: q

$12\,000\text{ €} = 3\,000\text{ €}\cdot q^{17}$

$12\,000\text{ €} = q^{17}\cdot 3\,000\text{ €}$ **richtig**

$12\,000\text{ €} = 3\,000\text{ €}\cdot q^{17} \quad |:3\,000\text{ €}$

$4 = q^{17} \quad |\sqrt[17]{\ }$

$q = \sqrt[17]{4}$ **richtig**

b) Anzahl der Jahre:

$W_0 = 3\,000\text{ €}$

$W_n = 3\,000\text{ €}\cdot 4 = 12\,000\text{ €}$

$p\% = 2{,}51\,\% = 0{,}0251$

$q = 1 + 0{,}0251 = 1{,}0251$

$12\,000\text{ €} = 3\,000\text{ €}\cdot 1{,}0251^n \quad |:3\,000\text{ €}$

$4 = 1{,}0251^n$

$n = \log_{1{,}0251} 4$

$n = \frac{\lg 4}{\lg 1{,}0251}$

$n = 55{,}92\ldots$

$n \approx 56$

Das Kapital hätte sich nach 56 Jahren vervierfacht.

In der Aufgabe fehlt eine konkrete Rechenfrage. Es handelt sich aber offenbar um eine Aufgabe zum exponentiellen Wachstum.

Wachstumsformel: $W_n = W_0 \cdot q^n$

Schreibe die gegebenen Werte auf und setze sie in die Wachstumsformel ein. Forme so lange um, bis du die angegebenen Gleichungen erkennen kannst.

Vertausche die Glieder auf der rechten Seite der Gleichung.

Löse nach q auf.

Die anderen beiden Darstellungen müssen falsch sein, da die Terme nicht in diese Darstellung umgeformt werden können.

Setze die gegebenen Werte in die Wachstumsformel ein und löse nach n auf.

Es handelt sich um positives Wachstum.

$q = 1 + \frac{p}{100}$

Berechne n mithilfe des Logarithmus.

Runde auf ganze Jahre.

c) benötigter Anlagebetrag:
$n = 17$
$W_{17} = 12\,000$ €
$p\% = 2{,}51\,\% = 0{,}0251$
$q = 1 + 0{,}0251 = 1{,}0251$
$12\,000\text{ €} = W_0 \cdot 1{,}0251^{17} \quad | :1{,}0251^{17}$
$W_0 = 7\,873{,}272\ldots$ €
$W_0 \approx 7\,873$ €
Frau Geiz müsste 7 873 € anlegen.

Hinweise und Tipps

Setze die gegebenen Werte in die Wachstumsformel ein und berechne W_0.

Runde sinnvoll (hier: ganzer Eurobetrag).

---

9. Aussage (1) ist **falsch**.
Ein Streckungsfaktor $k > 1$ bedeutet, dass die Strecken der Bildfigur vergrößert werden. Richtig wäre: Die Strecken des Bildvierecks A'B'C'D' sind dreimal so lang wie die Strecken des Originalvierecks ABCD.

Aussage (2) ist **wahr**.
Flächen werden mit dem Streckungsfaktor k^2 gestreckt.
$k = 3 \;\Rightarrow\; k^2 = 3^2 = 9$

Aussage (3) ist **falsch**.
Bei einer zentrischen Streckung sind die Winkelgrößen in der Originalfigur und der Bildfigur gleich groß.

Bei einer zentrischen Streckung entstehen ähnliche Figuren. In ähnlichen Figuren bleiben Winkelgrößen unverändert.

10.
$$\frac{(3x^2 + 4x^2) \cdot x^3 \cdot y^5 \cdot \not{2} \cdot z^{-4}}{x^4 \cdot y^5 \cdot y^{-3} \cdot \not{2} \cdot z^2 \cdot z^{-6}} =$$

$$\frac{7 \cdot x^2 \cdot x^3 \cdot y^5 \cdot z^{-4}}{x^4 \cdot y^5 \cdot y^{-3} \cdot z^2 \cdot z^{-6}} =$$

$$\frac{7 \cdot x^{2+3} \cdot y^5 \cdot z^{-4}}{x^4 \cdot y^{5-3} \cdot z^{2-6}} =$$

$$\frac{7 \cdot x^5 \cdot y^5 \cdot \cancel{z^{-4}}}{x^4 \cdot y^2 \cdot \cancel{z^{-4}}} =$$

$$7 \cdot x^{5-4} \cdot y^{5-2} = 7xy^3$$

oder:

$$\frac{(3x^2 + 4x^2) \cdot x^3 \cdot y^5 \cdot \not{2} \cdot z^{-4}}{x^4 \cdot y^5 \cdot y^{-3} \cdot \not{2} \cdot z^2 \cdot z^{-6}} =$$

$$\frac{7 \cdot x^2 \cdot x^3 \cdot y^5 \cdot z^{-4}}{x^4 \cdot y^5 \cdot y^{-3} \cdot z^2 \cdot z^{-6}} =$$

$$7 \cdot x^2 \cdot x^3 \cdot y^5 \cdot z^{-4} \cdot x^{-4} \cdot y^{-5} \cdot y^3 \cdot z^{-2} \cdot z^6 =$$
$$7 \cdot x^{2+3-4} \cdot y^{5-5+3} \cdot z^{-4-2+6} =$$
$$7 \cdot x^1 \cdot y^3 \cdot z^0 = 7xy^3$$

Kürze die 2 im Zähler und im Nenner.

Wende die Potenzgesetze an:
Potenzen mit gleicher Basis und gleichem Exponenten können zusammengefasst werden. Fasse die Glieder im Klammerterm zusammen.

Potenzen mit gleicher Basis werden multipliziert, indem man die Exponenten addiert.

Kürze.

Potenzen mit der gleichen Basis werden dividiert, indem die Exponenten subtrahiert werden.

Fasse die Glieder im Klammerterm zusammen.

Kürze die 2 im Zähler und im Nenner.

Brüche können als Potenz mit negativen Exponenten dargestellt werden. Schreibe die Potenzen im Nenner in den Zähler. Dabei ändert sich das Vorzeichen der Exponenten.

Potenzen mit gleicher Basis werden multipliziert, indem man die Exponenten addiert.

$n^0 = 1$

M10-Prüfung an Mittelschulen in Bayern 2017
Mathematik – Aufgabengruppe II

Aufgaben Punkte

1. Gegeben ist die Gerade g_1 mit der Funktionsgleichung g_1: $y = \frac{1}{3}x + 2$.

a) Berechnen Sie die Koordinaten des Schnittpunkts N von g_1 mit der x-Achse und geben Sie N an.

b) Die Gerade g_2 schneidet die y-Achse im Punkt $P(0|7)$ und steht senkrecht auf der Geraden g_1.
Ermitteln Sie die Funktionsgleichung von g_2 rechnerisch.

c) Die Gerade g_3 verläuft durch die Punkte $Q(-3|-2)$ und $R(6|1)$.
Bestimmen Sie die Funktionsgleichung von g_3 rechnerisch.

d) Zeichnen Sie die Geraden g_1 und g_2 in ein Koordinatensystem mit der Längeneinheit 1 cm.
Hinweis zum Platzbedarf: x-Achse von –7 bis 4, y-Achse von –1 bis 9

e) Die Gerade g_4 wird durch die Gleichung $-2x = -y + 7$ bestimmt. Sie schneidet die Gerade g_1 im Punkt S.
Ermitteln Sie rechnerisch die Koordinaten von S.

f) Berechnen Sie die Größe des spitzen Winkels α, den die Gerade g_1 mit der x-Achse einschließt.

g) Die Gerade g_5 durch den Punkt $T(15|-25)$ verläuft parallel zur x-Achse.
Geben Sie die Funktionsgleichung von g_5 an. 8

2. In einem rechtwinkligen Dreieck ADC (siehe Skizze) hat die Strecke [CD] eine Länge von 5 cm, die Strecke [AD] eine Länge von 3 cm.
Die Größe des Winkels γ_1 beträgt 25°.

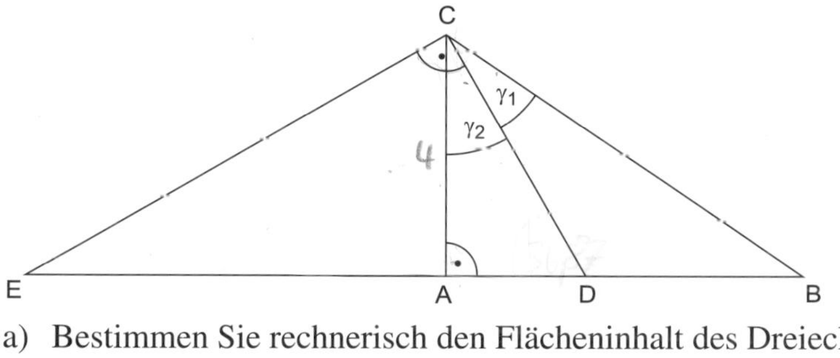

Hinweis: Skizze nicht maßstabsgetreu

a) Bestimmen Sie rechnerisch den Flächeninhalt des Dreiecks EDC.

b) Berechnen Sie die Länge der Strecke [BD]. 5

3. Bei einer Schilddrüsenerkrankung verwendet man für Untersuchungen ein Kontrastmittel mit Iod-123. Dabei werden den Patienten pro Kilogramm Körpergewicht 0,5 g Iod-123 verabreicht.
Iod-123 hat eine Halbwertszeit von 13 Stunden.

a) Bei einer solchen Untersuchung erhält eine 60 kg schwere Patientin die entsprechende Menge an Iod-123.
Berechnen Sie ausgehend davon die Menge an Iod-123, die nach 65 Stunden noch nicht zerfallen ist.

b) Ermitteln Sie rechnerisch die Zeitspanne, nach der noch ein Zehntel der verabreichten Menge Iod-123 vorhanden ist.

c) Berechnen Sie den stündlichen Abbau von Iod-123 in Prozent. 5

4. Beim „Zorbing“ rollt eine Person im Inneren einer doppelwandigen, meist durchsichtigen Kugel einen Abhang hinunter (siehe Bild).
Vereinfacht betrachtet handelt es sich bei einer Zorbing-Kugel um eine äußere und innere Kugel mit gleichem Mittelpunkt (siehe Skizze). Der Einstiegstunnel wird bei den folgenden Aufgaben vernachlässigt.

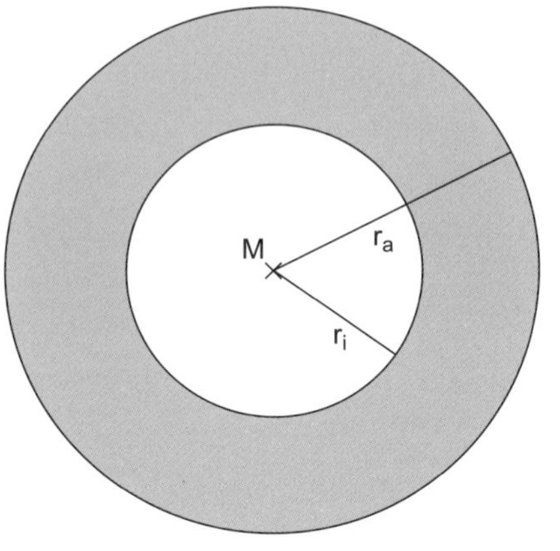

Der Radius r_a der äußeren Kugel ist um 70 cm größer als der Radius r_i der inneren Kugel. Die äußere Kugel hat einen Durchmesser von 3,20 m.

a) Berechnen Sie das Volumen des Hohlraums zwischen der äußeren und der inneren Kugel in Liter.

b) Nach jeder Benutzung muss die Kugel außen gereinigt werden.
Berechnen Sie die zu reinigende Fläche. 4

5. a) Eine nach oben geöffnete Normalparabel p_1 verläuft durch die Punkte $A(-2|3)$ und $B(1|6)$.
Berechnen Sie die Funktionsgleichung von p_1 in der Normalform.

b) Eine weitere Normalparabel hat die Funktionsgleichung p_2: $y=-x^2+2x+3$.
Berechnen Sie die Scheitelpunktform von p_2 und geben Sie den Scheitelpunkt S an.

c) Die Parabel p_2 schneidet die x-Achse in den Punkten N_1 und N_2.
Berechnen Sie die x-Koordinaten dieser Punkte.

d) Die Parabel p_3: $y=x^2-1$ schneidet die Parabel p_2 in den Punkten C und D.
Ermitteln Sie rechnerisch die Koordinaten dieser Schnittpunkte und geben Sie C und D an.

e) Zeichnen Sie die Parabeln p_2 und p_3 in ein Koordinatensystem mit der Längeneinheit 1 cm.
Hinweis zum Platzbedarf: x-Achse von –3 bis 4, y-Achse von –3 bis 5

f) Die Parabeln p_4 und p_5 sind durch folgende Funktionsgleichungen bestimmt:
p_4: $y=x^2+1$ $\qquad$ p_5: $y=-x^2-1$
Wählen Sie eine der Parabeln p_4 oder p_5 aus und geben Sie die Anzahl ihrer Schnittpunkte mit der Parabel p_3 an.
Begründen Sie Ihre Antwort entweder anhand einer Skizze, mit eigenen Worten oder durch Rechnung. 8

6. Jede der folgenden vier Aussagen ist für $a > 1$ korrekt. Weisen Sie dies jeweils durch mathematische Umformungen nach.

a) $3\sqrt{9a^4} = 9a^2$

b) $\sqrt[3]{729a^8} \neq 9a^2$

c) $\dfrac{27a^{-2}}{3a^{-4}} = 9a^2$

d) $\dfrac{1}{6^{-1}} + 3a^2 \neq 9a^2$ 2

7. Geben Sie die Definitionsmenge der folgenden Gleichung an und ermitteln Sie die Lösungsmenge rechnerisch.

$\dfrac{10}{x+3} + \dfrac{9(x-4)}{x+1} = \dfrac{5x}{x+3} - 6$ 4

8. Notieren Sie auf Ihrem Lösungsblatt, ob die jeweilige Behauptung richtig (r) oder falsch (f) ist.

a) Der Sinus eines Winkels kann nie größer als 1 sein.

b) V_{Kugel} (mit Durchmesser $d = 10$ cm) $< V_{Würfel}$ (mit Kantenlänge $a = 10$ cm).

c) Eine Gerade hat mit einer Parabel immer zwei Schnittpunkte.

d) Die Wahrscheinlichkeit, dass Sie die korrekten Lösungen für die Teilaufgaben a, b und c erraten, beträgt 8^{-1}. 2

9. a) Schreiben Sie die folgenden Aussagen auf Ihr Lösungsblatt und ersetzen Sie jeweils den Platzhalter ■ so, dass die Beziehungen richtig wiedergegeben werden.
Es gilt: $a \| b \| c$

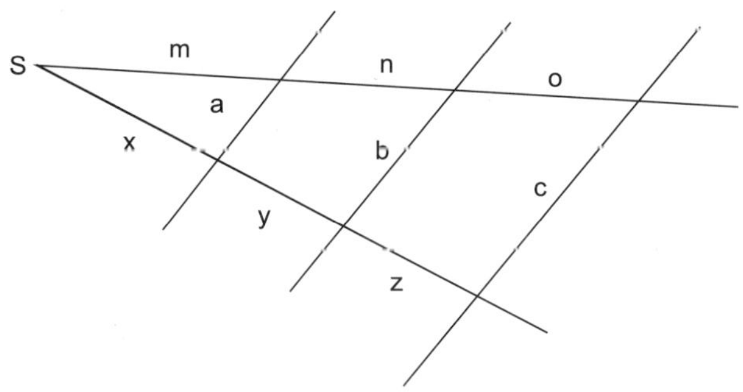

Hinweis: Skizze nicht maßstabsgetreu

I) $\dfrac{c}{a} = \dfrac{■}{x}$

II) ■ $\cdot\, a = b \cdot m$

b) Die Länge der Strecke a beträgt 3,5 m. Sie wird durch eine zentrische Streckung mit dem Zentrum S auf die Strecke c mit der Länge 875 cm abgebildet.
Berechnen Sie den Streckungsfaktor k. 3

10. Bei einem Skirennen starten zwölf Läufer: Vier Deutsche, fünf Österreicher und drei Schweizer.
Die Startreihenfolge wird ausgelost, indem die Namen der Läufer nacheinander und zufällig aus einer Lostrommel gezogen werden.

a) Erstellen Sie für die Vergabe der ersten zwei Startplätze ein Baumdiagramm, das nur die Nationalitäten der Läufer berücksichtigt.
Beschriften Sie die Äste mit der jeweiligen Wahrscheinlichkeit.

b) Ermitteln Sie rechnerisch die Wahrscheinlichkeit, dass sich unter den ersten beiden Startern keiner aus der Schweiz befindet.

c) Die Österreicher planen für ihr Training ein eigenes Rennen.
Berechnen Sie die Anzahl aller Möglichkeiten, in welcher Reihenfolge sich die fünf Läufer dabei platzieren können. Gehen Sie davon aus, dass alle Skifahrer mit unterschiedlichen Zeiten ins Ziel kommen. 4

Lösungen

Aufgabengruppe II

1. a) Koordinaten des Schnittpunkts N:

g_1: $y = \frac{1}{3}x + 2$

$$\frac{1}{3}x + 2 = 0 \quad |-2$$
$$\frac{1}{3}x = -2 \quad |\cdot 3$$
$$x = -6$$

N(−6 | 0)

Hinweise und Tipps

Um den Schnittpunkt der Geraden g_1 mit der x-Achse zu erhalten, berechne die Nullstelle der linearen Funktion. Die Nullstelle einer linearen Funktion hat den Funktionswert $y = 0$.

Gib die Koordinaten von N an.

b) Funktionsgleichung der Geraden g_2 durch den Punkt P(0 | 7):

$$m_1 = \frac{1}{3}$$

$$m_1 \cdot m_2 = -1$$
$$\frac{1}{3} \cdot m_2 = -1 \quad |\cdot 3$$
$$m_2 = -3$$

$$t_2 = 7$$

g_2: $y = -3x + 7$

Die Gerade g_2 steht senkrecht auf g_1. Berechne zuerst die Steigung der Geraden g_2 mit der Formel für senkrechte Geraden.

Der Punkt P liegt auf der y-Achse. Die y-Koordinate des Schnittpunkts P ist also der y-Achsenabschnitt t_2.

Gib die vollständige Funktionsgleichung von g_2 an.

c) Funktionsgleichung der Geraden g_3 durch die Punkte Q und R:

Q(−3 | −2); R(6 | 1)

$$m_3 = \frac{-2-1}{-3-6} = \frac{-3}{-9} = \frac{1}{3}$$

$m_1 = \frac{1}{3}$ und R(6 | 1) in g_3: $y = m_3 \cdot x + t_3$

$$1 = \frac{1}{3} \cdot 6 + t_3$$
$$1 = 2 + t_3 \quad |-2$$
$$-1 = t_3$$

g_3: $y = \frac{1}{3}x - 1$

Steigungsformel: $m = \frac{y_2 - y_1}{x_2 - x_1}$

Setze die Koordinaten der Punkte Q und R in die Steigungsformel ein und berechne die Steigung m_3.

Achte auf die Vorzeichen.

Setze den Wert der Steigung m_3 und die Koordinaten eines Punkts (hier: R) in die Normalform einer linearen Funktion ein und berechne t_3.

Gib die vollständige Funktionsgleichung der Geraden g_3 an.

Hinweise und Tipps

d) Grafische Darstellung:

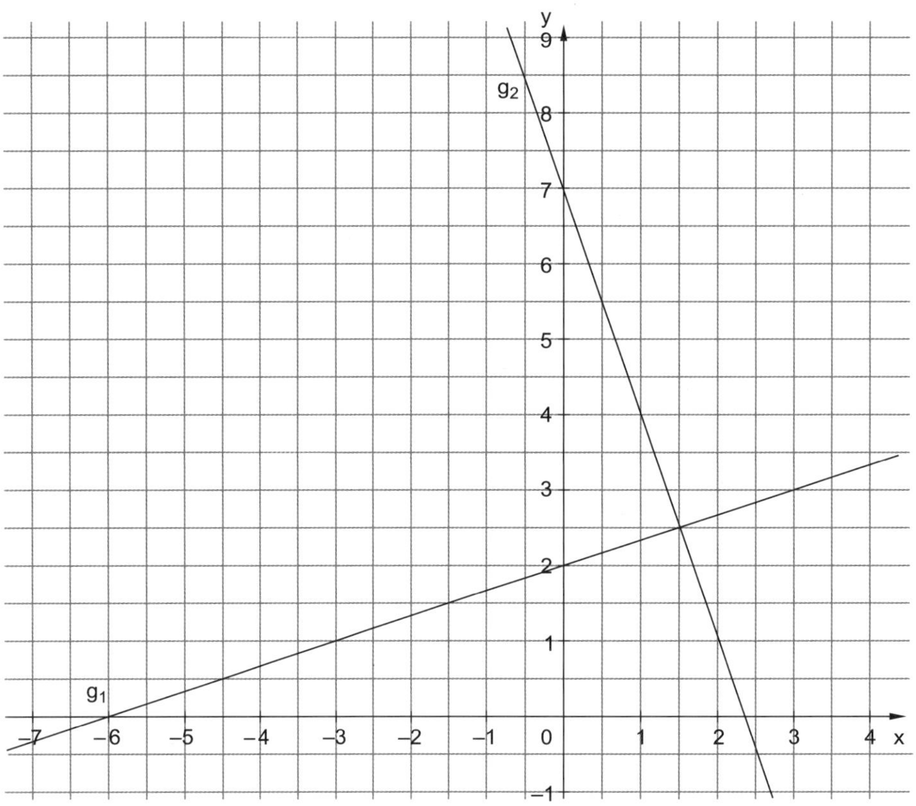

Lege ein Koordinatensystem mit der Einheit 1 cm an. Die Größe ist in der Angabe vorgegeben.
x-Achse: –7 bis +4
y-Achse: –1 bis +9
Beschrifte das Koordinatensystem vollständig.
Zeichne g_1 und g_2 mithilfe des y-Achsenabschnitts und des Steigungsdreiecks.

e) Koordinaten des Schnittpunkts S der beiden Geraden g_1 und g_4:

g_4: $-2x = -y + 7 \quad | +y; +2x$

$y = 2x + 7$

g_1: $y = \frac{1}{3}x + 2$

$2x + 7 = \frac{1}{3}x + 2 \quad | -7; -\frac{1}{3}x$

$\frac{5}{3}x = -5 \quad | \cdot \frac{3}{5}$

$x = -3$

in g_4 $\quad y = 2 \cdot (-3) + 7$

$y = -6 + 7$

$y = 1$

$S(-3 \mid 1)$

Forme die Gleichung für die Gerade g_4 in die Normalform einer linearen Funktion um.

Setze die Funktionsgleichungen von g_1 und g_4 gleich und löse die Gleichung nach x auf.

Setze $x = -3$ in g_1 oder g_4 (hier: g_4) ein und berechne y.

Gib die Koordinaten des Schnittpunkts S an.

f) Größe des Winkels α:

Länge der Gegenkathete: 2 cm

Länge der Ankathete: 6 cm

$\tan\alpha = \frac{2}{6} = \frac{1}{3}$

$\alpha = 18{,}434\ldots°$

$\alpha \approx 18°$

Die Schnittpunkte der Geraden g_1 mit der x- bzw. y-Achse und der Koordinatenursprung sind die Eckpunkte eines rechtwinkligen Dreiecks.
Berechne die Größe des Winkels α mit dem Tangens.

$\tan\alpha = \frac{\text{Gegenkathete}}{\text{Ankathete}}$

Lies die Länge der Katheten aus dem Koordinatensystem ab.
Runde die Größe des Winkels sinnvoll (hier: ganze Grad).

oder:

$\tan\alpha = \frac{1}{3}$

$\alpha = 18{,}434\ldots°$

$\alpha \approx 18°$

g) Funktionsgleichung der Geraden g_5:

$m_5 = 0$

$m_5 = 0$ und $T(15|-25)$ in g_5: $y = m_5x + t_5$

$-25 = 0 \cdot 15 + t_5$

$-25 = t_5$

g_5: $y = -25$

2. a) Länge der Strecke $\overline{AC}$ (Höhe im Dreieck EDC):

$\overline{AC}^2 = \overline{CD}^2 - \overline{AD}^2$

$\overline{AC}^2 = (5\text{ cm})^2 - (3\text{ cm})^2$

$\overline{AC}^2 = 25\text{ cm}^2 - 9\text{ cm}^2$

$\overline{AC}^2 = 16\text{ cm}^2 \quad |\sqrt{}$

$AC = 4\text{ cm}$

Länge der Strecke $\overline{DE}$ (Grundseite im Dreieck EDC):

$\overline{CD}^2 = \overline{DE} \cdot \overline{AD}$

$(5\text{ cm})^2 = \overline{DE} \cdot 3\text{ cm}$

$25\text{ cm}^2 = \overline{DE} \cdot 3\text{ cm} \quad |:3\text{ cm}$

$\overline{DE} = 8{,}333\ldots\text{ cm}$

$\overline{DE} \approx 8{,}3\text{ cm}$

oder:

Länge der Strecke $\overline{AE}$:

$\overline{AC}^2 = \overline{AE} \cdot \overline{AD}$

$(4\text{ cm})^2 = \overline{AE} \cdot 3\text{ cm}$

$16\text{ cm}^2 = \overline{AE} \cdot 3\text{ cm} \quad |:3\text{ cm}$

$\overline{AE} = 5{,}333\ldots\text{ cm}$

$\overline{AE} \approx 5{,}3\text{ cm}$

Länge der Strecke $\overline{DE}$ (Grundseite im Dreieck EDC):

$\overline{DE} = \overline{AE} + \overline{AD}$

$\overline{DE} = 5{,}3\text{ cm} + 3\text{ cm}$

$\overline{DE} = 8{,}3\text{ cm}$

Flächeninhalt des Dreiecks EDC:

$A_{EDC} = \frac{\overline{DE} \cdot \overline{AC}}{2}$

$A_{EDC} = \frac{8{,}3\text{ cm} \cdot 4\text{ cm}}{2}$

$A_{EDC} = 16{,}6\text{ cm}^2$

Hinweise und Tipps

Der Tanges des Winkels, den die Gerade mit der x-Achse bildet, ergibt die Steigung.

Eine parallele Gerade zur x-Achse hat keine Steigung.
Setze den Wert der Steigung m_5 und die Koordinaten des Punkts T in die Normalform einer linearen Funktion ein und berechne t_5.

Gib die vollständige Funktionsgleichung der Geraden g_5 an.

$A_{Dreieck} = \frac{\text{Grundseite} \cdot \text{Höhe}}{2}$

Im rechtwinkligen Dreieck EDC ist die Strecke $\overline{DE}$ die Grundseite, $\overline{AC}$ die Höhe.

Im rechtwinkligen Dreieck ADC sind die Strecken $\overline{AC}$ und $\overline{AD}$ die Katheten, die Strecke $\overline{CD}$ ist die Hypotenuse.
Berechne die Länge von $\overline{AC}$ mithilfe des Satzes von Pythagoras.

Im rechtwinkligen Dreieck EDC sind die Kathete $\overline{CD}$ und der anliegende Hypotenusenabschnitt $\overline{AD}$ gegeben. $\overline{DE}$ ist die Hypotenuse.
Berechne mithilfe des Kathetensatzes die Länge der Hypotenuse $\overline{DE}$.

Runde sinnvoll (hier: 1 Dezimalstelle).

Im rechtwinkligen Dreieck EDC sind $\overline{AE}$ und $\overline{AD}$ die Hypotenusenabschnitte, $\overline{AC}$ ist die Höhe.
Berechne die Länge der Strecke $\overline{AE}$ mithilfe des Höhensatzes.

Runde sinnvoll (hier: 1 Dezimalstelle).

Addiere die beiden Hypotenusenabschnitte, dann erhältst du die Länge der Grundseite.

b) Größe des Winkels γ_2:

$\sin\gamma_2 = \frac{\overline{AD}}{\overline{CD}}$

$\sin\gamma_2 = \frac{3\text{ cm}}{5\text{ cm}}$

$\sin\gamma_2 = 36{,}86\ldots°$

$\gamma_2 \approx 37°$

Größe des Winkels γ:

$\gamma = \gamma_1 + \gamma_2$

$\gamma = 25° + 37°$

$\gamma = 62°$

Länge der Seite $\overline{AB}$:

$\tan\gamma = \frac{\overline{AB}}{\overline{AC}}$

$\tan 62° = \frac{\overline{AB}}{4\text{ cm}} \quad |\cdot 4\text{ cm}$

$4\text{ cm}\cdot\tan 62° = \overline{AB}$

$\overline{AB} = 7{,}522\ldots\text{ cm}$

$\overline{AB} \approx 7{,}5\text{ cm}$

Länge der Strecke $\overline{BD}$:

$\overline{BD} = \overline{AB} - \overline{AD}$

$\overline{BD} = 7{,}5\text{ cm} - 3\text{ cm}$

$\overline{BD} = 4{,}5\text{ cm}$

Hinweise und Tipps

Im rechtwinkligen Dreieck ADC ist die Seite $\overline{CD}$ die Hypotenuse und die Seite $\overline{AD}$ die Gegenkathete zum Winkel γ_2.

Berechne mithilfe des Sinus die Größe des Winkels γ_2.

$\sin\gamma_2 = \frac{\text{Gegenkathete}}{\text{Hypotenuse}}$

Runde sinnvoll (hier: ganze Grad).

Bezeichne den Winkel $\measuredangle ACB$ mit γ. Berechne die Größe des Winkels γ.

Im rechtwinkligen Dreieck ABC ist die Seite $\overline{AB}$ die Gegenkathete und die Seite $\overline{AC}$ die Ankathete zum Winkel γ.

Berechne die Länge der Seite $\overline{AB}$ mithilfe des Tangens.

$\tan\gamma = \frac{\text{Gegenkathete}}{\text{Ankathete}}$

Runde sinnvoll (hier: 1 Dezimalstelle).

Subtrahiere von der Strecke $\overline{AB}$ die Strecke $\overline{AD}$ und du erhältst die Länge der Strecke $\overline{BD}$.

---

3. a) Verabreichte Menge Iod-123 für eine 60 kg schwere Patientin:

$60\text{ kg}\cdot 0{,}5\,\frac{\text{g}}{\text{kg}} = 30\text{ g}$

Restmenge N_t nach 65 Stunden in Gramm:

Anfangsmenge: $N_0 = 30\text{ g}$
Zerfallsdauer: $t = 65\text{ h}$
Halbwertszeit: $T = 13\text{ h}$

$N_{65} = 30\text{ g}\cdot 0{,}5^{\frac{65}{13}}$

$N_{65} = 0{,}9375\text{ g} = 937{,}5\text{ mg}$

Nach 65 Stunden sind noch 937,5 mg Iod-123 nicht zerfallen.

b) Übrige Menge an Iod:

$30\text{ g} : 10 = 3\text{ g}$

Berechnung der Zeitspanne:

Anfangsmenge: $N_0 = 30\text{ g}$
Restmenge: $N_t = 3\text{ g}$
Halbwertszeit: $T = 13\text{ h}$

Berechne, welche Menge Iod-123 der Patientin verabreicht wurde. Beachte die Einheiten.

Setze die gegebenen Werte in die Formel für den radioaktiven Zerfall ein und berechne die nicht zerfallene Menge (Restmenge) N_t.

$N_t = N_0\cdot 0{,}5^{\frac{t}{T}}$

Bei radioaktiven Stoffen ist es sinnvoll, Mengen auf Milligramm genau anzugeben. Wandle die Restmenge daher in mg um. Die Umrechnungszahl ist 1 000.

Berechne ein Zehntel der verabreichten Menge.

$$3 = 30 \cdot 0{,}5^{\frac{t}{13}} \quad |:30$$
$$0{,}1 = 0{,}5^{\frac{t}{13}}$$
$$\frac{t}{13} = \log_{0{,}5} 0{,}1$$
$$\frac{t}{13} = \frac{\lg 0{,}1}{\lg 0{,}5}$$
$$\frac{t}{13} = 3{,}3219\ldots \quad |\cdot 13$$
$$t = 43{,}1850\ldots$$
$$t \approx 43$$

Nach 43 Stunden ist noch ein Zehntel der verabreichten Menge Iod-123 vorhanden.

c) stündlicher Abbau von Iod-123 in Prozent:
Anfangsmenge: $W_0 = 1$ g
Restmenge: $W_n = 0{,}5$ g
Zerfallsdauer: $n = 13$ h

$$0{,}5 = 1 \cdot q^{13}$$
$$0{,}5 = q^{13} \quad |\sqrt[13]{}$$
$$q = 0{,}948077\ldots$$
$$0{,}948077\ldots = 1 - \frac{p}{100} \quad |-1$$
$$-0{,}051292\ldots = -\frac{p}{100} \quad |\cdot(-100)$$
$$p\,\% = 5{,}192248\ldots\,\%$$
$$p\,\% \approx 5{,}2\,\%$$

Der stündliche Abbau von Iod-123 beträgt 5,2 %.

4. a) Volumen der äußeren Kugel V_a:

$$d_a = 3{,}20 \text{ m}$$
$$r_a = 3{,}20 \text{ m} : 2 = 1{,}60 \text{ m}$$
$$V_a = \frac{4}{3} \cdot (1{,}60 \text{ m})^3 \cdot 3{,}14$$
$$V_a = 17{,}148\ldots \text{ m}^3$$
$$V_a \approx 17{,}15 \text{ m}^3$$

Volumen der inneren Kugel V_i:

$$r_i = r_a - 0{,}70 \text{ m}$$
$$r_i = 1{,}60 \text{ m} - 0{,}70 \text{ m}$$
$$r_i = 0{,}90 \text{ m}$$
$$V_i = \frac{4}{3} \cdot (0{,}90 \text{ m})^3 \cdot 3{,}14$$
$$V_i = 3{,}05208 \text{ m}^3$$
$$V_i \approx 3{,}05 \text{ m}^3$$

Hinweise und Tipps

Setze die gegebenen Werte in die Formel für den radioaktiven Zerfall ein und löse nach der Zerfallsdauer auf.

Berechne t mithilfe des Logarithmus.

Runde die Zerfallsdauer sinnvoll (hier: auf ganze Stunden).

Um den durchschnittlichen stündlichen Abbau zu berechnen, musst du die Formel für exponentielles Wachstum verwenden.

Nach 13 Stunden ist die Hälfte einer radioaktiven Menge zerfallen. Wähle für den Anfangswert daher 1 und für den Endwert 0,5.

$W_n = W_0 \cdot q^n$

Berechne p %.
Es handelt sich um negatives Wachstum.

$q = 1 - \frac{p}{100}$

Runde den Prozentsatz sinnvoll (hier: 1 Dezimalstelle).

Du erhältst das Volumen des Hohlraums zwischen der äußeren und der inneren Kugel, wenn du vom Volumen der äußeren Kugel das Volumen der inneren Kugel subtrahierst. Rechne zunächst mit der Einheit m.

$V_{Kugel} = \frac{4}{3} \cdot r^3 \cdot \pi$

Hier wird mit $\pi = 3{,}14$ gerechnet.

Runde sinnvoll (hier: 2 Dezimalstellen).

Berechne das Volumen der inneren Kugel.
70 cm = 0,7 m

Runde sinnvoll (hier: 2 Dezimalstellen).

Hinweise und Tipps

Volumen des Hohlraums V_H in m^3:

$V_H = 17{,}15\ m^3 - 3{,}05\ m^3$

$V_H = 14{,}1\ m^3$

$14{,}1\ m^3 = 14\,100\ dm^3 = 14\,100\ \ell$

Der Hohlraum zwischen der äußeren und der inneren Kugel beträgt 14 100 Liter.

Tipp: 1 Liter = 1 dm^3. Wandle das Volumen in dm^3 um. Die Umwandlungszahl für Rauminhalte beträgt 1 000.

b) Oberfläche der äußeren Kugel:

$r_a = 1{,}60\ m$

$O_a = 4 \cdot (1{,}60\ m)^2 \cdot 3{,}14$

$O_a = 32{,}1536\ m^2$

$O_a \approx 32{,}15\ m^2$

Die zu reinigende Fläche beträgt 32,15 m^2.

Tipp: $O_{Kugel} = 4 \cdot r^2 \cdot \pi$. Rechne mit $\pi = 3{,}14$. Runde sinnvoll (hier: 2 Dezimalstellen).

---

5. a) Funktionsgleichung der Parabel p_1 in der Normalform:

$A(-2\,|\,3)$; $B(1\,|\,6)$

p_1 nach oben geöffnet: $y = x^2 + px + q$

I $\quad 3 = (-2)^2 - 2p + q$

II $\quad 6 = 1^2 + 1p + q$

I $\quad 3 = 4 - 2p + q \qquad |-4; +2p$

II $\quad 6 = 1 + p + q \qquad |-1; -p$

I $\quad -1 + 2p = q$

II $\quad 5 - p = q$

I = II $\quad -1 + 2p = 5 - p \qquad |+1; +p$

$3p = 6 \qquad |:3$

$p = 2$

in II $\quad q = 5 - 2$

$q = 3$

p_1: $y = x^2 + 2x + 3$

Tipp: Setze die Punkte A und B jeweils in die Normalform für eine nach oben geöffnete Parabel ein. Achte auf die Vorzeichen. Löse das Gleichungssystem (hier: mit dem Gleichsetzungsverfahren). Löse beide Gleichungen nach q auf. Setze die beiden erhaltenen Terme für q gleich und berechne p. Setze $p = 2$ in eine umgeformte Gleichung (hier: Gleichung II) ein und berechne q. Gib die Funktionsgleichung von p_1 in der Normalform an.

b) Scheitelpunkt S_2 von p_2:

$y = -x^2 + 2x + 3 \qquad |\cdot(-1)$

$-y = x^2 - 2x - 3$

$-y = (x^2 - 2 \cdot 1x + 1^2) - 3 - 1^2$

$-y = (x - 1)^2 - 4 \qquad |\cdot(-1)$

$y = -(x - 1)^2 + 4$

$S_2(1\,|\,4)$

Tipp: Wandle die Funktionsgleichung durch quadratische Ergänzung in die Scheitelpunktform um. Ändere zuerst die Vorzeichen. Bilde das Binom. Ändere die Vorzeichen. Lies die Koordinaten des Scheitelpunkts S_2 aus der Scheitelpunktform ab.

c) x-Koordinaten der Schnittpunkte N_1 und N_2 von p_2 mit der x-Achse:

p_2: $y = -x^2 + 2x + 3$

$-x^2 + 2x + 3 = 0 \qquad |\cdot(-1)$

$x^2 - 2x - 3 = 0$

Tipp: Die Schnittpunkte einer Normalparabel mit der x-Achse sind die Nullstellen der quadratischen Funktion. Setze den Funktionswert $y = 0$ und berechne die Nullstellen x_1 und x_2 mithilfe der Lösungsformel für quadratische Gleichungen.

$$x_{1/2} = -\frac{p}{2} \pm \sqrt{\left(\frac{p}{2}\right)^2 - q}$$

Hier ist $p = -2$ und $q = -3$.

$x_{1/2} = 1 \pm \sqrt{(-1)^2 + 3}$
$x_{1/2} = 1 \pm \sqrt{4}$
$x_{1/2} = 1 \pm 2$
$x_1 = 1 - 2$
$x_1 = -1$
$x_2 = 1 + 2$
$x_2 = 3$

d) Koordinaten der Schnittpunkte C und D von p_2 mit p_3:

p_2: $y = -x^2 + 2x + 3$
p_3: $y = x^2 - 1$

$-x^2 + 2x + 3 = x^2 - 1 \quad | -x^2; +1$
$-2x^2 + 2x + 4 = 0 \quad | :(-2)$
$x^2 - x - 2 = 0$

$x_{1/2} = 0{,}5 \pm \sqrt{(-0{,}5)^2 + 2}$
$x_{1/2} = 0{,}5 \pm \sqrt{0{,}25 + 2}$
$x_{1/2} = 0{,}5 \pm \sqrt{2{,}25}$
$x_{1/2} = 0{,}5 \pm 1{,}5$
$x_1 = 0{,}5 - 1{,}5$
$x_1 = -1$
$x_2 = 0{,}5 + 1{,}5$
$x_2 = 2$

x_1 in p_3 $\quad y_1 = (-1)^2 - 1$
$y_1 = 1 - 1$
$y_1 = 0$

x_2 in p_3 $\quad y_2 = 2^2 - 1$
$y_2 = 4 - 1$
$y_2 = 3$

C(–1 | 0); D(2 | 3)

e) grafische Darstellung:

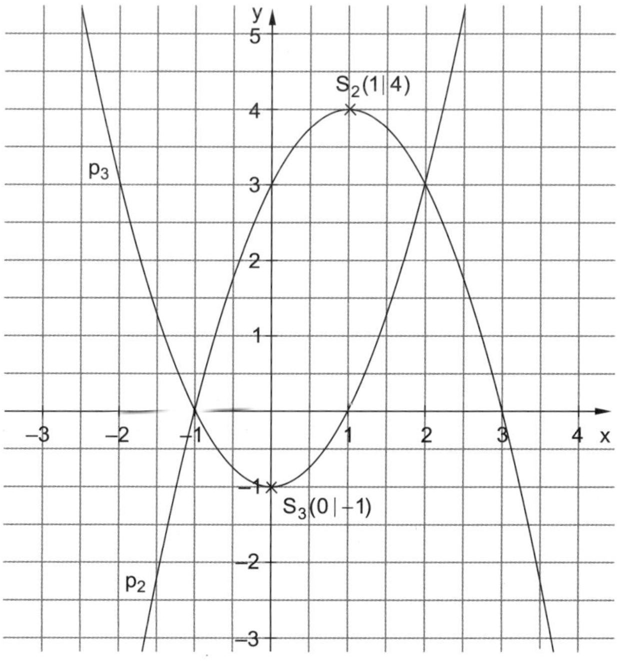

Hinweise und Tipps

Es ist nur nach den x-Koordinaten gefragt. Die Schnittpunkte liegen bei $N_1(-1 | 0)$ und $N_2(3 | 0)$.

Setze die Funktionsgleichungen von p_2 und p_3 gleich.

Forme die quadratische Gleichung in die Normalform um und löse sie mithilfe der Lösungsformel.

$x_{1/2} = -\frac{p}{2} \pm \sqrt{\left(\frac{p}{2}\right)^2 - q}$

Hier ist $p = -1$ und $q = -2$.

Setze x_1 und x_2 in eine der beiden Funktionsgleichungen (hier: p_3) ein und berechne die y-Koordinaten der Schnittpunkte.

Gib die Koordinaten der Schnittpunkte an.

Lege ein Koordinatensystem mit der Einheit 1 cm an.

x-Achse: –3 bis +4
y-Achse: –3 bis +5

Beschrifte das Koordinatensystem vollständig.

Trage den Scheitelpunkt S_2 ein und zeichne mithilfe der Kurvenschablone die nach unten geöffnete Normalparabel p_2.

Die Parabel p_3 mit der Funktionsgleichung $y = x^2 - 1$ hat den Scheitelpunkt $S_3(0 | -1)$.

Trage den Scheitelpunkt S_3 ein und zeichne mithilfe der Kurvenschablone die nach oben geöffnete Normalparabel p_3.

Überprüfe anhand der Schnittpunkte, ob du richtig gezeichnet hast.

f) Begründung durch Rechnung:

p_4: $y = x^2 + 1$
p_3: $y = x^2 - 1$

$x^2 + 1 = x^2 - 1 \quad | -x^2$
$1 \neq -1$

Für die quadratische Gleichung gibt es keine Lösung.
Daher gibt es auch keine Schnittpunkte.

p_5: $y = -x^2 - 1$
p_3: $y = x^2 - 1$

$-x^2 - 1 = x^2 - 1 \quad | +x^2; +1$
$2x^2 = 0 \quad | :2$
$x^2 = 0 \quad | \sqrt{\ }$
$x = 0$

in p_3 $\quad y = 0^2 - 1$
$y = -1$

$P(0|-1)$

Für die quadratische Gleichung gibt es eine Lösung.
Die Parabeln berühren sich in einem Punkt.

oder:

Begründung über die Lage der Scheitelpunkte und die Öffnung der Parabeln:

p_4: $y = x^2 + 1$; $S_4(0|1)$; nach oben geöffnet
p_3: $y = x^2 - 1$; $S_3(0|-1)$; nach oben geöffnet
p_5: $y = -x^2 - 1$; $S_5(0|-1)$; nach unten geöffnet

p_3 und p_4 haben keine Schnittpunkte miteinander, da beide Parabeln nach oben geöffnet sind und die Scheitelpunkte auf der y-Achse direkt untereinanderliegen. Der Graph von p_3 verläuft immer außerhalb vom Graphen von p_4.
p_3 und p_5 berühren sich im gemeinsamen Scheitelpunkt.

oder:

Begründung anhand einer Skizze:

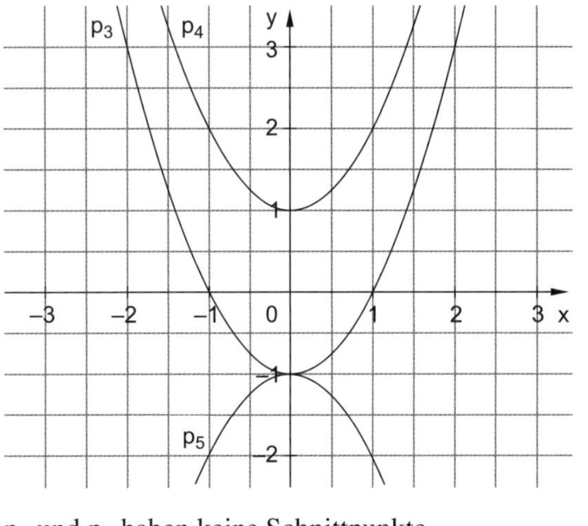

p_3 und p_4 haben keine Schnittpunkte.
p_3 und p_5 haben einen Berührpunkt.

Hinweise und Tipps

Setze die Funktionsgleichungen gleich und löse nach x auf.

Setze die Funktionsgleichungen gleich und löse nach x auf.

Die Gleichung hat eine Lösung, also gibt es einen Berührpunkt.

Du kannst die Aufgabe auch durch Überlegen lösen und deine Überlegungen aufschreiben.

Lege ein Koordinatensystem mit der Einheit 1 cm an.
x-Achse: –3 bis +3
y-Achse: –2 bis +3

Trage den Scheitelpunkt S_3 ein und zeichne mithilfe der Kurvenschablone die nach oben geöffnete Normalparabel p_3.

Trage den Scheitelpunkt S_4 ein und zeichne mithilfe der Kurvenschablone die nach oben geöffnete Normalparabel p_4.

Trage den Scheitelpunkt S_5 ein und zeichne mithilfe der Kurvenschablone die nach unten geöffnete Normalparabel p_5.

Hinweise und Tipps

6. a) $3\sqrt{9a^4} = 9a^2$

$\sqrt{9} = 3$

$\sqrt{a^4} = a^2$

$3\sqrt{9a^4} = 3 \cdot 3 \cdot a^2 = 9a^2$

Ziehe schrittweise die Quadratwurzel aus 9 und a^4. Fasse dann zusammen.

b) $\sqrt[3]{729a^8} \neq 9a^2$

$\sqrt[3]{729} = 9$

Ziehe die dritte Wurzel aus 729.

$\sqrt[3]{a^8} = a^{\frac{8}{3}}$

Schreibe den Rest des Wurzelterms mit gebrochenem Exponenten.

$\sqrt[3]{729a^8} = 9 \cdot a^{\frac{8}{3}} \neq 9a^2$

Fasse dann zusammen.

c) $\dfrac{27a^{-2}}{3a^{-4}} = 9a^2$

$\dfrac{{}^{9}\not{27}\,a^{-2}}{\not{3}\,a^{-4}} = 9a^{-2}a^{+4} = 9a^{-2+4} = 9a^2$

Kürze zunächst die Zahlen.

Jeder Bruch kann als Potenz mit negativem Exponenten geschrieben werden. Schreibe ohne Bruchstrich. Beachte dabei das Vorzeichen der Potenz.

Potenzen mit gleicher Basis werden multipliziert, indem man die Exponenten addiert.

d) $\dfrac{1}{6^{-1}} + 3a^2 \neq 9a^2$

$\dfrac{1}{6^{-1}} + 3a^2 = 6 + 3a^2 \neq 9a^2$

Jeder Bruch kann als Potenz mit negativem Exponenten geschrieben werden. Schreibe den Bruch ohne Bruchstrich. Beachte dabei das Vorzeichen der Potenz.

---

7. $\dfrac{10}{x+3} + \dfrac{9(x-4)}{x+1} = \dfrac{5x}{x+3} - 6$

Bestimme die Definitionsmenge. Die Terme im Nenner der Brüche dürfen nicht 0 sein.

Definitionsmenge:

- $x + 3 \neq 0 \quad |-3$

  $x \neq -3$
- $x + 1 \neq 0 \quad |-1$

  $x \neq -1$

$\mathbb{D} = \mathbb{R} \setminus \{-1; -3\}$

Gib die Definitionsmenge an.

Lösungsmenge:

$$\frac{10}{x+3} + \frac{9(x-4)}{x+1} = \frac{5x}{x+3} - 6 \qquad |\cdot(x+3)\cdot(x+1)$$

Multipliziere mit dem Hauptnenner.

$$10\cdot(x+1) + 9\cdot(x-4)\cdot(x+3) = 5x\cdot(x+1) - 6\cdot(x+3)\cdot(x+1)$$

Multipliziere aus. Beachte dabei die Vorzeichen.

$$10x + 10 + 9\cdot(x^2 + 3x - 4x - 12) = 5x^2 + 5x - 6\cdot(x^2 + x + 3x + 3)$$

Fasse zusammen.

$$10x + 10 + 9x^2 + 27x - 36x - 108 = 5x^2 + 5x - 6x^2 - 6x - 18x - 18$$

Forme die quadratische Gleichung in die Normalform um.

$$9x^2 + x - 98 = -x^2 - 19x - 18 \qquad |+x^2; +19x; +18$$

$$10x^2 + 20x - 80 = 0 \qquad |:10$$

$$x^2 + 2x - 8 = 0$$

$x_{1/2} = -1 \pm \sqrt{1^2 + 8}$

$x_{1/2} = -1 \pm \sqrt{9}$

$x_{1/2} = -1 \pm 3$

$x_1 = -1 - 3$

$x_1 = -4$

$x_2 = -1 + 3$

$x_2 = 2$

$x_1 \neq -1$ und $x_1 \neq -3$

$x_2 \neq -1$ und $x_2 \neq -3$

$\mathbb{L} = \{-4; 2\}$

Hinweise und Tipps

Löse mithilfe der Lösungsformel.

$x_{1/2} = -\frac{p}{2} \pm \sqrt{\left(\frac{p}{2}\right)^2 - q}$

Hier ist $p = 2$ und $q = -8$.

Überprüfe, ob die Lösungen in $\mathbb{D}$ liegen. Beide Lösungen liegen in $\mathbb{D}$.

Gib die Lösungsmenge an.

---

8. a) Der Sinus eines Winkels kann nie größer als 1 sein.

richtig

Im rechtwinkligen Dreieck gilt:

$\sin\alpha = \frac{\text{Gegenkathete}}{\text{Hypotenuse}}$

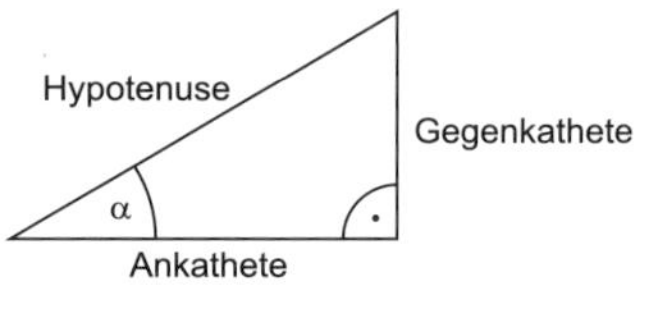

Damit $\sin\alpha > 1$ ist, müsste gelten:

$\frac{\text{Gegenkathete}}{\text{Hypotenuse}} > 1$

Dafür müsste die Gegenkathete länger als die Hypotenuse sein. Die Hypotenuse ist aber in einem rechtwinkligen Dreieck immer die längste Seite.

b) V_{Kugel}(mit $d = 10$ cm) $< V_{\text{Würfel}}$ (mit $a = 10$ cm)

richtig

Berechne das Volumen der Kugel und das Volumen des Würfels und vergleiche die Rauminhalte.

$V_{\text{Würfel}} = a \cdot a \cdot a$; $V_{\text{Kugel}} = \frac{4}{3} \cdot r^3 \cdot \pi$

$V_{\text{Würfel}} = 10\text{ cm} \cdot 10\text{ cm} \cdot 10\text{ cm}$

$V_{\text{Würfel}} = 1\,000\text{ cm}^3$

$V_{\text{Kugel}} = \frac{4}{3} \cdot (5\text{ cm})^3 \cdot 3{,}14$

$V_{\text{Kugel}} = 523{,}333\ldots\text{ cm}^3$

$523{,}333\ldots\text{ cm}^3 < 1\,000\text{ cm}^3$

oder:

Eine Kugel mit $d = 10$ cm „passt" genau in einen Würfel mit $a = 10$ cm. Im Würfel ist rund um die Kugel noch Platz.

c) Eine Gerade hat mit einer Parabel immer zwei Schnittpunkte.

falsch

Eine Gerade kann mit einer Parabel keinen, einen oder 2 Schnittpunkte haben.

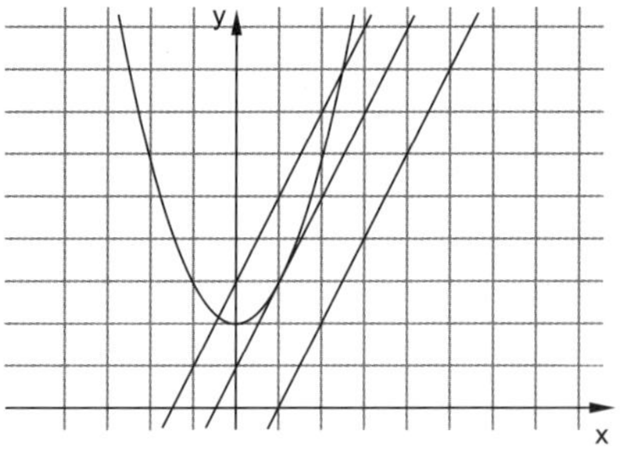

d) Die Wahrscheinlichkeit, dass Sie die korrekten Lösungen für die Teilaufgaben a, b und c erraten, beträgt 8^{-1}.

richtig

Hinweise und Tipps

Für jede Teilaufgabe gibt es 2 Lösungen, eine richtige und eine falsche.
Die Wahrscheinlichkeit, die richtige Lösung zu erraten, beträgt also 0,5.
Wende die Produktregel an.

$0{,}5 \cdot 0{,}5 \cdot 0{,}5 = 0{,}125 = \frac{1}{8} = 8^{-1}$

---

9. a) I) $\frac{c}{a} = \frac{\mathbf{x+y+z}}{x}$

II) [redacted] $\cdot a = b \cdot m \Rightarrow \frac{a}{m} = \frac{b}{\text{[redacted]}}$

$\frac{a}{m} = \frac{b}{\mathbf{m+n}}$

$\mathbf{(m+n)} \cdot a = b \cdot m$

Wende den 2. Strahlensatz an.

Forme die Ausgangsgleichung so um, dass du den 2. Strahlensatz erkennen kannst.
Überlege, welche Strecke für den Platzhalter eingesetzt werden muss, und löse die Verhältnisgleichung wieder wie in der Angabe auf.
Achte darauf, Klammern zu setzen.

b) Bildstrecke: 875 cm = 8,75 m
Originalstrecke: 3,5 m

$k = \frac{8{,}75\text{ m}}{3{,}5\text{ m}} = 2{,}5$

Der Streckungsfaktor beträgt 2,5.

Wandle in gleiche Einheiten um (hier: m).

$k = \frac{\text{Bildstrecke}}{\text{Originalstrecke}}$

---

10. a) Baumdiagramm:
D – Deutschland Ö – Österreich S – Schweiz

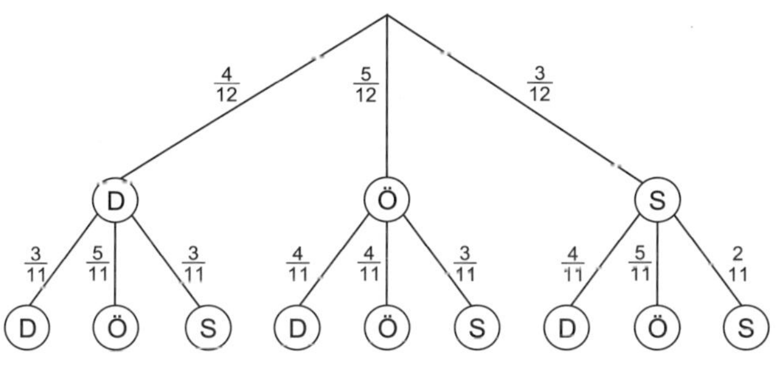

Die Auslosung der Startplätze entspricht einem Ziehen ohne Zurücklegen.
Es nehmen 12 Skirennläufer aus 3 verschiedenen Nationen an der Verlosung teil.
Nach der Ziehung des ersten Startplatzes verringert sich die Anzahl aller Skirennläufer um 1.
Die Anzahl der Skirennläufer aus dem Land, aus dem ein Skirennläufer ausgelost wurde, verringert sich ebenfalls um 1.
Zeichne das Baumdiagramm für die Verlosung.
Schreibe zu jedem Ast die Wahrscheinlichkeit.

b) Wahrscheinlichkeit für „Kein Schweizer unter den ersten beiden Startern“:

$p(D; D) = \frac{4}{12} \cdot \frac{3}{11} = \frac{12}{132}$

$p(D; Ö) = \frac{4}{12} \cdot \frac{5}{11} = \frac{20}{132}$

$p(Ö; D) = \frac{5}{12} \cdot \frac{4}{11} = \frac{20}{132}$

$p(Ö; Ö) = \frac{5}{12} \cdot \frac{4}{11} = \frac{20}{132}$

Für das Ereignis „Kein Schweizer unter den ersten beiden Startern“ gibt es vier günstige Ergebnisse.
Berechne die Wahrscheinlichkeit für jedes günstige Ergebnis.
Wende die 1. Pfadregel (Produktregel) an.

$$\text{p(kein Schweizer)} = \frac{12}{132} + \frac{20}{132} + \frac{20}{132} + \frac{20}{132}$$

$$\text{p(kein Schweizer)} = \frac{72}{132}$$

Wahrscheinlichkeit in Prozent:

$p\,\% = 72 : 132 \cdot 100\,\%$

$p\,\% = 54{,}5454\ldots\,\%$

$p\,\% \approx 54{,}5\,\%$

Die Wahrscheinlichkeit für „Kein Schweizer unter den ersten beiden Startern" beträgt 54,5 %.

c) Reihenfolge für die Platzierung von fünf Läufern:

$5! = 120$

Für die 5 Läufer gibt es 120 Möglichkeiten, sich zu platzieren.

Hinweise und Tipps

Gib die Gesamtwahrscheinlichkeit an. Wende dazu die 2. Pfadregel (Summenregel) an.

Gib die Wahrscheinlichkeit auch in Prozent an. Runde den Prozentsatz sinnvoll (hier: 1 Dezimalstelle).

Für n verschiedene Elemente gibt es n! Anordnungen in einer bestimmten Reihenfolge.

M10-Prüfung an Mittelschulen in Bayern 2018
Mathematik – Aufgabengruppe I

Aufgaben Punkte

1. a) Eine nach oben geöffnete Normalparabel p_1 verläuft durch die Punkte $D(1|6)$ und $B(4|3)$. Berechnen Sie die Funktionsgleichung von p_1 in der Normalform.

b) Die nach unten geöffnete Normalparabel p_2 hat die Funktionsgleichung p_2: $y = -x^2 + x + 3{,}75$. Geben Sie die Scheitelpunktform dieser Parabel an.

c) Bestimmen Sie rechnerisch die Koordinaten der Schnittpunkte N_1 und N_2 der Parabel p_2 mit der x-Achse und geben Sie diese Punkte an.

d) Eine weitere nach unten geöffnete Normalparabel p_3 hat den Scheitelpunkt $S_3(4|7)$. Ermitteln Sie rechnerisch die Funktionsgleichung der Parabel p_3 in der Normalform.

e) Die Parabel p_4 hat die Funktionsgleichung p_4: $y = (x-2)^2 + 3$.
Geben Sie die Koordinaten des Scheitelpunkts S_4 von p_4 an.

f) Geben Sie die Koordinaten von zwei beliebigen Punkten G und H an, die auf der Parabel p_4 liegen.

g) Zeichnen Sie die Graphen der Parabeln p_3 und p_4 in ein Koordinatensystem mit der Längeneinheit 1 cm.
Hinweis zum Platzbedarf: x-Achse von –2 bis 8, y-Achse von –1 bis 10 8

2. Folgende Gleichungen sind Anwendungen von binomischen Formeln.
Ersetzen Sie jeweils den Platzhalter ■ durch die entsprechenden Terme und schreiben Sie die vollständigen Gleichungen auf Ihr Lösungsblatt.

a) $\blacksquare + \blacksquare + \frac{1}{4}c^8 = (3ab^3 + \blacksquare)^2$

b) $6{,}25z^2 - 30yz + \blacksquare = (\blacksquare - \blacksquare)^2$

3

3. In einer Figur (siehe Skizze) ist [AB] parallel zu [ED].
Es gilt: $\overline{AC} = 2{,}5$ dm, $\overline{AF} = 1{,}25$ dm und $\overline{FG} = 1{,}5$ dm

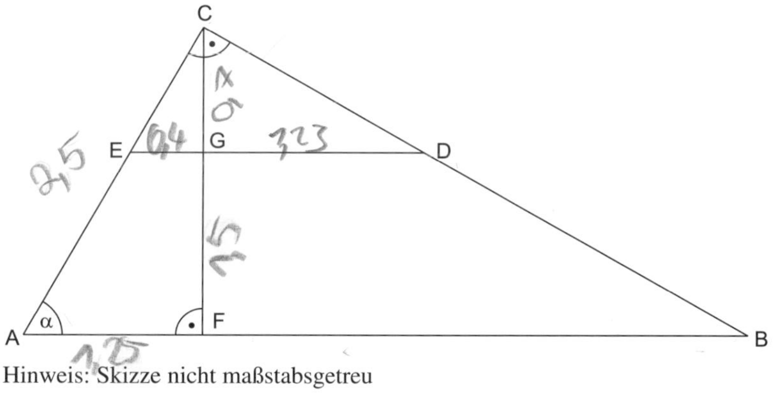

Hinweis: Skizze nicht maßstabsgetreu

a) Bestimmen Sie die Größe des Winkels α rechnerisch.

b) Berechnen Sie jeweils die Länge der Strecken [ED] und [AB].

c) Ermitteln Sie rechnerisch den Flächeninhalt des Trapezes ABDE. 5

4. Folgende Wertepaare sind Punkte auf der Geraden g_1:

x	–10	–5	0	2,5
y	–4	–1	2	3,5

a) Bestimmen Sie die Funktionsgleichung von g_1 rechnerisch.

b) Die Gerade g_2 ist durch die Gleichung $-x+5y=20$ bestimmt.
Die Gerade g_3 steht senkrecht auf der Geraden g_2 und verläuft durch den Punkt $A(-3|0)$.
Ermitteln Sie die Funktionsgleichung von g_3 rechnerisch.

c) Überprüfen Sie rechnerisch, ob die Gerade g_4: $y=-5x-5$ die Gerade g_2 im Punkt $B(5|5)$ schneidet.

d) Überprüfen Sie folgende Aussagen und begründen Sie Ihre Entscheidung:
(I) Die Gerade g_4 verläuft parallel zur Geraden g_5, die durch die Gleichung $-5x+y=-3$ bestimmt ist.
(II) Die Gerade g_4 steht senkrecht auf der Geraden g_6: $y=0{,}2x$.

e) Zeichnen Sie die Graphen der Geraden g_1 und g_6 in ein Koordinatensystem mit der Einheit 1 cm.
Hinweis zum Platzbedarf: x-Achse von –6 bis 6, y-Achse von –3 bis 6 8

5. In einem Spiel werden gleiche Würfel mit den Augenzahlen 1 bis 6 verwendet.

a) Zwei Würfel werden gleichzeitig geworfen.
Berechnen Sie die Wahrscheinlichkeit, die Augensumme 3 zu erreichen.

b) Ein Würfel wird dreimal nacheinander geworfen. Die Zahlen werden in der gewürfelten Reihenfolge notiert.
Ermitteln Sie rechnerisch die Anzahl der möglichen Ergebnisse.

c) Berechnen Sie die Wahrscheinlichkeit, dass sich bei dreimaligem Werfen eines Würfels die Kombination 4|4|4 ergibt. 3

6. Schreiben Sie die folgenden Aussagen auf Ihr Lösungsblatt und ersetzen Sie jeweils den Platzhalter ■ so, dass die Streckenverhältnisse richtig wiedergegeben werden ($g_1 \parallel g_2 \parallel g_3 \parallel g_4$):

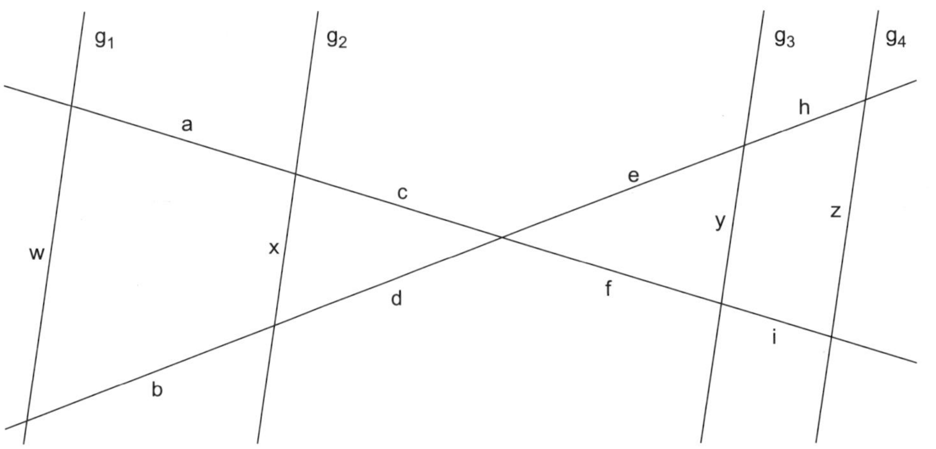

Hinweis: Skizze nicht maßstabsgetreu

a) $\frac{a+c}{f} = \frac{■}{e}$ b) $\frac{w}{■} = \frac{b+d}{d}$ c) $\frac{■}{f} = \frac{x}{y}$ 3

7. Geben Sie die Definitionsmenge der folgenden Gleichung an und ermitteln Sie die Lösungsmenge rechnerisch:

$$\frac{8x+39}{4x-12}=x$$ 3

8. Am 31. Dezember 2007 hatte eine bayerische Stadt 133 539 Einwohner. Am letzten Tag des Jahres 2016 waren es nur noch 124 698 Einwohner.

a) Berechnen Sie den durchschnittlichen jährlichen Bevölkerungsrückgang in Bezug auf das jeweilige Vorjahr in Prozent.

b) Ab dem 1. Januar 2017 möchte die Stadt einen durchschnittlichen jährlichen Bevölkerungszuwachs von 0,6 % in Bezug auf das jeweilige Vorjahr erreichen. Ermitteln Sie rechnerisch, in wie vielen Jahren die Einwohnerzahl auf 150 000 anwachsen würde.

c) Am 31. Dezember 2007 hatte ein Nachbarort 2 205 Einwohner.
Dort stieg die Einwohnerzahl in den folgenden fünf Jahren um 0,7 % im Vergleich zum jeweiligen Vorjahr. In den darauffolgenden vier Jahren erhöhte sie sich um jeweils 1,4 % im Vergleich zum jeweiligen Vorjahr.
Bestimmen Sie rechnerisch die Einwohnerzahl des Nachbarortes am Ende des Jahres 2016. 5

9. In einem Würfel wird eine Kugel von zwei gespannten Schnüren gehalten, die jeweils eine Würfelecke mit der Kugeloberfläche verbinden (siehe Skizze).

Die jeweils 3,0 cm langen Schnüre verlaufen entlang der Raumdiagonalen, auf der sich auch der Mittelpunkt der Kugel befindet.

Die Kugel hat ein Volumen von 33,5 cm³.
Der Winkel β beträgt gerundet 35,27°.

Berechnen Sie das Volumen des Würfels.

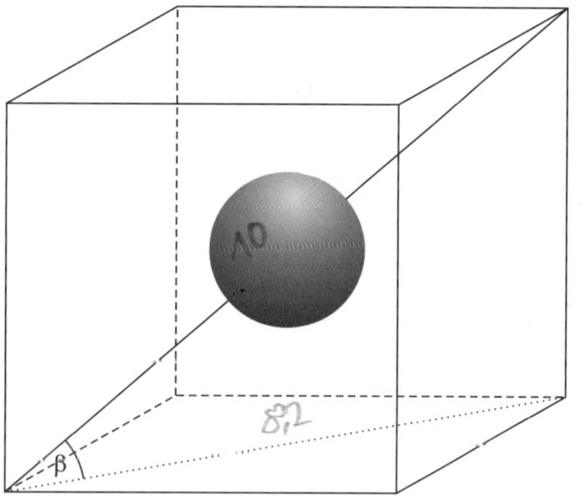

Hinweis: Skizze nicht maßstabsgetreu 4

10. Die Geschwister Lena und Patrick gehen mit ihren Eltern ins Theater. Der Eintritt kostet für alle zusammen 64 €. Die gleiche Vorstellung besucht auch Herr Stur mit seinen drei Kindern und zahlt insgesamt 60 €.

a) Eines der folgenden vier Gleichungssysteme A bis D stellt diesen Sachverhalt richtig dar:

A	(I)	$2x+2y=64$	B	(I)	$2x+2y=4$
	(II)	$3x+y=64$		(II)	$3x+y=4$
C	(I)	$x+y=32$	D	(I)	$x+y=32$
	(II)	$x+3y=60$		(II)	$x+3y=30$

Geben Sie dieses Gleichungssystem auf Ihrem Lösungsblatt an.

b) Ermitteln Sie rechnerisch den jeweiligen Eintrittspreis für ein Kind und eine erwachsene Person. 3

Lösungen

Aufgabengruppe I

Hinweise und Tipps

1. a) Funktionsgleichung der Parabel p_1 in der Normalform:
$D(1|6)$; $B(4|3)$
p_1 nach oben geöffnet: $y = x^2 + px + q$

Setze die Punkte D und B jeweils in die Normalform für eine nach oben geöffnete Parabel ein.

$$\begin{aligned} &\text{I} \quad 6 = 1^2 + 1p + q \\ &\text{II} \quad 3 = 4^2 + 4p + q \end{aligned}$$

Löse das Gleichungssystem (hier: mit dem Gleichsetzungsverfahren).

$$\begin{aligned} &\text{I} \quad 6 = 1 + p + q && |-1;\ -p \\ &\text{II} \quad 3 = 16 + 4p + q && |-16;\ -4p \end{aligned}$$

$$\begin{aligned} &\text{I} \quad q = 5 - p \\ &\text{II} \quad q = -13 - 4p \end{aligned}$$

Löse beide Gleichungen nach q auf.

$$\begin{aligned} \text{I} = \text{II} \quad 5 - p &= -13 - 4p && |+4p;\ -5 \\ 3p &= -18 && |:3 \\ p &= -6 \end{aligned}$$

Setze die beiden erhaltenen Terme für q gleich und berechne p.

$$\begin{aligned} \text{in I} \quad q &= 5 - (-6) \\ q &= 5 + 6 \\ q &= 11 \end{aligned}$$

Setze $p = -6$ in eine umgeformte Gleichung (hier: Gleichung I) ein und berechne q.

p_1: $y = x^2 - 6x + 11$

Gib die Funktionsgleichung von p_1 in der Normalform an.

b) Scheitelpunkt von p_2:

Wandle die Funktionsgleichung durch quadratische Ergänzung in die Scheitelpunktform um.

$$\begin{aligned} y &= -x^2 + x + 3{,}75 && |\cdot(-1) \\ -y &= x^2 - x - 3{,}75 \\ -y &= (x^2 - 2\cdot 0{,}5x + 0{,}5^2) - 3{,}75 - 0{,}5^2 \\ -y &= (x - 0{,}5)^2 - 3{,}75 - 0{,}25 \\ -y &= (x - 0{,}5)^2 - 4 && |\cdot(-1) \\ y &= -(x - 0{,}5)^2 + 4 \end{aligned}$$

Ändere zuerst die Vorzeichen.
Bilde das Binom.
Ändere die Vorzeichen.

c) p_2: $y = -x^2 + x + 3{,}75$

Die Schnittpunkte einer Normalparabel mit der x-Achse sind die Nullstellen der quadratischen Funktion.
Setze den Funktionswert $y = 0$ und berechne die Nullstellen x_1 und x_2 mithilfe der Lösungsformel für quadratische Gleichungen.

$$x_{1/2} = -\frac{p}{2} \pm \sqrt{\left(\frac{p}{2}\right)^2 - q}$$

Hier ist $p = -1$ und $q = -3{,}75$.

$$\begin{aligned} x^2 - x - 3{,}75 &= 0 && |\cdot(-1) \\ x_{1/2} &= 0{,}5 \pm \sqrt{0{,}5^2 + 3{,}75} \\ x_{1/2} &= 0{,}5 \pm \sqrt{0{,}25 + 3{,}75} \\ x_{1/2} &= 0{,}5 \pm \sqrt{4} \\ x_{1/2} &= 0{,}5 \pm 2 \\ x_1 &= 0{,}5 - 2 \\ x_1 &= -1{,}5 \\ x_2 &= 0{,}5 + 2 \\ x_2 &= 2{,}5 \end{aligned}$$

$N_1(-1{,}5|0)$; $N_2(2{,}5|0)$

Gib die Koordinaten der Schnittpunkte an.

d) Funktionsgleichung der Parabel p_3 in der Normalform:
Scheitelpunkt: $S_3(4\,|\,7)$
p_3 nach unten geöffnet: $y = -(x - x_S)^2 + y_S$
p_3: $y = -(x-4)^2 + 7$
$y = -(x^2 - 8x + 16) + 7$
$y = -x^2 + 8x - 16 + 7$
$y = -x^2 + 8x - 9$

e) Koordinaten des Scheitelpunkts S_4 von p_4:
p_4: $y = (x-2)^2 + 3$
$S_4(2\,|\,3)$

f) Koordinaten der Punkte G und H:
p_4: $y = (x-2)^2 + 3$; $G(2\,|\,y)$
$y = (2-2)^2 + 3$
$y = 3 \quad \rightarrow G(2\,|\,3)$
p_4: $y = (x-2)^2 + 3$; $H(3\,|\,y)$
$y = (3-2)^2 + 3$
$y = (1)^2 + 3$
$y = 1 + 3$
$y = 4 \quad \rightarrow H(3\,|\,4)$

g) grafische Darstellung:

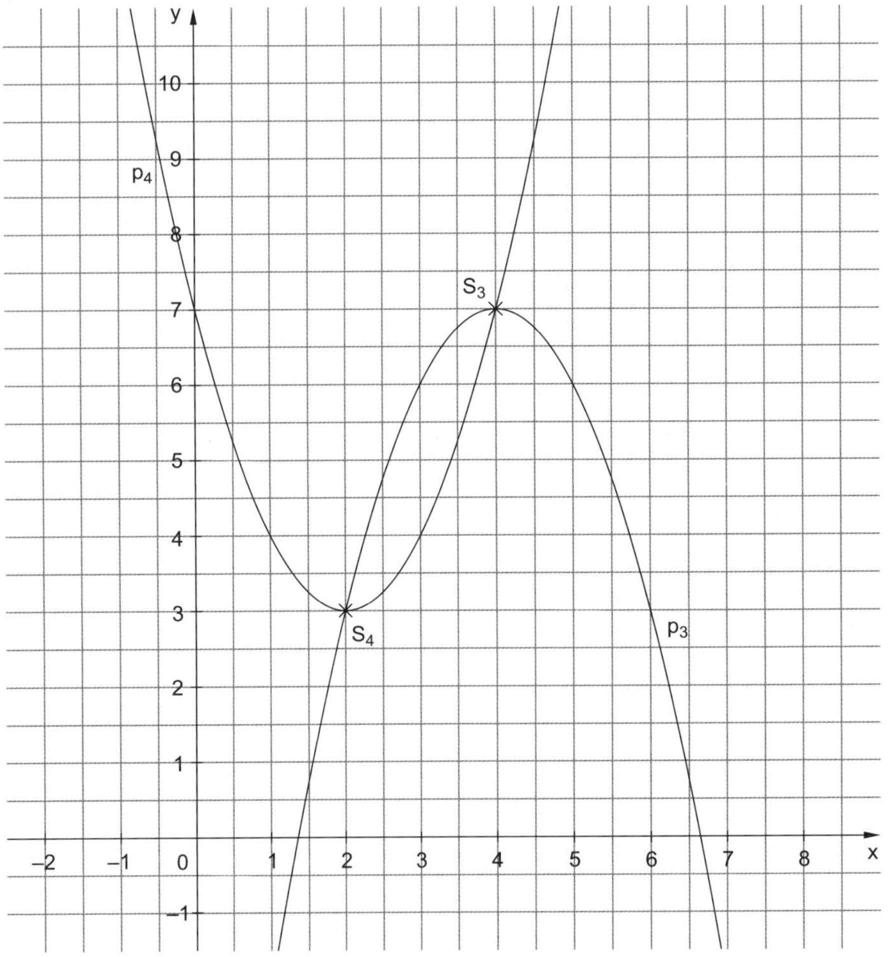

Hinweise und Tipps

Setze die Koordinaten von S_3 in die Scheitelpunktform für eine nach unten geöffnete Normalparabel ein.

Beachte die Vorzeichen.

Löse das Binom auf.

Löse die Klammern auf und fasse zusammen, dann erhältst du die Funktionsgleichung in Normalform.

Lies die Koordinaten des Scheitelpunkts S_4 aus der Scheitelpunktform von p_4 ab.

Ein Punkt $P(x\,|\,y)$ liegt dann auf einer Parabel, wenn seine Koordinaten die Funktionsgleichung der Parabel erfüllen.

Setze für die x-Koordinate einen beliebigen Wert in die Funktionsgleichung der Parabel ein (hier: $x = 2$ und $x = 3$) und berechne den Funktionswert y.

Gib die vollständigen Koordinaten der Punkte an.

Lege ein Koordinatensystem mit der Einheit 1 cm an.

Der Platzbedarf ist in der Angabe gegeben:
x-Achse: –2 bis +8
y-Achse: –1 bis +10

Beschrifte das Koordinatensystem vollständig.

Trage den Scheitelpunkt S_3 ein und zeichne mithilfe der Kurvenschablone die nach unten geöffnete Normalparabel p_3.

Trage den Scheitelpunkt S_4 ein und zeichne mithilfe der Kurvenschablone die nach oben geöffnete Normalparabel p_4.

2. a) $\blacksquare + \blacksquare + \frac{1}{4}c^8 = (3ab^3 + \blacksquare)^2$

$$\sqrt{\frac{1}{4}c^8} = \sqrt{\frac{1^2}{2^2}c^8} = \frac{1^{2:2}}{2^{2:2}}c^{8:2} = \frac{1}{2}c^4$$

$$\left(3ab^3 + \frac{1}{2}c^4\right)^2 = 9a^2b^6 + 2 \cdot 3ab^3 \cdot \frac{1}{2}c^4 + \frac{1}{4}c^8$$

vollständige Gleichung:

$$9a^2b^6 + 3ab^3c^4 + \frac{1}{4}c^8 = \left(3ab^3 + \frac{1}{2}c^4\right)^2$$

b) $6{,}25z^2 - 30yz + \blacksquare = (\blacksquare - \blacksquare)^2$

linke Seite: $6{,}25z^2$

rechte Seite: $\sqrt{6{,}25z^2} = 2{,}5z = a$

$$-2ab = -30yz$$
$$-2 \cdot 2{,}5z \cdot b = -30yz$$
$$-5z \cdot b = -30yz \qquad |:(-5z)$$
$$b = 6y$$

vollständige Gleichung:

$$6{,}25z^2 - 30yz + 36y^2 = (2{,}5z - 6y)^2$$

Hinweise und Tipps

Das positive Rechenzeichen in der Klammer auf der rechten Seite der Gleichung weist auf die 1. binomische Formel hin.
$a^2 + 2ab + b^2 = (a+b)^2$

Berechne das zweite Glied auf der rechten Seite durch Wurzelziehen.

Schreibe den Bruch als Potenz.

Du ziehst die Quadratwurzel aus einer Potenz, indem du die Exponenten der Potenzen durch 2 dividierst.

Setze $\frac{1}{2}c^4$ in den Klammerterm auf der rechten Seite ein und löse das Binom auf.

Das negative Rechenzeichen in der Klammer auf der linken Seite der Gleichung weist auf die 2. binomische Formel hin.
$a^2 - 2ab + b^2 = (a-b)^2$

Berechne das erste Glied in der Klammer auf der rechten Seite durch Wurzelziehen.

Löse das zweite Glied auf der linken Seite so auf, dass du b erhältst.

Gib die vollständige Gleichung an.

---

3. Skizze:

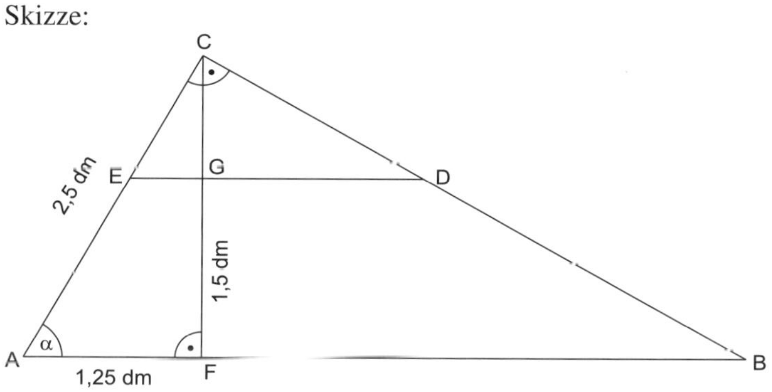

Zeichne auf deinen Arbeitsbogen als Hilfe eine Skizze und trage die gegebenen Maße ein.

a) $\cos\alpha = \frac{1{,}25\text{ dm}}{2{,}5\text{ dm}}$

$\cos\alpha = 0{,}5$

$\alpha = 60°$

Im rechtwinkligen Dreieck ACF sind die Länge der Hypotenuse $\overline{AC}$ und die Länge der Ankathete $\overline{AF}$ bekannt.
Berechne die Größe des Winkels α mit dem Kosinus:

$$\cos\alpha = \frac{\text{Ankathete}}{\text{Hypotenuse}}$$

b) Länge der Strecke $\overline{CF}$:

$$\overline{CF}^2 = \overline{AC}^2 - \overline{AF}^2$$
$$\overline{CF}^2 = (2{,}5\text{ dm})^2 - (1{,}25\text{ dm})^2$$
$$\overline{CF}^2 = 6{,}25\text{ dm}^2 - 1{,}5625\text{ dm}^2$$
$$\overline{CF}^2 = 4{,}6875\text{ dm}^2 \qquad |\sqrt{}$$
$$\overline{CF} = 2{,}165\ldots\text{ dm}$$
$$\overline{CF} \approx 2{,}2\text{ dm}$$

Berechne zunächst die Länge der Strecke $\overline{CF}$.

Im rechtwinkligen Dreieck ACF ist $\overline{AC}$ die Hypotenuse und $\overline{AF}$ eine Kathete.
Berechne die Länge der Strecke $\overline{CF}$ mit dem Satz des Pythagoras.

Runde sinnvoll (hier: eine Dezimalstelle).

oder:
Länge der Strecke $\overline{CF}$:

$\sin\alpha = \frac{\overline{CF}}{\overline{AC}}$

$\sin 60° = \frac{\overline{CF}}{2{,}5\text{ dm}} \quad | \cdot 2{,}5\text{ dm}$

$\overline{CF} = 2{,}165\ldots\text{ dm}$

$\overline{CF} \approx 2{,}2\text{ dm}$

oder:
Länge der Strecke $\overline{CF}$:

$\tan\alpha = \frac{\overline{CF}}{\overline{AF}}$

$\tan 60° = \frac{\overline{CF}}{1{,}25\text{ dm}} \quad | \cdot 1{,}25\text{ dm}$

$\overline{CF} = 2{,}165\ldots\text{ dm}$

$\overline{CF} \approx 2{,}2\text{ dm}$

Länge der Strecke $\overline{AB}$:

$\cos\alpha = \frac{\overline{AC}}{\overline{AB}}$

$\cos 60° = \frac{2{,}5\text{ dm}}{\overline{AB}} \quad | \cdot \overline{AB};\ :\cos 60°$

$\overline{AB} = 5\text{ dm}$

Länge der Strecke $\overline{CG}$:

$\overline{CG} = \overline{CF} - \overline{FG}$

$\overline{CG} = 2{,}2\text{ dm} - 1{,}5\text{ dm}$

$\overline{CG} = 0{,}7\text{ dm}$

Länge der Strecke $\overline{ED}$:

$\overline{CF} : \overline{CG} = \overline{AB} : \overline{ED}$

$2{,}2\text{ dm} : 0{,}7\text{ dm} = 5\text{ dm} : \overline{ED}$

$3{,}5\text{ dm}^2 = 2{,}2\text{ dm} \cdot \overline{ED} \quad | : 2{,}2\text{ dm}$

$\overline{ED} = 1{,}590\ldots\text{ dm}$

$\overline{ED} \approx 1{,}6\text{ dm}$

c) Flächeninhalt des Trapezes:

$A_{Trapez} = \frac{\overline{AB} + \overline{ED}}{2} \cdot \overline{FG}$

$A_{Trapez} = \frac{5\text{ dm} + 1{,}6\text{ dm}}{2} \cdot 1{,}5\text{ dm}$

$A_{Trapez} = 4{,}95\text{ dm}^2$

$A_{Trapez} \approx 5{,}0\text{ cm}^2$

Hinweise und Tipps

Im rechtwinkligen Dreieck ACF ist die Strecke $\overline{AC}$ die Hypotenuse und die Strecke $\overline{CF}$ die Gegenkathete zum Winkel α.
Berechne die Länge der Strecke $\overline{CF}$ mit dem Sinus.

$\sin\alpha = \frac{\text{Gegenkathete}}{\text{Hypotenuse}}$

Runde sinnvoll (hier eine Dezimalstelle).

Im rechtwinkligen Dreieck ACF ist die Strecke $\overline{AF}$ die Ankathete und die Strecke $\overline{CF}$ die Gegenkathete zum Winkel α.
Berechne die Länge der Strecke $\overline{CF}$ mit dem Tangens.

$\tan\alpha = \frac{\text{Gegenkathete}}{\text{Ankathete}}$

Runde sinnvoll (hier eine Dezimalstelle).

Berechne die Länge der Strecke $\overline{AB}$.
Im rechtwinkligen Dreieck ABC ist die Strecke $\overline{AB}$ die Hypotenuse und die Strecke $\overline{AC}$ die Ankathete zum Winkel α.
Berechne die Länge der Strecke $\overline{AC}$ mit dem Kosinus.

$\cos\alpha = \frac{\text{Ankathete}}{\text{Hypotenuse}}$

Berechne die Länge der Strecke $\overline{CG}$.

Wende den 2. Strahlensatz an.
Stelle die Verhältnisgleichung auf und löse nach $\overline{ED}$ auf.

Runde sinnvoll (hier: eine Dezimalstelle).

Flächeninhalt des Trapezes:

$A_{Trapez} = \frac{a + c}{2} \cdot h$

Runde wie bei den vorigen Ergebnissen auf eine Dezimalstelle.

4. a) Funktionsgleichung der Geraden g_1:

$t_1 = 2$

$t_1 = 2$ und $Q(-5\,|\,-1)$ in g_1: $y = m_1 x + t_1$:

$-1 = m_1 \cdot (-5) + 2$

$-1 = -5 \cdot m_1 + 2 \qquad |-2;\ :(-5)$

$m_1 = 0{,}6$

g_1: $y = 0{,}6x + 2$

b) Funktionsgleichung der Geraden g_3:

g_2: $-x + 5y = 20$

$-x + 5y = 20 \qquad |+x$

$5y = x + 20 \qquad |:5$

$y = 0{,}2x + 4$

$m_2 = 0{,}2$

$0{,}2 \cdot m_3 = -1 \qquad |:0{,}2$

$m_3 = -5$

$m_3 = -5$ und $A(-3\,|\,0)$ in g_3: $y = m_3 x + t_3$:

$0 = -5 \cdot (-3) + t_3$

$0 = 15 + t_3 \qquad |-15$

$t_3 = -15 \qquad |:5$

g_3: $y = -5x - 15$

c) Überprüfen der Koordinaten des Schnittpunkts B der beiden Geraden g_2 und g_4:

g_2: $y = 0{,}2x + 4$

g_4: $y = -5x - 5$

$0{,}2x + 4 = -5x - 5 \qquad |+5x;\ -4$

$5{,}2x = -9 \qquad |:5{,}2$

$x = -1{,}730\ldots$

$x \neq 5$

Die Geraden g_2 und g_4 schneiden sich nicht in $B(5\,|\,5)$.

oder:

$B(5\,|\,5)$ in g_2: $y = 0{,}2x + 4$

$y = 0{,}2 \cdot 5 + 4$

$y = 1 + 4$

$y = 5$

Die Koordinaten von $B(5\,|\,5)$ erfüllen die Funktionsgleichung von g_2. $B(5\,|\,5)$ liegt auf g_2.

$B(5\,|\,5)$ in g_4: $y = -5x - 5$

$y = -5 \cdot 5 - 5$

$y = -25 - 5$

$y = -30$

$-30 \neq 5$

Die Koordinaten von $B(5\,|\,5)$ erfüllen die Funktionsgleichung von g_4 nicht.

$B(5\,|\,5)$ ist kein Schnittpunkt von g_2 und g_4.

Hinweise und Tipps

a) Der Punkt $P(0\,|\,2)$ liegt auf der y-Achse. Die y-Koordinate des Punkts P ist also der y-Achsenabschnitt t_1.

Setze den y-Achsenabschnitt t_1 und die Koordinaten eines Punkts (hier: $Q(-5\,|\,-1)$) in die Normalform einer linearen Funktion ein und berechne m_1.

$y = m_1 \cdot x + t_1$

Gib die vollständige Funktionsgleichung an.

b) Die Gerade g_3 steht senkrecht auf der Geraden g_2.

Forme die Gleichung für die Gerade g_2 in die Normalform um.

Berechne zuerst die Steigung der Geraden g_3 mit der Formel für senkrechte Geraden.

$m_2 \cdot m_3 = -1$

Setze den Wert der Steigung m_3 und die Koordinaten des Punkts A in die Normalform einer linearen Funktion ein und berechne t_3.

Gib die vollständige Funktionsgleichung an.

c) Setze die Funktionsgleichung von g_2 und g_4 gleich und löse die Gleichung nach x auf.

Ist der Punkt B der Schnittpunkt von g_2 und g_4, müssen seine Koordinaten beide Funktionsgleichungen erfüllen.

Setze die x-Koordinate jeweils in die Funktionsgleichung von g_2 und g_4 ein und berechne den Funktionswert.

Vergleiche den Funktionswert mit der y-Koordinate des Punkts B.

d) (I) Verlauf der Geraden g_4 zur Geraden g_5:

$g_5: -5x + y = -3 \quad | +5x$

$y = 5x - 3$

$m_5 = 5;\ m_4 = -5$

$m_5 \neq m_4$

Die Aussage ist falsch.

Die Gerade g_4 verläuft nicht parallel zur Geraden g_5.

(II) Gerade g_4 senkrecht auf der Geraden g_6:

g_4: $y = -5x - 5 \quad \rightarrow m_4 = -5$

g_6: $y = 0{,}2x \quad \rightarrow m_6 = 0{,}2$

$-5 \cdot 0{,}2 = -1$

Die Aussage ist wahr.

Die Gerade g_4 verläuft senkrecht zur Geraden g_6.

Hinweise und Tipps

Parallele Geraden haben die gleiche Steigung.
Forme die Gleichung der Geraden g_5 in die Normalform einer linearen Funktion um.
Vergleiche die Steigung m_5 mit der Steigung m_4.

Für senkrechte Geraden gilt:
$m_4 \cdot m_6 = -1$

e) grafische Darstellung

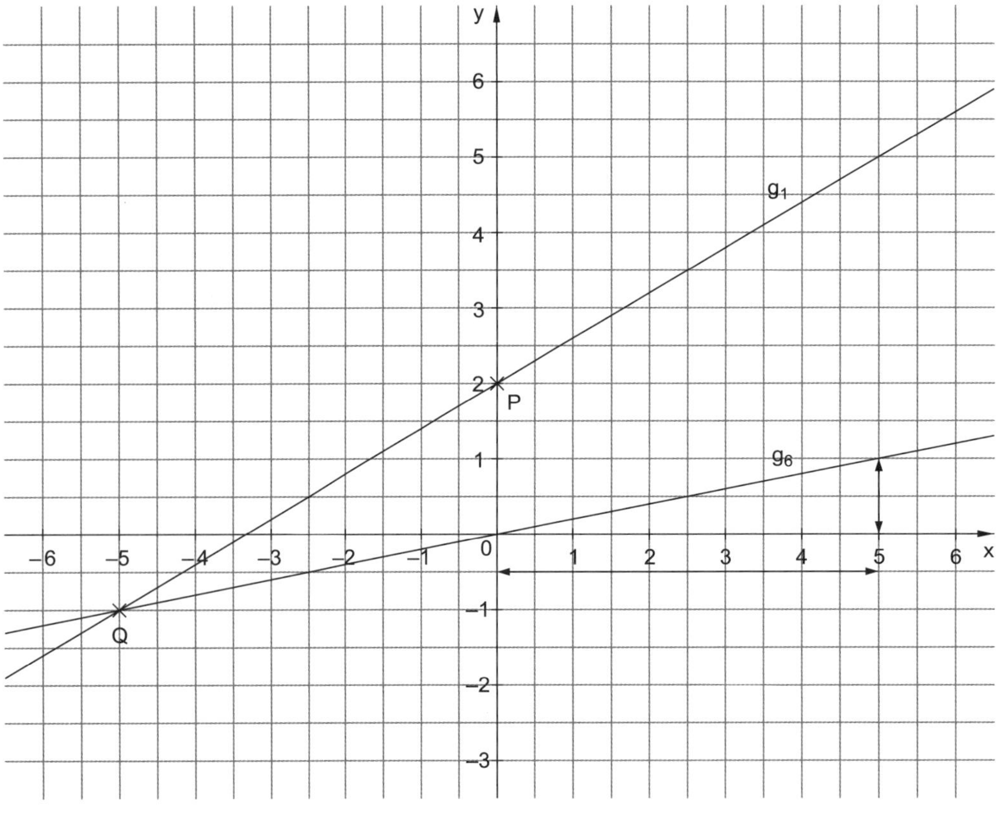

Lege ein Koordinatensystem mit der Einheit 1 cm an.
Der Platzbedarf ist in der Angabe gegeben:
x-Achse: –6 bis +6
y-Achse: –3 bis +6
Beschrifte das Koordinatensystem vollständig.
Trage die Punkte P(0 | 2) und Q(–5 | –1) in das Koordinatensystem ein.
Verbinde die Punkte P und Q zur Geraden g_1.
Die Gerade g_6 verläuft durch den Koordinatenursprung.
Zeichne g_6 mithilfe des Koordinatenursprungs und eines geeigneten Steigungsdreiecks (hier: 5 Einheiten nach rechts, 1 Einheit nach oben).

5. a) günstige Ereignisse für die Augensumme 3:

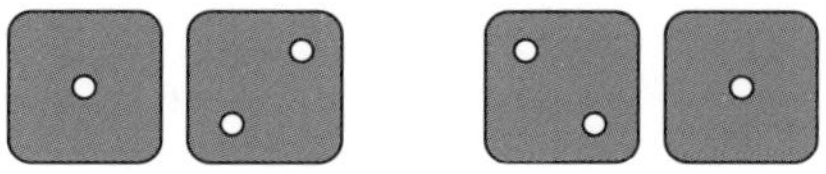

$\frac{1}{6}\cdot\frac{1}{6}$ $\qquad$ $\frac{1}{6}\cdot\frac{1}{6}$

Wahrscheinlichkeit für die Augensumme 3:

$$\frac{1}{6}\cdot\frac{1}{6}+\frac{1}{6}\cdot\frac{1}{6}=\frac{1}{36}+\frac{1}{36}=\frac{2}{36}$$

oder:

$$\frac{\text{Anzahl der günstigen Ereignisse}}{\text{Anzahl der möglichen Ereignisse}}=\frac{1}{36}+\frac{1}{36}=\frac{2}{36}$$

$$\frac{2}{36}=\frac{1}{18}=0{,}0555\ldots\approx 5{,}6\ \%$$

b) Anzahl der möglichen Anordnungen:
$6\cdot 6\cdot 6=216$

c) Wahrscheinlichkeit der Kombination 4 | 4 | 4:

$$\frac{1}{6}\cdot\frac{1}{6}\cdot\frac{1}{6}=\frac{1}{216}$$

oder:

$$\frac{\text{Anzahl der günstigen Ereignisse}}{\text{Anzahl der möglichen Ereignisse}}=\frac{1}{6}\cdot\frac{1}{6}\cdot\frac{1}{6}=\frac{1}{216}$$

$$\frac{1}{216}=0{,}00462\ldots\approx 0{,}5\,\%$$

Hinweise und Tipps

Beim Werfen von zwei Würfeln ist die Wahrscheinlichkeit für eine bestimmte Augenzahl für jeden Würfel jeweils $\frac{1}{6}$.
Bestimme zunächst die Anzahl der günstigen Ereignisse.

Wende zur Berechnung der Wahrscheinlichkeit die 1. Pfadregel (Additionsregel) an.

Du kannst die Wahrscheinlichkeit auch als Dezimalbruch und in Prozent angeben.
Runde sinnvoll (hier: eine Dezimalstelle).

Der Würfel wird dreimal geworfen. Bei jedem Wurf können 6 verschiedene Zahlen geworfen werden.

Der Würfel wird dreimal geworfen.
Die Wahrscheinlichkeit für eine bestimmte Augenzahl bei jedem Wurf beträgt $\frac{1}{6}$.

Du kannst die Wahrscheinlichkeit auch als Dezimalbruch und in Prozent angeben.
Runde sinnvoll (hier: eine Dezimalstelle).

---

6. a) $\frac{a+c}{f}=\frac{b+d}{e}$

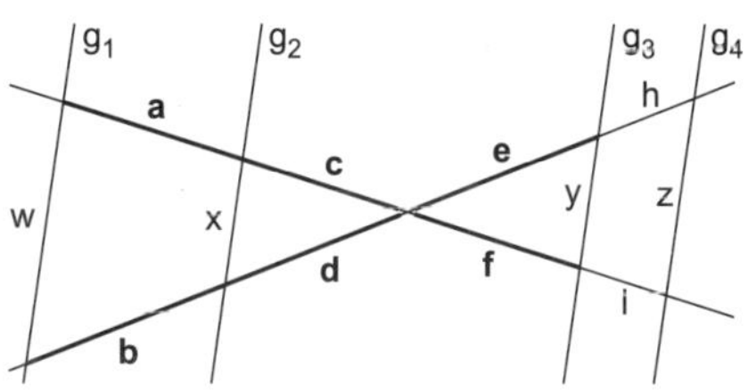

Wende die Strahlensätze an.
1. Strahlensatz

b) $\frac{w}{x}=\frac{b+d}{d}$

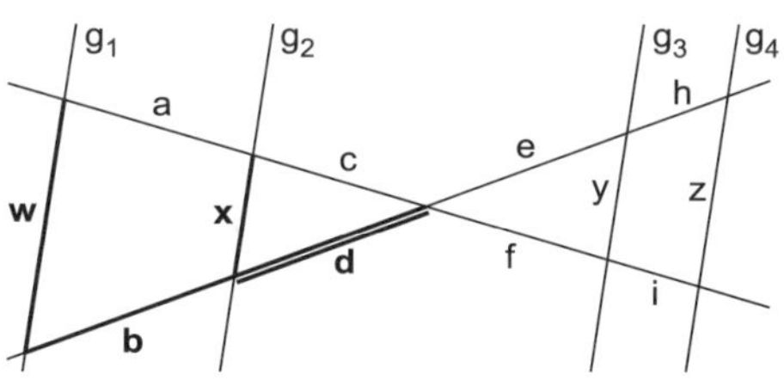

2. Strahlensatz

c) $\frac{c}{f}=\frac{x}{y}$

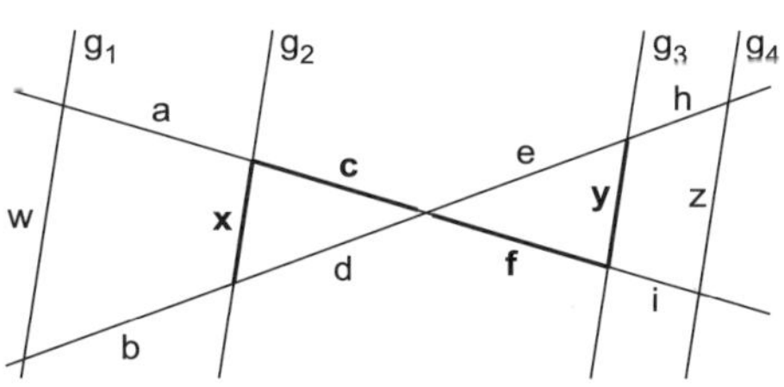

2. Strahlensatz

Hinweise und Tipps

7. $\frac{8x+39}{4x-12} = x$

Definitionsmenge:

$4x - 12 \neq 0 \quad |+12$

$4x \neq 12 \quad |:4$

$x \neq 3$

$\mathbb{D} = \mathbb{R} \setminus \{3\}$

Lösungsmenge:

$\frac{8x+39}{4x-12} = x \quad |\cdot(4x-12)$

$8x + 39 = x \cdot (4x - 12)$

$8x + 39 = 4x^2 - 12x \quad |-8x;\ -39$

$4x^2 - 20x - 39 = 0 \quad |:4$

$x^2 - 5x - 9{,}75 = 0$

$x_{1/2} = 2{,}5 \pm \sqrt{(-2{,}5)^2 + 9{,}75}$

$x_{1/2} = 2{,}5 \pm \sqrt{6{,}25 + 9{,}75}$

$x_{1/2} = 2{,}5 \pm \sqrt{16}$

$x_{1/2} = 2{,}5 \pm 4$

$x_1 = 2{,}5 - 4$

$x_1 = -1{,}5$

$x_2 = 2{,}5 + 4$

$x_2 = 6{,}5$

$x_1 \neq 3$ und $x_2 \neq 3$

$\mathbb{L} = \{-1{,}5;\ 6{,}5\}$

Bestimme die Definitionsmenge. Der Term im Nenner des Bruchs darf nicht null sein.

Gib die Definitionsmenge an.

Multipliziere mit dem Hauptnenner.

Multipliziere aus.

Fasse zusammen.

Forme die quadratische Gleichung in die Normalform um.

Löse mithilfe der Lösungsformel:

$x_{1/2} = -\frac{p}{2} \pm \sqrt{\left(\frac{p}{2}\right)^2 - q}$

Hier ist $p = -5$ und $q = -9{,}75$.

Beide Lösungen liegen in $\mathbb{D}$.

Gib die Lösungsmenge an.

---

8. a) jährlicher Bevölkerungsrückgang in Prozent:

$W_0 = 133\,539$

$W_9 = 124\,698$

$n = 9$

$124\,698 = 133\,539 \cdot q^9 \quad |:133\,539$

$\frac{124\,698}{133\,539} = q^9 \quad |\sqrt[9]{}$

$0{,}99241\ldots = q$

$0{,}99241\ldots = 1 - \frac{p}{100} \quad |-1$

$-0{,}00758\ldots = -\frac{p}{100} \quad |\cdot(-1)$

$\frac{p}{100} = 0{,}00758 \quad |\cdot 100$

$p\,\% = 0{,}758\ldots\,\%$

$p\,\% \approx 0{,}76\ldots\,\%$

Der jährliche Bevölkerungsrückgang beträgt 0,76 %.

Setze die gegebenen Werte in die Wachstumsformel ein und berechne q.

Wachstumsformel: $W_n = W_0 \cdot q^n$

Berechne p %. Es handelt sich um negatives Wachstum.

$q = 1 - \frac{p}{100}$

Runde den Prozentsatz sinnvoll (hier: zwei Dezimalstellen).

b) Anzahl der Jahre:
$p\,\% = 0{,}6\,\% = 0{,}006$

$q = 1 + 0{,}006 = 1{,}006$

$W_0 = 124\,698$
$W_n = 150\,000$

$150\,000 = 124\,698 \cdot 1{,}006^n \quad |:124\,698$

$\frac{150\,000}{124\,698} = 1{,}006^n$

$n = \log_{1{,}006} \frac{150\,000}{124\,698}$

$n = \frac{\lg \frac{150\,000}{124\,698}}{\lg 1{,}006}$

$n = 30{,}88\ldots$

$n \approx 31$ Jahre

Nach 31 Jahren würde die Einwohnerzahl auf 150 000 anwachsen.

c) $W_0 = 2\,205$
$p_1 = 0{,}7\,\% = 0{,}007\,\%$ $\quad q_1 = 1 + 0{,}007 \quad q_1 = 1{,}007$
$n_1 = 5$
$p_2 = 1{,}4\,\% = 0{,}014\,\%$ $\quad q_2 = 1 + 0{,}014 \quad q_2 = 1{,}014$
$n_2 = 4$
$W_{2016} = 2\,205 \cdot 1{,}007^5 \cdot 1{,}014^4$
$W_{2016} = 2\,413{,}8\ldots$
$W_{2016} = 2\,414$
Ende 2016 beträgt die Einwohnerzahl des Nachbarortes 2 414 Einwohner.

Hinweise und Tipps

Bestimme den Wachstumsfaktor für positives Wachstum.

$q = 1 + \frac{p}{100}$

Setze die gegebenen Werte in die Wachstumsformel ein und löse nach n auf.

$W_n = W_0 \cdot q^n$

Berechne n mithilfe des Logarithmus.

Runde auf ganze Jahre.

Bestimme die beiden Wachstumsfaktoren für positives Wachstum.

$q = 1 + \frac{p}{100}$

Setze die gegebenen Werte in die Wachstumsformel ein.

Verkette die Wachstumsfaktoren.

$W_n = W_0 \cdot q^n$

Runde auf ganze Einwohner.

---

9. Radius der Kugel:

$33{,}5\text{ cm}^3 = \frac{4}{3} \cdot r^3 \cdot 3{,}14 \quad |\cdot 3;\ :4;\ :3{,}14$

$8{,}0015\ldots\text{ cm}^3 = r^3 \quad |\sqrt[3]{}$

$r = 2{,}000\ldots\text{ cm}$

$r \approx 2{,}0\text{ cm}$

Länge der Raumdiagonalen f:
$f = 3\text{ cm} + 2\text{ cm} + 2\text{ cm} + 3\text{ cm}$
$f = 10\text{ cm}$

Berechne den Radius der Kugel.

$V = \frac{4}{3} \cdot r^3 \cdot \pi$

Du kannst die π-Taste verwenden oder mit $\pi = 3{,}14$ rechnen. Rechne hier mit 3,14.

Addiere die bekannten Strecken und du erhältst die Länge der Raumdiagonalen f.

Die Raumdiagonale f, die Flächendiagonale d und die Kantenlänge des Würfels bilden ein rechtwinkliges Dreieck.
Die Raumdiagonale ist die Hypotenuse, die Kantenlänge a die Gegenkathete zum Winkel β.

Hinweise und Tipps

Kantenlänge a des Würfels:

$$\sin\beta = \frac{a}{f}$$

$$\sin 35{,}27° = \frac{a}{10\,\text{cm}} \quad |\cdot 10$$

$$10 \cdot \sin 35{,}27° = a$$

$$a = 5{,}77\ldots\,\text{cm}$$

$$a \approx 5{,}8\,\text{cm}$$

Berechne die Kantenlänge a mithilfe des Sinus.

$\sin\beta = \frac{\text{Gegenkathete}}{\text{Hypotenuse}}$

Runde sinnvoll (hier: eine Dezimalstelle).

oder:

Länge der Flächendiagonalen d:

$$d^2 = a^2 + a^2$$

$$d^2 = 2a^2 \quad |\sqrt{}$$

$$d = \sqrt{2a^2}$$

Die beiden Würfelkanten a und die Flächendiagonale d bilden ein rechtwinkliges Dreieck.
Bestimme die Länge der Flächendiagonale mit dem Satz des Pythagoras.

$$a^2 = f^2 - 2a^2 \quad |+2a^2$$

$$3a^2 = f^2$$

$$3a^2 = (10\,\text{cm})^2$$

$$3a^2 = 100\,\text{cm}^2 \quad |:3;\ \sqrt{}$$

$$a = 5{,}77\ldots\,\text{cm}$$

$$a \approx 5{,}8\,\text{cm}$$

Die Raumdiagonale f, die Flächendiagonale d und die Kantenlänge a bilden ein rechtwinkliges Dreieck.
Berechne die Kantenlänge a mit dem Satz des Pythagoras.

Runde sinnvoll (hier: eine Dezimalstelle).

Volumen des Würfels:

$$V = 5{,}8\,\text{cm} \cdot 5{,}8\,\text{cm} \cdot 5{,}8\,\text{cm}$$

$$V = 195{,}112\,\text{cm}^3$$

$$V \approx 195\,\text{cm}^3$$

Berechne das Volumen des Würfels: $V = a \cdot a \cdot a$

Runde sinnvoll (hier: ganze cm^3).

---

10. a) Korrektes Gleichungssystem für den Sachverhalt:
Eintrittspreis für ein Kind: y €
Eintrittspreis für einen Erwachsenen: x €

Lege die Variable y für den Eintrittspreis für ein Kind und die Variable x für den Eintrittspreis eines Erwachsenen fest.

2 Kinder 2y, 2 Erwachsene 2x } 64 € für Lena, Patrick, 2 Erwachsene (Eltern)

3 Kinder 3y, 1 Erwachsener x } 60 € für 3 Kinder, 1 Erwachsener (Herr Stur)

Stelle für jede Familie eine Gleichung auf.

$$\text{I} \quad 2x + 2y = 64 \quad |:2$$

$$\text{I*} \quad x + y = 32$$

$$\text{II} \quad x + 3y = 60$$

Das Gleichungssystem C ist korrekt.

Vereinfache die Gleichung I.
Vergleiche dein Gleichungssystem mit den gegebenen Gleichungssystemen.

b) Rechnerische Lösung:

$$\text{I} \quad x + y = 32 \quad |-x$$

$$\text{II} \quad x + 3y = 60$$

$$\text{I} \quad y = 32 - x$$

Löse das Gleichungssystem mit dem Einsetzungsverfahren.
Löse die Gleichung I nach y auf.

$$\text{in II} \quad x + 3\cdot(32 - x) = 60 \quad |-96$$

$$-2x = -36 \quad |:(-2)$$

$$x = 18$$

Setze den Term für y in die Gleichung II ein und berechne x.

$$\text{I} \quad y = 32 - 18$$

$$y = 14$$

Setze x = 18 in die vereinfachte Gleichung I ein und berechne y.

Der Eintrittspreis für ein Kind beträgt 14 €.
Der Eintrittspreis für einen Erwachsenen beträgt 18 €.

M10-Prüfung an Mittelschulen in Bayern 2018
Mathematik – Aufgabengruppe II

Aufgaben

Punkte

1. Gegeben ist der Graph der linearen Funktion g_1.

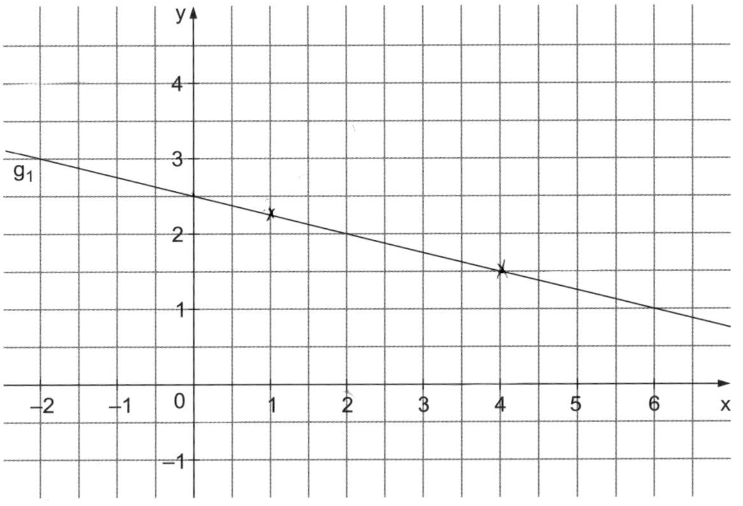

a) Bestimmen Sie die Funktionsgleichung der Geraden g_1.

b) Die Gerade g_2 hat die Funktionsgleichung g_2: $y = -2x - 3$.
Die Gerade g_3 verläuft parallel zu g_2 und durch den Punkt $C(1|2)$.
Ermitteln Sie die Funktionsgleichung von g_3 rechnerisch.

c) Bestimmen Sie die Koordinaten des Schnittpunkts N von g_2 mit der x-Achse und geben Sie N an.

d) Die Gerade g_2 wird an der x-Achse gespiegelt. Geben Sie die Funktionsgleichung der dadurch entstandenen Geraden g_4 an.

e) Der Punkt $D(-16{,}5|y_D)$ liegt auf der Geraden g_2.
Berechnen Sie die fehlende Koordinate von D.

f) Zeichnen Sie die Graphen der Geraden g_2 und g_3 in ein Koordinatensystem mit der Einheit 1 cm.
Hinweis zum Platzbedarf: x-Achse von –5 bis 5, y-Achse von –4 bis 7

g) Berechnen Sie den Abstand zwischen den Punkten $A(2|0)$ und $B(0|4)$. 8

2. Berechnen Sie die Längen der Strecken x_1, x_2 und x_3 (siehe Skizze).
Es gilt: $g_1 \parallel g_2 \parallel g_3$

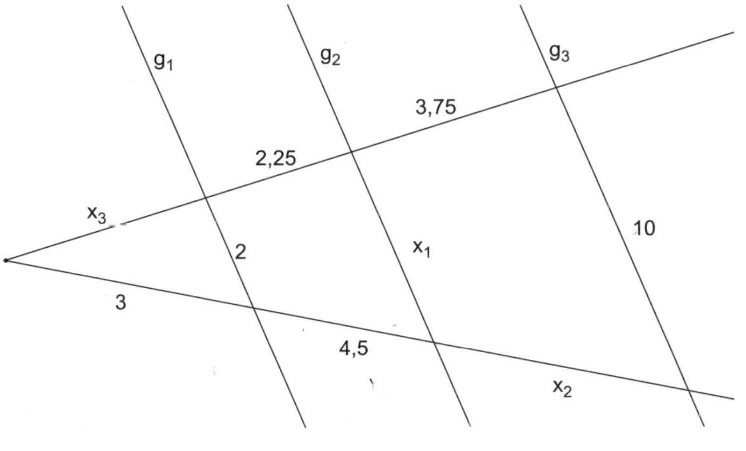

Hinweise: Maße in cm
Skizze nicht maßstabsgetreu 3

3. a) Die nach oben geöffnete Normalparabel p_1 hat den Scheitelpunkt $S_1(2|-4)$.
Berechnen Sie die Funktionsgleichung der Parabel p_1 in der Normalform.

b) Die Punkte $A(-4|-5)$ und $B(-1|-2)$ liegen auf der nach unten geöffneten Normalparabel p_2.
Ermitteln Sie rechnerisch die Funktionsgleichung von p_2.

c) Die Normalparabel p_3 hat die Funktionsgleichung p_3: $y=x^2-6x+5$.
Berechnen Sie die Koordinaten des Scheitelpunkts S_3 von p_3.

d) Ermitteln Sie rechnerisch die x-Koordinaten der Schnittpunkte N_1 und N_2 von p_3 mit der x-Achse.

e) Gegeben ist die Normalparabel p_4: $y=-x^2-4x-9$. Begründen Sie mithilfe einer Rechnung, dass sich die Parabeln p_3 und p_4 nicht schneiden.

f) Durch Spiegelung der Parabel p_1 an der y-Achse entsteht die Parabel p_5.
Zeichnen Sie die Graphen der Parabeln p_1 und p_5 in ein Koordinatensystem mit der Längeneinheit 1 cm.
Hinweis zum Platzbedarf: x-Achse von –6 bis 6, y-Achse von –5 bis 6 8

4. Das Trapez ABCD setzt sich aus mehreren Dreiecken zusammen (siehe Skizze).
Formulieren Sie jeweils eine Anwendung des Höhensatzes und des Kathetensatzes unter Verwendung der in der Skizze angegebenen Streckenbezeichnungen.

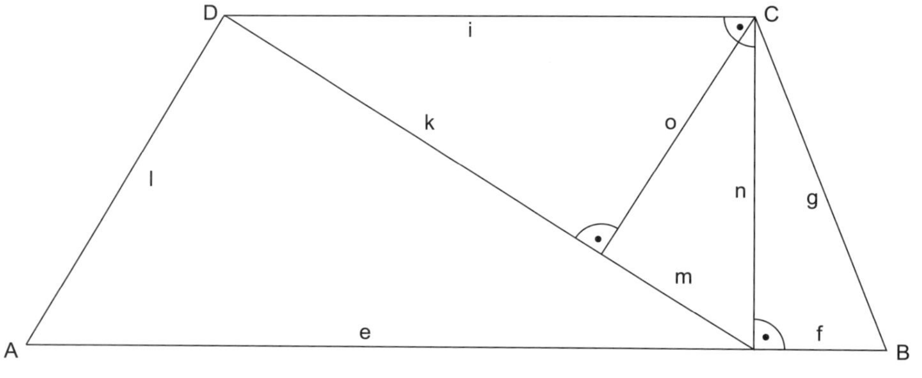

2

5. Die Halbwertszeit des radioaktiven Elements Radium beträgt 1 602 Jahre.

a) Berechnen Sie die Masse an Radium, die nach 400 Jahren von ursprünglich 5 000 Gramm noch vorhanden ist.

b) Ermitteln Sie rechnerisch, nach wie vielen Jahren von ursprünglich 80 Gramm Radium noch 56,57 Gramm vorhanden sind.

Der Zerfall von 10 g radioaktivem Polonium-218 wird durch den folgenden Graphen dargestellt.

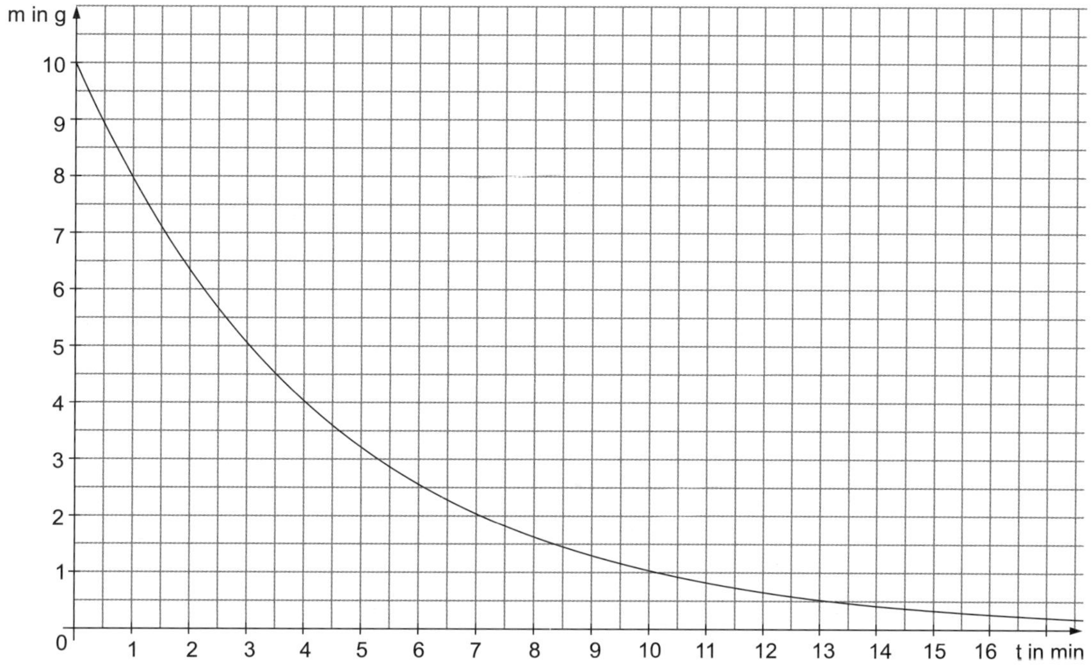

c) Bestimmen Sie die Halbwertszeit des Elements anhand des Graphen.

d) Geben Sie an, nach wie vielen Minuten von 10 g Polonium-218 nur noch 0,5 g vorhanden sind. 5

6. Geben Sie die Definitionsmenge der folgenden Gleichung an und ermitteln Sie die Lösungsmenge rechnerisch.

$$\frac{x}{2}+\frac{x}{x-3}=\frac{3}{x-3}-2$$ 4

7. In einem Behälter befinden sich Kugeln in den Farben grau (g), weiß (w) und schwarz (s). Bei einem Zufallsexperiment wird zweimal nacheinander jeweils eine Kugel gezogen.

Das folgende Baumdiagramm stellt die möglichen Ergebnisse dieses Zufallsexperiments dar.

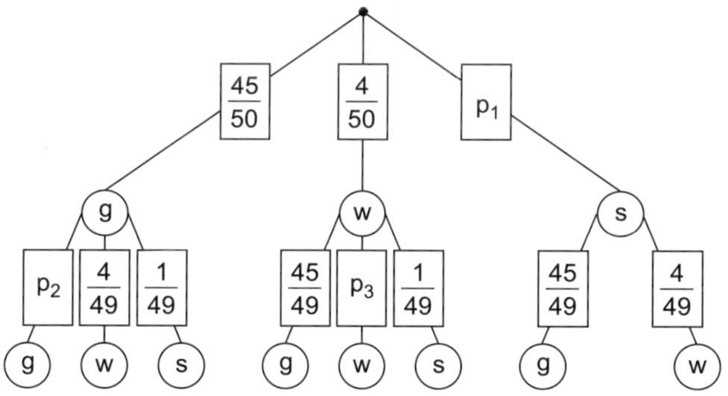

a) Begründen Sie anhand des Baumdiagramms, dass es sich um ein Zufallsexperiment ohne Zurücklegen handelt.

b) Notieren Sie auf Ihrem Lösungsblatt die Nummer des Behälters (siehe Abbildung unten), die zum dargestellten Baumdiagramm passt.

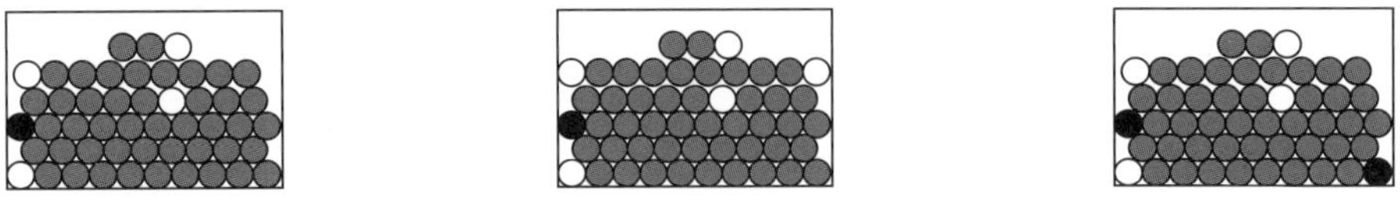

(1) (2) (3)

c) Geben Sie die im Baumdiagramm fehlenden Wahrscheinlichkeiten p_2 und p_3 in Bruchschreibweise an.

d) Berechnen Sie, wie hoch die Wahrscheinlichkeit ist, dass es sich bei den beiden gezogenen Kugeln um eine graue sowie um eine weiße handelt. 4

8. Folgende Gleichungen sind Anwendungen von binomischen Formeln.
Ersetzen Sie jeweils den Platzhalter $\blacksquare$ durch den entsprechenden Term und schreiben Sie die mathematisch richtigen Gleichungen auf Ihr Lösungsblatt.

a) $(\blacksquare + \blacksquare)^2 = \blacksquare + 2fc + 0{,}25c^2$

b) $(\blacksquare - 5m)^2 = 1{,}44e^2 - \blacksquare + \blacksquare$ 3

9. Berechnen Sie den Umfang des in der Skizze dargestellten stumpfwinkligen Dreiecks ABC.

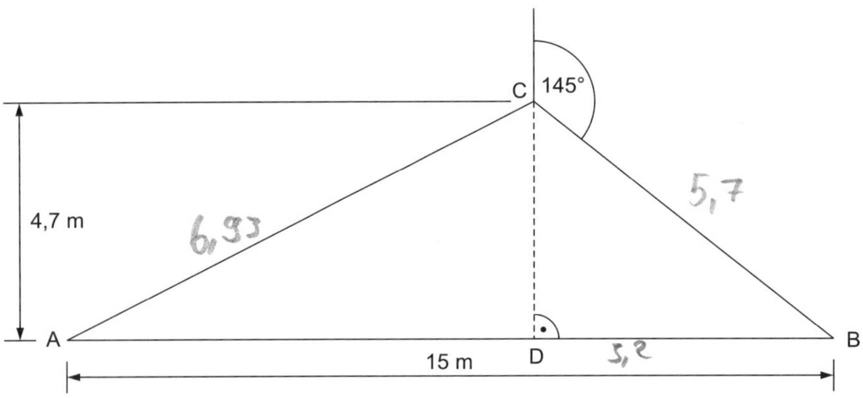

Hinweis: Skizze nicht maßstabsgetreu 4

10. Eine zylinderförmige Blumenvase hat ein Gesamtvolumen von 2,5 Litern. Sie ist zu $\frac{3}{4}$ mit Wasser gefüllt.
Es werden 60 farbige Deko-Glaskugeln hineingegeben, die vollständig untertauchen.
Danach ist die Vase zu $\frac{4}{5}$ ihres Gesamtvolumens gefüllt.
Berechnen Sie den Durchmesser einer Glaskugel. 4

Lösungen

Aufgabengruppe II

1. a) Funktionsgleichung der Geraden g_1:

$t_1 = 2{,}5$

$m_1 = -\frac{1}{4} = -0{,}25$

g_1: $y = -0{,}25x + 4$

Hinweise und Tipps

Lies aus der Abbildung den y-Achsenabschnitt t_1 ab. Wähle ein geeignetes Steigungsdreieck und bestimme die Steigung m_1 der Geraden g_1.

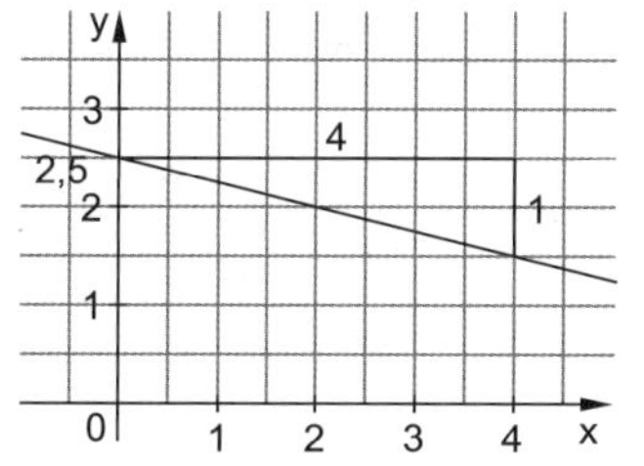

Die Gerade g_1 fällt, die Steigung ist negativ.
Gib die vollständige Funktionsgleichung der Geraden g_1 an.

b) Funktionsgleichung der Geraden g_3:

$m_2 = m_3$

$m_3 = -2$ und $C(1\,|\,2)$ in g_3: $y = m_3 \cdot x + t_3$

$2 = -2 \cdot 1 + t_3$

$2 = -2 + t_3 \qquad |+2$

$t_3 = 4$

g_3: $y = -2x + 4$

Parallele Geraden haben die gleiche Steigung. Die Gerade g_3 verläuft parallel zur Geraden g_2. Setze den Wert der Steigung m_3 und die Koordinaten des Punkts C in die Normalform einer linearen Funktion ein und berechne t_3.

Gib die vollständige Funktionsgleichung an.

c) Koordinaten des Schnittpunkts N:

g_2: $y = -2x + -3$

$-2x - 3 = 0 \qquad |+3$

$-2x = 3 \qquad |:(-2)$

$x = -1{,}5$

$N(-1{,}5\,|\,0)$

Um den Schnittpunkt der Geraden g_2 mit der x-Achse zu erhalten, berechne die Nullstelle der linearen Funktion.
Die Nullstelle einer linearen Funktion hat den Funktionswert $y = 0$.

Gib die Koordinaten von N an.

d) Funktionsgleichung der Spiegelgeraden g_4:

g_2: $y = -2x - 3$

g_4: $y = 2x + 3$

Wird eine Gerade an der x-Achse gespiegelt, ändern sowohl die Steigung m als auch der y-Achsenabschnitt das Vorzeichen.

e) Fehlende y-Koordinate von Punkt D:

g_2: $y = -2x - 3$; $D(-16{,}5\,|\,y_D)$

$y_D = (-2) \cdot (-16{,}5) - 3$

$y_D = 33 - 3$

$y_D = 30$

$D(-16{,}5\,|\,30)$

Setze die x-Koordinate des Punkts D in die Funktionsgleichung von g_2 ein und berechne den Funktionswert y_D.

Gib die vollständigen Koordinaten des Punkts D an.

Hinweise und Tipps

f) grafische Darstellung:

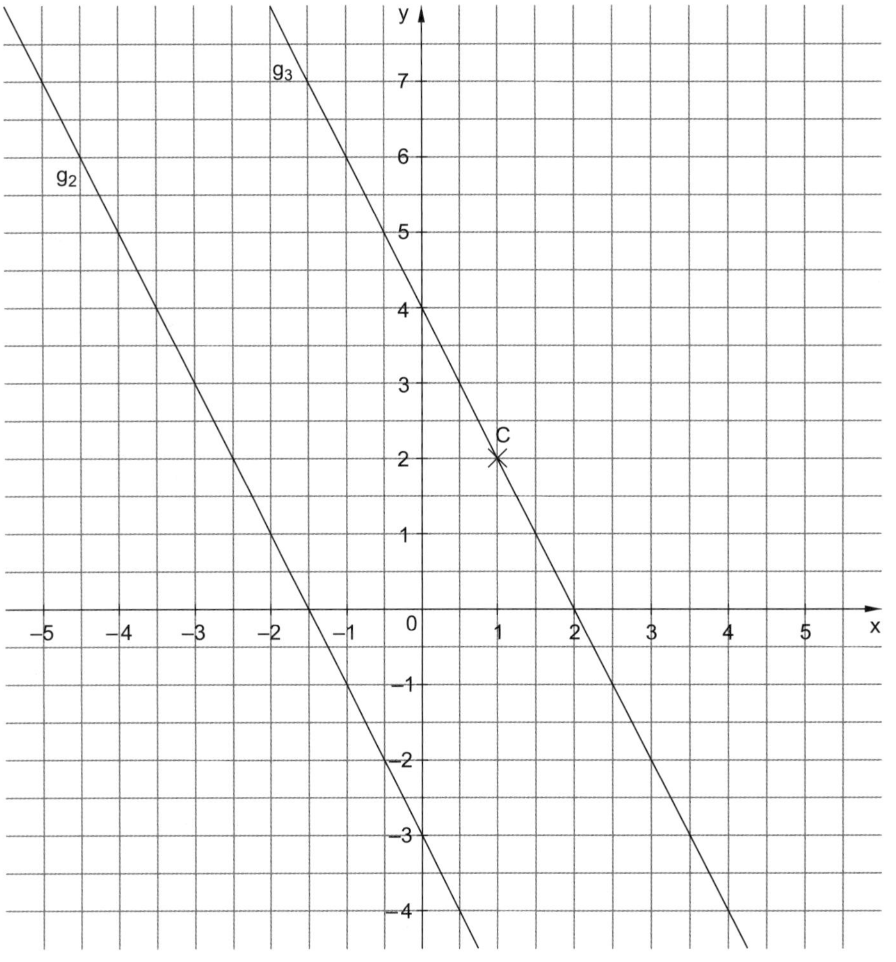

Lege ein Koordinatensystem mit der Einheit 1 cm an.

Der Platzbedarf ist in der Angabe gegeben:
x-Achse: –5 bis +5
y-Achse: –4 bis +7

Beschrifte das Koordinatensystem vollständig.

Zeichne g_2 und g_3 mithilfe des y-Achsenabschnitts und des Steigungsdreiecks.

Oder:

Trage den Punkt C(1 | 2) in das Koordinatensystem ein. Zeichne mit dem Geodreieck eine Parallele zu g_2 durch den Punkt C und du erhältst die Gerade g_3.

Überprüfe am Ende, ob deine gezeichneten Geraden parallel sind.

g) Abstand zwischen den Punkten A(2 | 0) und B(0 | 4):

$\overline{AB} = \sqrt{(4\text{ cm} - 0\text{ cm})^2 + (0\text{ cm} - 2\text{ cm})^2}$

$\overline{AB} = \sqrt{16\text{ cm}^2 + 4\text{ cm}^2}$

$\overline{AB} = \sqrt{20\text{ cm}^2}$

$\overline{AB} = 4{,}47\ldots\text{ cm}$

$\overline{AB} \approx 4{,}5\text{ cm}$

Der Abstand zweier Punkte A und B auf einer Geraden ist die Länge der Strecke $\overline{AB}$.
Setze die Koordinaten der Punkte A und B in die Formel zur Berechnung des Abstands von zwei Punkten ein und berechne die Länge der Strecke $\overline{AB}$.

$\overline{AB} = \sqrt{(y_b - y_a)^2 + (x_b - x_a)^2}$

Runde das Ergebnis sinnvoll (hier: eine Dezimalstelle).

---

2. Länge der Strecke x_1:

$x_1 : 2 = (3 + 4{,}5) : 3$

$x_1 : 2 = 7{,}5 : 3 \quad | \cdot 2;\ \cdot 3$

$3 \cdot x_1 = 15 \quad | : 3$

$x_1 = 5$

Die Länge der Strecke x_1 beträgt 5 cm.

Wende den 2. Strahlensatz an.

Stelle eine gültige Verhältnisgleichung auf.

Löse nach x_1 auf.

Hinweise und Tipps

Länge der Strecke x_2:

$10:2=(x_2+3+4{,}5):3 \quad |\cdot 2;\ \cdot 3$

$2\cdot(x_2+7{,}5)=30$

$2\cdot x_2+15=30 \quad |-15$

$2\cdot x_2=15 \quad |:2$

$x_2=7{,}5$

Die Länge der Strecke x_2 beträgt 7,5 cm.

Wende den 2. Strahlensatz an.
Stelle eine gültige Verhältnisgleichung auf.
Löse nach x_2 auf.

Länge der Strecke x_3:

$x_3:2{,}25=3:4{,}5 \quad |\cdot 4{,}5;\ \cdot 2{,}25$

$4{,}5\cdot x_3=6{,}75 \quad |:4{,}5$

$x_3=1{,}5$

Die Länge der Strecke x_3 beträgt 1,5 cm.

Wende den 1. Strahlensatz an.
Stelle eine gültige Verhältnisgleichung auf.
Löse nach x_3 auf.

---

3. a) Funktionsgleichung der Parabel p_1 in der Normalform:

$S_1(2\,|-4)$

p_1 nach oben geöffnet: $y=(x-x_S)^2+y_S$

Setze die Koordinaten von S_1 in die Scheitelpunktform für eine nach oben geöffnete Normalparabel ein.

p_1: $y=(x-2)^2-4$

$y=x^2-4x+4-4$

p_1: $y=x^2-4x$

Löse das Binom auf.
Fasse zusammen und du erhältst die Funktionsgleichung in der Normalform.

b) Funktionsgleichung der Parabel p_2 in der Normalform:

$A(-4\,|-5)$; $B(-1\,|-2)$

p_2 nach unten geöffnet: $y=-x^2+px+q$

Setze die Punkte A und B jeweils in die Normalform für eine nach unten geöffnete Parabel ein.
Achte auf die Vorzeichen.

I $\quad -5=-(-4)^2-4\cdot p+q$

II $\quad -2=-(-1)^2+(-1)\cdot p+q$

Löse das Gleichungssystem (hier: mit dem Gleichsetzungsverfahren).

I $\quad -5=-16-4p+q \quad |+16;\ +4$

II $\quad -2=-1-p+q \quad |+1;\ +p$

I $\quad 11+4p=q$

II $\quad -1+p=q$

Löse beide Gleichungen nach q auf.

I = II $\quad 11+4p=-1+p \quad |-p;\ -11$

$3p=-12 \quad |:3$

$p=-4$

Setze die beiden erhaltenen Terme für q gleich und berechne p.

in II $\quad -1-4=q$

$q=-5$

Setze $p=-4$ in eine umgeformte Gleichung (hier: Gleichung II) ein und berechne q.

p_2: $y=-x^2-4x-5$

Gib die Funktionsgleichung von p_2 in der Normalform an.

c) Scheitelpunkt S_3 von p_3:

$y=x^2-6x+5$

$y=(x^2-2\cdot 3x+3^2)-3^2+5$

$y=(x-3)^2-9+5$

$y=(x-3)^2-4$

Wandle die Funktionsgleichung durch quadratische Ergänzung in die Scheitelpunktform um.
Bilde das Binom.

$S_3(3\,|-4)$

Lies die Koordinaten des Scheitelpunkts S_3 aus der Scheitelpunktform ab.

d) x-Koordinaten der Schnittpunkte N_1 und N_2 von p_3 mit der x-Achse:

p_3: $y = x^2 - 6x + 5$

$$x^2 - 6x + 5 = 0$$
$$x_{1/2} = 3 \pm \sqrt{(-3)^2 - 5}$$
$$x_{1/2} = 3 \pm \sqrt{9 - 5}$$
$$x_{1/2} = 3 \pm \sqrt{4}$$
$$x_{1/2} = 3 \pm 2$$
$$x_1 = 3 - 2$$
$$x_1 = 1$$
$$x_2 = 3 + 2$$
$$x_2 = 5$$

e) rechnerische Begründung, dass sich die Parabeln p_3 und p_4 nicht schneiden:

p_3: $y = x^2 - 6x + 5$

p_4: $y = -x^2 - 4x - 9$

$$x^2 - 6x + 5 = -x^2 - 4x - 9 \quad | + x^2;\ +4x;\ +9$$
$$2x^2 - 2x + 14 = 0 \quad |:2$$
$$x^2 - x + 7 = 0$$
$$D = \sqrt{(-0{,}5)^2 - 7}$$
$$D = \sqrt{0{,}25 - 7}$$
$$D = \sqrt{-6{,}75}$$

Die Diskriminante ist negativ. Die quadratische Gleichung hat keine Lösung. Es existieren keine Schnittpunkte, d. h. die Parabeln p_3 und p_4 schneiden sich nicht.

oder:

Scheitelpunkt S_4 von p_4:

p_4: $y = -x^2 - 4x - 9$

$$y = -x^2 - 4x - 9 \quad | \cdot (-1)$$
$$-y = x^2 + 4x + 9$$
$$-y = (x^2 + 2 \cdot 2x + 2^2) - 2^2 + 9$$
$$-y = (x + 2)^2 + 5 \quad | \cdot (-1)$$
$$y = -(x + 2)^2 - 5$$

$S_4(-2\,|-5)$

$S_3(3\,|-4)$

S_4 liegt unterhalb von S_3. p_3 ist nach oben geöffnet, p_4 ist nach unten geöffnet. Es existieren keine Schnittpunkte von p_3 mit p_4.

Hinweise und Tipps

Die Schnittpunkte einer Normalparabel mit der x-Achse sind die Nullstellen der quadratischen Funktion.

Setze den Funktionswert $y = 0$ und berechne die Nullstellen x_1 und x_2 mithilfe der Lösungsformel für quadratische Gleichungen.

$$x_{1/2} = -\frac{p}{2} \pm \sqrt{\left(\frac{p}{2}\right)^2 - q}$$

Hier ist $p = -6$ und $q = 5$.

Hier ist nur nach der x-Koordinate gefragt. Die Schnittpunkte liegen bei $N_1(1\,|\,0)$ und $N_2(5\,|\,0)$.

Setze die Funktionsgleichungen von p_3 und p_4 gleich.

Forme die quadratische Gleichung in die Normalform um.

Setze p und q in die Diskriminante D (den Wurzelterm) ein.

Hier ist $p = -1$ und $q = +7$.

$$x_{1/2} = -\frac{p}{2} \pm \sqrt{\left(\frac{p}{2}\right)^2 - q}$$

Eine negative Wurzel ist nicht möglich.

Wandle die Funktionsgleichung durch quadratische Ergänzung in die Scheitelpunktform um.

Ändere zuerst die Vorzeichen.

Bilde das Binom.

Ändere die Vorzeichen.

Lies die Koordinaten des Scheitelpunkts S_4 aus der Scheitelpunktform ab.

Begründe deine Entscheidung.

Hinweise und Tipps

f) grafische Darstellung:

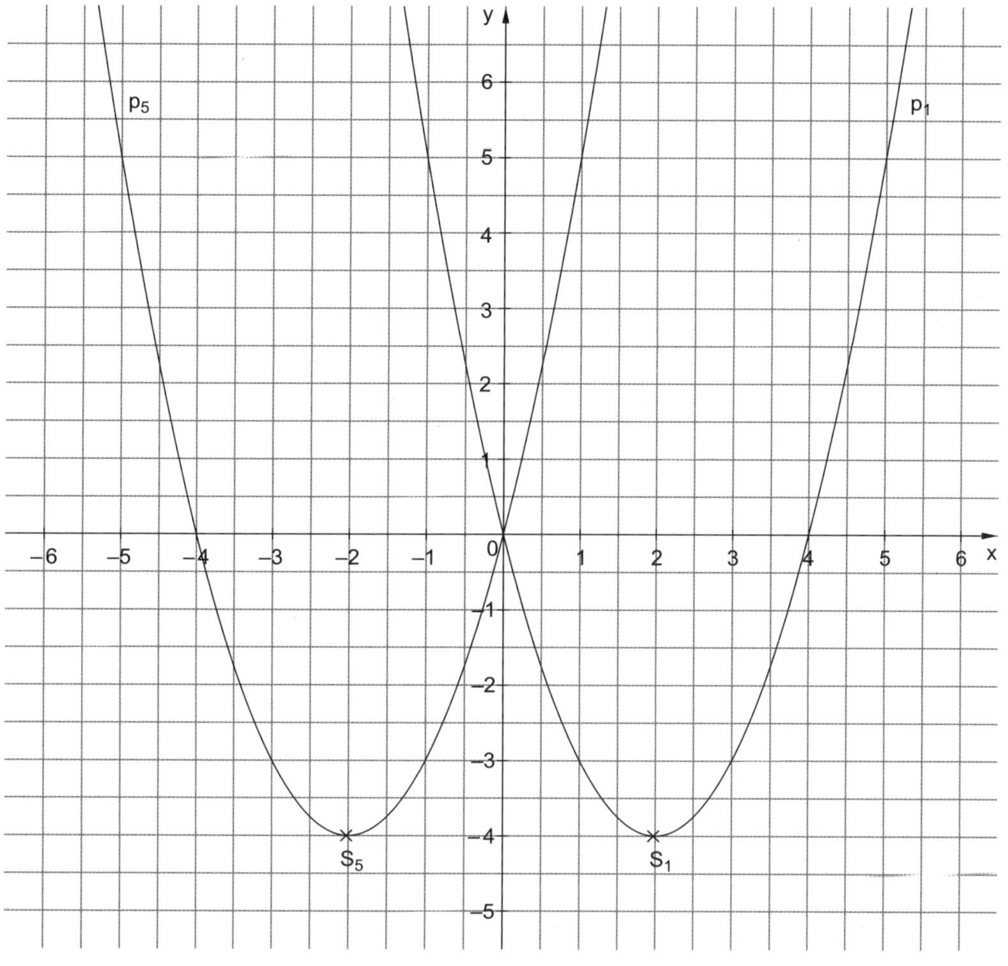

Lege ein Koordinatensystem mit der Einheit 1 cm an.

Der Platzbedarf ist in der Angabe gegeben:
x-Achse: –6 bis +6
y-Achse: –5 bis +6

Beschrifte das Koordinatensystem vollständig.

Trage den Scheitelpunkt S_1 ein und zeichne mithilfe der Kurvenschablone die nach oben geöffnete Normalparabel p_1.

Spiegle den Scheitelpunkt S_1 an der y-Achse. Du erhältst den Scheitelpunkt S_5.

Zeichne mithilfe der Kurvenschablone die nach oben geöffnete Normalparabel p_5.

4. Höhensatz:
Höhe: o
zugehörige Hypotenusenabschnitte k und m
$o^2 = m \cdot k$

Kathetensatz:
Kathete n:
Hypotenuse (k + m), anliegender Hypotenusenabschnitt m
$n^2 = (k+m) \cdot m$

oder:
Kathete i:
Hypotenuse (k + m), anliegender Hypotenusenabschnitt k
$i^2 = (k+m) \cdot k$

Im rechtwinkligen Dreieck gilt der Höhensatz des Euklid. Es gilt:
$h^2 = p \cdot q$
Suche in der Skizze die entsprechenden Strecken für h, p und q.
Formuliere einen gültigen Höhensatz.

Im rechtwinkligen Dreieck gilt der Kathetensatz des Euklid. Es gilt:
$a^2 = c \cdot p$
$b^2 = c \cdot q$
Suche in der Skizze die entsprechenden Strecken für a, b, c, p und q.
Formuliere einen gültigen Kathetensatz.

Es gibt zwei Möglichkeiten.

5. a) Restmenge N_t nach 400 Jahren in Gramm:

Anfangsmenge: $N_0 = 5\,000$ g
Zerfallsdauer: $t = 400$ Jahre
Halbwertszeit: $T = 1\,602$ Jahre

$N_{400} = 5\,000\text{ g} \cdot 0{,}5^{\frac{400}{1\,602}}$
$N_{400} = 4\,205{,}39\ldots\text{ g}$
$N_{400} \approx 4\,205\text{ g}$

Nach 400 Jahren sind noch 4 205 g Radium vorhanden.

b) Berechnung der Zeitspanne:

Anfangsmenge: $N_0 = 80$ g
Restmenge: $N_t = 56{,}57$ g
Halbwertszeit: $T = 1\,602$ Jahre

$56{,}57\text{ g} = 80\text{ g} \cdot 0{,}5^{\frac{t}{1\,602}} \quad |:80\text{ g}$

$0{,}707125 = 0{,}5^{\frac{t}{1\,602}} \quad |\log$

$\frac{t}{1\,602} = \log_{0,5} 0{,}707125$

$\frac{t}{1\,602} = \frac{\lg 0{,}707125}{\lg 0{,}5} \quad |\cdot 1\,602$

$t = \frac{\lg 0{,}707125}{\lg 0{,}5} \cdot 1\,602$

$t = 800{,}94\ldots$ Jahre

$t \approx 801$ Jahre

Nach 801 Jahren sind noch 56,57 g Radium vorhanden.

c) Halbwertszeit von radioaktivem Polonium-218

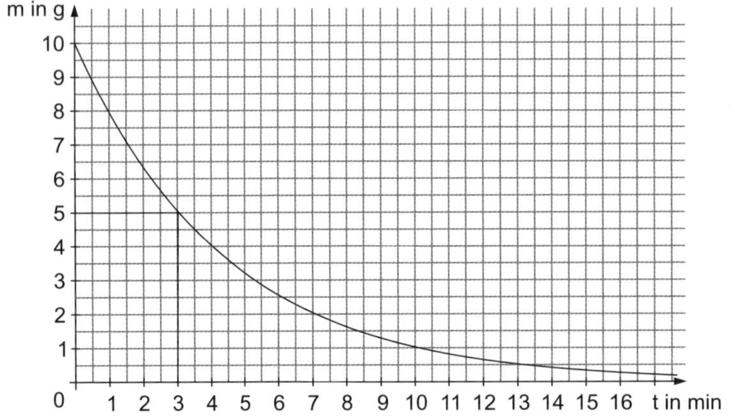

Die Halbwertszeit beträgt 3 Minuten.

Hinweise und Tipps

Setze die Werte in die Formel für den radioaktiven Zerfall ein und berechne die nicht zerfallende Menge (Restmenge) N_t.
$N_t = N_0 \cdot 0{,}5^{\frac{t}{T}}$

Runde sinnvoll (hier: ganze Gramm).

Setze die Werte in die Formel für den radioaktiven Zerfall ein und löse nach der Zerfallsdauer auf.

Berechne t mithilfe des Logarithmus.

Runde die Zerfallsdauer auf ganze Jahre.

Die Halbwertszeit gibt an, nach welcher Zeit die Hälfte einer radioaktiven Anfangsmenge zerfallen ist.

Die Hälfte von 10 g sind 5 g.

Markiere auf der Mengenachse den Punkt 5 (g).

Lies auf der Zeitachse die zugehörige Zeit in Minuten ab.

d) Zerfallsdauer

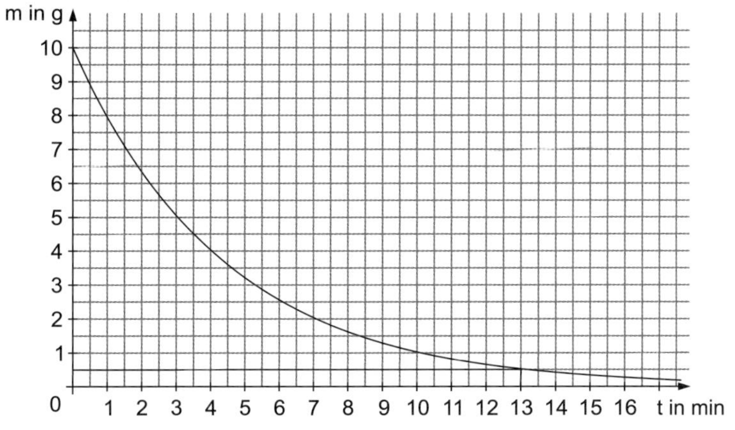

Nach 13 Minuten sind nur noch 0,5 g vorhanden.

Hinweise und Tipps

Markiere auf der Mengenachse den Punkt 0,5 (g).

Lies auf der Zeitachse die zugehörige Zeit in Minuten ab.

---

6. $\frac{x}{2}+\frac{x}{x-3}=\frac{3}{x-3}-2$

Definitionsmenge:

$x-3 \neq 0 \quad |+3$

$x \neq 3$

$\mathbb{D}=\mathbb{R}\setminus\{3\}$

Lösungsmenge:

$\frac{x}{2}+\frac{x}{x-3}=\frac{3}{x-3}-2 \quad |\cdot 2\cdot(x-3)$

$x\cdot(x-3)+2x=3\cdot 2-2\cdot 2\cdot(x-3)$

$x^2-3x+2x=6-4x+12$

$x^2-x=18-4x \quad |-18;\ +4x$

$x^2+3x-18=0$

$x_{1/2}=-1{,}5\pm\sqrt{(-1{,}5)^2+18}$

$x_{1/2}=-1{,}5\pm\sqrt{2{,}25+18}$

$x_{1/2}=-1{,}5\pm\sqrt{20{,}25}$

$x_{1/2}=-1{,}5\pm 4{,}5$

$x_1=-1{,}5-4{,}5$

$x_1=-6$

$x_2=-1{,}5+4{,}5$

$x_2=3$

$x_1\neq 3$

$x_2=3$

x_2 liegt nicht in $\mathbb{D}$.

$\mathbb{L}=\{-6\}$

Bestimme den Definitionsbereich. Der Term im Nenner des Bruchs darf nicht null sein.

Gib die Definitionsmenge an.

Multipliziere mit dem Hauptnenner.

Multipliziere aus. Beachte die Vorzeichen.

Fasse zusammen.

Forme die quadratische Gleichung in die Normalform um.

$x_{1/2}=-\frac{p}{2}\pm\sqrt{\left(\frac{p}{2}\right)^2-q}$

Hier ist $p=3$ und $q=-18$.

Überprüfe, ob die Lösungen in $\mathbb{D}$ liegen.

Gib die Lösungsmenge an.

Hinweise und Tipps

7. a) Begründung für ein Zufallsexperiment ohne Zurücklegen:
Am Nenner der Wahrscheinlichkeit kann man ablesen, dass zu Beginn der Ziehung 50 Kugeln und nach der ersten Ziehung 49 Kugeln im Behälter sind. Nach der ersten Ziehung wurde die Kugel nicht zurückgelegt.

Beim Ziehen ohne Zurücklegen verringert sich nach jedem Zug die Anzahl aller Kugeln in einer Urne um 1.

b) passender Behälter für das Baumdiagramm:
graue Kugeln: 45
weiße Kugel: 4
schwarze Kugeln: 1

Nur der Behälter 1 passt zum Baumdiagramm. Behälter 2 enthält 5 weiße Kugeln, Behälter 3 enthält 2 schwarze Kugeln.

Bestimme mithilfe des Baumdiagramms jeweils die Anzahl der farbigen Kugeln im Behälter.
Im passenden Behälter müssen 4 Kugeln weiß und 1 Kugel schwarz sein.

c) Wahrscheinlichkeit von p_2:

$$p_2 = \frac{45-1}{50-1} = \frac{44}{49}$$

Es wird eine graue Kugel gezogen. Die Anzahl der grauen Kugeln verringert sich um 1.
Die Anzahl aller Kugeln im Behälter verringert sich ebenfalls um 1.

Wahrscheinlichkeit von p_3:

$$p_3 = \frac{4-1}{50-1} = \frac{3}{49}$$

Es wird eine weiße Kugel gezogen. Die Anzahl der weißen Kugeln verringert sich um 1.
Die Anzahl aller Kugeln im Behälter verringert sich ebenfalls um 1.

d) Wahrscheinlichkeit für eine graue und eine weiße Kugel:

$$p(g;\,w) = \frac{45}{50}\cdot\frac{4}{49} = \frac{9}{10}\cdot\frac{4}{49} = \frac{9}{5}\cdot\frac{2}{49} = \frac{18}{245}$$

$$p(w;\,g) = \frac{4}{50}\cdot\frac{45}{49} = \frac{2}{25}\cdot\frac{45}{49} = \frac{2}{5}\cdot\frac{9}{49} = \frac{18}{245}$$

Für das Ereignis eine graue und eine weiße Kugel gibt es 2 günstige Ereignisse.
Berechne die Teilwahrscheinlichkeiten. Wende dazu die 1. Pfadregel (Produktregel) an. Kürze die Brüche.

$$p(\text{eine graue sowie eine weiße}) = \frac{18}{245} + \frac{18}{245} = \frac{36}{245}$$

Berechne die Gesamtwahrscheinlichkeit mit der 2. Pfadregel (Additionsregel).

$p\,\% = 36 : 245 \cdot 100\,\%$
$p\,\% = 14{,}69\ldots\,\%$
$p\,\% \approx 15\,\%$

Du kannst die Wahrscheinlichkeit auch in Prozent angeben. Runde den Prozentsatz sinnvoll (hier: ganze Prozent).

---

8. a) $(\blacksquare + \blacksquare)^2 = \blacksquare + 2fc + 0{,}25c^2$

$\sqrt{0{,}25c^2} = 0{,}5c$

$b = 0{,}5c$

$$\begin{aligned} 2ab &= 2fc \\ 2\cdot a\cdot 0{,}5c &= 2\cdot f\cdot c \\ c\cdot a &= 2\cdot f\cdot c \quad |:c \\ a &= 2f \end{aligned}$$

$(2f + 0{,}5c)^2 = 4f^2 + 2fc + 0{,}25c^2$

Das positive Rechenzeichen in der Klammer auf der linken Seite der Gleichung weist auf die 1. binomische Formel hin.
$(a+b)^2 = a^2 + 2ab + b^2$
Berechne das zweite Glied in der Klammer auf der linken Seite durch Wurzelziehen.
Setze in den Term 2ab für $b = 0{,}5c$ ein und löse nach a auf.

b) $(\blacksquare - 5m)^2 = 1{,}44e^2 - \blacksquare + \blacksquare$

$\sqrt{1{,}44e^2} = 1{,}2e$

$(1{,}2e - 5m)^2 = 1{,}44e^2 - 12em + 25m^2$

Das negative Rechenzeichen in der Klammer auf der linken Seite der Gleichung weist auf die 2. binomische Formel hin.
$(a-b)^2 = a^2 - 2ab + b^2$
Berechne das erste Glied in der Klammer auf der linken Seite durch Wurzelziehen. Setze 1,2e in den Klammerterm auf der linken Seite ein und löse das Binom auf.

9. Größe des Winkels α:

$180° - 145° = 35°$

Länge der Strecke $\overline{BC}$:

$$\cos\alpha = \frac{\overline{CD}}{\overline{BC}}$$

$$\cos 35° = \frac{4{,}7\text{ m}}{\overline{BC}} \quad | \cdot \overline{BC};\ :\cos 35°$$

$$\overline{BC} = 5{,}737\ldots\text{ m}$$

$$\overline{BC} \approx 5{,}74\text{ m}$$

Länge der Strecke $\overline{BD}$:

$$\overline{BD}^2 = \overline{BC}^2 - \overline{CD}^2$$

$$\overline{BD}^2 = (5{,}74\text{ m})^2 - (4{,}7\text{ m})^2$$

$$\overline{BD}^2 = 32{,}9476\text{ m}^2 - 22{,}09\text{ m}^2$$

$$\overline{BD}^2 = 10{,}8576\text{ m}^2 \quad |\sqrt{}$$

$$\overline{BD} = 3{,}295\ldots\text{ m}$$

$$\overline{BD} \approx 3{,}30\text{ m}$$

oder:

Länge der Strecke $\overline{BD}$:

$$\sin\alpha = \frac{\overline{BD}}{\overline{BC}}$$

$$\sin 35° = \frac{\overline{BD}}{5{,}74\text{ m}} \quad | \cdot 5{,}74\text{ m}$$

$$\overline{BD} = 3{,}292\ldots\text{ m}$$

$$\overline{BD} \approx 3{,}29\text{ m}$$

Länge der Strecke $\overline{AD}$:

$$\overline{AD} = \overline{AB} - \overline{BD}$$

$$\overline{AD} = 15\text{ m} - 3{,}30\text{ m}$$

$$\overline{AD} = 11{,}7\text{ m}$$

Länge der Strecke $\overline{AC}$:

$$\overline{AC}^2 = \overline{AD}^2 + \overline{CD}^2$$

$$\overline{AC}^2 = (11{,}7\text{ m})^2 + (4{,}7\text{ m})^2$$

$$\overline{AC}^2 = 136{,}89\text{ m}^2 + 22{,}09\text{ m}^2$$

$$\overline{AC}^2 = 158{,}98\text{ m}^2 \quad |\sqrt{}$$

$$\overline{AC} = 12{,}608\ldots\text{ m}$$

$$\overline{AC} \approx 12{,}61\text{ m}$$

Hinweise und Tipps

Bezeichne den Winkel $\sphericalangle DCB$ mit α. Der Winkel α ist der Komplementärwinkel zu 145°. Berechne die Größe des Winkels α.

Im rechtwinkligen Dreieck BCD sind die Länge der Strecke $\overline{CD}$ und der Winkel α bekannt. Die Seite $\overline{BC}$ ist die Hypotenuse, die Seite $\overline{CD}$ die Ankathete zum Winkel α. Berechne die Länge der Strecke $\overline{BC}$ mithilfe des Kosinus:

$$\cos\alpha = \frac{\text{Ankathete}}{\text{Hypotenuse}}$$

Runde sinnvoll (hier: 2 Dezimalstellen).

Im rechtwinkligen Dreieck BCD sind die Seiten $\overline{BD}$ und $\overline{CD}$ die Katheten, die Seite $\overline{BC}$ die Hypotenuse. Berechne die Länge $\overline{BD}$ mithilfe des Satzes von Pythagoras.

Runde sinnvoll (hier: 2 Dezimalstellen).

Im rechtwinkligen Dreieck BCD ist die Seite $\overline{BC}$ die Hypotenuse, die Seite $\overline{BD}$ die Gegenkathete zum Winkel α. Berechne die Länge der Strecke $\overline{BD}$ mithilfe des Sinus.

$$\sin\alpha = \frac{\text{Gegenkathete}}{\text{Hypotenuse}}$$

Runde sinnvoll (hier: 2 Dezimalstellen).

Rundungsbedingt kommt es zur Abweichung an der 3. Dezimalstelle. Im weiteren Verlauf der Lösung wird mit $\overline{BD} = 3{,}30\text{ m}$ gerechnet.

Subtrahiere von der Länge der Strecke $\overline{AB}$ die Länge der Strecke $\overline{BD}$, dann erhältst du die Länge der Strecke $\overline{AD}$.

Im rechtwinkligen Dreieck ACD sind die Seiten $\overline{AD}$ und $\overline{CD}$ die Katheten, die Seite $\overline{AC}$ die Hypotenuse. Berechne die Länge von $\overline{AC}$ mithilfe des Satzes von Pythagoras.

Runde sinnvoll (hier: 2 Dezimalstellen).

Hinweise und Tipps

Umfang des stumpfwinkligen Dreiecks ABC:
$u = \overline{AB} + \overline{BC} + \overline{AC}$
$u = 15\ m + 5{,}74\ m + 12{,}61\ m$
$u = 33{,}35\ m$

Addiere die Seitenlängen des stumpfwinkligen Dreiecks, dann erhältst du den Umfang des Dreiecks.

---

10. Volumen von 60 Glaskugeln:

Füllvolumen der Vase mit 60 Glaskugeln:
$\frac{4}{5}$ von $2{,}5\ dm^3 = 2\ dm^3$

Füllvolumen der Vase ohne 60 Glaskugeln:
$\frac{3}{4}$ von $2{,}5\ dm^3 = 1{,}875\ dm^3$

$2\ dm^3 - 1{,}875\ dm^3 = 0{,}125\ dm^3$

$0{,}125\ dm^3 = 125\ cm^3$

Subtrahiere vom Füllvolumen der Vase mit den 60 Glaskugeln das Füllvolumen der Vase ohne Kugeln, dann erhältst du das Volumen von 60 Glaskugeln.
1 Liter = 1 dm^3

Wandle in cm^3 um.
Die Umrechnungszahl ist 1 000.

oder:
Anteil der 60 Glaskugeln am Füllvolumen der Vase:
$\frac{4}{5} - \frac{3}{4} = \frac{16}{20} - \frac{15}{20} = \frac{1}{20}$

Berechne den Anteil der 60 Glaskugeln am Füllvolumen der Vase.

Volumen der 60 Glaskugeln:
$V_{60\ Kugeln} = \frac{1}{20} \cdot 2{,}5\ dm^3$
$V_{60\ Kugeln} = 0{,}125\ dm^3$

Berechne das Volumen von 60 Glaskugeln.

Volumen einer Glaskugel:
$125\ cm^3 : 60 = 2{,}0833\ldots\ cm^3 \approx 2{,}083\ cm^3$

Berechne das Volumen einer Glaskugel.
Runde sinnvoll (hier: 3 Dezimalstellen).

Radius einer Glaskugel:
$2{,}083\ cm^3 = \frac{4}{3} \cdot r^3 \cdot 3{,}14 \quad | \cdot 3;\ :4;\ :3{,}14;\ \sqrt[3]{\ }$
$r = 0{,}792\ldots\ cm$
$r \approx 0{,}79\ cm$

Berechne den Radius einer Glaskugel.
Hier wird mit $\pi = 3{,}14$ gerechnet.

Runde sinnvoll (hier: 2 Dezimalstellen).

Durchmesser einer Glaskugel:
$d = 2 \cdot 0{,}79\ cm$
$d = 1{,}58\ cm$

Gib den Durchmesser einer Glaskugel an.
$d = 2 \cdot r$

M10-Prüfung an Mittelschulen in Bayern 2019
Mathematik – Aufgabengruppe I

Aufgaben

Punkte

1. a) Schreiben Sie die Nummern der richtigen Aussagen auf Ihr Lösungsblatt.
(1) Der Graph jeder beliebigen quadratischen Funktion schneidet die y-Achse.
(2) Der Graph jeder beliebigen quadratischen Funktion schneidet die x-Achse.
(3) Der Graph jeder beliebigen quadratischen Funktion besitzt einen Scheitelpunkt.
(4) An der Funktionsgleichung jeder quadratischen Funktion kann der Schnittpunkt des Graphen mit der y-Achse ohne Berechnung direkt abgelesen werden.

b) Ermitteln Sie rechnerisch den Scheitelpunkt S_1 der nach oben geöffneten Normalparabel p_1: $y = x^2 - 7x + 10$.

c) Berechnen Sie die Koordinaten aller Schnittpunkte von p_1 mit der x-Achse und der y-Achse und geben Sie die Punkte an.

d) Die nach oben geöffnete Normalparabel p_2 mit der Funktionsgleichung p_2: $y = x^2 + 3x$ schneidet die Parabel p_1 im Punkt T.
Bestimmen Sie rechnerisch die Koordinaten von T und geben Sie den Punkt an.

e) Eine Parabel p_4 soll keinen gemeinsamen Punkt mit der nach unten geöffneten Normalparabel p_3 mit dem Scheitelpunkt $S_3(-2\,|\,1)$ haben. Geben Sie die Funktionsgleichung einer möglichen Parabel p_4 in Scheitelpunktform an.

f) Zeichnen Sie die Graphen von p_1 und p_2 in ein Koordinatensystem mit der Längeneinheit 1 cm. 8

2. Geben Sie die Definitionsmenge der folgenden Gleichung an und ermitteln Sie die Lösungsmenge rechnerisch.

$$\frac{x}{2x-2} - 0{,}25 = \frac{2}{4x-8}$$ 4

3. Die Einfassung eines Brunnens hat von oben betrachtet die Form eines regelmäßigen Fünfecks (siehe Skizze).

Berechnen Sie den Flächeninhalt der grauen Fläche (s = 2 m; a = 3 m; a || s).

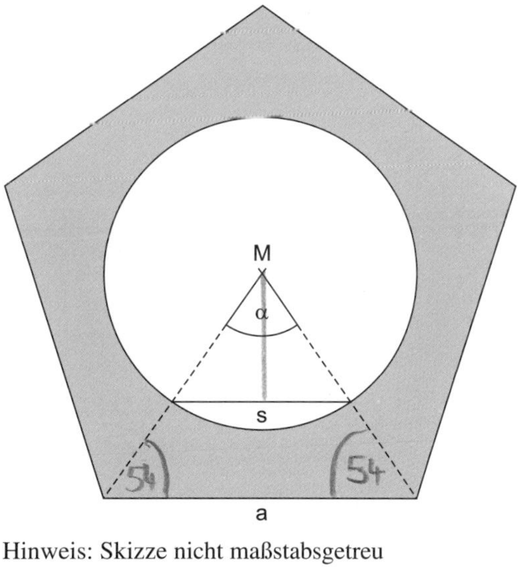

Hinweis: Skizze nicht maßstabsgetreu 5

4. Die Gerade g_1 mit der Steigung $m_1 = 2$ verläuft durch den Punkt A $(5|3)$.

a) Bestimmen Sie die Funktionsgleichung von g_1 rechnerisch.

b) Die Gerade g_2 verläuft durch den Ursprung und schneidet g_1 senkrecht.
Ermitteln Sie rechnerisch die Funktionsgleichung von g_2.

c) Zeichnen Sie die beiden Geraden g_1 und g_2 in ein Koordinatensystem mit der Längeneinheit 1 cm.

d) Berechnen Sie die Größe des spitzen Winkels α, den die Gerade g_1 mit der x-Achse einschließt.

e) Überprüfen Sie, ob die unten stehenden Geraden jeweils parallel zu g_1 sind.
Begründen Sie in beiden Fällen Ihre Entscheidung.

g_3: $4x + 2y = 8x + 3$

g_4: $-\frac{y}{2} = x + 1$

f) Auf der Geraden g_5 liegen die Punkte $E(-2|4)$ und $F(2|-2)$.
Bestimmen Sie die Funktionsgleichung von g_5 rechnerisch. 8

5. Ein zylinderförmiges Gefäß mit einem Innendurchmesser von 10,0 cm ist zur Hälfte mit Wasser gefüllt.

a) Beim vollständigen Eintauchen eines Metallstücks mit einer Masse von 1 050 g in den Zylinder steigt der Wasserstand um 1,5 cm an. Berechnen Sie die Masse von 1 cm^3 dieses Metalls.

b) Ein kugelförmiges Metallstück hat ein Volumen von 560 cm^3.
Weisen Sie rechnerisch nach, dass diese Kugel nicht in den vorgegebenen Zylinder eingetaucht werden kann. 4

6. Schreiben Sie die folgenden Aussagen auf Ihr Lösungsblatt und ersetzen Sie jeweils den Platzhalter $\blacksquare$ so, dass die Streckenverhältnisse richtig wiedergegeben werden. Es gilt:
$g_1 \parallel g_2 \parallel g_3$

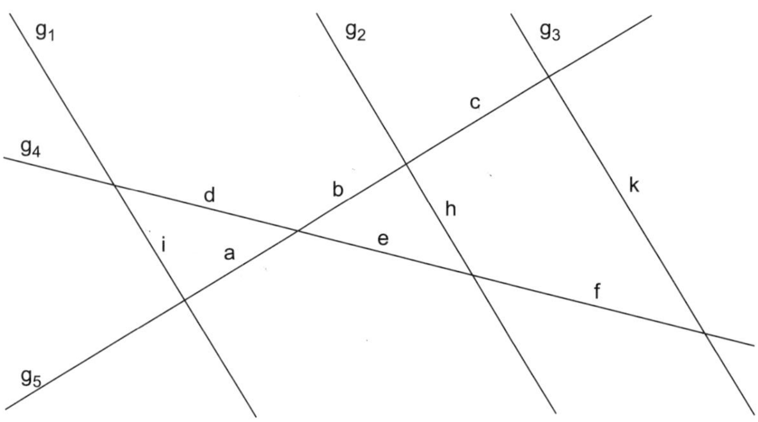

Hinweis: Skizze nicht maßstabsgetreu

a) $\frac{\blacksquare}{a} = \frac{k}{i}$ b) $\frac{e}{d} = \frac{\blacksquare}{a}$ c) $\frac{b+c}{k} = \frac{b}{\blacksquare}$ 3

7. Bei folgenden Aufgaben handelt es sich um Anwendungen der zentrischen Streckung:

a) Das Volumen eines Würfels wird um das 27-fache verkleinert.
Ermitteln Sie den Streckungsfaktor k.

b) Der Radius eines Kreises wird um 6 cm verlängert. Dadurch vervierfacht sich der Flächeninhalt des Kreises.
Berechnen Sie den ursprünglichen Radius r und den neuen Radius r'. 3

8. Elektroautos erfreuen sich einer immer größeren Beliebtheit.

a) In den drei Jahren von 2003 bis 2006 stieg die Anzahl der zugelassenen Elektroautos in Deutschland durchschnittlich um 4 % pro Jahr.
Im Jahr 2006 waren 1 931 Fahrzeuge angemeldet.
Berechnen Sie die Zahl der zugelassenen Elektroautos für das Jahr 2003.

b) In den folgenden 12 Jahren bis zum Jahr 2018 stieg die Zahl der zugelassenen Elektroautos auf 34 022.
Ermitteln Sie rechnerisch die durchschnittliche jährliche Zunahme in Prozent.

c) Ab 2018 erhofft sich die Automobilindustrie eine durchschnittliche jährliche Zunahme von 31 %.
Berechnen Sie, nach wie vielen Jahren sich unter dieser Annahme die Zahl der zugelassenen Elektroautos auf 131 255 erhöht. 4

9. Lösen Sie die Gleichungen für $x \in \mathbb{Z}$.
Stellen Sie Ihre Lösungswege nachvollziehbar dar.

a) $(2^2)^x = \frac{1}{64}$ b) $5^x : 5^{-2} = 5^3$ c) $(-2) \cdot (-2)^x = (-2)^{-4}$ 3

10. Aus einem Korb mit 8 gekochten und 2 rohen Eiern werden 3 Eier entnommen und nicht wieder zurückgelegt.

a) Zeichnen Sie für diesen Ablauf ein Baumdiagramm und beschriften Sie dieses mit den jeweiligen Wahrscheinlichkeiten.

b) Berechnen Sie die Wahrscheinlichkeit, dass bei diesem Ablauf genau ein rohes Ei entnommen wird. 3

Lösungen

Aufgabengruppe I

1. a) korrekte Aussagen: (1), (3)

Hinweise und Tipps

Jede quadratische Funktion kann in die Normalform $y = x^2 + px + q$ umgeformt werden. Der Wert von q ist die y-Koordinate des Schnittpunkts mit der y-Achse. Die Aussage (1) ist richtig.

Für $y_s < 0$ hat eine nach unten geöffnete Parabel mit dem Scheitelpunkt $S(x_s \mid y_s)$ keinen Schnittpunkt mit der x-Achse. Die Aussage (2) ist falsch.

Jede quadratische Funktion kann in die Scheitelpunktform umgeformt werden. Die Aussage (3) ist richtig.

An der Funktionsgleichung einer quadratischen Funktion in der Scheitelpunktform kann der Schnittpunkt mit der y-Achse nicht direkt abgelesen werden. Die Aussage (4) ist falsch.

b) Scheitelpunkt S_1 von p_1:

$y = x^2 - 7x + 10$

$y = (x^2 - 2 \cdot 3{,}5x + 3{,}5^2) - 3{,}5^2 + 10$

$y = (x - 3{,}5)^2 - 12{,}25 + 10$

$y = (x - 3{,}5)^2 - 2{,}25$

$S_1(3{,}5 \mid -2{,}25)$

Forme die Funktionsgleichung durch quadratische Ergänzung in die Scheitelpunktform um.
Bilde das Binom.
Lies die Koordinaten des Scheitelpunkts S_1 aus der Scheitelpunktform ab und gib die vollständigen Koordinaten des Scheitelpunkts S_1 an.

c) Koordinaten der Schnittpunkte von p_1 mit der x-Achse:

$p_1: y = x^2 - 7x + 10$

$x^2 - 7x + 10 = 0$

$x_{1/2} = 3{,}5 \pm \sqrt{(-3{,}5)^2 - 10}$

$x_{1/2} = 3{,}5 \pm \sqrt{12{,}25 - 10}$

$x_{1/2} = 3{,}5 \pm \sqrt{2{,}25}$

$x_{1/2} = 3{,}5 \pm 1{,}5$

$x_1 = 3{,}5 - 1{,}5$

$x_1 = 2$

$x_2 = 3{,}5 + 1{,}5$

$x_2 = 5$

Die Schnittpunkte einer Normalparabel mit der x-Achse sind die Nullstellen der quadratischen Funktion. Setze den Funktionswert $y = 0$ und berechne die Nullstellen x_1 und x_2 mithilfe der Lösungsformel für quadratische Gleichungen.

$$x_{1/2} = -\frac{p}{2} \pm \sqrt{\left(\frac{p}{2}\right)^2 - q}$$

Hier ist $p = -7$ und $q = 10$.

$N_1(2 \mid 0)$
$N_2(5 \mid 0)$

Gib die Koordinaten von N_1 und N_2 an.

Koordinaten des Schnittpunkts Y von p_1 mit der y-Achse:

$p_1: y = x^2 - 7x + 10$

$y = 0^2 - 7 \cdot 0 + 10$

$y = 10$

$Y(0 \mid 10)$

Die x-Koordinate des Schnittpunkts einer Normalparabel mit der y-Achse hat den Wert 0. Setze in die Funktionsgleichung von p_1 $x = 0$ ein und berechne y.
Gib die Koordinaten von Y an.

d) Koordinaten des Schnittpunkts T von p_1 mit p_2:

$p_1: y = x^2 - 7x + 10$

$p_2: y = x^2 + 3x$

$x^2 - 7x + 10 = x^2 + 3x \quad | -x^2; -3x$

$-10x + 10 = 0 \quad | -10$

$-10x = -10 \quad | :(-10)$

$x = 1$

$x = 1$ in p_2:

$y = 1^2 + 3 \cdot 1$

$y = 4$

$T(1 \,|\, 4)$

e) Funktionsgleichung einer möglichen Parabel p_4 in Scheitelpunktform:

Bezugspunkt ist der Scheitelpunkt der Normalparabel p_3:

$S_3(-2 \,|\, 1)$

möglicher Scheitelpunkt für p_4:

$S_4(-2 \,|\, 1{,}5)$

Funktionsgleichung von p_4 in Scheitelpunktform:

p_4 nach oben geöffnet:

$y = (x - x_{S_4})^2 + y_{S_4}$

$p_4: y = (x + 2)^2 + 1{,}5$

f) Scheitelpunkt S_2 von p_2:

$p_2: y = x^2 + 3x$

$y = x^2 + 2 \cdot 1{,}5x + 1{,}5^2 - 1{,}5^2$

$y = (x + 1{,}5)^2 - 2{,}25$

$S_2(-1{,}5 \,|\, -2{,}25)$

Hinweise und Tipps

Setze die Funktionsgleichungen p_1 und p_2 gleich. Löse nach x auf.

Setze $x = 1$ in eine der beiden Funktionsgleichungen (hier: p_2) ein und berechne die y-Koordinate des Schnittpunkts.
Gib die Koordinaten des Schnittpunkts T an.

Bedingungen für eine Parabel p_4, die keinen Schnittpunkt mit der nach unten geöffneten Normalparabel p_3 hat.
$S_3(-2 \,|\, 1)$
$S_4(x_4 \,|\, y_4)$
Die Parabel p_4 muss nach oben geöffnet sein.
Der Scheitelpunkt S_4 der Parabel p_4 muss über dem Scheitelpunkt S_3 der Parabel p_3 liegen.
Die y_4-Koordinate von S_4 muss größer sein als die y_3-Koordinate von S_3.
Die x_4-Koordinate von S_4 verschiebt den Scheitelpunkt entlang der x-Achse und darf beliebige Werte annehmen.
Alle Werte für $x \in \mathbb{R}$ (hier: $x_4 = -2$) und $y_4 > 1$ (hier: $y_4 = 1{,}5$) erfüllen die Bedingungen.
Setze die Koordinaten von S_4 in die Scheitelpunktform für eine nach oben geöffnete Normalparabel ein.

Forme die Funktionsgleichung durch quadratische Ergänzung in die Scheitelpunktform um.
Bilde das Binom.
Lies die Koordinaten des Scheitelpunkts S_2 aus der Scheitelpunktform ab und gib die vollständigen Koordinaten des Scheitelpunkts S_2 an.

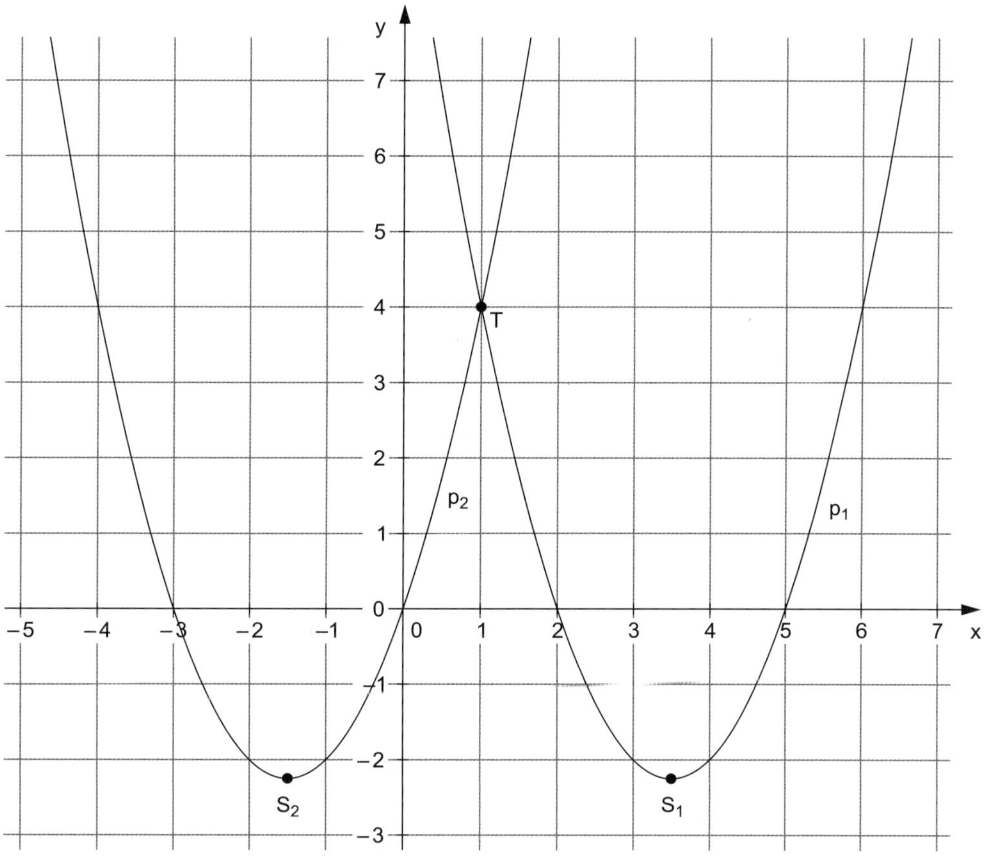

Hinweise und Tipps

Lege ein Koordinatensystem mit der Einheit 1 cm an. Platzbedarf:
x-Achse: −5 bis +7
y-Achse: −3 bis +7
Beschrifte das Koordinatensystem vollständig.
Trage den Scheitelpunkt S_1 ein und zeichne mithilfe der Kurvenschablone die nach oben geöffnete Normalparabel p_1. Trage den Scheitelpunkt S_2 ein und zeichne mithilfe der Kurvenschablone die nach oben geöffnete Normalparabel p_2. Wenn du genau gezeichnet hast, schneiden sich die Graphen im Punkt $T(1\,|\,4)$.

2. $\frac{x}{2x-2} - 0{,}25 = \frac{2}{4x-8}$

Bestimme die Definitionsmenge. Die Terme im Nenner dürfen nicht null sein. Gib die Definitionsmenge an.

Definitionsmenge:

$2x - 2 \neq 0 \quad |+2$

$2x \neq 2 \quad |:2$

$x \neq 1$

$4x - 8 \neq 0 \quad |+8$

$4x \neq 8 \quad |:4$

$x \neq 2$

$\mathbb{D} = \mathbb{R} \setminus \{1;\, 2\}$

Lösungsmenge:

Multipliziere mit dem Hauptnenner.
Multipliziere aus.
Fasse zusammen.
Forme die quadratische Gleichung in die Normalform um.
Klammere x aus.

$$\frac{x}{2x-2} - 0{,}25 = \frac{2}{4x-8} \quad |\cdot(2x-2)\cdot(4x-8)$$

$$x\cdot(4x-8) - 0{,}25\cdot(2x-2)\cdot(4x-8) = 2\cdot(2x-2)$$

$$4x^2 - 8x - 0{,}25\cdot(8x^2 - 16x - 8x + 16) = 4x - 4$$

$$4x^2 - 8x - 2x^2 + 4x + 2x - 4 = 4x - 4$$

$$2x^2 - 2x - 4 = 4x - 4 \quad |-4x;\, +4$$

$$2x^2 - 6x = 0 \quad |:2$$

$$x^2 - 3x = 0$$
$$x \cdot (x-3) = 0$$
$$x_1 = 0$$
$$x_2 - 3 = 0 \quad |+3$$
$$x_2 = 3$$
$$x_1 \neq 1 \text{ und } x_1 \neq 2$$
$$x_2 \neq 1 \text{ und } x_2 \neq 2$$
$$\mathbb{L} = \{0;\ 3\}$$

oder:

$$x^2 - 3x = 0$$
$$x_{1/2} = 1,5 \pm \sqrt{(-1,5)^2 - 0}$$
$$x_{1/2} = 1,5 \pm \sqrt{2,25}$$
$$x_{1/2} = 1,5 \pm 1,5$$
$$x_1 = 1,5 - 1,5$$
$$x_1 = 0$$
$$x_2 = 1,5 + 1,5$$
$$x_2 = 3$$
$$x_1 \neq 1 \text{ und } x_1 \neq 2$$
$$x_2 \neq 1 \text{ und } x_2 \neq 2$$
$$\mathbb{L} = \{0;\ 3\}$$

Hinweise und Tipps

Ein Produkt hat genau dann den Wert 0, wenn ein Faktor 0 ist.

Überprüfe, ob die Lösungen in $\mathbb{D}$ liegen. Beide Lösungen liegen in $\mathbb{D}$. Gib die Lösungsmenge an.

Löse mithilfe der Lösungsformel für quadratische Gleichungen.

$$x_{1/2} = -\frac{p}{2} \pm \sqrt{\left(\frac{p}{2}\right)^2 - q}$$

Hier ist $p = -3$ und $q = 0$.

Überprüfe, ob die Lösungen in $\mathbb{D}$ liegen, und gib die Lösungsmenge an.

---

3. Größe des Mittelpunktswinkels α:

$$\alpha = \frac{360°}{5}$$
$$\alpha = 72°$$

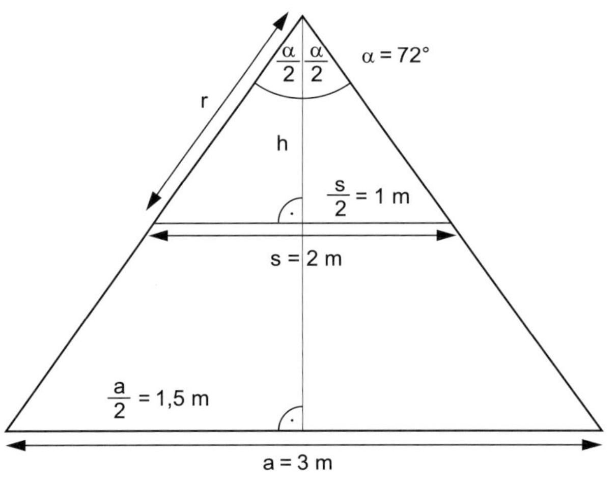

Der Flächeninhalt der grauen Fläche ist die Differenz aus dem Flächeninhalt des Fünfecks und dem Flächeninhalt des weißen Kreises.
Das Bestimmungsdreieck des regelmäßigen Fünfecks ist ein gleichschenkliges Dreieck.

Zeichne eine Skizze des Bestimmungsdreiecks. Zeichne die Dreieckshöhe h ein. Trage alle gegebenen Werte ein.

Länge der Höhe h:

$$\frac{\alpha}{2} = 36°$$
$$\frac{a}{2} = 1,5\text{ m}$$
$$\tan 36° = \frac{1,5\text{ m}}{h} \quad |\cdot h;\ :\tan 36°$$
$$h = \frac{1,5\text{ m}}{\tan 36°}$$

Im gleichschenkligen Dreieck halbiert die Höhe die Grundseite.
Im großen rechtwinkligen Dreieck ist $\frac{a}{2}$ die Gegenkathete und h die Ankathete zum Winkel $\frac{\alpha}{2}$.
Berechne die Länge der Höhe h mithilfe des Tangens.

$$\tan\frac{\alpha}{2} = \frac{\text{Gegenkathete}}{\text{Ankathete}}$$

$h = 2{,}064\ldots\ \text{m}$
$h \approx 2{,}1\ \text{m}$

Flächeninhalt des regelmäßigen Fünfecks A_5:

$A_5 = 5 \cdot \frac{1}{2} \cdot 3\ \text{m} \cdot 2{,}1\ \text{m}$

$A_5 = 15{,}75\ \text{m}^2$

Länge des Radius r:

$\frac{\alpha}{2} = 36°$

$\frac{s}{2} = 1\ \text{m}$

$\sin 36° = \frac{1\ \text{m}}{r} \quad |\cdot r;\ :\sin 36°$

$r = \frac{1\ \text{m}}{\sin 36°}$

$r = 1{,}701\ldots\ \text{m}$

$r \approx 1{,}7\ \text{m}$

Flächeninhalt des weißen Kreises:

$A_{\text{Kreis}} = (1{,}7\ \text{m})^2 \cdot 3{,}14$
$A_{\text{Kreis}} = 9{,}0746\ \text{m}^2$
$A_{\text{Kreis}} \approx 9{,}07\ \text{m}^2$

Flächeninhalt der grauen Fläche A_{grau}:

$A_{\text{grau}} = A_5 - A_{\text{Kreis}}$
$A_{\text{grau}} = 15{,}75\ \text{m}^2 - 9{,}07\ \text{m}^2$
$A_{\text{grau}} = 6{,}68\ \text{m}^2$
$A_{\text{grau}} \approx 6{,}7\ \text{m}^2$

Hinweise und Tipps

Runde die Länge der Höhe sinnvoll (hier: 1 Dezimalstelle).

Berechne den Flächeninhalt des regelmäßigen Fünfecks.
$A_5 = 5 \cdot A_{\text{Bestimmungsdreieck}} = 5 \cdot \frac{1}{2} a \cdot h$

Im kleinen rechtwinkligen Dreieck ist $\frac{s}{2}$ die Gegenkathete zum Winkel $\frac{\alpha}{2}$ und r die Hypotenuse.

Berechne die Länge des Radius r mithilfe des Sinus.
$\sin \frac{\alpha}{2} = \frac{\text{Gegenkathete}}{\text{Hypotenuse}}$

Runde die Länge des Radius sinnvoll (hier: 1 Dezimalstelle).

Berechne den Flächeninhalt des weißen Kreises: $A_{\text{Kreis}} = r^2 \cdot \pi$
Du kannst die π-Taste verwenden oder mit $\pi = 3{,}14$ rechnen (hier: $\pi = 3{,}14$). Runde den Flächeninhalt des Kreises sinnvoll (hier: 2 Dezimalstellen).

Subtrahiere vom Flächeninhalt des regelmäßigen Fünfecks den Flächeninhalt des weißen Kreises und du erhältst den Flächeninhalt der grauen Fläche. Runde das Ergebnis sinnvoll (hier: 1 Dezimalstelle).

---

4. a) Funktionsgleichung von g_1:
$m_1 = 2$ und $A(5\,|\,3)$ in g_1:

$y = m_1 \cdot x + t_1$
$3 = 2 \cdot 5 + t_1$
$3 = 10 + t_1 \quad |-10$
$t_1 = -7$
g_1: $y = 2x - 7$

Setze den Wert der Steigung m_1 und die Koordinaten des Punkts A in die Normalform einer linearen Funktion ein und berechne t_1.
Gib die vollständige Funktionsgleichung an.

b) Funktionsgleichung von g_2:
Steigung:

$m_1 \cdot m_2 = -1$
$2 \cdot m_2 = -1 \quad |:2$
$m_2 = -0{,}5$

Achsenabschnitt von g_2:
$t_2 = 0$
g_2: $y = -0{,}5x$

Die Gerade g_2 steht senkrecht auf g_1.
Berechne die Steigung m_2 der Geraden g_2 mit der Formel für die Steigung von senkrechten Geraden.
Die Gerade g_2 verläuft durch den Koordinatenursprung, der y-Achsenabschnitt hat den Wert 0.
Gib die vollständige Funktionsgleichung an.

Hinweise und Tipps

c) grafische Darstellung:

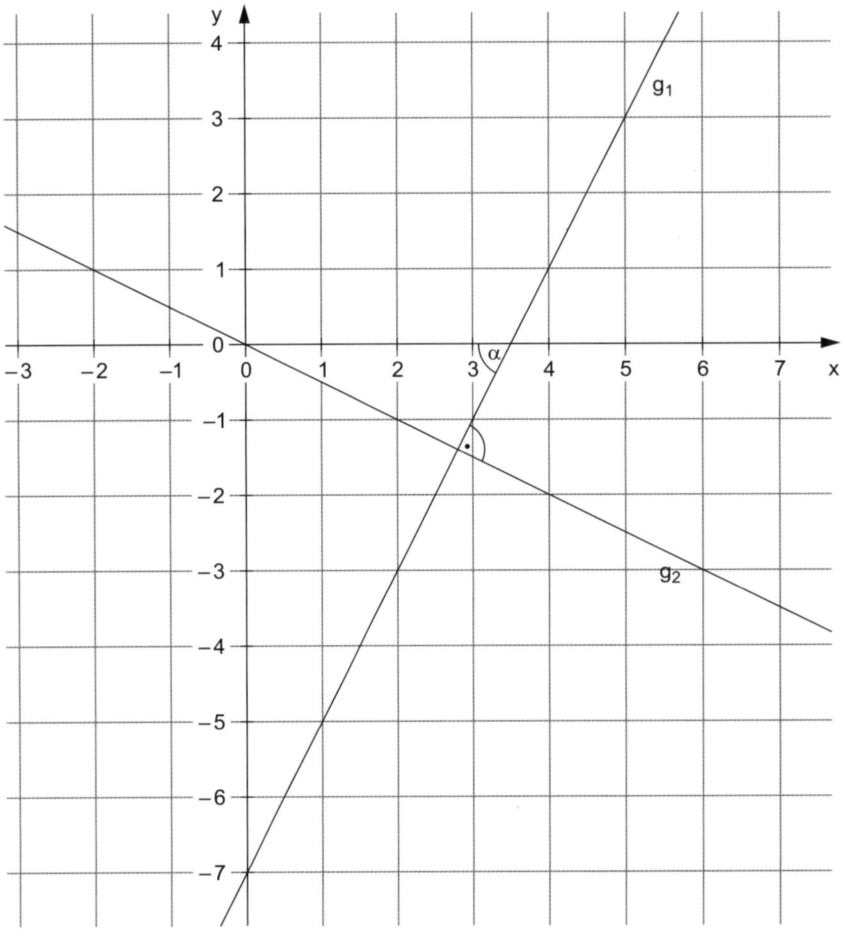

Lege ein Koordinatensystem mit der Einheit 1 cm an.
Platzbedarf:
x-Achse: –3 bis +7
y-Achse: –7 bis +4
Beschrifte das Koordinatensystem vollständig.
Zeichne g_1 und g_2 jeweils mithilfe des y-Achsenabschnitts und des Steigungsdreiecks.
Kontrolliere, ob der Punkt A in deiner Zeichnung auf g_1 liegt.
Kontrolliere mit dem Geodreieck, ob g_2 senkrecht zu g_1 steht.

d) Größe des spitzen Winkels α:
Länge der Gegenkathete: 7 cm
Länge der Ankathete: 3,5 cm

$$\tan\alpha = \frac{7\text{ cm}}{3{,}5\text{ cm}}$$

$\tan\alpha = 2$

$\alpha = 63{,}434\ldots°$

$\alpha \approx 63{,}4°$

oder:

$\tan\alpha = m_1$

$\tan\alpha = 2$

$\alpha = 63{,}434\ldots°$

$\alpha \approx 63{,}4°$

Die Schnittpunkte der Geraden g_1 mit der x-Achse und der y-Achse und der Koordinatenursprung sind die Eckpunkte eines rechtwinkligen Dreiecks.
Der y-Achsenabschnitt ist die Gegenkathete, die Entfernung vom Koordinatenursprung zum Schnittpunkt der Geraden g_1 mit der x-Achse die Ankathete. Lies die Länge der Ankathete und der Gegenkathete aus der grafischen Darstellung ab und berechne die Größe des Winkels α mit dem Tangens.

$$\tan\alpha = \frac{\text{Gegenkathete}}{\text{Ankathete}}$$

Runde die Größe des Winkels sinnvoll (hier: 1 Dezimalstelle).
Der Tangens des Winkels, den eine Gerade g mit der y-Achse bildet, ergibt die Steigung der Geraden g.

e) Prüfen, ob g_3 parallel zu g_1:

g_3: $4x + 2y = 8x + 3 \quad | -4x$
$2y = 4x + 3 \quad | :2$
$y = 2x + 1{,}5$

$m_3 = 2$ und $m_1 = 2$
$m_3 = m_1$
g_3 ist parallel zu g_1.

Prüfen, ob g_4 parallel zu g_1:

g_4: $-\frac{y}{2} = x + 1 \quad | \cdot (-2)$
$y = -2x - 2$
$m_4 = -2$ und $m_1 = 2$
$m_4 \neq m_1$
g_4 ist nicht parallel zu g_1.

Hinweise und Tipps

Zueinander parallele Geraden haben die gleiche Steigung.
Forme die Funktionsgleichungen von g_3 und g_4 jeweils in die Normalform für eine lineare Funktion um: $y = m \cdot x + t$
Vergleiche die Steigungen m_3 und m_4 mit m_1.

f) Funktionsgleichung der Geraden g_5 durch die Punkte E und F:
$E(-2|4)$; $F(2|-2)$

$$m_5 = \frac{-2-4}{2-(-2)} = \frac{-6}{4} = -\frac{3}{2} = -1{,}5$$

$m_5 = -1{,}5$ und $E(-2|4)$ in g_5: $y = m_5 \cdot x + t_5$
$4 = -1{,}5 \cdot (-2) + t_5$
$4 = 3 + t_5 \quad | -3$
$t_5 = 1$
g_5: $y = -1{,}5x + 1$

Steigungsformel:
$m = \frac{y_2 - y_1}{x_2 - x_1}$
Setze die Koordinaten der Punkte E und F in die Steigungsformel ein und berechne die Steigung m_5. Achte auf die Vorzeichen.
Setze den Wert der Steigung m_5 und die Koordinaten eines Punkts (hier: E) in die Normalform einer linearen Funktion ein und berechne t_5.
Gib die vollständige Funktionsgleichung der Geraden g_5 an.

---

5. a) Volumen des Metallstücks in cm^3:

$d = 10$ cm
$r = 5$ cm
$h = 1{,}5$ cm

$V_{Metallstück} = (5\text{ cm})^2 \cdot 3{,}14 \cdot 1{,}5\text{ cm}$
$V_{Metallstück} = 117{,}75\text{ cm}^3$

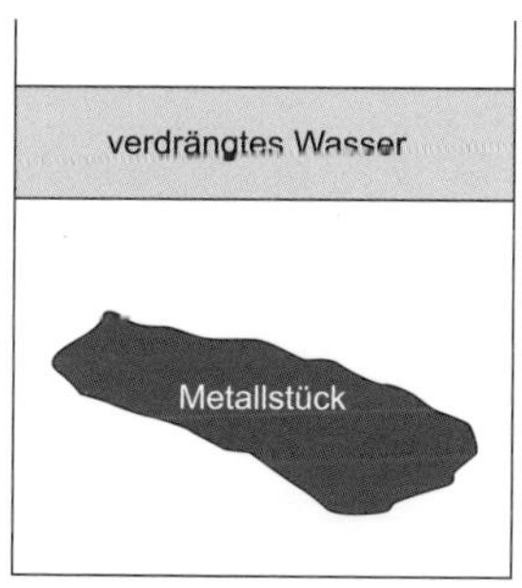

Das Volumen des Metallstücks ist gleich dem Volumen des verdrängten Wassers im Zylinder. Berechne das Volumen des verdrängten Wassers.
$V_z = r^2 \cdot \pi \cdot h$
Du kannst die π-Taste verwenden oder mit $\pi = 3{,}14$ rechnen (hier: $\pi = 3{,}14$).

Masse von 1 cm^3 dieses Metalls in g:

$$\frac{1\,050\text{ g}}{117{,}75\text{ cm}^3} = 8{,}917\ldots\frac{g}{cm^3} \approx 8{,}9\frac{g}{cm^3}$$

1 cm^3 dieses Metalls hat eine Masse von 8,9 g.

Die Masse des gesamten Metallstücks und das Volumen des Metallstücks sind nun bekannt. Berechne die Masse von 1 cm^3 Metall.
Runde sinnvoll (hier: 1 Dezimalstelle).

b) Radius der Kugel:

$V = 560\text{ cm}^3$

$560\text{ cm}^3 = \frac{4}{3} \cdot r_k^3 \cdot 3{,}14 \quad | \cdot 3;\ :4;\ :3{,}14$
$133{,}757\ldots\text{ cm}^3 = r_k^3 \quad | \sqrt[3]{\ }$
$r_k = 5{,}114\ldots\text{ cm}$
$r_k \approx 5{,}1\text{ cm}$

Berechne den Radius der Kugel.
$V = \frac{4}{3} \cdot r_k^3 \cdot \pi$
Rechne hier mit $\pi = 3{,}14$.
Runde sinnvoll (hier: 1 Dezimalstelle).

Durchmesser der Kugel:

$d_k = 2 \cdot r_k$

$d_k = 2 \cdot 5{,}1\,\text{cm}$

$d_k = 10{,}2\,\text{cm}$

Durchmesser des Zylinders:

$d = 10\,\text{cm}$

$d_k > d$

Die Kugel passt nicht in den Zylinder.

Hinweise und Tipps

Vergleiche den Durchmesser der Kugel mit dem Durchmesser des Zylinders.

---

6. a) $\frac{b+c}{a} = \frac{k}{i}$

Wende die Strahlensätze an.
2. Strahlensatz

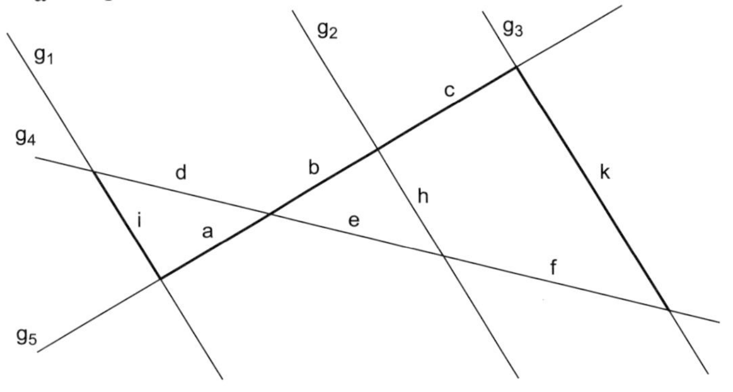

b) $\frac{e}{d} = \frac{b}{a}$

1. Strahlensatz

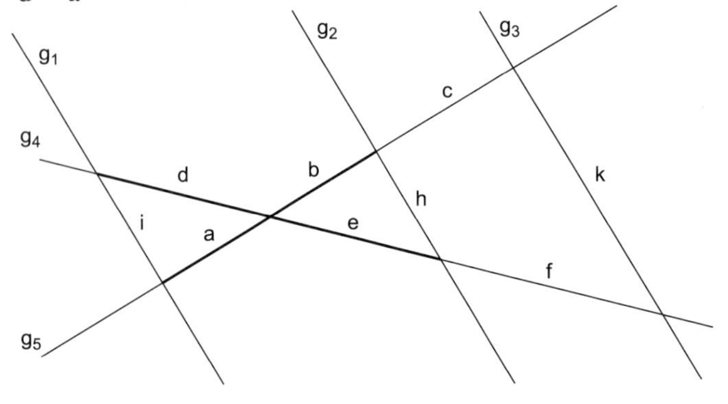

c) $\frac{b+c}{k} = \frac{b}{h}$

2. Strahlensatz

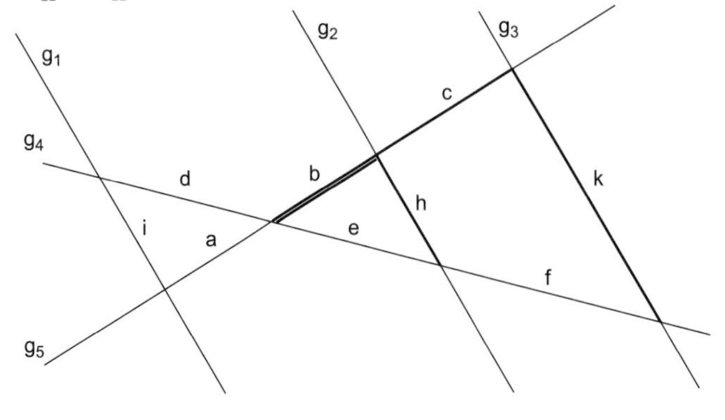

7. a) $k^3 = \frac{1}{27} \quad |\sqrt[3]{\ }$

$k = \frac{1}{3}$

b) ursprünglicher Radius r und neuer Radius r':

$k^2 = 4 \quad |\sqrt{\ }$

$k = 2$

neuer, gestreckter Radius: $2 \cdot r$
neuer, verlängerter Radius: $r + 6$ cm

$r + 6\text{ cm} = 2r \quad |-r$

$6\text{ cm} = r$

ursprünglicher Radius: $r = 6$ cm
neuer Radius: $r' = 2 \cdot 6$ cm
$r' = 12$ cm

oder:

alter Radius: r
Flächeninhalt des alten Kreises: $r^2 \cdot \pi$
Flächeninhalt des gestreckten Kreises: $4r^2 \cdot \pi$
neuer Radius: $r + 6$
Flächeninhalt des neuen Kreises: $(r+6)^2 \cdot \pi$

$$4r^2\pi = (r+6)^2\pi \quad |:\pi$$
$$4r^2 = (r+6)^2$$
$$4r^2 = r^2 + 12r + 36 \quad |-r^2; -12r; -36$$
$$3r^2 - 12r - 36 = 0 \quad |:3$$
$$r^2 - 4r - 12 = 0$$

$$r_{1/2} = -(-2) \pm \sqrt{(-2)^2 - (-12)}$$
$$r_{1/2} = 2 \pm \sqrt{4 + 12}$$
$$r_{1/2} = 2 \pm \sqrt{16}$$
$$r_{1/2} = 2 \pm 4$$
$$r_1 = 2 - 4$$
$(r_1 = -2)$ keine sinnvolle Lösung
$$r_2 = 2 + 4$$
$$r_2 = 6$$

ursprünglicher Radius: $r = 6$ cm
neuer Radius: $r' = 6\text{ cm} + 6\text{ cm}$
$r' = 12$ cm

Hinweise und Tipps

Das Volumen des Bildwürfels ist der 27. Teil des Volumens des Originalwürfels.
Volumen werden mit dem Streckungsfaktor k^3 gestreckt.

Der Flächeninhalt des gestreckten Kreises vervierfacht sich.
Flächen werden mit dem Streckungsfaktor k^2 gestreckt. Zum neuen Radius gibt es zwei gleichwertige Aussagen. Gib die Längen der Radien an.

Zum Flächeninhalt des neuen Kreises gibt es zwei äquivalente Aussagen.
Setze die beiden Aussagen gleich.

Löse das Binom auf.
Forme die quadratische Gleichung in die Normalform um.
Löse mithilfe der Lösungsformel für quadratische Gleichungen.

$$r_{1/2} = -\frac{p}{2} \pm \sqrt{\left(\frac{p}{2}\right)^2 - q}$$

Hier ist $p = -4$ und $q = -12$.

Schließe die nicht sinnvolle Lösung aus.
Gib die Längen der Radien an.

Hinweise und Tipps

8. a) Anzahl der zugelassenen Elektroautos für das Jahr 2003:

$$n = 3$$
$$W_3 = 1\,931$$
$$p\,\% = 4\,\% = 0{,}04$$
$$q = 1 + 0{,}04 = 1{,}04$$
$$1\,931 = W_0 \cdot 1{,}04^3 \quad |:1{,}04^3$$
$$W_0 = 1\,716{,}65\ldots$$
$$W_0 \approx 1\,717$$

Im Jahr 2003 waren 1 717 Elektroautos zugelassen.

Bestimme den Wachstumsfaktor für ein positives Wachstum.
Setze die gegebenen Werte in die Wachstumsformel ein und berechne W_0.
$W_n = W_0 \cdot q^n$

Runde sinnvoll.

b) durchschnittlicher jährlicher Zuwachs in Prozent:

$$n = 12$$
$$W_{12} = 34\,022$$
$$W_0 = 1\,931$$
$$34\,022 = 1\,931 \cdot q^{12} \quad |:1931;\ \sqrt[12]{\ }$$
$$q = 1{,}27008\ldots$$
$$1{,}27008\ldots = 1 + \frac{p}{100} \quad |-1$$
$$0{,}27008\ldots = \frac{p}{100} \quad |\cdot 100$$
$$p\,\% = 27{,}008\,\%$$
$$p\,\% \approx 27\,\%$$

Der prozentuale Zuwachs pro Jahr lag bei 27 %.

Setze die gegebenen Werte in die Wachstumsformel ein und berechne q.

Berechne p %. Es handelt sich um ein positives Wachstum.
$q = 1 + \frac{p}{100}$

Runde den Prozentsatz sinnvoll (hier: ganze Prozent).

c) Zeit in Jahren:

$$p\,\% = 31\,\% = 0{,}31$$
$$q = 1 + 0{,}31 = 1{,}31$$
$$W_0 = 34\,022$$
$$W_n = 131\,255$$
$$131\,255 = 34\,022 \cdot 1{,}31^n \quad |:34\,022$$
$$3{,}8579\ldots = 1{,}31^n$$
$$n = \log_{1{,}31} 3{,}8579\ldots$$
$$n = \frac{\lg 3{,}8579\ldots}{\lg 1{,}31}$$
$$n = 4{,}999\ldots$$
$$n \approx 5$$

Nach 5 Jahren sind 131 255 Elektroautos zugelassen.

Bestimme den Wachstumsfaktor für positives Wachstum.
Setze die gegebenen Werte in die Wachstumsformel ein.

Berechne n mit dem Logarithmus.

Runde sinnvoll.

---

9. a)

$$(2^2)^x = \frac{1}{64}$$
$$4^x = \frac{1}{64}$$
$$4^x = 64^{-1}$$
$$4^x = 4^{-3}$$
$$x = -3$$

oder:

Löse nach x auf.
Wende die Potenzgesetze an.
Jeder Bruch kann als Potenz mit negativem Exponenten geschrieben werden.
Schreibe 64 als 4er-Potenz.

Hinweise und Tipps

$$(2^2)^x = \frac{1}{64}$$
$$4^x = \frac{1}{64}$$
$$x = \log_4 \frac{1}{64}$$
$$x = \frac{\lg \frac{1}{64}}{\lg 4}$$
$$x = -3$$

Berechne x mit dem Logarithmus.

b) $5^x : 5^{-2} = 5^3 \quad | \cdot 5^{-2}$
$$5^x = 5^3 \cdot 5^{-2}$$
$$5^x = 5^{3-2}$$
$$5^x = 5^1$$
$$x = 1$$

Löse nach x auf.
Wende die Potenzgesetze an.
Potenzen mit gleicher Basis werden multipliziert, indem man die Exponenten addiert.

c) $(-2) \cdot (-2)^x = (-2)^{-4} \quad | \cdot (-2)^{-1}$
$$(-2)^1 \cdot (-2)^{-1} \cdot (-2)^x = (-2)^{-4} \cdot (-2)^{-1}$$
$$(-2)^{1-1} \cdot (-2)^x = (-2)^{-4-1}$$
$$(-2)^0 \cdot (-2)^x = (-2)^{-5}$$
$$1 \cdot (-2)^x = (-2)^{-5}$$
$$x = -5$$

Wende die Potenzgesetze an.
Löse nach x auf.
Potenzen mit gleicher Basis werden multipliziert, indem man die Exponenten addiert.
$n^0 = 1$

10. a) Baumdiagramm:

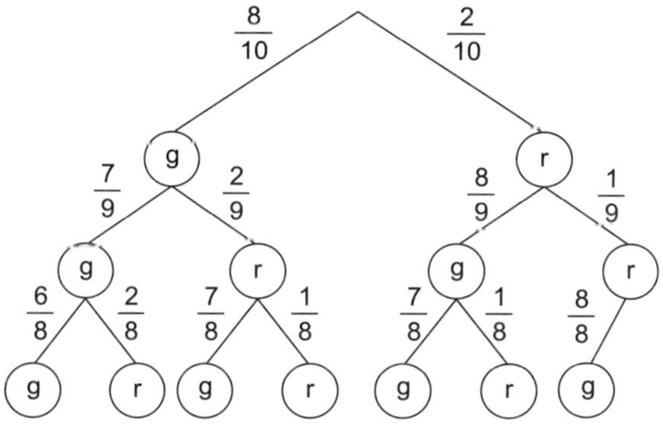

8 gekochte Eier (g)
2 rohe Eier (r)
Im Korb befinden sich insgesamt 10 Eier. Beim Ziehen ohne Zurücklegen verringert sich nach jedem Zug die Anzahl aller Eier im Korb um 1.
Wird beim 1. Ziehen ein gekochtes Ei entnommen, verringert sich die Anzahl der gekochten Eier um 1.
Wird beim 1. Ziehen ein rohes Ei entnommen, verringert sich die Anzahl der rohen Eier um 1. Wird auch beim 2. Ziehen ein rohes Ei entnommen, liegen keine rohen Eier mehr im Korb.
Zeichne ein Baumdiagramm für 3 Züge. Schreibe zu jedem Ereignis die Wahrscheinlichkeit.

b) Wahrscheinlichkeit für „genau ein rohes Ei“:

$$p(g;g;r) = \frac{8}{10} \cdot \frac{7}{9} \cdot \frac{2}{8} = \frac{112}{720} = \frac{7}{45}$$
$$p(g;r;g) = \frac{8}{10} \cdot \frac{2}{9} \cdot \frac{7}{8} = \frac{112}{720} = \frac{7}{45}$$
$$p(r;g;g) = \frac{2}{10} \cdot \frac{8}{9} \cdot \frac{7}{8} = \frac{112}{720} = \frac{7}{45}$$

Für das Ereignis „genau ein rohes Ei“ gibt es 3 günstige Ergebnisse.
Wende die 1. Pfadregel (Multiplikationsregel) an.

$$p(\text{genau ein rohes Ei}) = \frac{7}{45} + \frac{7}{45} + \frac{7}{45} = \frac{21}{45} = \frac{7}{15}$$

Gib die Gesamtwahrscheinlichkeit an.
Wende die 2. Pfadregel (Additionsregel) an.

Wahrscheinlichkeit in Prozent:

$p\,\% = 7:15 \cdot 100\,\%$

$p\,\% = 46{,}666\ldots\,\%$

$p\,\% \approx 47\,\%$

Hinweise und Tipps

Du kannst die Gesamtwahrscheinlichkeit auch in Prozent angeben.

Runde den Prozentsatz sinnvoll (hier: ganze Prozent).

M10-Prüfung an Mittelschulen in Bayern 2019
Mathematik – Aufgabengruppe II

Aufgaben Punkte

1. a) Die Punkte $A(1|2{,}5)$ und $B(3|-2{,}5)$ liegen auf der Geraden g_1.
Bestimmen Sie die Funktionsgleichung von g_1 rechnerisch.

b) Die Gerade g_2 hat die Funktionsgleichung g_2: $y = \frac{2}{4}x + 1$.

Bestimmen Sie die Koordinaten des Schnittpunkts N von g_2 mit der x-Achse und geben Sie N an.

c) Die Gerade g_3 mit der Funktionsgleichung $2y + 4 = 4x$ schneidet g_2 im Punkt T.
Berechnen Sie die Koordinaten von T und geben Sie den Punkt an.

d) Überprüfen Sie mithilfe einer Rechnung, ob der Punkt $C(1|-1)$ auf der Geraden g_3 liegt.

e) Zeichnen Sie die Graphen der Geraden g_2 und g_3 in ein Koordinatensystem mit der Einheit 1 cm.

f) Ermitteln Sie rechnerisch die Größe des spitzen Winkels α, den die Gerade g_2 mit der x-Achse einschließt. 8

2. Ein bayerischer Braumeister wanderte nach China aus. Im Jahr 2017 produzierte er dort 5 000 Hektoliter alkoholfreies Bier. Er geht von einem durchschnittlichen jährlichen Anstieg seiner Produktion um 6 % in Bezug auf das jeweilige Vorjahr aus.

a) Berechnen Sie die im Jahr 2022 produzierte Biermenge.

b) Ermitteln Sie rechnerisch, nach wie vielen Jahren er die Jahresmenge von 5 000 Hektolitern verdoppeln kann, wenn man von einem gleichbleibenden Wachstumsfaktor ausgeht.

c) Berechnen Sie die prozentuale durchschnittliche jährliche Steigerung, wenn er seine Jahresmenge innerhalb der nächsten 10 Jahre verdoppeln will. 4

3. Geben Sie die Definitionsmenge der folgenden Gleichung an und ermitteln Sie die Lösungsmenge rechnerisch.

$$\frac{2(2+x)}{6-x} + 2 = \frac{6+x}{x}$$ 4

4. Eine Kugel soll in einem würfelförmigen Karton mit der Kantenlänge $a = 1$ m so verpackt werden, dass sich der Kugelmittelpunkt M exakt in der Mitte des Kartons befindet. Dazu werden die Wände des Würfels mit Styroporplatten ausgekleidet. Das Volumen der Kugel beträgt $\frac{1}{4}$ des Volumens des Würfels.
Berechnen Sie die Stärke x der Styroporplatten zwischen Kugel und Wand (siehe Skizze).
Mögliche Verformungen des Styropors sowie die Wandstärke des Kartons sollen vernachlässigt werden. 3

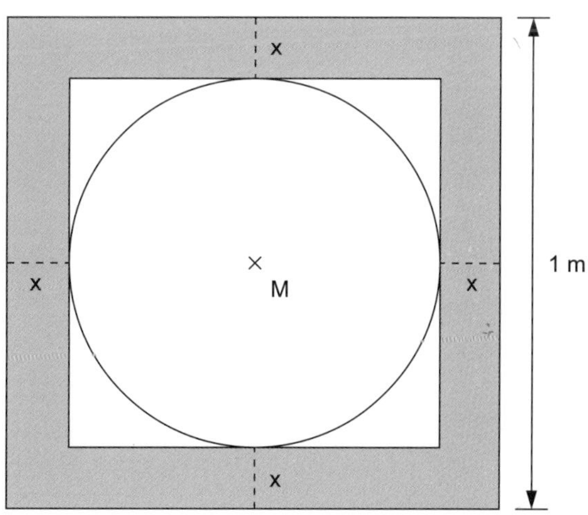

5. Folgende Aufgaben sind Anwendungen von binomischen Formeln:

a) Ersetzen Sie die Platzhalter jeweils durch den entsprechenden Term und schreiben Sie die mathematisch richtige Gleichung auf Ihr Lösungsblatt.
$(\blacklozenge - 9d)^2 = 36a^2 - \blacksquare + 81d^2$

b) Zeigen Sie nachvollziehbar, dass sich der Term $\frac{(a+b)^2 \cdot (a-b)^2}{a^2 - b^2}$ in den Term $a^2 - b^2$ umformen lässt. Es gilt: $a^2 - b^2 \neq 0$. 3

6. a) Bestimmen Sie die Funktionsgleichung der Parabel p_1 in der Normalform (siehe Skizze).

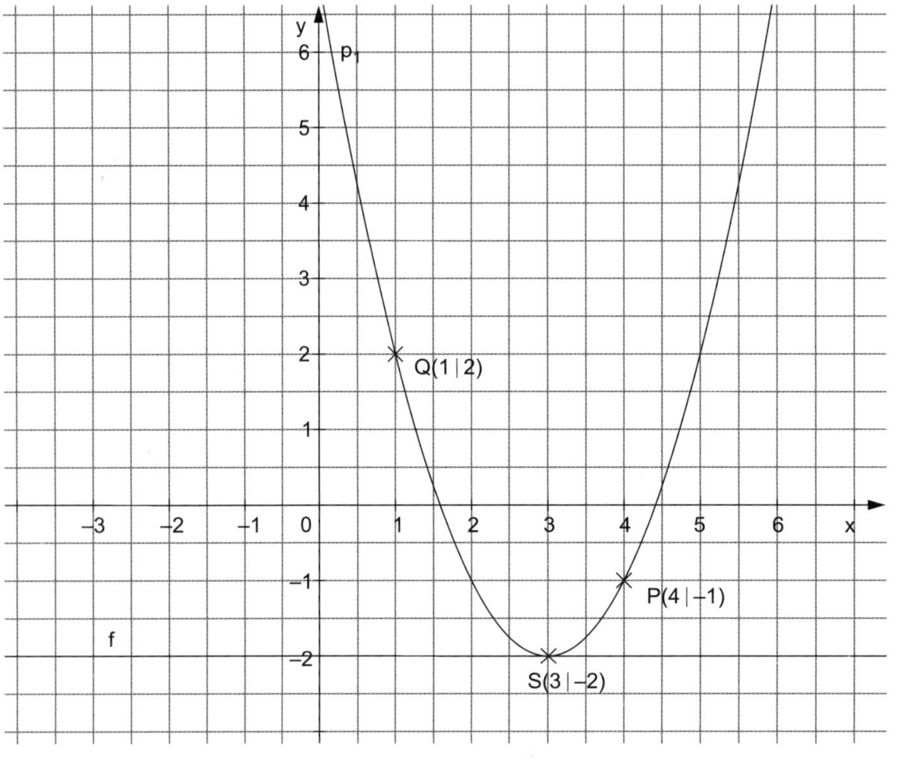

b) Bestimmen Sie rechnerisch die x-Koordinaten der Schnittpunkte N_1 und N_2 der Parabel p_2: $y = x^2 - 5x + 2{,}25$ mit der x-Achse.

c) Die Parabel p_3 mit der Funktionsgleichung $y = -x^2 + 5x - 8{,}25$ schneidet die Parabel p_2 in den Punkten R und T.
Ermitteln Sie rechnerisch die Koordinaten dieser Schnittpunkte und geben Sie R und T an.

d) Der Punkt $W(-22{,}5 \,|\, y_W)$ liegt auf der Parabel p_3.
Ermitteln Sie rechnerisch die fehlende Koordinate y_W.

e) Eine nach unten geöffnete Normalparabel p_4 hat den Scheitelpunkt $S_4(-1 \,|\, 2)$.
Ermitteln Sie rechnerisch die Funktionsgleichung der Parabel p_4 in der Normalform.

f) Geben Sie die Funktionsgleichung der Geraden f (siehe Skizze) an. 8

7. Vereinfachen Sie die folgenden Terme so weit wie möglich.
Es gilt: a, b, c > 0

a) $\frac{3a^3 \cdot 4b^{-7} \cdot 3a^{-1} \cdot 3b^8}{9a^{-2} \cdot 15b}$

b) $\sqrt[5]{c^3} \cdot a^{-6} \cdot \sqrt[5]{c^2} \cdot a^{12}$ 2

8. Anja Schmid schützt den Zugang zu ihrem Computer mit einem vierstelligen Passwort, das aus einer Kombination aus Buchstaben und Ziffern bestehen kann. Sie wählt für die erste Stelle einen der 26 Buchstaben des Alphabets. Dabei wird zwischen Groß- und Kleinschreibung unterschieden. An der zweiten bis vierten Stelle folgt jeweils eine Ziffer.

a) Das richtige Passwort soll in zwei Versuchen erraten werden.
Zeichnen Sie dazu ein Baumdiagramm für die ersten beiden zufälligen Versuche und beschriften Sie die Äste mit den jeweiligen Wahrscheinlichkeiten. Die gleiche Kombination wird dabei kein zweites Mal eingegeben.

b) Ermitteln Sie rechnerisch die Wahrscheinlichkeit, das richtige Passwort in maximal zwei Versuchen zu erraten.

c) Berechnen Sie die Wahrscheinlichkeit, mit einem Versuch die richtige Kombination zu erraten, wenn gleichzeitig
- der Buchstabe ein A oder S in Großschreibung ist,
- die erste Ziffer eine 8 ist und
- keine Null und keine ungerade Ziffer vorkommt. 5

9. Eine Figur setzt sich ausschließlich aus rechtwinkligen Dreiecken zusammen, die zueinander ähnlich sind (siehe Skizze).
Es gilt: $\overline{AD} = 8\text{ cm}$, $\overline{DC} = 4\text{ cm}$, $\overline{FH} = 3\text{ cm}$, $\overline{GE} = 5{,}4\text{ cm}$

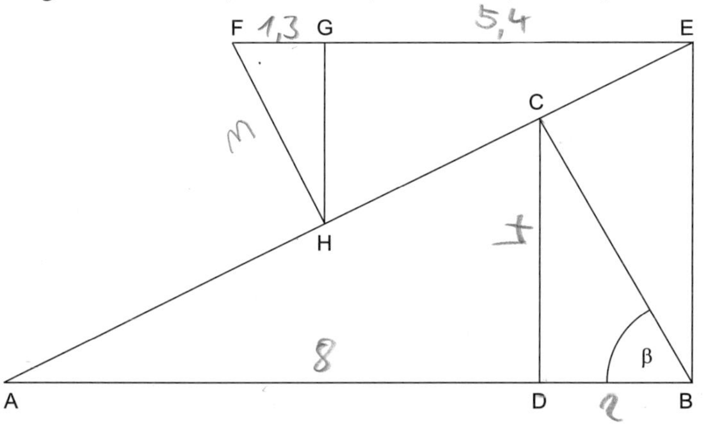

Hinweis: Skizze nicht maßstabsgetreu

a) Berechnen Sie die Länge der Strecke [DB].

b) Ermitteln Sie rechnerisch die Größe des Winkels β.

c) Berechnen Sie die Länge der Strecke [FG].

d) Formulieren Sie eine korrekte Anwendung eines Strahlensatzes, die auf die Figur zutrifft. 5

10. Ein Kopiergerät kann Bilder vergrößern und verkleinern. Dazu stellt man den entsprechenden Prozentsatz ein.
Beispielsweise werden bei der Einstellung 110 % alle Längen um den Streckungsfaktor $k = 1{,}1$ verlängert, bei 90 % dagegen um den Streckungsfaktor $k = 0{,}9$ verkürzt.

a) Ein Quadrat mit der Seitenlänge $a = 9$ cm wird mit der Einstellung 70 % kopiert. Berechnen Sie die Seitenlänge a' des Bildquadrates.

b) Ein Dreieck mit einem Flächeninhalt $A = 12\ \text{cm}^2$ wird auf ein Dreieck mit einem Flächeninhalt von $A' = 17{,}28\ \text{cm}^2$ vergrößert.
Bestimmen Sie rechnerisch, welcher Prozentsatz eingestellt wurde.

c) Ein Rechteck ABCD mit den Seitenlängen $a = 6$ cm und $b = 3$ cm wird durch eine zentrische Streckung mit dem Streckungsfaktor $k = \frac{1}{3}$ auf das Bildrechteck A'B'C'D' abgebildet.
Das Streckungszentrum ist der Punkt A. Stellen Sie diese zentrische Streckung zeichnerisch dar. 3

Lösungen

Aufgabengruppe II

1. a) Funktionsgleichung der Geraden g_1 durch die Punkte A und B:

$A(1\,|\,2{,}5);\ B(3\,|\,-2{,}5)$

$$m_1 = \frac{-2{,}5-2{,}5}{3-1} = \frac{-5}{2} = -2{,}5$$

$m_1 = -2{,}5$ und $A(1\,|\,2{,}5)$ in g_1:

$y = m_1 \cdot x + t_1$

$2{,}5 = -2{,}5 \cdot 1 + t_1$

$2{,}5 = -2{,}5 + t_1 \quad |+2{,}5$

$t_1 = 5$

$g_1\colon y = -2{,}5x + 5$

Hinweise und Tipps

Steigungsformel:

$$m = \frac{y_2 - y_1}{x_2 - x_1}$$

Setze die Koordinaten der Punkte A und B in die Steigungsformel ein und berechne die Steigung m_1.
Setze den Wert der Steigung m_1 und die Koordinaten eines Punkts (hier: A) in die Normalform einer linearen Funktion ein und berechne t_1.
Gib die vollständige Funktionsgleichung der Geraden g_1 an.

b) Koordinaten des Schnittpunkts N von g_2 mit der x-Achse:

$g_2\colon y = \frac{2}{4}x + 1$

$\frac{2}{4}x + 1 = 0 \quad |\cdot 2$

$x + 2 = 0 \quad |-2$

$x = -2$

$N(-2\,|\,0)$

Um den Schnittpunkt der Geraden g_2 mit der x-Achse zu erhalten, berechne die Nullstelle der linearen Funktion.
Die Nullstelle einer linearen Funktion hat den Funktionswert $y = 0$.

c) Koordinaten des Schnittpunkts T der beiden Geraden g_2 und g_3:

$g_3\colon 2y + 4 = 4x \quad |-4$

$2y = 4x - 4 \quad |:2$

$y = 2x - 2$

Forme die Geradengleichung von g_3 in die Normalform einer linearen Funktion um.

$g_2\colon y = \frac{2}{4}x + 1$

$g_2\colon y = 0{,}5x + 1$

Schreibe die Steigung m_2 von g_2 als Dezimalbruch.

$2x - 2 = 0{,}5x + 1 \quad |+2;\ -0{,}5x$

$1{,}5x = 3 \quad |:1{,}5$

$x = 2$

Setze die Funktionsgleichungen von g_2 und g_3 gleich und löse nach x auf.

in g_2: $y = 0{,}5 \cdot 2 + 1$

$y = 2$

$T(2\,|\,2)$

Setze $x = 2$ in g_2 oder g_3 (hier: g_2) ein und berechne y.
Gib die Koordinaten des Schnittpunkts T an.

d) Überprüfen der Lage von Punkt C auf g_3:

$g_3\colon y = 2x - 2$

$C(1\,|\,-1)$

$y = 2 \cdot 1 - 2$

$y = 0$

$0 \neq -1$

C liegt nicht auf g_3.

Liegt der Punkt C auf der Geraden g_3, müssen seine Koordinaten die Funktionsgleichung von g_3 erfüllen.
Setze die x-Koordinate von C in die Funktionsgleichung von g_3 ein und berechne den Funktionswert.
Vergleiche den Funktionswert mit der y-Koordinate des Punkts C.

e) grafische Darstellung:

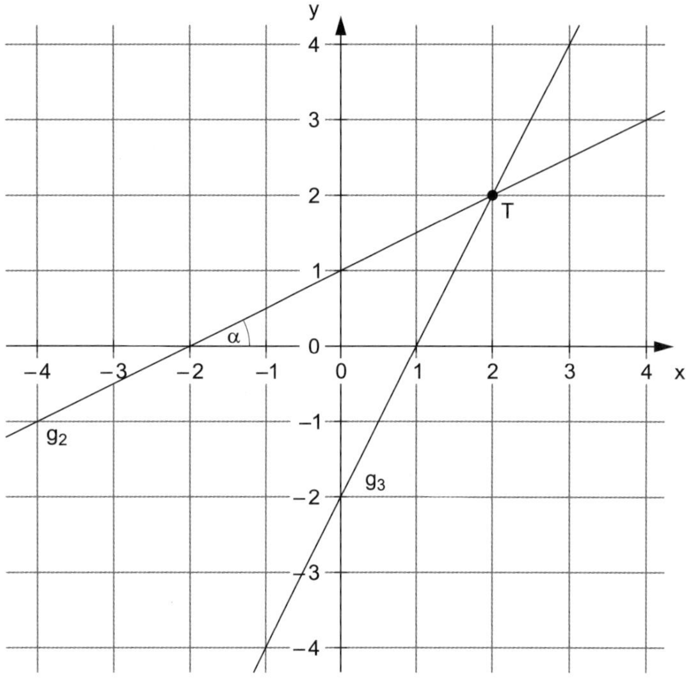

f) Größe des spitzen Winkels α:

$\tan \alpha = 0{,}5$

$\alpha = 26{,}565\ldots°$

$\alpha \approx 26{,}6°$

oder:

Größe des spitzen Winkels α:
Länge der Gegenkathete: 1 cm
Länge der Ankathete: 2 cm

$\tan \alpha = \frac{1\,\text{cm}}{2\,\text{cm}}$

$\tan \alpha = 0{,}5$

$\alpha = 26{,}565\ldots°$

$\alpha \approx 26{,}6°$

Hinweise und Tipps

Lege ein Koordinatensystem mit der Einheit 1 cm an. Platzbedarf:
x-Achse: −4 bis +4
y-Achse: −4 bis +4
Beschrifte das Koordinatensystem vollständig. Zeichne g_2 und g_3 mithilfe des y-Achsenabschnitts und des Steigungsdreiecks.
Trage den Punkt T in das Koordinatensystem ein.
Die Geraden g_2 und g_3 müssen sich im Punkt T schneiden.

Der Tangens des Winkels, den eine Gerade g mit der y-Achse bildet, ergibt die Steigung der Geraden g. Runde die Größe des Winkels sinnvoll (hier: 1 Dezimalstelle).

Die Schnittpunkte der Geraden g_2 mit der x-Achse und y-Achse und der Koordinatenursprung sind die Eckpunkte eines rechtwinkligen Dreiecks.
Der y-Achsenabschnitt ist die Gegenkathete, die Entfernung vom Koordinatenursprung zum Schnittpunkt der Geraden g_2 mit der x-Achse die Ankathete.
Lies die Länge der Ankathete und der Gegenkathete aus der grafischen Darstellung ab und berechne die Größe des Winkels α mit dem Tangens.

$\tan \alpha = \frac{\text{Gegenkathete}}{\text{Ankathete}}$

Runde die Größe des Winkels sinnvoll (hier: 1 Dezimalstelle).

Hinweise und Tipps

2. a) produzierte Biermenge im Jahr 2022:

$W_0 = 5\,000\ hl$
$n = 5$
$p\,\% = 6\,\% = 0{,}06$
$q = 1 + 0{,}06 = 1{,}06$
$W_5 = 5\,000\ hl \cdot 1{,}06^5$
$W_5 = 6\,691{,}12\ldots\ hl$
$W_5 \approx 6\,691\ hl$

Die im Jahr 2022 produzierte Biermenge beträgt 6 691 hl.

Hinweis: Bestimme den Wachstumsfaktor für ein positives Wachstum. Setze die gegebenen Werte in die Wachstumsformel ein und berechne W_n. $W_n = W_0 \cdot q^n$

Hinweis: Runde sinnvoll (hier: ganze hl).

b) Zeit in Jahren:

$W_0 = 5\,000\ hl$
$W_n = 2 \cdot 5\,000\ hl = 10\,000\ hl$
$q = 1{,}06$
$10\,000\ hl = 5\,000\ hl \cdot 1{,}06^n \quad |:5\,000\ hl$
$2 = 1{,}06^n$

$n = \dfrac{\lg 2}{\lg 1{,}06}$

$n = 11{,}895\ldots$
$n \approx 12$

Nach 12 Jahren wird sich die produzierte Biermenge verdoppelt haben.

Hinweis: Setze die gegebenen Werte in die Wachstumsformel ein. Löse nach n auf.

Hinweis: Berechne n mit dem Logarithmus.

Hinweis: Runde sinnvoll (hier: ganze Jahre).

c) durchschnittlicher jährlicher Zuwachs in Prozent:

$W_0 = 5\,000\ hl$
$W_{10} = 10\,000\ hl$
$n = 10$
$10\,000\ hl = 5\,000\ hl \cdot q^{10} \quad |:5\,000\ hl;\ \sqrt[10]{\ }$
$q = 1{,}07177\ldots$

$1{,}07177\ldots = 1 + \dfrac{p}{100} \quad |-1$

$0{,}07177\ldots = \dfrac{p}{100} \quad |\cdot 100$

$p\,\% = 7{,}177\ldots\,\%$
$p\,\% \approx 7{,}2\,\%$

Der prozentuale Zuwachs pro Jahr müsste bei 7,2 % liegen.

Hinweis: Setze die gegebenen Werte in die Wachstumsformel ein und berechne q.

Hinweis: Berechne p %. Es handelt sich um ein positives Wachstum. $q = 1 + \dfrac{p}{100}$

Hinweis: Runde den Prozentsatz sinnvoll (hier: 1 Dezimalstelle).

---

3. $\dfrac{2(2+x)}{6-x} + 2 = \dfrac{6+x}{x}$

Definitionsmenge:

$6 - x \neq 0 \quad |+x$
$x \neq 6$
$x \neq 0$

$\mathbb{D} = \mathbb{R} \setminus \{0;\ 6\}$

Hinweis: Bestimme die Definitionsmenge. Die Terme im Nenner dürfen nicht null sein.

Hinweis: Gib die Definitionsmenge an.

Hinweise und Tipps

Lösungsmenge:

$$\frac{2(2+x)}{6-x}+2=\frac{6+x}{x} \quad |\cdot x\cdot(6-x)$$

$$x\cdot 2\cdot(2+x)+2\cdot x\cdot(6-x)=(6+x)\cdot(6-x)$$

$$4x+2x^2+12x-2x^2=36-6x+6x-x^2$$

$$16x=36-x^2 \quad |-36;\ +x^2$$

$$x^2+16x-36=0$$

$$x_{1/2}=-8\pm\sqrt{8^2+36}$$

$$x_{1/2}=-8\pm\sqrt{64+36}$$

$$x_{1/2}=-8\pm\sqrt{100}$$

$$x_{1/2}=-8\pm 10$$

$$x_1=-8-10$$

$$x_1=-18$$

$$x_2=-8+10$$

$$x_2=2$$

Multipliziere mit dem Hauptnenner.
Multipliziere aus.
Fasse zusammen.
Forme die quadratische Gleichung in die Normalform um.
Löse mithilfe der Lösungsformel für quadratische Gleichungen.

$$x_{1/2}=-\frac{p}{2}\pm\sqrt{\left(\frac{p}{2}\right)^2-q}$$

Hier ist $p=16$ und $q=-36$.

$x_1\neq 0$ und $x_1\neq 6$

$x_2\neq 0$ und $x_2\neq 6$

$\mathbb{L}=\{-18;\ 2\}$

Überprüfe, ob die Lösungen in $\mathbb{D}$ liegen.
Beide Lösungen liegen in $\mathbb{D}$.
Gib die Lösungsmenge an.

---

4. Volumen des Würfels:

$a=1\text{ m}$

$V_{\text{Würfel}}=1\text{ m}\cdot 1\text{ m}\cdot 1\text{ m}$

$V_{\text{Würfel}}=1\text{ m}^3$

Die Kantenlänge des Würfels ist gegeben.
Berechne das Volumen des Würfels.
$V_{\text{Würfel}}=a\cdot a\cdot a$

Volumen der Kugel:

$V_{\text{Kugel}}=\frac{1}{4}\cdot 1\text{ m}^3$

$V_{\text{Kugel}}=0{,}25\text{ m}^3$

Das Volumen der Kugel beträgt $\frac{1}{4}$ des Volumens des Würfels.

Radius der Kugel:

$0{,}25\text{ m}^3=\frac{4}{3}\cdot r^3\cdot 3{,}14 \quad |\cdot 3;\ :4;\ :3{,}14;\ \sqrt[3]{\ }$

$r=0{,}3908\ldots\text{ m}$

$r\approx 0{,}39\text{ m}$

Berechne den Radius der Kugel.
$V=\frac{4}{3}\cdot r^3\cdot\pi$
Du kannst die π-Taste verwenden oder mit $\pi=3{,}14$ rechnen.
Rechne hier mit $\pi=3{,}14$.
Runde sinnvoll (hier: 2 Dezimalstellen).

Abstand x der Kugel zur Verpackung:
Durchmesser der Kugel:

$d=2\cdot 0{,}39\text{ m}$

$d=0{,}78\text{ m}$

Die Differenz aus der Kantenlänge a des Würfels und dem Durchmesser d der Kugel ergibt den doppelten Abstand x.
Berechne den Abstand x.

Kantenlänge des Würfels:

$a=1\text{ m}$

$2x=1\text{ m}-0{,}78\text{ m}$

$2x=0{,}22\text{ m} \quad |:2$

$x=0{,}11\text{ m}$

Die Stärke der Styroporplatten beträgt 0,11 m.

Hinweise und Tipps

5. a) $(\blacklozenge - 9d)^2 = 36a^2 - \blacksquare + 81d^2$

$x^2 = 36a^2$

$x = \sqrt{36a^2}$

$x = 6a$

$y = 9d$

$2xy = 2 \cdot 6a \cdot 9d$

$2xy = 108ad$

vollständige Gleichung:

$(6a - 9d)^2 = 36a^2 - 108ad + 81d^2$

Das negative Rechenzeichen in der Klammer auf der linken Seite der Gleichung weist auf die 2. binomische Formel hin.
$(x-y)^2 = x^2 - 2xy + y^2$

Berechne schrittweise x und 2xy. Gib die vollständige Gleichung an.

b) $\frac{(a+b)^2 \cdot (a-b)^2}{a^2 - b^2} =$

$\frac{(a+b) \cdot (a+b) \cdot (a-b) \cdot (a-b)}{(a+b) \cdot (a-b)} =$

$(a+b) \cdot (a-b) = a^2 - b^2$

Die Terme im Zähler sind das 1. und 2. Binom, der Term im Nenner ist das 3. Binom.
Schreibe die Binome als Produkt.

Nach dem Kürzen erhältst du die 3. binomische Formel.

---

6. a) Funktionsgleichung der Parabel p_1 in der Normalform:

$S(3|-2)$

p_1 nach oben geöffnet: $y = (x - x_s)^2 + y_s$

$y = (x-3)^2 - 2$

$y = x^2 - 6x + 9 - 2$

$y = x^2 - 6x + 7$

Setze die Koordinaten von S in die Scheitelpunktform für eine nach oben geöffnete Normalparabel ein.
Löse das Binom auf.
Fasse zusammen, dann erhältst du die Funktionsgleichung von p_1 in der Normalform.

oder:

$P(4|-1);\ Q(1|2)$

p_1 nach oben geöffnet: $y = x^2 + px + q$

Die Punkte P und Q liegen auf der Parabel p_1.
Setze die Koordinaten der Punkte P und Q jeweils in die Normalform für eine nach oben geöffnete Parabel ein.

Löse das Gleichungssystem (hier: Gleichsetzungsverfahren).

I	$-1 = 4^2 + 4p + q$	
II	$2 = 1^2 + 1p + q$	
I	$-1 = 16 + 4p + q$	$\vert -16; -4p$
II	$2 = 1 + p + q$	$\vert -1; -p$
I	$-17 - 4p = q$	
II	$1 - p = q$	
I = II	$-17 - 4p = 1 - p$	$\vert +17; +p$
	$-3p = 18$	$\vert :(-3)$
	$p = -6$	

Löse beide Gleichungen nach q auf.
Setze die beiden erhaltenen Terme für q gleich und berechne p.

in II $q = 1 - (-6)$

$q = 7$

p_1: $y = x^2 - 6x + 7$

Setze $p = -6$ in eine umgeformte Gleichung (hier: Gleichung II) ein und berechne q.
Gib die Funktionsgleichung von p_1 in der Normalform an.

b) x Koordinaten der Schnittpunkte von p_2 mit der x-Achse:

p_2: $y = x^2 - 5x + 2{,}25$

Die Schnittpunkte einer Normalparabel mit der x-Achse sind die Nullstellen der quadratischen Funktion.
Setze den Funktionswert y gleich 0 und berechne die Nullstellen x_1 und x_2 mithilfe der Lösungsformel für quadratische Gleichungen.

Hinweise und Tipps

$x^2 - 5x + 2,25 = 0$

$x_{1/2} = 2,5 \pm \sqrt{(-2,5)^2 - 2,25}$

$x_{1/2} = 2,5 \pm \sqrt{6,25 - 2,25}$

$x_{1/2} = 2,5 \pm \sqrt{4}$

$x_{1/2} = 2,5 \pm 2$

$x_1 = 2,5 - 2$

$x_1 = 0,5$

$x_2 = 2,5 + 2$

$x_2 = 4,5$

$x_{1/2} = -\frac{p}{2} \pm \sqrt{\left(\frac{p}{2}\right)^2 - q}$

Hier ist $p = -5$ und $q = 2,25$.

Hier ist nur nach den x-Koordinaten gefragt. Die Nullstellen liegen bei $N_1(0,5\,|\,0)$ und $N_2(4,5\,|\,0)$.

c) x-Koordinaten der Schnittpunkte R und T von p_2 mit p_3:

p_2: $y = x^2 - 5x + 2,25$

p_3: $y = -x^2 + 5x - 8,25$

$x^2 - 5x + 2,25 = -x^2 + 5x - 8,25 \quad |+x^2;\ -5x;\ +8,25$

$2x^2 - 10x + 10,5 = 0 \quad |:2$

$x^2 - 5x + 5,25 = 0$

$x_{1/2} = 2,5 \pm \sqrt{(-2,5)^2 - 5,25}$

$x_{1/2} = 2,5 \pm \sqrt{6,25 - 5,25}$

$x_{1/2} = 2,5 \pm \sqrt{1}$

$x_{1/2} = 2,5 \pm 1$

$x_1 = 2,5 - 1$

$x_1 = 1,5$

$x_2 = 2,5 + 1$

$x_2 = 3,5$

Setze die Funktionsgleichungen von p_2 und p_3 gleich. Forme die quadratische Gleichung in die Normalform um und löse sie mit der Lösungsformel.

$x_{1/2} = -\frac{p}{2} \pm \sqrt{\left(\frac{p}{2}\right)^2 - q}$

Hier ist $p = -5$ und $q = 5,25$.

x_1 in p_2:

$y_1 = 1,5^2 - 5 \cdot 1,5 + 2,25$

$y_1 = 2,25 - 7,5 + 2,25$

$y_1 = -3$

x_2 in p_2:

$y_2 = 3,5^2 - 5 \cdot 3,5 + 2,25$

$y_2 = 12,25 - 17,5 + 2,25$

$y_2 = -3$

Setze x_1 und x_2 in eine der beiden Funktionsgleichungen (hier: p_2) ein und berechne die y-Koordinaten der Schnittpunkte.

$R(1,5\,|\,-3)$; $T(3,5\,|\,-3)$

Gib die Koordinaten der Schnittpunkte an.

d) fehlende y-Koordinate des Punkts W:

$W(-22,5\,|\,y_W)$ in p_3: $y = -x^2 + 5x - 8,25$

$y_W = -(-22,5)^2 + 5 \cdot (-22,5) - 8,25$

$y_W = -506,25 - 112,5 - 8,25$

$y_W = -627$

Setze die x-Koordinate des Punkts W in die Funktionsgleichung der Parabel p_3 ein und berechne den Funktionswert y.
Hier ist nur nach der y-Koordinate gefragt. Vollständige Koordinaten: $W(-22,5\,|\,-627)$

e) Funktionsgleichung der Parabel p_4 in der Normalform:

$S_4(-1\,|\,2)$

p_4 nach unten geöffnet: $p_4\colon y = -(x - x_s)^2 + y_s$

$p_4\colon y = -(x+1)^2 + 2$

$y = -(x^2 + 2x + 1) + 2$

$y = -x^2 - 2x - 1 + 2$

$y = -x^2 - 2x + 1$

f) Funktionsgleichung der Geraden f:

$m = 0;\ \ t = -2$

$y = -2$

Hinweise und Tipps

Setze die Koordinaten von S_4 in die Scheitelpunktform für eine nach unten geöffnete Normalparabel ein.
Löse das Binom auf.

Löse die Klammer auf und fasse zusammen, dann erhältst du die Funktionsgleichung in Normalform.

Die Gerade f ist eine Parallele zur x-Achse. Parallele zur x-Achse haben keine Steigung. Lies den y-Achsenabschnitt aus der Skizze ab.

---

7. a) $\dfrac{3a^3 \cdot 4b^{-7} \cdot 3a^{-1} \cdot 3b^8}{9a^{-2} \cdot 15b} =$

$\dfrac{4a^3 \cdot b^{-7} \cdot a^{-1} \cdot b^8}{5a^{-2} \cdot b} =$

$\dfrac{4a^{3-1} \cdot b^{-7+8}}{5a^{-2} \cdot b} =$

$\dfrac{4a^2 \cdot b^1}{5a^{-2} \cdot b} =$

$\dfrac{4a^2 \cdot a^2 \cdot b^1 \cdot b^{-1}}{5} =$

$\dfrac{4a^{2+2} \cdot b^{1-1}}{5} = \dfrac{4}{5}a^4$

b) $\sqrt[5]{c^3} \cdot a^{-6} \cdot \sqrt[5]{c^2} \cdot a^{12} =$

$c^{\frac{3}{5}} \cdot a^{-6} \cdot c^{\frac{2}{5}} \cdot a^{12} =$

$c^{\frac{3+2}{5}} \cdot a^{-6+12} = c \cdot a^6$

Kürze die Zahlen.

Wende die Potenzgesetze an.
Potenzen mit gleicher Basis werden multipliziert, indem man die Exponenten addiert.

Brüche können als Potenzen mit negativen Exponenten dargestellt werden.
Schreibe die Variablen im Nenner in den Zähler.
$n^0 = 1$

Wende die Potenzgesetze an.
Wurzeln können als Potenzen mit rationalen Exponenten dargestellt werden.
Potenzen mit gleicher Basis werden multipliziert, indem man die Exponenten addiert.

---

8. a) Anzahl der möglichen Kombinationen:

1. Stelle	2. Stelle	3. Stelle	4. Stelle	Passwort-kombinationen
1 Buchstabe	1 Ziffer	1 Ziffer	1 Ziffer	
$2 \cdot 26$	$\cdot\, 10$	$\cdot\, 10$	$\cdot\, 10$	$= 52\,000$

Wahrscheinlichkeit für die richtige Kombination:

$p(r) = \dfrac{1}{52\,000}$

Wahrscheinlichkeit für eine falsche Kombination:

$p(f) = \dfrac{51\,999}{52\,000}$

An der 1. Stelle steht ein Buchstabe aus 26 Buchstaben in Großschreibung und 26 Buchstaben in Kleinschreibung.
An der 2. bis 4. Stelle steht je 1 Ziffer aus 10 möglichen Ziffern.
Berechne die Anzahl der möglichen Kombinationen.
Nur eine Kombination ist richtig.

Der Versuch, das Passwort zu erraten, entspricht einem Ziehen ohne Zurücklegen.

Nach dem ersten Versuch verringert sich die Anzahl aller möglichen Kombinationen um 1. Die Anzahl der richtigen und falschen Kombinationen verringert sich ebenfalls um 1.

Hinweise und Tipps

Baumdiagramm:

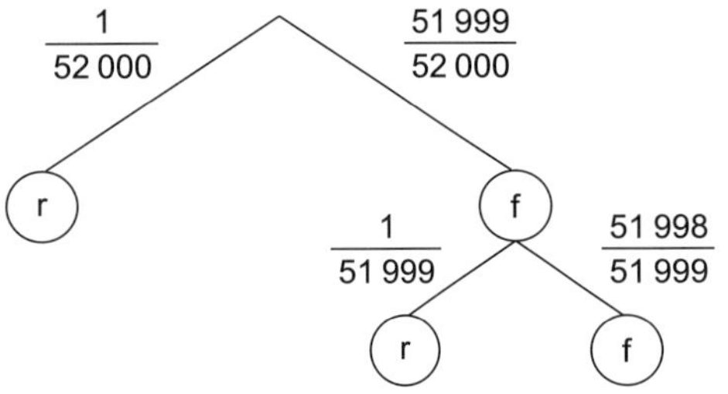

Zeichne das Baumdiagramm für 2 Versuche.

b) Wahrscheinlichkeit für das richtige Passwort nach höchstens 2 Versuchen:

$p(r) = \frac{1}{52\,000}$

$p(f;r) = \frac{51\,999}{52\,000} \cdot \frac{1}{51\,999} = \frac{1}{52\,000}$

$p(\text{„richtiges Passwort“}) = \frac{1}{52\,000} + \frac{1}{52\,000} = \frac{2}{52\,000} = \frac{1}{26\,000}$

Für das Ereignis „richtiges Passwort“ gibt es zwei günstige Ergebnisse. Höchstens 2 heißt nach 1 oder 2 Versuchen.
Berechne die Wahrscheinlichkeit für jedes günstige Ergebnis.
Wende die 1. Pfadregel (Produktregel) an.
Gib die Gesamtwahrscheinlichkeit an.
Wende dazu die 2. Pfadregel (Additionsregel) an.

Wahrscheinlichkeit als Dezimalbruch:

$p(r) = \frac{1}{26\,000} = 0{,}000038... \approx 0{,}00004$

Wahrscheinlichkeit in Prozent:

$p\,\% = 1 : 26\,000 \cdot 100\,\%$

$p\,\% = 0{,}0038\ldots\%$

$p\,\% \approx 0{,}004\,\%$

Die Wahrscheinlichkeit für „richtiges Passwort nach zwei Versuchen“ beträgt 0,004 %.

Du kannst die Wahrscheinlichkeit auch als Dezimalbruch oder in Prozent angeben.
Runde sinnvoll.

c) Anzahl der möglichen Kombinationen:

1. Stelle	**2. Stelle**	**3. Stelle**	**4. Stelle**	**Passwort-kombi-nationen**
A oder S	8	2; 4; 6; 8	2; 4; 6; 8	
2	$\cdot 1$	$\cdot 4$	$\cdot 4$	$= 32$

An der 1. Stelle können 2 Buchstaben stehen.
An der 2. Stelle steht die Ziffer 8.
An der 3. und 4. Stelle steht jeweils eine aus vier möglichen geraden Zahlen.

Wahrscheinlichkeit für die richtige Kombination mit einem Versuch:

$p(r) = \frac{1}{32}$

Es gibt nur einen Versuch, nur eine Kombination ist richtig.

Wahrscheinlichkeit als Dezimalbruch:

$\frac{1}{32} = 0{,}03125 \approx 0{,}03$

Du kannst die Wahrscheinlichkeit auch als Dezimalbruch oder in Prozent angeben.

Wahrscheinlichkeit in Prozent:

$p\,\% = 1 : 32 \cdot 100\,\%$

$p\,\% = 3{,}125\,\%$

$p\,\% \approx 3\,\%$

Runde sinnvoll (hier: 2 Dezimalstellen bzw. ganze Prozent).

9. a) Länge der Strecke $\overline{DB}$:

$$\overline{DC}^2 = \overline{AD} \cdot \overline{DB}$$
$$(4\text{ cm})^2 = 8\text{ cm} \cdot \overline{DB}$$
$$16\text{ cm} = 8\text{ cm} \cdot \overline{DB} \qquad |:8\text{ cm}$$
$$\overline{DB} = 2\text{ cm}$$

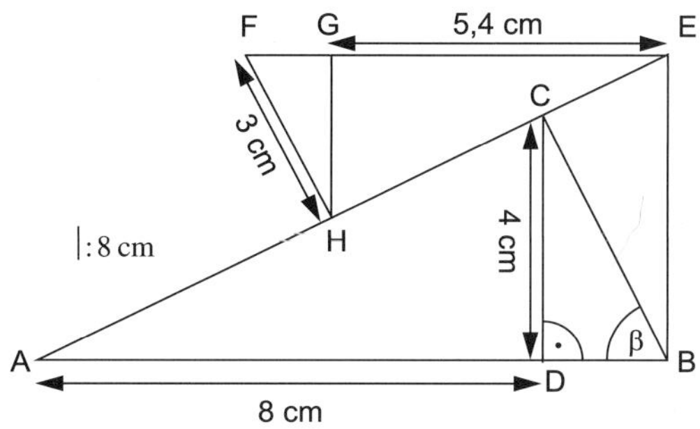

Hinweise und Tipps

Fertige eine Skizze an. Trage in die Skizze alle gegebenen Strecken ein. Im rechtwinkligen Dreieck ABC sind die Strecken [AD] und [DB] die Hypotenusenabschnitte p und q, die Strecke [DC] ist die Höhe h. Berechne die Länge der Strecke $\overline{DB}$ mithilfe des Höhensatzes.

$h^2 = p \cdot q$

b) Größe des Winkels β:

$$\tan\beta = \frac{\overline{DC}}{\overline{DB}}$$
$$\tan\beta = \frac{4\text{ cm}}{2\text{ cm}}$$
$$\tan\beta = 2$$
$$\beta = 63{,}434...^\circ$$
$$\beta \approx 63{,}4^\circ$$

Im rechtwinkligen Dreieck BCD ist die Seite $\overline{DC}$ die Gegenkathete und die Seite $\overline{DB}$ die Ankathete zum Winkel β. Berechne die Größe des Winkels β mithilfe des Tangens.

$\tan\beta = \frac{\text{Gegenkathete}}{\text{Ankathete}}$

Runde die Größe des Winkels sinnvoll (hier: 1 Dezimalstelle).

c) Länge der Strecke $\overline{FG}$:

$$\cos\beta = \frac{\text{Ankathete}}{\text{Hypotenuse}}$$
$$\cos 63{,}4^\circ = \frac{\overline{FG}}{3\text{ cm}} \qquad |\cdot 3\text{ cm}$$
$$3\text{ cm} \cdot \cos 63{,}4^\circ = \overline{FG}$$
$$\overline{FG} = 1{,}343\ldots\text{ cm}$$
$$\overline{FG} \approx 1{,}3\text{ cm}$$

Nach der Aufgabenstellung sind die rechtwinkligen Dreiecke ähnlich zueinander. $\Delta(ABC) \sim \Delta(EFH)$

Ähnliche Dreiecke sind winkeltreu. $\sphericalangle\, HFG = \beta$

Im rechtwinkligen Dreieck EFH ist die Seite $\overline{FH}$ die Hypotenuse und die Seite $\overline{FG}$ die Ankathete zum Winkel β. Berechne die Länge der Seite $\overline{FG}$ mit dem Kosinus.

$\cos\beta = \frac{\text{Ankathete}}{\text{Hypotenuse}}$

Runde sinnvoll (hier: 1 Dezimalstelle).

oder:

Originalstrecke: $\overline{AD} = 8\text{ cm}$

Bildstrecke: $\overline{GE} = 5{,}4\text{ cm}$

$$k = \frac{5{,}4\text{ cm}}{8\text{ cm}}$$
$$k = 0{,}675$$

Länge der Strecke $\overline{FG}$:

Originalstrecke: $\overline{DB} = 2\text{ cm}$

Bildstrecke: $\overline{FG}$

$$0{,}675 = \frac{\overline{FG}}{2\text{ cm}} \qquad |\cdot 2\text{cm}$$
$$\overline{FG} = 1{,}35\text{ cm}$$
$$\overline{FG} \approx 1{,}4\text{ cm}$$

Nach der Aufgabenstellung sind die rechtwinkligen Dreiecke ähnlich zueinander. Das Originaldreieck ABC wird mit dem Faktor k verkleinert. Es entsteht das Bilddreieck EFH. Suche in den ähnlichen Dreiecken entsprechende Bild- und Originalstrecken und berechne k.

$k = \frac{\text{Bildstrecke}}{\text{Originalstrecke}}$

Berechne mit k die Länge der Bildstrecke $\overline{FG}$.

Runde sinnvoll (hier: 1 Dezimalstelle). Rundungsbedingt ergeben sich Abweichungen.

oder:

$$\overline{FH}^2 = \overline{FE} \cdot \overline{FG}$$
$$\overline{FE} = (x + 5{,}4)$$
$$\overline{FH} = 3$$
$$3^2 = (x + 5{,}4) \cdot x$$
$$9 = x^2 + 5{,}4x \qquad |-9$$
$$x^2 + 5{,}4x - 9 = 0$$
$$x_{1/2} = -2{,}7 \pm \sqrt{2{,}7^2 + 9}$$
$$x_{1/2} = -2{,}7 \pm \sqrt{7{,}29 + 9}$$
$$x_{1/2} = -2{,}7 \pm \sqrt{16{,}29}$$
$$x_{1/2} = -2{,}7 \pm 4{,}036\ldots$$
$$x_1 = -2{,}7 - 4{,}0$$
$$(x_1 = -6{,}7) \qquad \text{keine sinnvolle Lösung}$$
$$x_2 = -2{,}7 + 4{,}0$$
$$x_2 = 1{,}3$$
$$\overline{FG} = 1{,}3 \text{ cm}$$

Hinweise und Tipps

Im rechtwinkligen Dreieck EFH ist die Seite $\overline{FH}$ eine Kathete, die Seite $\overline{EF}$ die Hypotenuse und die Strecke [FG] der an der Kathete $\overline{FH}$ anliegende Hypotenusenabschnitt. Berechne die Länge der Strecke $\overline{FG}$ mithilfe des Kathetensatzes. Verwende in der Rechnung x für die Länge der Strecke $\overline{FG}$.
Forme die quadratische Gleichung in die Normalform um und löse sie mithilfe der Lösungsformel.

$$x_{1/2} = -\frac{p}{2} \pm \sqrt{\left(\frac{p}{2}\right)^2 - q}$$

Hier ist $p = 5{,}4$ und $q = -9$

Runde den Wurzelwert auf 1 Dezimalstelle.
Schließe die nicht sinnvolle Lösung aus.

d) Anwendung eines Strahlensatzes:

Wende die Strahlensätze an. Du musst nur eine korrekte Anwendung formulieren. Hier sind alle möglichen Anwendungen angegeben.

$$\frac{\overline{AC}}{\overline{CE}} = \frac{\overline{AD}}{\overline{DB}};\quad \frac{\overline{AE}}{\overline{AC}} = \frac{\overline{AB}}{\overline{AD}};\quad \frac{\overline{AE}}{\overline{CE}} = \frac{\overline{AB}}{\overline{DB}}$$

1. Strahlensatz

$$\frac{\overline{AB}}{\overline{AD}} = \frac{\overline{BE}}{\overline{CD}};\quad \frac{\overline{AE}}{\overline{AC}} = \frac{\overline{BE}}{\overline{CD}};\quad \frac{\overline{AD}}{\overline{CD}} = \frac{\overline{AB}}{\overline{BE}};\quad \frac{\overline{AC}}{\overline{CD}} = \frac{\overline{AE}}{\overline{BE}}$$

2. Strahlensatz

---

10. a) Seitenlänge a' des Bildquadrates:

$$a = 9 \text{ cm}$$
$$k = 70\,\% = 0{,}7$$
$$0{,}7 = \frac{a'}{9 \text{ cm}} \qquad |\cdot 9 \text{ cm}$$
$$a' = 6{,}3 \text{ cm}$$

Die Seitenlänge des Bildquadrates beträgt 6,3 cm.

Bei der Aufgabe handelt es sich um eine zentrische Streckung. Das Streckungszentrum liegt in einer Ecke des Kopiergeräts.
Strecken werden mit dem Streckungsfaktor k gestreckt.

$$k = \frac{\text{Länge der Bildstrecke}}{\text{Länge der Originalstrecke}}$$

Setze die gegebenen Werte in die Formel ein und berechne a'.

b) Streckung in Prozent:

$$A = 12 \text{ cm}^2$$
$$A' = 17{,}28 \text{ cm}^2$$
$$k^2 = \frac{17{,}28 \text{ cm}^2}{12 \text{ cm}^2}$$
$$k^2 = 1{,}44 \qquad |\sqrt{\ }$$
$$k = 1{,}2$$
$$p\,\% = 1{,}2 \cdot 100\,\%$$
$$p\,\% = 120\,\%$$

Flächeninhalte werden mit dem Streckungsfaktor k^2 gestreckt.

$$k^2 = \frac{\text{Flächeninhalt der Bildfläche}}{\text{Flächeninhalt der Originalfläche}}$$

Setze die gegebenen Werte in die Formel ein und berechne k.
Gib den Streckungsfaktor in Prozent an.

c) zeichnerische Darstellung der zentrischen Streckung:

$k = \frac{1}{3}$

$a = 6\ \text{cm}$

$a' = \frac{1}{3} \cdot 6\ \text{cm}$

$a' = 2\ \text{cm}$

$b = 3\ \text{cm}$

$b' = \frac{1}{3} \cdot 3\ \text{cm}$

$b' = 1\ \text{cm}$

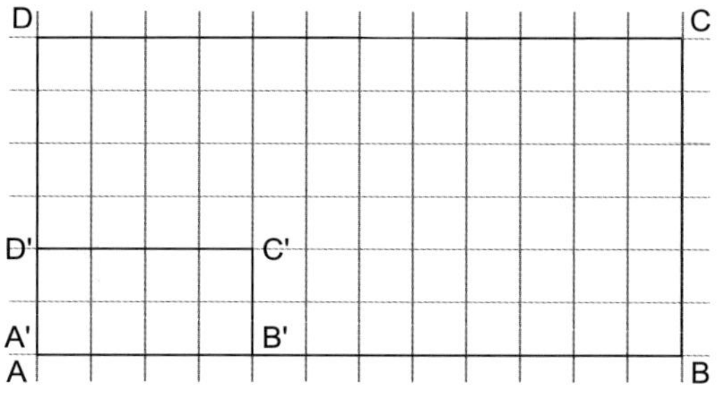

Hinweise und Tipps

Zeichne ein Rechteck mit den angegebenen Maßen und beschrifte es vollständig. Das Streckungszentrum ist der Punkt A.
Verkürze von A ausgehend die Seiten a und b jeweils auf $\frac{1}{3}$ der Originallänge. Du erhältst die Bildpunkte A', B' und D'
Vervollständige das Bildrechteck und du erhältst den Bildpunkt C'.

Aufgaben

Punkte

1. a) Die nachfolgende Abbildung zeigt den Graphen einer Normalparabel p_1. Ermitteln Sie rechnerisch die Funktionsgleichung von p_1 in der Normalform.

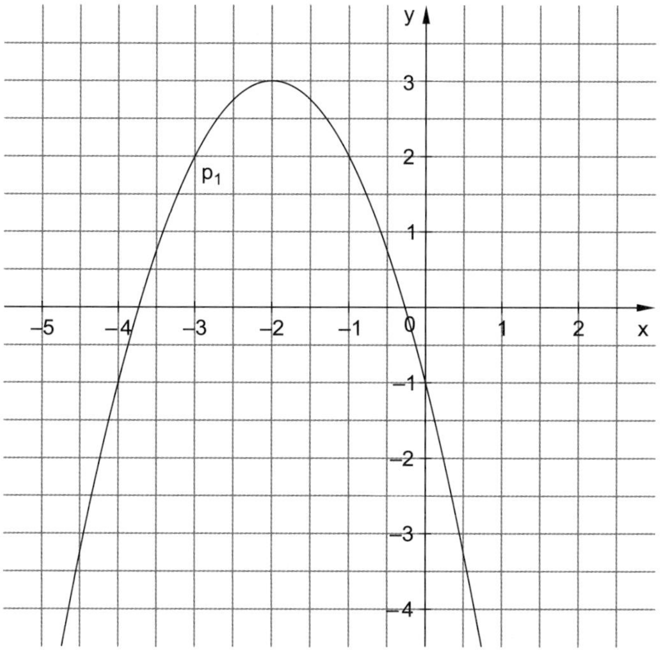

Quelle: StMUK

b) Überprüfen Sie durch Rechnung, ob die Punkte $A(-1\,|\,2)$ und $B(-3\,|\,-1{,}5)$ auf der Normalparabel p_2 mit der Funktionsgleichung p_2: $y = x^2 + 4x + 1{,}5$ liegen.

c) Ermitteln Sie rechnerisch den Scheitelpunkt S_2 der Parabel p_2.

d) Die Gerade g mit der Funktionsgleichung $y = 2x + 0{,}5$ hat mit der Parabel p_2 den Punkt R gemeinsam.
Berechnen Sie die Koordinaten von R und geben Sie diesen Punkt an.

e) Zeichnen Sie die Graphen der Parabel p_2 und der Geraden g in ein Koordinatensystem mit der Längeneinheit 1 cm.

f) Eine nach unten geöffnete Normalparabel p_3 hat den Scheitelpunkt $S_3(-0{,}5\,|\,4)$. Durch Spiegelung an der y-Achse entsteht p_4. Durch eine weitere Spiegelung von p_4 an der x-Achse entsteht p_5.
Geben Sie die Funktionsgleichung der Parabel p_5 in der Scheitelpunktform an und stellen Sie Ihren Lösungsweg nachvollziehbar dar. 7

2. Das radioaktive Element Kobalt-60 hat eine Halbwertszeit von fünf Jahren.

a) In einem Behälter befinden sich 3,675 kg Kobalt-60. Berechnen Sie, wie viele Kilogramm nach 13 Jahren von dieser Menge noch vorhanden sind.

b) Ermitteln Sie rechnerisch, nach wie vielen Jahren von den 3,675 kg Kobalt-60 nur noch 0,1 kg vorhanden sind.

c) Berechnen Sie die Ausgangsmenge des radioaktiven Elements Kobalt-60, von der nach 38 Jahren noch 0,742 kg vorhanden sind. 5

3. In der folgenden Skizze gilt:
$\overline{AF} = 4$ cm; $\overline{AD} = 5$ cm; $\overline{DF} : \overline{BC} = 1 : 3$; $\overline{DF} \parallel \overline{BC}$

Berechnen Sie die Länge der Strecke $\overline{CE}$ in cm.

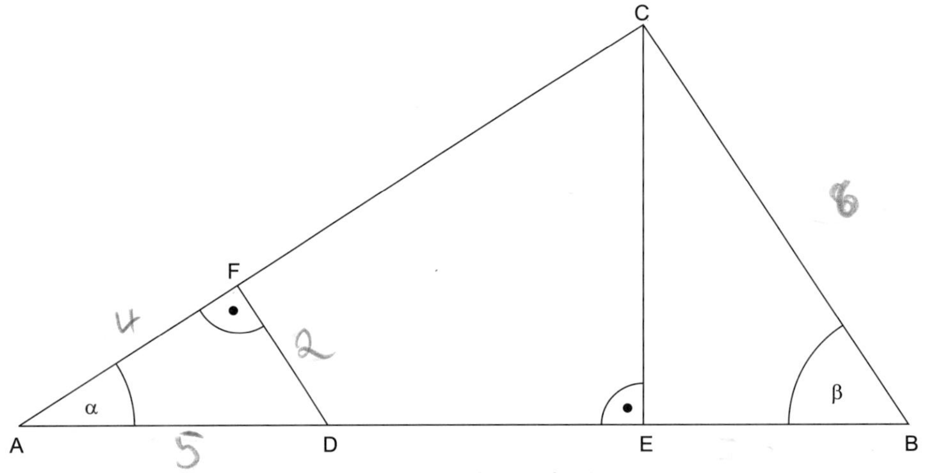

Hinweis: Skizze nicht maßstabsgetreu
Quelle: StMUK 4

4. Vereinfachen Sie den unten stehenden Term so weit wie möglich.
Es gilt: x, y > 0

$$\frac{2 \cdot x^5 \cdot 0{,}5 \cdot y^{-3} \cdot 4x^3 \cdot 2 \cdot y}{8 \cdot y^{-2} \cdot x^7} + \frac{x^{\frac{3}{2}}}{\sqrt{x}}$$ 2

5. a) Bestimmen Sie rechnerisch die Funktionsgleichung der Geraden g_1, die durch die Punkte $C(6\,|\,2)$ und $D(-3\,|\,-1)$ verläuft.

b) Die Gerade g_3 verläuft durch den Punkt $B(11\,|\,-23)$ und steht senkrecht auf der Geraden g_2: $y = x$.
Bestimmen Sie rechnerisch die Funktionsgleichung der Geraden g_3.

c) Geben Sie eine mögliche Funktionsgleichung einer Geraden g_4 an, die parallel zur Geraden g_2: $y = x$ verläuft und nicht auf g_2 liegt.

d) Der Punkt $A(4\,|\,-1)$ liegt auf der Geraden g_5: $y = m_5x - 4$.
Bestimmen Sie die Steigung m_5 rechnerisch.

e) Die Gerade g_6: $y = x - 2{,}5$ und die Gerade g_7 mit der Funktionsgleichung g_7: $2x = 3{,}5 - y$ schneiden sich im Punkt S.
Ermitteln Sie rechnerisch die Koordinaten des Schnittpunkts S und geben Sie diesen Punkt an.

f) Berechnen Sie die Koordinaten des Schnittpunkts N der Geraden g_7 mit der x-Achse und geben Sie diesen Punkt an.

g) Zeichnen Sie die Geraden g_5 und g_6 in ein Koordinatensystem mit der Längeneinheit 1 cm. 8

6. Lösen Sie die folgende Gleichung rechnerisch.
Geben Sie die Definitionsmenge und die Lösungsmenge an.

$$\frac{-x}{x+3} + 2 = 1 - \frac{3x}{4 \cdot (x-2)}$$ 4

7. Eine Metallkugel mit einem Durchmesser von 40 mm soll eingeschmolzen und zu sechs gleich großen Kugeln umgeformt werden.
Zeigen Sie durch Rechnung, dass die sechs kleineren Kugeln zusammen einen größeren Oberflächeninhalt haben als die ursprüngliche Kugel. 4

8. Es gilt $g_1 \parallel g_2 \parallel g_3$.

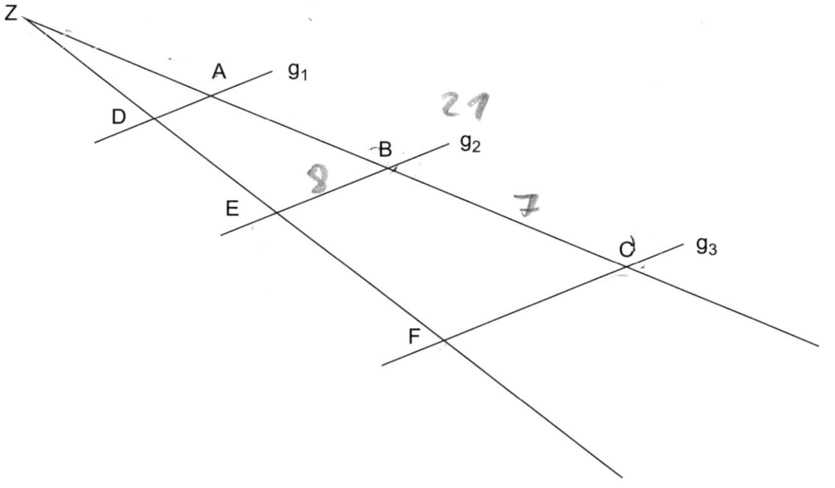

Hinweis: Skizze nicht maßstabsgetreu
Quelle: StMUK

a) Von den folgenden vier Aussagen geben zwei die Streckenverhältnisse richtig wieder. Schreiben Sie die Nummern der richtigen Aussagen auf Ihr Lösungsblatt.

(1) $\overline{ZA} : \overline{ZC} = \overline{ZD} : \overline{ZF}$

(2) $\overline{BZ} : \overline{AZ} = \overline{FZ} : \overline{EZ}$

(3) $\overline{FC} : \overline{ZC} = \overline{EB} : \overline{AB}$

(4) $\overline{ZD} : \overline{DA} = \overline{ZE} : \overline{EB}$

b) Berechnen Sie die Länge der Strecke $\overline{FC}$, wenn folgende Streckenlängen gegeben sind:
$\overline{ZC} = 21\text{ cm}$; $\overline{BC} = 7\text{ cm}$; $\overline{EB} = 8\text{ cm}$ 3

9. Folgende Aufgaben sind Anwendungen von binomischen Formeln und quadratischen Gleichungen.

a) Ersetzen Sie die Symbole ■, ◆ und ● jeweils durch den entsprechenden Term und schreiben Sie die mathematisch richtige Gleichung auf Ihr Lösungsblatt.

(1) $(2a - ■)^2 = ◆ - ● + 4b^{16}$

(2) $\left(\frac{1}{5}c^3 + ■\right) \cdot \left(\frac{1}{5}c^3 - ■\right) = ● - \frac{4}{81}d^4$

b) Ersetzen Sie die Platzhalter der folgenden Gleichung so, dass eine quadratische Gleichung mit der Lösungsmenge $\mathbb{L} = \{-4; 3\}$ entsteht, und schreiben Sie diese auf Ihr Lösungsblatt.

$(x + ■) \cdot (x - ◆) = 0$ 4

10. In einem Behälter befinden sich genau vier Kugeln.
Sie sind mit den Ziffern 1, 2, 3 und 4 durchnummeriert.

a) Mit den vier Kugeln kann man unterschiedliche Zahlen legen. Ermitteln Sie rechnerisch die Anzahl aller Kombinationsmöglichkeiten für eine vierstellige Zahl.

b) Es werden nacheinander zwei Kugeln gezogen und nicht mehr zurückgelegt. Aus beiden gezogenen Ziffern wird ein Bruch gebildet. Die zuerst gezogene Ziffer bildet den Zähler, die zweite den Nenner des Bruches.
Geben Sie die Ergebnismenge mit allen bei diesem Vorgang möglichen Brüchen an und bestimmen Sie die Wahrscheinlichkeit, dass der gebildete Bruch den Wert 0,5 hat.

c) Die Abbildung zeigt einen Ausschnitt aus einem Baumdiagramm zu einem weiteren Zufallsexperiment. Begründen Sie, dass das Experiment mit Zurücklegen der Kugeln durchgeführt wurde.

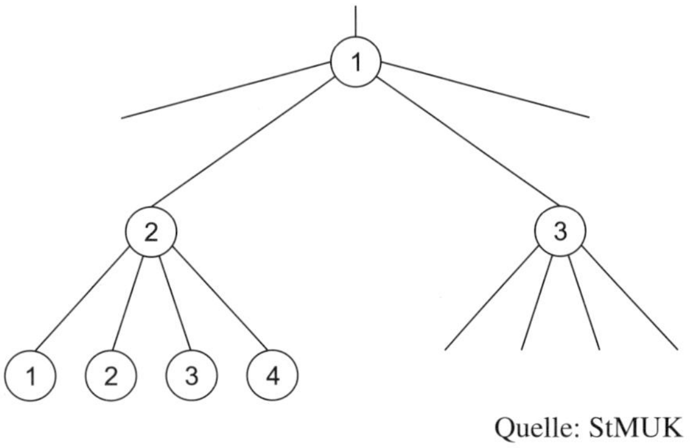

Quelle: StMUK 4

Lösungen

Aufgabengruppe I

1. a) Funktionsgleichung der Parabel p_1 in der Normalform:

$S_1(-2\,|\,3)$

p_1 nach unten geöffnet: $y = -(x - x_S)^2 + y_S$

$y = -(x-(-2))^2 + 3$

$y = -(x+2)^2 + 3$

$y = -(x^2 + 4x + 4) + 3$

$y = -x^2 - 4x - 4 + 3$

$y = -x^2 - 4x - 1$

b) Überprüfung, ob die Punkte A und B auf der Parabel p_2 liegen:

$A(-1\,|\,2)$; $B(-3\,|\,-1{,}5)$

p_2: $y = x^2 + 4x + 1{,}5$

$2 = (-1)^2 + 4\cdot(-1) + 1{,}5$

$2 = 1 - 4 + 1{,}5$

$2 \neq -1{,}5$

$\Rightarrow$ A liegt nicht auf p_2.

$-1{,}5 = (-3)^2 + 4\cdot(-3) + 1{,}5$

$-1{,}5 = 9 - 12 + 1{,}5$

$-1{,}5 = -1{,}5$

$\Rightarrow$ B liegt auf p_2.

c) Scheitelpunkt von Parabel p_2 rechnerisch ermitteln:

p_2: $y = x^2 + 4x + 1{,}5$

$y = x^2 + 2\cdot 2x + 2^2 - 2^2 + 1{,}5$

$y = (x+2)^2 - 4 + 1{,}5$

$y = (x+2)^2 - 2{,}5$

$S_2(-2\,|\,-2{,}5)$

d) Koordinaten des Schnittpunkts R von g und p_2:

g: $y = 2x + 0{,}5$

p_2: $y = x^2 + 4x + 1{,}5$

$2x + 0{,}5 = x^2 + 4x + 1{,}5 \quad |-2x; -0{,}5$

$0 = x^2 + 2x + 1$

$0 = (x+1)^2 \quad |\sqrt{}$

$0 = x + 1 \quad |-1$

$-1 = x$

$y = 2x + 0{,}5$

$y = 2\cdot(-1) + 0{,}5$

$y = -1{,}5$

$R(-1\,|\,-1{,}5)$

Hinweise und Tipps

Lies den Scheitelpunkt S_1 aus der Grafik ab.

Setze den Scheitelpunkt S_1 in die Scheitelpunktform für eine nach unten geöffnete Parabel ein. Achte auf die Vorzeichen. Berechne die Klammer mithilfe der binomischen Formel. Löse die Klammer auf und fasse zusammen.

Setze die Koordinaten des Punktes A in die Funktionsgleichung von p_2 ein und fasse zusammen. Da beide Seiten nicht den gleichen Wert haben, liegt der Punkt A nicht auf der Parabel p_2.

Setze die Koordinaten des Punktes B in die Funktionsgleichung von p_2 ein und fasse zusammen. Da beide Seiten den gleichen Wert haben, liegt der Punkt B auf der Parabel p_2.

Wandle die Funktionsgleichung durch quadratische Ergänzung in die Scheitelpunktform um. Bilde das Binom. Lies die Koordinaten des Scheitelpunkts S_2 aus der Scheitelpunktform ab.

Es gibt nur einen Schnittpunkt der Geraden und der Parabel, sodass es sich um einen Berührpunkt handeln muss.

Setze die Funktionsgleichungen von g und p_2 gleich. Forme die quadratische Gleichung in die Normalform um und bilde das Binom. Berechne x.

Setze x in eine der beiden Funktionsgleichungen (hier: g) ein und berechne die y-Koordinate des Schnittpunkts.

Gib die Koordinaten des Schnittpunkts R an.

Hinweise und Tipps

e) grafische Darstellung:

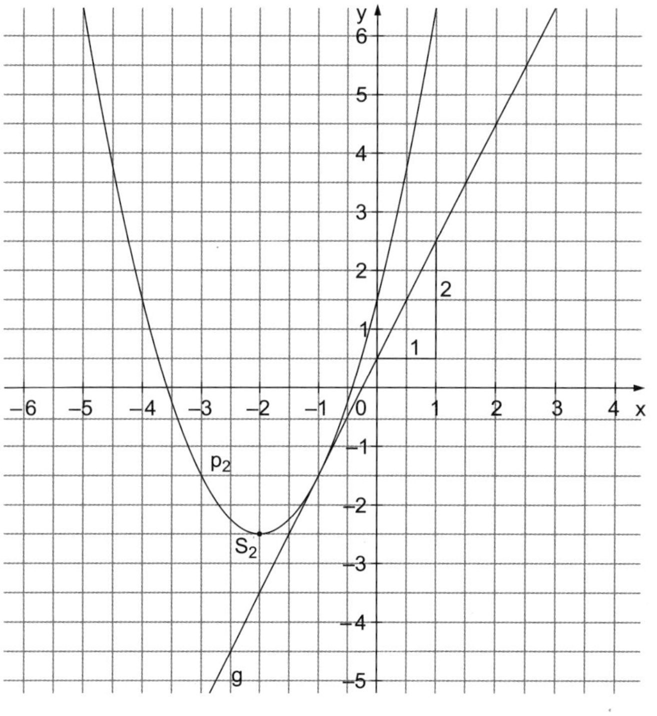

Lege ein Koordinatensystem mit der Einheit 1 cm an. Platzbedarf:
x-Achse: –6 bis +4
y-Achse: –5 bis +6

Beschrifte das Koordinatensystem vollständig.

Trage den Scheitelpunkt S_2 ein und zeichne mithilfe der Parabelschablone die nach oben geöffnete Normalparabel p_2.

Zeichne die Gerade g mithilfe des y-Achsenabschnitts und des Steigungsdreiecks ein.

Überprüfe anhand des Berührpunkts, ob du richtig gezeichnet hast.

f) Funktionsgleichung von p_5 in der Scheitelpunktform:
p_3: $S_3(-0{,}5\,|\,4)$; nach unten geöffnet

Spiegelung an der y-Achse:
p_4: $S_4(0{,}5\,|\,4)$; nach unten geöffnet

Wird ein Punkt an der y-Achse gespiegelt, ändert sich das Vorzeichen der x-Koordinate. Die Öffnung der Parabel bleibt gleich.

Spiegelung an der x-Achse:
p_5: $S_5(0{,}5\,|\,-4)$; nach oben geöffnet

Wird ein Punkt an der x-Achse gespiegelt, ändert sich das Vorzeichen der y-Koordinate. Die Öffnung der Parabel ändert sich (hier: von nach unten geöffnet zu nach oben geöffnet).

$y = (x - x_S)^2 + y_S$
$y = (x - 0{,}5)^2 - 4$

Setze die Koordinaten von S_5 in die Scheitelpunktform für eine nach oben geöffnete Parabel ein. Beachte die Vorzeichen.

---

2. a) Restmenge N_t Kobalt-60 nach 13 Jahren in kg:
Anfangsmenge: $N_0 = 3{,}675$ kg
Zerfallsdauer: $t = 13$ Jahre
Halbwertszeit: $T = 5$ Jahre

Setze die Werte in die Formel für den radioaktiven Zerfall ein und berechne die nicht zerfallende Menge (Restmenge) N_t.
$N_t = N_0 \cdot 0{,}5^{\frac{t}{T}}$

$N_{13} = 3{,}675\text{ kg} \cdot 0{,}5^{\frac{13}{5}}$
$N_{13} = 0{,}6061\ldots\text{ kg}$
$N_{13} \approx 0{,}61\text{ kg}$

Runde sinnvoll (hier: zwei Dezimalstellen).

Nach 13 Jahren sind noch etwa 0,61 kg Kobalt-60 vorhanden.

b) Berechnung der Zerfallsdauer:
Anfangsmenge: $N_0 = 3{,}675$ kg
Restmenge: $N_t = 0{,}1$ kg
Halbwertszeit: $T = 5$ Jahre

Setze die Werte in die Formel für den radioaktiven Zerfall ein und löse nach der Zerfallsdauer auf.
$N_t = N_0 \cdot 0{,}5^{\frac{t}{T}}$

Hinweise und Tipps

$$0{,}1\text{ kg} = 3{,}675\text{ kg}\cdot 0{,}5^{\frac{t}{5}} \quad |:3{,}675\text{ kg}$$

$$0{,}02721\ldots = 0{,}5^{\frac{t}{5}} \quad |\log$$

$$\frac{t}{5} = \log_{0,5} 0{,}02721\ldots$$

$$\frac{t}{5} = \frac{\lg 0{,}02721\ldots}{\lg 0{,}5} \quad |\cdot 5$$

$$t = \frac{\lg 0{,}02721\ldots}{\lg 0{,}5}\cdot 5$$

$$t = 25{,}9983\ldots$$

$$t \approx 26$$

Nach 26 Jahren sind noch 0,1 kg Kobalt-60 vorhanden.

Berechne t mithilfe des Logarithmus.

Runde die Zerfallsdauer auf ganze Jahre.

c) Ausgangsmenge N_0 in kg:
Restmenge: $N_t = 0{,}742$ kg
Zerfallsdauer: $t = 38$ Jahre
Halbwertszeit: $T = 5$ Jahre

$$0{,}742\text{ kg} = N_0\cdot 0{,}5^{\frac{38}{5}}$$

$$0{,}742\text{ kg} = N_0\cdot 0{,}5^{7,6} \quad |:0{,}5^{7,6}$$

$$N_0 = 143{,}9566\ldots\text{ kg}$$

$$N_0 \approx 144\text{ kg}$$

Die Ausgangsmenge betrug etwa 144 kg.

Setze die Werte in die Formel für den radioaktiven Zerfall ein und löse nach der Ausgangsmenge auf.

$N_t = N_0\cdot 0{,}5^{\frac{t}{T}}$

Runde sinnvoll (hier: ganze kg).

---

3. $\overline{AF} = 4$ cm; $\overline{AD} = 5$ cm; $\overline{DF} : \overline{BC} = 1:3$; $\overline{DF} \parallel \overline{BC}$

Berechnung des Winkels α:

$$\cos\alpha = \frac{\overline{AF}}{\overline{AD}}$$

$$\cos\alpha = \frac{4\text{ cm}}{5\text{ cm}}$$

$$\cos\alpha = 0{,}8 \quad |\cos^{-1}$$

$$\alpha = 36{,}869\ldots^\circ$$

$$\alpha \approx 37^\circ$$

$\overline{AF}$ ist die Ankathete zum Winkel α und $\overline{AD}$ ist die Hypotenuse im rechtwinkligen Dreieck ADF. Mithilfe des Kosinus kann der Winkel α berechnet werden.

$\cos\alpha = \frac{\text{Ankathete}}{\text{Hypotenuse}}$

Berechnung der Länge der Strecke $\overline{AC}$:

$$\overline{AF} : \overline{AC} = 1:3$$

$$4\text{ cm} : \overline{AC} = 1:3 \quad |\cdot 3;\ \cdot\overline{AC}$$

$$12\text{ cm} = \overline{AC}$$

Die Strecken $\overline{DF}$ und $\overline{BC}$ stehen im Verhältnis 1 : 3 zueinander. Daraus lässt sich die Länge der Stecke $\overline{AC}$ berechnen.

Berechnung der Länge der Strecke $\overline{CE}$:

$$\sin\alpha = \frac{\overline{CE}}{\overline{AC}}$$

$$\sin 37^\circ = \frac{\overline{CE}}{12\text{ cm}} \quad |\cdot 12\text{ cm}$$

$$7{,}221\ldots\text{ cm} = \overline{CE}$$

$$7{,}2\text{ cm} \approx \overline{CE}$$

Im rechtwinkligen Dreieck AEC ist die Strecke $\overline{AC}$ die Hypotenuse und die Strecke $\overline{CE}$ die Gegenkathete zum Winkel α. Berechne die Länge der Strecke $\overline{CE}$ mit dem Sinus.

$\sin\beta = \frac{\text{Gegenkathete}}{\text{Hypotenuse}}$

Runde sinnvoll (hier: eine Dezimalstelle).

Hinweise und Tipps

oder:

Berechnung des Winkels α:

$\cos\alpha = \frac{\overline{AF}}{\overline{AD}}$

$\cos\alpha = \frac{4\text{ cm}}{5\text{ cm}}$

$\cos\alpha = 0{,}8 \quad |\cos^{-1}$

$\alpha = 36{,}869\ldots°$

$\alpha \approx 37°$

$\overline{AF}$ ist die Ankathete zum Winkel α und $\overline{AD}$ ist die Hypotenuse im rechtwinkligen Dreieck ADF. Mithilfe des Kosinus kann der Winkel α berechnet werden.
$\cos\alpha = \frac{\text{Ankathete}}{\text{Hypotenuse}}$

Berechnung der Länge der Strecke $\overline{DF}$:

$\overline{AF}^2 + \overline{DF}^2 = \overline{AD}^2$

$(4\text{ cm})^2 + \overline{DF}^2 = (5\text{ cm})^2$

$16\text{ cm}^2 + \overline{DF}^2 = 25\text{ cm}^2 \quad |-16\text{ cm}^2$

$\overline{DF}^2 = 9\text{ cm}^2 \quad |\sqrt{}$

$\overline{DF} = 3\text{ cm}$

Berechne die Länge der Strecke $\overline{DF}$ mithilfe des Satzes des Pythagoras. Die Strecke $\overline{AF}$ ist eine Kathete und $\overline{AD}$ die Hypotenuse im rechtwinkligen Dreieck ADF.

Berechnung der Länge der Strecke $\overline{BC}$:

$\overline{DF} : \overline{BC} = 1 : 3$

$3\text{ cm} : \overline{BC} = 1 : 3 \quad |\cdot 3;\ \cdot \overline{BC}$

$9\text{ cm} = \overline{BC}$

Die Strecken $\overline{DF}$ und $\overline{BC}$ stehen im Verhältnis 1 : 3 zueinander. Daraus lässt sich die Länge der Stecke $\overline{BC}$ berechnen.

Berechnung des Winkels β:

$37° + \beta + 90° = 180° \quad |-37°;\ -90°$

$\beta = 53°$

Zwischen $\overline{AF}$ und $\overline{DF}$ liegt ein rechter Winkel. Da $\overline{DF}$ parallel zu $\overline{BC}$ ist, liegt auch zwischen $\overline{AC}$ und $\overline{BC}$ ein rechter Winkel. So lässt sich der Winkel β über die Winkelsumme im Dreieck ABC bestimmen.
$\alpha + \beta + \gamma = 180°$

Berechnung der Länge der Strecke $\overline{CE}$:

$\sin\beta = \frac{\overline{CE}}{\overline{BC}}$

$\sin 53° = \frac{\overline{CE}}{9\text{ cm}} \quad |\cdot 9\text{ cm}$

$7{,}187\ldots\text{ cm} = \overline{CE}$

$7{,}2\text{ cm} \approx \overline{CE}$

Im rechtwinkligen Dreieck EBC ist die Strecke $\overline{BC}$ die Hypotenuse und die Strecke $\overline{CE}$ die Gegenkathete zum Winkel β. Berechne die Länge der Strecke $\overline{CE}$ mit dem Sinus.
$\sin\beta = \frac{\text{Gegenkathete}}{\text{Hypotenuse}}$

Runde sinnvoll (hier: eine Dezimalstelle).

4.

$\frac{2\cdot x^5\cdot 0{,}5\cdot y^{-3}\cdot 4x^3\cdot 2\cdot y}{8\cdot y^{-2}\cdot x^7} + \frac{x^{\frac{3}{2}}}{\sqrt{x}} =$

$\frac{2\cdot 0{,}5\cdot 4\cdot 2\cdot x^5\cdot x^3\cdot y^{-3}\cdot y}{8\cdot y^{-2}\cdot x^7} + \frac{x^{\frac{3}{2}}}{x^{\frac{1}{2}}} =$

$\frac{8\cdot y^{-2}\cdot x^8}{8\cdot y^{-2}\cdot x^7} + \frac{x^{\frac{3}{2}}}{x^{\frac{1}{2}}} =$

$1\cdot y^0\cdot x^1 + x^1 =$

$x + x =$

$2x$

Stelle im Zähler so um, dass Zahlen und gleiche Variablen beieinanderstehen. Wandle die Wurzel in eine Potenz um.

Fasse jeweils die Zähler und Nenner zusammen. Beachte hier die Potenzgesetze bei gleicher Basis.

Kürze bzw. wende das Potenzgesetz zum Dividieren von Termen mit gleicher Basis an.
Fasse wiederum zusammen.
Beachte: $y^0 = 1$

Hinweise und Tipps

5. a) Funktionsgleichung der Geraden g_1:

$C(6|2);\ D(-3|-1)$

$m_1 = \frac{-1-2}{-3-6} = \frac{-3}{-9} = \frac{1}{3}$

Steigungsformel: $m_1 = \frac{y_2 - y_1}{x_2 - x_1}$

Setze die Koordinaten der Punkte C und D in die Steigungsformel ein und berechne die Steigung m_1. Beachte dabei die Vorzeichen.

$m_1 = \frac{1}{3};\ C(6|2)$

$y = m_1 \cdot x + t_1$

$2 = \frac{1}{3} \cdot 6 + t_1$

$2 = 2 + t_1 \quad |-2$

$0 = t_1$

Setze den Wert der Steigung m_1 und die Koordinaten eines Punktes (hier: C) in die Normalform einer linearen Funktion ein, um t_1 zu berechnen.

$g_1:\ y = \frac{1}{3}x$

Gib die vollständige Funktionsgleichung an.

b) Funktionsgleichung von g_3:

$g_2:\ y = x;\ B(11|-23)$

$g_2 \perp g_3$

$m_2 \cdot m_3 = -1$

$1 \cdot m_3 = -1$

$m_3 = -1$

Die Gerade g_2 steht senkrecht auf der Geraden g_3. Berechne zuerst die Steigung der Geraden g_3 mit der Formel für senkrechte Geraden.

$m_3 = -1;\ B(11|-23)$

$-23 = -1 \cdot (11) + t_3$

$-23 = -11 + t_3 \quad |+11$

$-12 = t_3$

Setze den Wert der Steigung m_3 und die Koordinaten des Punktes B in die Normalform einer linearen Funktion ein, um t_3 zu berechnen.

$g_3:\ y = -x - 12$

Gib die vollständige Funktionsgleichung an.

c) Mögliche Funktionsgleichungen von g_4:

$g_4 \parallel g_2 \Rightarrow m_4 = m_2$

$m_4 = 1$

Beispiel für g_4:

$y = x + 2$

Parallele Geraden haben die gleiche Steigung.
Die Gerade g_2 verläuft durch den Ursprung, da $t_2 = 0$. Also kann der y-Achsenabschnitt von g_4 jeder beliebige sein, solange $t_4 \neq 0$ gilt.

d) Steigung m_5 von g_5:

$g_5:\ y = m_5 \cdot x - 4;\ A(4|-1)$

$-1 = m_5 \cdot 4 - 4 \quad |+4$

$3 = m_5 \cdot 4 \quad |:4$

$0{,}75 = m_5$

Setze die Koordinaten von Punkt A in die Funktionsgleichung ein.
Löse nach m_5 auf und berechne den Wert der Steigung.

e) Koordinaten des Schnittpunkts S der Geraden g_6 und g_7:

$g_6:\ y = x - 2{,}5$

$g_7:\ 2x = 3{,}5 - y \quad |+y;\ -2x$

$y = -2x + 3{,}5$

Bringe zuerst die Funktionsgleichung von g_7 in die Normalform.

$g_6 = g_7$

$x - 2{,}5 = -2x + 3{,}5 \quad |+2{,}5;\ +2x$

$3x = 6 \quad |:3$

$x = 2$

Setze die Funktionsterme von g_6 und g_7 gleich und löse nach x auf.

$x = 2$ in g_6:
$y = 2 - 2{,}5$
$y = -0{,}5$

$S(2 \mid -0{,}5)$

f) Koordinaten des Schnittpunkts N von g_7 mit der x-Achse:

g_7: $y = -2x + 3{,}5$

$0 = -2x + 3{,}5 \quad |-3{,}5$
$-3{,}5 = -2x \quad |:(-2)$
$1{,}75 = x$

$N(1{,}75 \mid 0)$

g) grafische Darstellung:

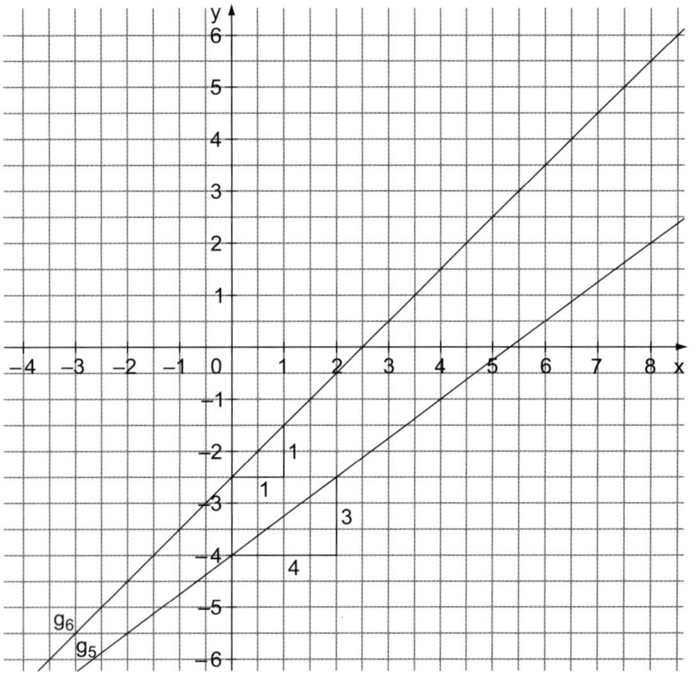

---

6. $\frac{-x}{x+3} + 2 = 1 - \frac{3x}{4 \cdot (x-2)}$

Definitionsmenge:

- $x + 3 \neq 0 \quad |-3$
  $x \neq -3$
- $4 \cdot (x-2) \neq 0$
  $4x - 8 \neq 0 \quad |+8$
  $4x \neq 8 \quad |:4$
  $x \neq 2$

$\mathbb{D} = \mathbb{R} \setminus \{-3; 2\}$

Hinweise und Tipps

Setze den Wert von x in eine der beiden Funktionsgleichungen (hier: g_6) ein und berechne y.

Gib die Koordinaten des Schnittpunkts S an.

Um den Schnittpunkt der Geraden g_7 mit der x-Achse zu erhalten, berechne die Nullstelle der linearen Funktion. An der Nullstelle ist der y-Wert immer 0.

Gib die Koordinaten von N an.

Lege ein Koordinatensystem mit der Einheit 1 cm an.
x-Achse: −4 bis +8
y-Achse: −6 bis +6
Beschrifte das Koordinatensystem vollständig.

Zeichne die Geraden g_5 und g_6 mithilfe des y-Achsenabschnitts und des Steigungsdreiecks ein.

Bestimme die Definitionsmenge. Die Terme im Nenner dürfen nicht null sein.

Gib die Definitionsmenge an. Achte auf die richtige Schreibweise.

Hinweise und Tipps

Lösungsmenge:

Hauptnenner: $(x+3)\,(4x-8)$

$$\frac{-x}{x+3}+2=1-\frac{3x}{4\cdot(x-2)} \quad |\cdot(x+3)\,(4x-8)$$

Multipliziere mit dem Hauptnenner.

$$-x\,(4x-8)+2\cdot(x+3)\,(4x-8)=1\cdot(x+3)\,(4x-8)-3x\,(x+3)$$
$$-4x^2+8x+2\cdot(4x^2-8x+12x-24)=4x^2-8x+12x-24-3x^2-9x$$
$$-4x^2+8x+8x^2-16x+24x-48=x^2-5x-24$$

Löse die Klammern auf. Beachte die Vorzeichen.
Fasse zusammen.

$$4x^2+16x-48=x^2-5x-24 \quad |-x^2+5x+24$$

Bringe alles auf eine Seite.

$$3x^2+21x-24=0 \quad |:3$$
$$x^2+7x-8=0$$

Forme die quadratische Gleichung in die Normalform um.

$$x_{1/2}=-\frac{7}{2}\pm\sqrt{\left(\frac{7}{2}\right)^2-(-8)}$$

Löse mithilfe der Lösungsformel für quadratische Gleichungen.

$$x_{1/2}=-\frac{p}{2}\pm\sqrt{\left(\frac{p}{2}\right)^2-q}$$

$$x_{1/2}=-3{,}5\pm 4{,}5$$

Hier ist $p=7$ und $q=-8$.

$$x_1=-3{,}5+4{,}5$$
$$x_1=1$$
$$x_2=-3{,}5-4{,}5$$
$$x_2=-8$$

Überprüfe, ob die Lösungen in der Definitionsmenge liegen.

$$\mathbb{L}=\{-8;\ 1\}$$

Gib die Lösungsmenge an.

---

7. Volumen der Metallkugel:

$d=40$ mm

Berechne das Volumen der Metallkugel mithilfe der Volumenformel für die Kugel.

$V=\frac{1}{6}d^3\cdot\pi$ oder $V=\frac{4}{3}r^3\cdot\pi$

Alle Rechnungen in dieser Aufgabe sind mit $\pi=3{,}14$.

$$V_{MK}=\frac{1}{6}(40\text{ mm})^3\cdot\pi$$
$$V_{MK}=33\,493{,}33\ldots\text{ mm}^3$$

Volumen einer kleinen Kugel:

$$V_K=V_{MK}:6$$
$$V_K=33\,493{,}333\ldots\text{ mm}^3:6$$
$$V_K=5\,582{,}22\ldots\text{ mm}^3$$
$$V_K\approx 5\,582\text{ mm}^3$$

Das Volumen der Metallkugel entspricht dem Volumen von 6 kleinen Kugeln. Berechne so das Volumen einer kleinen Kugel.

Runde sinnvoll (hier: ganze mm^3).

Radius einer kleinen Kugel:

$$5\,582\text{ mm}^3=\frac{4}{3}r^3\cdot\pi \quad |:\pi;\ :\tfrac{4}{3}$$
$$1\,333{,}28\ldots\text{ mm}^3=r^3 \quad |\sqrt[3]{\ }$$
$$11\text{ mm}\approx r$$

Für die Berechnung der Kugeloberfläche benötigt man den Radius oder den Durchmesser der Kugel. Diese können mithilfe der Volumenformel berechnet werden.

$V=\frac{1}{6}d^3\cdot\pi$ oder $V=\frac{4}{3}r^3\cdot\pi$

Oberflächeninhalt der Metallkugel:

$$O_{MK}=(40\text{ mm})^2\cdot\pi$$
$$O_{MK}=5\,024\text{ mm}^2$$

Berechne den Oberflächeninhalt der Metallkugel sowie den der kleinen Kugel. Benutze die Oberflächenformel für die Kugel.

$O=4\cdot r^2\cdot\pi$ oder $O=d^2\cdot\pi$

Oberflächeninhalt einer kleinen Kugel:

$$O_K=4\cdot(11\text{ mm})^2\cdot\pi$$
$$O_K=1\,519{,}76\text{ mm}^2$$
$$O_K\approx 1\,520\text{ mm}^2$$

Runde sinnvoll (hier: ganze mm^2).

Hinweise und Tipps

Oberflächeninhalt aller kleinen Kugeln:

$O_{6K} = 1\,520\text{ mm}^2 \cdot 6$

$O_{6K} = 9\,120\text{ mm}^2$

Vergleich der Oberflächeninhalte:

$9\,120\text{ mm}^2 > 5\,024\text{ mm}^2$

$O_{6K} > O_{MK}$

Vergleiche die Oberflächeninhalte der Metallkugel und aller kleinen Kugeln.

---

8. a) richtige Streckenverhältnisse:

(1)

Mit dem 1. Strahlensatz lässt sich dieses Streckenverhältnis aufstellen.

(4)

Dieses Streckenverhältnis lässt sich mit dem 2. Strahlensatz aufstellen.

b) Berechnung der Länge der Strecke $\overline{FC}$:

$\overline{ZC} = 21\text{ cm};\ \overline{BC} = 7\text{ cm};\ \overline{EB} = 8\text{ cm}$

Länge der Strecke $\overline{ZB}$:

$\overline{ZB} = \overline{ZC} - \overline{BC}$

$\overline{ZB} = 21\text{ cm} - 7\text{ cm}$

$\overline{ZB} = 14\text{ cm}$

Berechne erst die Länge der Strecke $\overline{ZB}$, um anschließend ein Streckenverhältnis aufstellen zu können.

Länge der Strecke $\overline{FC}$:

$$\frac{\overline{FC}}{\overline{ZC}} = \frac{\overline{EB}}{\overline{ZB}}$$

$$\frac{\overline{FC}}{21\text{ cm}} = \frac{8\text{ cm}}{14\text{ cm}} \quad |\cdot 21\text{ cm}$$

$$\overline{FC} = 12\text{ cm}$$

Wende den 2. Strahlensatz an. Stelle die Verhältnisgleichung auf und löse nach $\overline{FC}$ auf.

---

9. a) Anwendung von binomischen Formeln:

(1) $(2a - ■)^2 = ◆ - ● + 4b^{16}$

$(2a - \mathbf{2b^8})^2 = \mathbf{4a^4} - \mathbf{8ab^8} + 4b^{16}$

Das Minus in der Klammer weist darauf hin, dass es sich um eine Anwendung der 2. binomischen Formel handelt.

$(a-b)^2 = a^2 - 2ab + b^2$

Um den zweiten Term in der Klammer zu erhalten (hier: ■), wird die Wurzel aus dem letzten Term der aufgelösten Klammer (hier: $4b^{16}$) gezogen. Beachte die Potenzgesetze.

Den ersten Term der aufgelösten Klammer (hier: ◆) erhältst du, indem du den ersten Term in der Klammer (hier: 2a) quadrierst.

Den gemischten Teil der binomischen Formel (hier: ●) berechnest du mithilfe des ersten und zweiten Terms in der Klammer.

$2 \cdot 2a \cdot 2b^8 = 8ab^8$

(2) $\left(\frac{1}{5}c^3 + ■\right) \cdot \left(\frac{1}{5}c^3 - ■\right) = ● - \frac{4}{81}d^4$

$\left(\frac{1}{5}c^3 + \mathbf{\frac{2}{9}d^2}\right) \cdot \left(\frac{1}{5}c^3 - \mathbf{\frac{2}{9}d^2}\right) = \mathbf{\frac{1}{25}c^6} - \frac{4}{81}d^4$

Hinweise und Tipps

Es handelt sich um eine Anwendung der 3. binomischen Formel.
$(a+b) \cdot (a-b) = a^2 - b^2$
Den zweiten Term der Klammer (hier: ■) erhält man, indem die Wurzel aus dem zweiten Term der aufgelösten Form (hier: $\frac{4}{81}d^4$) gezogen wird. Beachte die Potenzgesetze.
Um den ersten Term der aufgelösten Form (hier: ●) zu berechnen, wird der erste Term der Klammer (hier: $\frac{1}{5}c^3$) quadriert. Beachte die Potenzgesetze.

b) Anwendung quadratischer Gleichung:
$\mathbb{L} = \{-4; 3\}$
$(x + ■) \cdot (x - ◆) = 0$
$(x + \mathbf{4}) \cdot (x - \mathbf{3}) = 0$
oder:
$(x + \mathbf{(-3)}) \cdot (x - \mathbf{(-4)}) = 0$

Die Lösungsmenge $\mathbb{L} = \{-4; 3\}$ ist gegeben. Das bedeutet, dass für die Variable x −4 oder 3 eingesetzt werden muss, um den Wert null zu erhalten. Da es sich um eine Multiplikation handelt, muss die erste oder die zweite Klammer den Wert null ergeben. Suche die entsprechenden Zahlen, die die Klammern null werden lassen. Achte hier auf die Rechenzeichen in den Klammern.

---

10. a) Anzahl der Kombinationsmöglichkeiten:
$4! = 24$ Möglichkeiten

Es gibt 24 Möglichkeiten, vierstellige Zahlen aus den Kugeln zu legen.

In dem Behälter sind genau vier Kugeln mit unterschiedlichen Ziffern (hier: 1, 2, 3, 4). Damit sind es vier verschiedene Elemente. Die Kombinationsmöglichkeiten sind hier als Anordnungen zu sehen. Für n verschiedene Elemente gibt es n! Möglichkeiten, sie anzuordnen.

b) Ergebnismenge:
$\Omega = \left\{\frac{1}{2}; \frac{1}{3}; \frac{1}{4}; \frac{2}{1}; \frac{2}{3}; \frac{2}{4}; \frac{3}{1}; \frac{3}{2}; \frac{3}{4}; \frac{4}{1}; \frac{4}{2}; \frac{4}{3}\right\}$

Es werden zwei Kugeln gezogen, ohne diese zurückzulegen. Die zuerst gezogene Ziffer bildet den Zähler eines Bruches, die zweite Ziffer den Nenner. Da es sich um einen Vorgang ohne Zurücklegen handelt, kann es pro Bruch jede Zahl nur einmal geben. So gibt es für jeden gezogenen Zähler drei dazugehörige Nenner.

Wahrscheinlichkeit, dass der Bruch den Wert 0,5 hat:
Anzahl der gesamten Ergebnisse: 12
Brüche mit Wert 0,5: $\frac{1}{2}$ und $\frac{2}{4}$

Insgesamt ergeben sich 12 verschiedene Brüche. Für das Ereignis „Wert 0,5" gibt es 2 günstige Ergebnisse.

$p(0{,}5) = \frac{2}{12} = \frac{1}{6}$

Gib die Wahrscheinlichkeit in einem Bruch an.

Wahrscheinlichkeit in Prozent:
$p\,\% = 1 : 6 \cdot 100\,\%$
$p\,\% = 16{,}666\ldots\,\%$
$p\,\% \approx 16{,}7\,\%$

Gib die Wahrscheinlichkeit auch in Prozent an.

Runde sinnvoll (hier: eine Dezimalstelle).

Hinweise und Tipps

c) Begründungen für ein Experiment mit Zurücklegen:
Es gibt mehrere Begründungen, z. B.:
- Die Kugel mit der Nummer 1 kommt innerhalb eines Pfades mehr als einmal vor.
- Die Kugel mit der Nummer 2 wird zweimal hintereinander gezogen.
- Von jeder gezogenen Ziffer gehen im nächsten Zug vier Pfade ab.

Eine nachvollziehbare Begründung ist ausreichend.

M10-Prüfung an Mittelschulen in Bayern 2020
Mathematik – Aufgabengruppe II

Aufgaben Punkte

1. Gegeben ist der Graph der Funktion g_1.

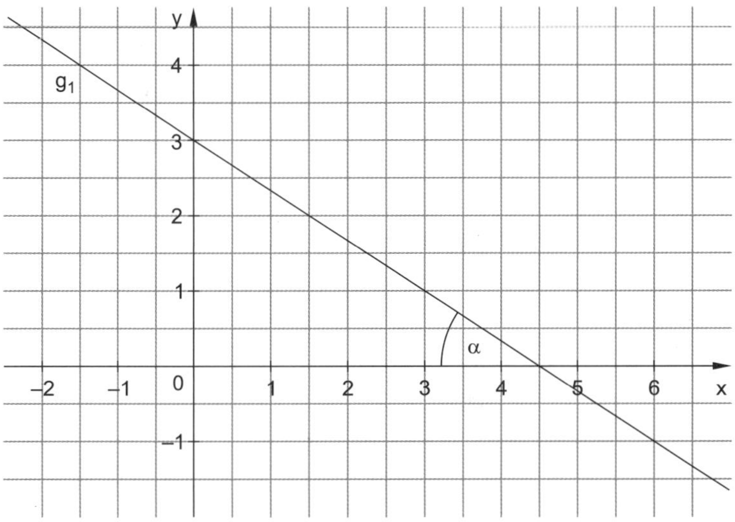

a) Geben Sie die Funktionsgleichung der Geraden g_1 an.

b) Die Gerade g_2 verläuft durch die Punkte $A(6|3)$ und $B(-2|5)$.
Bestimmen Sie die Funktionsgleichung der Geraden g_2 rechnerisch.

c) Die Gerade g_3: $y=-2x+6$ schneidet die Gerade g_4: $y=0{,}5x-1{,}5$ im Punkt T.
Bestimmen Sie die Koordinaten dieses Schnittpunkts T rechnerisch und geben Sie den Punkt an.

d) Überprüfen Sie rechnerisch, ob der Punkt $P(7{,}25|11{,}75)$ auf der Geraden g_3 liegt.

e) Zeichnen Sie die Geraden g_3 und g_4 in ein Koordinatensystem.

f) Bestimmen Sie rechnerisch die Koordinaten des Schnittpunkts N der Geraden
g_5: $0=-y-4x+0{,}5$ mit der x-Achse und geben Sie N an.

g) Erstellen Sie eine Wertetabelle mit 2 Wertepaaren zur Geraden g_5.
Es soll gelten: $x, y \neq 0$

x	x_1	x_2
y	y_1	y_2

h) Berechnen Sie den Winkel α (siehe Zeichnung). 8

2. Lösen Sie die folgende Gleichung rechnerisch.
Geben Sie die Definitionsmenge und die Lösungsmenge an.

$$\frac{8x+7}{(x+1)\cdot(x+2)} = \frac{9}{x+2} - \frac{2x}{x+1}$$ 4

3. a) Familie Wegmann kauft ein neues Wohnmobil für 50 000 €.
Berechnen Sie den Wert dieses Wohnmobils nach sechs Jahren, wenn dieser in den ersten zwei Jahren um jeweils 9 % und in den darauf folgenden vier Jahren um jeweils 8 % abnimmt.

b) Familie Grün kauft sich ein zwölf Jahre altes Wohnmobil zu einem Preis von 19 500 €.
Bestimmen Sie den durchschnittlichen prozentualen Wertverlust pro Jahr, wenn der Neupreis des Wohnmobils 45 000 € betrug.

c) Ab einem Alter von zwölf Jahren beträgt der durchschnittliche jährliche Wertverlust von Wohnmobilen 6,6 %.
Ermitteln Sie rechnerisch, nach wie vielen Jahren Familie Grün ihr Wohnmobil verkaufen müsste, um noch mindestens die Hälfte des Kaufpreises von 19 500 € zu erhalten. 4

4. In nachstehender Skizze gilt:
Es gilt: $\overline{AE} = 8\,\text{cm}$, $\overline{DG} = 11\,\text{cm}$, $\overline{BG} = 1\,\text{cm}$

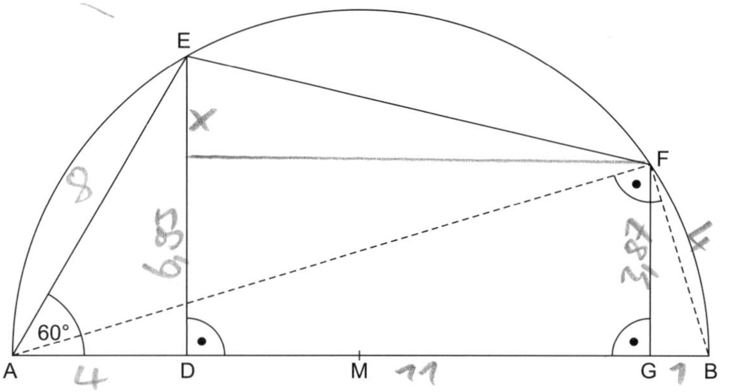

Hinweis: Skizze nicht maßstabsgetreu Quelle: StMUK

a) Berechnen Sie den Flächeninhalt des Trapezes DGFE.

b) Bestimmen Sie rechnerisch den Umfang des Trapezes DGFE. 5

5. a) Die nach oben geöffnete Normalparabel p_1 hat den Scheitelpunkt $S_1(-1\,|\,-6)$.
Ermitteln Sie die Funktionsgleichung von p_1 in der Normalform.

b) Die Normalparabel p_2 hat die Funktionsgleichung p_2: $y = -x^2 - 6x - 5$ und schneidet die x-Achse in den Punkten N_1 und N_2.
Berechnen Sie die x-Koordinaten dieser Nullstellen.

c) Bestimmen Sie rechnerisch die Koordinaten des Scheitelpunkts S_2 der Normalparabel p_2 und geben Sie diesen an.

d) Zeichnen Sie die Parabeln p_1 und p_2 in ein Koordinatensystem mit der Längeneinheit 1 cm.

e) Eine nach oben geöffnete Normalparabel p_3 verläuft durch die Punkte $D(-1\,|\,2)$ und $E(6\,|\,-5)$.
Ermitteln Sie rechnerisch die Funktionsgleichung von p_3 in der Normalform.

f) Die Parabel p_4 hat die Funktionsgleichung p_4: $3y + 2x^2 = -(-36x + 24 + x^2)$.
Begründen Sie mithilfe einer Rechnung, dass die Parabel nach unten geöffnet ist. 7

6. Von einem Aussichtspunkt im Allgäu auf einer Höhe von 900 Meter über Normalnull (m ü. NN) aus betrachtet liegen die Gipfel der Berge Säuling und Zugspitze auf einer Geraden (siehe Skizze).

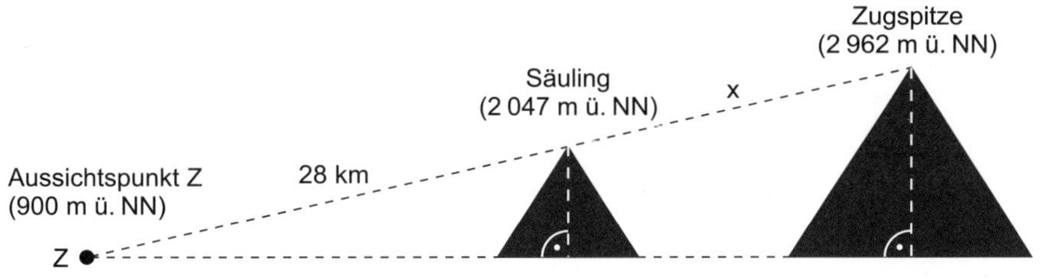

Hinweis: Skizze nicht maßstabsgetreu, Erdkrümmung vernachlässigt, Höhenangaben in „Meter über Normalnull“ Quelle: StMUK

a) Berechnen Sie den Abstand x der beiden Gipfel voneinander, wenn die Entfernung vom Aussichtspunkt zum Gipfel des Säulings 28 km beträgt.

b) Die Höhe des „Säuling-Dreiecks“ könnte mit einer zentrischen Streckung auf die Höhe des „Zugspitze-Dreiecks“ abgebildet werden (Streckungszentrum Z ist der Aussichtspunkt).
Ermitteln Sie den entsprechenden Streckungsfaktor k. 3

7. Bei einer Gleichung zur Anwendung einer binomischen Formel ist nur noch das gemischte (lineare) Glied bekannt.
Stellen Sie eine mögliche vollständige Gleichung auf und notieren Sie diese auf Ihrem Lösungsblatt.

$\blacksquare - 120x^4y^3 + \blacklozenge = (\bullet - \bigstar)^2$ 2

8. Sarah erstellt 19 Karten mit je einem Buchstaben, aus denen sich das folgende Sprichwort legen lässt:

OHNE FLEISS KEIN PREIS

a) Sie wirft alle Karten in eine Urne und zieht zufällig eine heraus.
Berechnen Sie die Wahrscheinlichkeit, dass auf der Karte ein *N* steht.

b) Sarah benutzt erneut eine Urne mit allen 19 Buchstabenkarten und zieht zweimal eine Karte ohne Zurücklegen. Sie unterscheidet nur zwischen den zwei Ereignissen „S“ und „kein S“.
Erstellen Sie dazu ein Baumdiagramm, beschriften Sie die Äste mit den jeweiligen Wahrscheinlichkeiten und berechnen Sie, mit welcher Wahrscheinlichkeit Sarah mindestens ein S zieht.

c) Bei einem weiteren Zufallsexperiment verteilt Sarah die 19 Buchstabenkarten auf vier Urnen und gibt jedes Wort in eine eigene Urne. Sie wählt zufällig eine dieser Urnen aus und zieht daraus eine Karte.
Ermitteln Sie rechnerisch die Wahrscheinlichkeit, mit der sie ein S zieht.

d) Aus der Urne mit den Buchstaben des Wortes *PREIS* zieht Sarah nacheinander alle Karten und legt sie in der gezogenen Reihenfolge auf den Tisch.
Berechnen Sie die Anzahl aller möglichen verschiedenen Reihenfolgen der Buchstaben. 5

9. Vereinfachen Sie den folgenden Term so weit wie möglich.
Es gilt: $x \neq 0$

$\frac{x^2 \cdot x \cdot (x^2)^{-3}}{x^{-6} \cdot x^2} + \frac{\sqrt[2]{x^4}}{(x^{0,5})^4}$ 2

10. Eine Hohlkugel mit einem Außendurchmesser von 2 m soll als U-Boot verwendet werden. Diese Kugel besteht aus Metall und hat eine Wandstärke von 3,2 cm.

a) Die Kugel erhält außen einen Schutzanstrich.
Berechnen Sie den zu streichenden Flächeninhalt.

b) Die Kugel wird zu Testzwecken mithilfe eines Krans in ein Becken gehoben. Ermitteln Sie rechnerisch die Masse in Tonnen, die der Kran mindestens heben muss, wenn 1 m^3 Metall die Masse 7 870 kg hat.

c) Das U-Boot soll in einem zylinderförmigen Tauchbecken mit einem Durchmesser von 3 m vollständig untergetaucht werden. Vor dem Eintauchen der Kugel beträgt der Wasserstand im Becken bereits 3 m.
Berechnen Sie die Mindesthöhe des Tauchbeckens, damit das Wasser beim vollständigen Untertauchen des U-Boots nicht über den Beckenrand läuft. 5

Lösungen

Aufgabengruppe II

1. a) Funktionsgleichung der Geraden g_1:

$t_1 = 3$

$m_1 = -\frac{2}{3}$

g_1: $y = -\frac{2}{3}x + 3$

b) Funktionsgleichung der Geraden g_2:

A(6 | 3) und B(−2 | 5)

$m_2 = \frac{5-3}{-2-6} = \frac{2}{-8} = -\frac{1}{4} = -0{,}25$

$m_2 = -0{,}25$ und A(6 | 3)

$y = m_2 \cdot x + t_2$

$3 = -0{,}25 \cdot 6 + t_2$

$3 = -1{,}5 + t_2 \quad | +1{,}5$

$4{,}5 = t_2$

g_2: $y = -0{,}25x + 4{,}5$

c) Koordinaten des Schnittpunkts T der Geraden g_3 und g_4:

g_3: $y = -2x + 6$

g_4: $y = 0{,}5x - 1{,}5$

$-2x + 6 = 0{,}5x - 1{,}5 \quad | +2x;\ +1{,}5$

$7{,}5 = 2{,}5x \quad | :2{,}5$

$3 = x$

$x = 3$ in g_4:

$y = 0{,}5 \cdot 3 - 1{,}5$

$y = 0$

T(3 | 0)

d) Prüfen, ob der Punkt P(7,25 | 11,75) auf der Geraden g_3 liegt:

g_3: $y = -2x + 6$

$11{,}75 = -2 \cdot 7{,}25 + 6$

$11{,}75 \neq -8{,}5$

Der Punkt P liegt nicht auf der Geraden g_3.

Hinweise und Tipps

Lies aus der Abbildung den y-Achsenabschnitt t_1 ab.
Wähle ein geeignetes Steigungsdreieck und bestimme so die Steigung m_1 von g_1.
Beispiel:

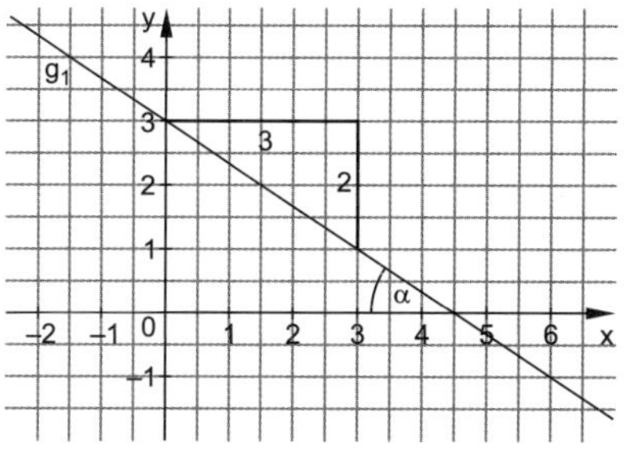

Gib die Funktionsgleichung von g_1 in der Normalform an.

Steigungsformel: $m_2 = \frac{y_2 - y_1}{x_2 - x_1}$

Setze die Koordinaten der Punkte A und B in die Steigungsformel ein und berechne die Steigung m_2. Beachte dabei die Vorzeichen.

Setze den Wert der Steigung m_2 und die Koordinaten eines Punktes (hier: A) in die Normalform einer linearen Funktion ein, um t_2 zu berechnen.

Gib die Funktionsgleichung von g_2 in der Normalform an.

Setze die Funktionsterme von g_3 und g_4 gleich und löse nach x auf.

Setze x = 3 in die Funktionsgleichung (hier: g_4) ein und berechne y.

Gib die Koordinaten von T an.

Setze die Koordinaten des Punktes P in die Funktionsgleichung von g_3 ein und fasse zusammen.
Da beide Seiten nicht den gleichen Wert haben, liegt der Punkt P nicht auf der Geraden g_3.

e) grafische Darstellung:

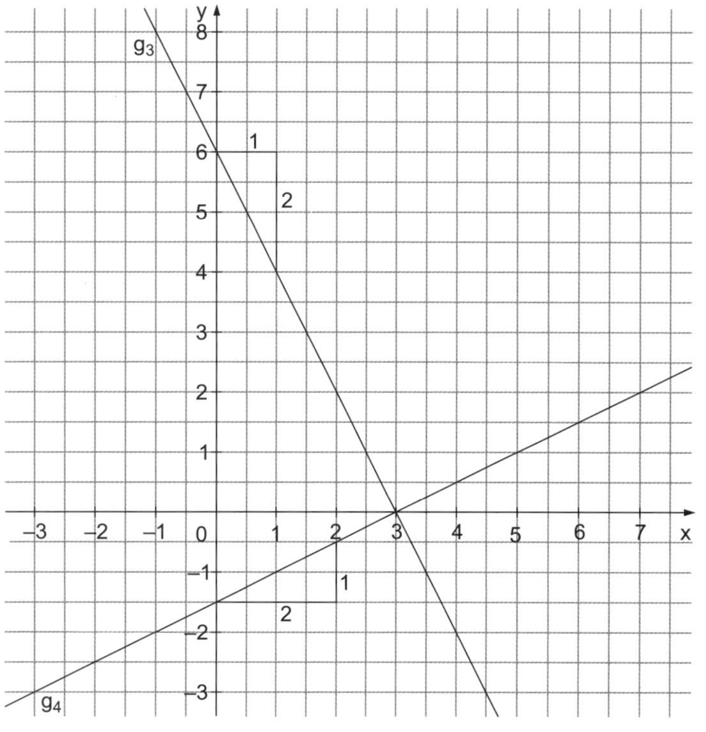

f) Koordinaten des Schnittpunkts N von g_5 mit der x-Achse:

g_5: $0 = -y - 4x + 0{,}5 \quad | + y$

$y = -4x + 0{,}5$

$0 = -4x + 0{,}5 \quad | - 0{,}5$

$-0{,}5 = -4x \quad | : (-4)$

$0{,}125 = x$

$N(0{,}125 \,|\, 0)$

g) zwei Wertepaare zur Geraden g_5:

$x, y \neq 0$

g_5: $y = -4x + 0{,}5$

Beispiel:

1. Wertepaar:

$x = 1$

$y = -4 \cdot 1 + 0{,}5$

$y = -3{,}5$

2. Wertepaar:

$x = 2$

$y = -4 \cdot 2 + 0{,}5$

$y = -7{,}5$

Wertetabelle:

x	1	2
y	–3,5	–7,5

Hinweise und Tipps

Lege ein Koordinatensystem mit der Einheit 1 cm an. Platzbedarf:
x-Achse: –3 bis +7
y-Achse: –3 bis +8
Beschrifte das Koordinatensystem vollständig.
Zeichne die Geraden g_3 und g_4 mithilfe des y-Achsenabschnitts und des Steigungsdreiecks ein.

Bringe die Funktionsgleichung von g_5 in die Normalform einer linearen Funktion.

Um den Schnittpunkt der Geraden g_5 mit der x-Achse zu erhalten, berechne die Nullstelle der linearen Funktion. An der Nullstelle ist der y-Wert immer 0.
Gib die Koordinaten von N an.

Um ein Wertepaar zur Geraden g_5 zu bilden, muss die Funktionsgleichung für diese beiden Werte erfüllt sein.
x und y dürfen nicht 0 sein, jedoch kann jeder andere Wert eingesetzt werden, um ein Wertepaar zu bilden.

Setze einen beliebigen Wert für x ein ($x \neq 0$) und berechne den entsprechenden y-Wert.

Es sind auch andere Wertepaare möglich.

Hinweise und Tipps

h) Größe des spitzen Winkels α:
Länge der Gegenkathete: 3 LE
Länge der Ankathete: 4,5 LE

$$\tan\alpha = \frac{3\ \text{LE}}{4{,}5\ \text{LE}}$$

$$\tan\alpha = \frac{2}{3} \qquad |\tan^{-1}$$

$$\alpha = 33{,}69\ldots°$$

$$\alpha \approx 33{,}7°$$

Die Nullstelle von g_1, der Ursprung und der Schnittpunkt von g_1 mit der y-Achse bilden ein rechtwinkliges Dreieck, das den Winkel α einschließt.
Berechne α mit dem Tangens.
$\tan\alpha = \frac{\text{Gegenkathete}}{\text{Ankathete}}$
Lies die Länge der Gegenkathete und die der Ankathete aus dem Koordinatensystem ab.
Runde die Größe des Winkels sinnvoll (hier: eine Dezimalstelle).

---

2. $$\frac{8x+7}{(x+1)\cdot(x+2)} = \frac{9}{x+2} - \frac{2x}{x+1}$$

Definitionsmenge:
- $x+1 \neq 0 \qquad |-1$
  $x \neq -1$
- $x+2 \neq 0 \qquad |-2$
  $x \neq -2$

$\mathbb{D} = \mathbb{R} \setminus \{-2; -1\}$

Bestimme die Definitionsmenge. Die Terme im Nenner dürfen nicht null sein.

Gib die Definitionsmenge an. Achte auf die richtige Schreibweise.

Lösungsmenge:
Hauptnenner: $(x+1)(x+2)$

$$\frac{8x+7}{(x+1)\cdot(x+2)} = \frac{9}{x+2} - \frac{2x}{x+1} \qquad |\cdot(x+1)(x+2)$$

$$8x+7 = 9(x+1) - 2x(x+2)$$

$$8x+7 = 9x+9-2x^2-4x \qquad |-8x;\ -7$$

$$0 = -2x^2 - 3x + 2 \qquad |:(-2)$$

$$0 = x^2 + 1{,}5x - 1$$

Multipliziere mit dem Hauptnenner.
Löse die Klammern auf. Beachte die Vorzeichen.
Fasse zusammen.
Bringe alles auf eine Seite.
Forme die quadratische Gleichung in die Normalform um.

$$x_{1/2} = -\frac{1{,}5}{2} \pm \sqrt{\left(\frac{1{,}5}{2}\right)^2 - (-1)}$$

$$x_{1/2} = -0{,}75 \pm 1{,}25$$

$$x_1 = -0{,}75 + 1{,}25$$

$$x_1 = 0{,}5$$

$$x_2 = -0{,}75 - 1{,}25$$

$x_2 = -2$ liegt nicht in $\mathbb{D}$

$\mathbb{L} = \{0{,}5\}$

Löse mithilfe der Lösungsformel für quadratische Gleichungen.
$x_{1/2} = -\frac{p}{2} \pm \sqrt{\left(\frac{p}{2}\right)^2 - q}$
Hier ist $p = 1{,}5$ und $q = -1$.

Überprüfe, ob die Lösungen in der Definitionsmenge liegen.

Gib die Lösungsmenge an.

---

3. a) Wert des Wohnmobils nach 6 Jahren:
Anfangswert: $W_0 = 50\,000$ €
Anzahl der Jahre: $n = 6$
Verlust in den ersten 2 Jahren: $p\,\% = 9\,\% = 0{,}09$
$q = 1 - 0{,}09 = 0{,}91$
Verlust in den folgenden 4 Jahren: $p\,\% = 8\,\% = 0{,}08$
$q = 1 - 0{,}08 = 0{,}92$

$W_6 = 50\,000\ € \cdot 0{,}91^2 \cdot 0{,}92^4$

$W_6 \approx 29\,662{,}25$ €

Das Wohnmobil ist nach 6 Jahren noch 29 662,25 € wert.

Bestimme die beiden Wachstumsfaktoren für negatives Wachstum.
$q = 1 - \frac{p}{100}$
Setze die gegebenen Werte in die Wachstumsformel ein und verkette die Wachstumsfaktoren.
$W_n = W_0 \cdot q^n$
Runde auf Cent (zwei Dezimalstellen).

Hinweise und Tipps

b) durchschnittlicher jährlicher Wertverlust in Prozent:

$W_n = 19\,500\ €$

$W_0 = 45\,000\ €$

$n = 12$

$19\,500\ € = 45\,000\ € \cdot q^{12} \quad |:45\,000\ €$

$0,433\ldots = q^{12} \quad |\sqrt[12]{\ }$

$0,9326\ldots = q$

Setze die gegebenen Werte in die Wachstumsformel ein. Berechne q.
$W_n = W_0 \cdot q^n$

$0,9326\ldots = 1 - \frac{p}{100} \quad |-1$

$-0,0673\ldots = -\frac{p}{100} \quad |\cdot(-100)$

Es handelt sich um ein negatives Wachstum. Bestimme p % mithilfe der Formel.
$q = 1 - \frac{p}{100}$

$p\ \% = 6,73\ldots\ \%$

$p\ \% \approx 6,7\ \%$

Runde den Prozentwert sinnvoll (hier: eine Dezimalstelle).

Das Wohnmobil verliert pro Jahr durchschnittlich 6,7 % an Wert.

c) Anzahl der Jahre:

$W_0 = 19\,500\ €$

$W_n = (19\,500\ € : 2) = 9\,750\ €$

Bestimme den Endwert, indem der Anfangswert halbiert wird.

$p\ \% = 6,6\ \% = 0,066$

$q = 1 - 0,066 = 0,934$

Bestimme den Wachstumsfaktor für negatives Wachstum.
$q = 1 - \frac{p}{100}$

$9\,750\ € = 19\,500\ € \cdot 0,934^n \quad |:19\,500\ €$

$0,5 = 0,934^n \quad |:\log$

$n = \log_{0,934} 0,5$

$n = \frac{\lg 0,5}{\lg 0,934}$

Setze die gegebenen Werte in die Wachstumsformel ein. Löse nach n auf.
$W_n = W_0 \cdot q^n$
Berechne n mithilfe des Logarithmus.

$n = 10,15\ldots$

$n \approx 10$

Runde auf ganze Jahre.

Nach ca. 10 Jahren müsste Familie Grün ihr Wohnmobil verkaufen.

---

4. a) Flächeninhalt des Trapezes DGFE:

Länge der Strecke $\overline{DE}$:

$\sin 60° = \frac{\overline{DE}}{8\text{ cm}} \quad |\cdot 8\text{ cm}$

$6,92\ldots\text{ cm} = \overline{DE}$

$6,9\text{ cm} \approx \overline{DE}$

Im rechtwinkligen Dreieck ADE ist die Strecke $\overline{AE}$ die Hypotenuse und die Strecke $\overline{DE}$ die Gegenkathete zum gegebenen Winkel $\alpha = 60°$.
Berechne die Länge der Strecke $\overline{DE}$ mit dem Sinus.
$\sin\alpha = \frac{\text{Gegenkathete}}{\text{Hypotenuse}}$

Länge der Strecke $\overline{AD}$:

$\cos 60° = \frac{\overline{AD}}{8\text{ cm}} \quad |\cdot 8\text{ cm}$

$4\text{ cm} = \overline{AD}$

Im rechtwinkligen Dreieck ADE ist die Strecke $\overline{AE}$ die Hypotenuse und die Strecke $\overline{AD}$ die Ankathete zum gegebenen Winkel $\alpha = 60°$.
Berechne die Länge der Strecke $\overline{AD}$ mit dem Kosinus.
$\cos\alpha = \frac{\text{Ankathete}}{\text{Hypotenuse}}$

oder:

$$\overline{DE}^2 + \overline{AD}^2 = \overline{AE}^2$$
$$(6{,}9\text{ cm})^2 + \overline{AD}^2 = (8\text{ cm})^2 \quad |-(6{,}9\text{ cm})^2$$
$$\overline{AD}^2 = 16{,}39\text{ cm}^2 \quad |\sqrt{\ }$$
$$\overline{AD} = 4{,}048\ldots\text{ cm}$$
$$\overline{AD} \approx 4\text{ cm}$$

Länge der Strecke $\overline{AG}$:

$$\overline{AG} = \overline{AD} + \overline{DG}$$
$$\overline{AG} = 4\text{ cm} + 11\text{ cm}$$
$$\overline{AG} = 15\text{ cm}$$

Länge der Strecke $\overline{FG}$:

$$\overline{FG}^2 = \overline{BG} \cdot \overline{AG}$$
$$\overline{FG}^2 = 1\text{ cm} \cdot 15\text{ cm} \quad |\sqrt{\ }$$
$$\overline{FG} = 3{,}87\ldots\text{ cm}$$
$$\overline{FG} \approx 3{,}9\text{ cm}$$

Flächeninhalt:

$$A = \frac{\overline{DE} + \overline{FG}}{2} \cdot \overline{DG}$$
$$A = \frac{6{,}9\text{ cm} + 3{,}9\text{ cm}}{2} \cdot 11\text{ cm}$$
$$A = 59{,}4\text{ cm}^2$$

b) Umfang des Trapezes DGFE:

Länge der Strecke $\overline{EC}$:

$$\overline{EC} = \overline{DE} - \overline{FG}$$
$$\overline{EC} = 6{,}9\text{ cm} - 3{,}9\text{ cm}$$
$$\overline{EC} = 3\text{ cm}$$

Länge der Strecke $\overline{EF}$:

$$\overline{EF}^2 = \overline{EC}^2 + \overline{CF}^2$$
$$\overline{EF}^2 = (3\text{ cm})^2 + (11\text{ cm})^2$$
$$\overline{EF}^2 = 130\text{ cm}^2 \quad |\sqrt{\ }$$
$$\overline{EF} = 11{,}40\ldots\text{ cm}$$
$$\overline{EF} \approx 11{,}4\text{ cm}$$

$$U = \overline{DG} + \overline{FG} + \overline{EF} + \overline{DE}$$
$$U = 11\text{ cm} + 3{,}9\text{ cm} + 11{,}4\text{ cm} + 6{,}9\text{ cm}$$
$$U = 33{,}2\text{ cm}$$

Hinweise und Tipps

Im rechtwinkligen Dreieck ADE ist die Strecke $\overline{AE}$ die Hypotenuse und die Strecken $\overline{AD}$ und $\overline{DE}$ sind die Katheten.
Berechne die Länge der Strecke $\overline{AD}$ mit dem Satz des Pythagoras.

Addiere die Streckenlängen.

Die Strecke $\overline{FG}$ ist die Höhe im rechtwinkligen Dreieck ABF. $\overline{AG}$ und $\overline{BG}$ sind die Hypotenusenabschnitte p und q.
Berechne die Länge der Strecke $\overline{FG}$ mithilfe des Höhensatzes.
$h^2 = p \cdot q$

Die Strecken $\overline{DE}$ und $\overline{FG}$ sind die Grundseiten des Trapezes, die Strecke $\overline{DG}$ ist die Höhe.
Berechne den Flächeninhalt des Trapezes.
$A = \frac{a+c}{2} \cdot h$

Um die Länge der Strecke $\overline{EF}$ zu berechnen, ist ein Hilfsdreieck notwendig.

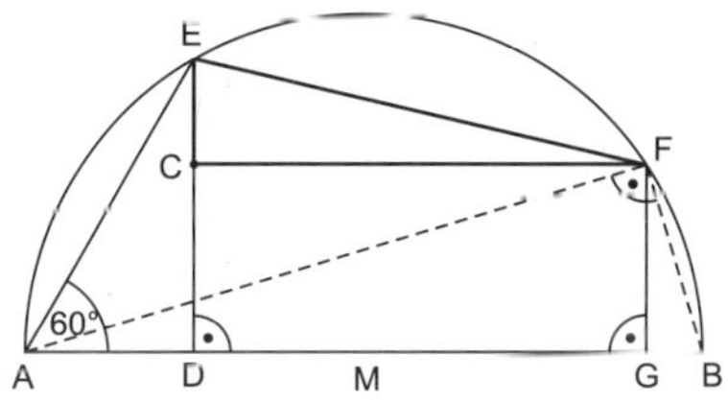

Die Strecke $\overline{EF}$ ist die Hypotenuse im rechtwinkligen Hilfsdreieck CFE.
Berechne die Länge der Strecke $\overline{EF}$ mithilfe des Satzes des Pythagoras ($\overline{CF} = \overline{DG}$).

Berechne den Umfang des Trapezes.
$U = a + b + c + d$

---

5. a) Funktionsgleichung der Parabel p_1 in der Normalform:

$S_1(-1\,|-6)$

p_1 nach oben geöffnet: $y = (x - x_S)^2 + y_S$

$$y = (x-(-1))^2 + (-6)$$
$$y = (x+1)^2 - 6$$
$$y = x^2 + 2x + 1 - 6$$
$$p_1\text{: } y = x^2 + 2x - 5$$

Setze die Koordinaten von S_1 in die Scheitelpunktform für eine nach oben geöffnete Normalparabel ein.
Beachte die Vorzeichen.

Löse das Binom auf.
Fasse zusammen und du erhältst die Funktionsgleichung in der Normalform.

b) x-Koordinaten der Schnittpunkte N_1 und N_2 von p_2 mit der x-Achse:

p_2: $y = -x^2 - 6x - 5$

$-x^2 - 6x - 5 = 0 \quad | \cdot (-1)$

$x^2 + 6x + 5 = 0$

$x_{1/2} = -\frac{6}{2} \pm \sqrt{\left(\frac{6}{2}\right)^2 - 5}$

$x_{1/2} = -3 \pm \sqrt{9-5}$

$x_{1/2} = -3 \pm \sqrt{4}$

$x_{1/2} = -3 \pm 2$

$x_1 = -3 + 2$
$x_1 = -1$
$x_2 = -3 - 2$
$x_2 = -5$

c) Scheitelpunkt S_2 von p_2:

p_2: $y = -x^2 - 6x - 5$

$y = -(x^2 + 6x + 5)$

$y = -(x^2 + 2 \cdot 3x + 3^2 - 3^2 + 5)$

$y = -[(x+3)^2 - 9 + 5]$

$y = -[(x+3)^2 - 4]$

$y = -(x+3)^2 + 4$

$S_2(-3 \,|\, 4)$

d) grafische Darstellung:

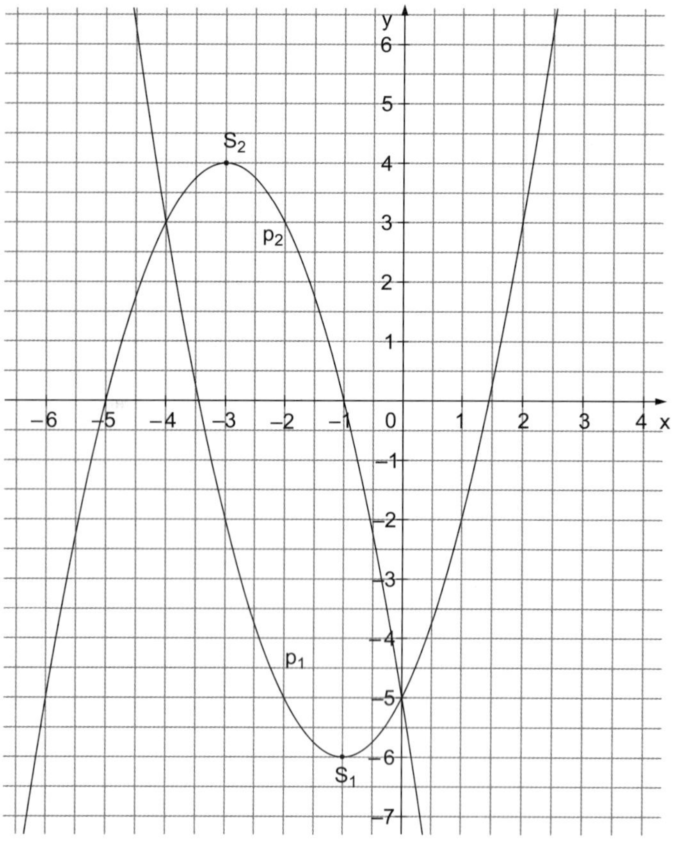

Hinweise und Tipps

Die Schnittpunkte einer Normalparabel mit der x-Achse befinden sich an den Nullstellen der quadratischen Funktion. Setze den Funktionswert $y = 0$ und berechne die Nullstellen x_1 und x_2 mithilfe der Lösungsformel für quadratische Gleichungen.

$x_{1/2} = -\frac{p}{2} \pm \sqrt{\left(\frac{p}{2}\right)^2 - q}$

Hier ist $p = 6$ und $q = 5$.

Es ist nur nach den x-Koordinaten gefragt. Eine Angabe der Punkte ist nicht notwendig. Die Schnittpunkte sind $N_1(-1 \,|\, 0)$ und $N_2(-5 \,|\, 0)$.

Wandle die Funktionsgleichung durch quadratische Ergänzung in die Scheitelpunktform um.

Klammere zunächst das Vorzeichen aus. Bilde das Binom.

Löse die Klammer wieder auf und ändere das Vorzeichen.

Lies die Koordinaten des Scheitelpunkts S_2 aus der Scheitelpunktform ab.

Lege ein Koordinatensystem mit der Einheit 1 cm an.

x-Achse: –6 bis +4

y-Achse: –7 bis +6

Beschrifte das Koordinatensystem vollständig.

Trage den Scheitelpunkt S_1 ein und zeichne mithilfe der Parabelschablone die nach oben geöffnete Parabel p_1.

Trage den Scheitelpunkt S_2 ein und zeichne mithilfe der Parabelschablone die nach unten geöffnete Parabel p_2.

e) Funktionsgleichung der Parabel p_3 in der Normalform:
$D(-1\,|\,2);\ E(6\,|\,-5)$
p_3 nach oben geöffnet: $y = x^2 + px + q$

$$\text{I}\quad 2 = (-1)^2 + (-1)\cdot p + q$$
$$\text{II}\quad -5 = 6^2 + 6\cdot p + q$$

$$\text{I}\quad 2 = 1 - p + q \qquad |-1; +p$$
$$\text{II}\quad -5 = 36 + 6p + q$$

$$\text{I}\quad 1 + p = q$$
$$\text{I in II}\quad -5 = 36 + 6p + 1 + p$$
$$-5 = 37 + 7p \qquad |-37$$
$$-42 = 7p \qquad |:7$$
$$-6 = p$$

$$\text{p in I}\quad 1 + (-6) = q$$
$$-5 = q$$

$$p_3:\ y = x^2 - 6x - 5$$

Hinweise und Tipps: Setze die Punkte D und E jeweils in die Normalform für nach oben geöffnete Parabeln ein. Achte auf die Vorzeichen. Löse das Gleichungssystem (hier: mit dem Einsetzungsverfahren). Löse eine Gleichung (hier: Gleichung I) nach q auf. Setze den erhaltenen Term für q in Gleichung II ein und berechne p. Setze p in die umgeformte Gleichung I ein und berechne q. Gib die Funktionsgleichung von p_3 in der Normalform an.

f) Begründung durch Rechnung:

$$p_4:\ 3y + 2x^2 = -(-36x + 24 + x^2)$$
$$3y + 2x^2 = 36x - 24 - x^2 \qquad |-2x^2$$
$$3y = -3x^2 + 36x - 24 \qquad |:3$$
$$y = -x^2 + 12x - 8$$

Da in der Normalform ein Minus vor dem x^2 steht, muss die Parabel nach unten geöffnet sein.

Hinweise und Tipps: Bringe die Funktionsgleichung von p_4 in Normalform. Löse die Klammer auf. Isoliere y. Lies aus der Normalform der Parabel p_4 ab, dass die Parabel nach unten geöffnet ist.

6. a) Abstand der beiden Gipfel:
Höhe Säuling vom Aussichtspunkt aus:
$2\,047\text{ m} - 900\text{ m} = 1\,147\text{ m} = 1{,}147\text{ km}$

Höhe Zugspitze vom Aussichtspunkt aus:
$2\,962\text{ m} - 900\text{ m} = 2\,062\text{ m} = 2{,}062\text{ km}$

Abstand der beiden Gipfel:

$$\frac{28\text{ km} + x}{2{,}062\text{ km}} = \frac{28\text{ km}}{1{,}147\text{ km}} \qquad |\cdot 2{,}062\text{ km}$$
$$28\text{ km} + x = 50{,}336\ldots\text{ km} \qquad |-28\text{ km}$$
$$x = 22{,}336\ldots\text{ km}$$
$$x \approx 22\text{ km}$$

Hinweise und Tipps: Alle Höhen sind in „Meter über Normalnull“ angegeben. Der Aussichtspunkt, von dem aus die beiden Gipfel betrachtet werden, liegt auf 900 m über Normalnull. Um die Höhen des Säulings und der Zugspitze von diesem Punkt aus zu bestimmen, müssen jeweils 900 m abgezogen werden. Stelle mithilfe des 2. Strahlensatzes ein passendes Verhältnis auf. Achte auf gleiche Einheiten. Löse nach x auf. Runde sinnvoll (hier: ganze Kilometer).

b) Streckungsfaktor k:

$$k = \frac{2{,}062}{1{,}147}$$
$$k = 1{,}79\ldots$$
$$k \approx 1{,}8$$

Hinweise und Tipps: Strecken werden mit k gestreckt. $k = \frac{\text{Bildstrecke}}{\text{Originalstrecke}}$ Runde sinnvoll (hier: eine Dezimalstelle).

Hinweise und Tipps

7. ■ $-120x^4y^3+$ ◆ $=($● $-$ ★$)^2$

Beispiele:

$3\,600x^8-120x^4y^3+y^6=(60x^4-y^3)^2$

$x^8-120x^4y^3+3\,600y^6=(x^4-60y^3)^2$

$4x^8y^6-120x^4y^3+900=(2x^4y^3-30)^2$

Hier sind verschiedene Lösungen möglich.
Es handelt sich um die Anwendung der 2. binomischen Formel.
$a^2-2ab+b^2=(a-b)^2$
Das gemischte Glied muss so aufgelöst werden, dass $2ab=120x^4y^3$ gilt. So erhält man die Terme (hier ● und ★) in der kurzen Form der binomischen Formel.
In einem zweiten Schritt werden diese beiden Terme quadriert, um die restlichen Platzhalter (hier: ■ und ◆) zu erhalten.

---

8. a) Wahrscheinlichkeit für eine Karte mit N:
gesamt: 19 Karten
Karten mit N: 2 Karten

Wahrscheinlichkeit:

$p(N)=\frac{2}{19}$

Wahrscheinlichkeit in Prozent:
$p\,\%=2:19\cdot 100\,\%$
$p\,\%=10{,}52\ldots\,\%$
$p\,\%\approx 10{,}5\,\%$

Die Wahrscheinlichkeit dafür, dass auf der gezogenen Karte ein N steht, beträgt etwa 10,5 %.

Es gibt insgesamt 19 Buchstabenkarten. Für das Ereignis „N“ gibt es 2 günstige Ergebnisse. Es wird nur einmal gezogen.

Gib die Wahrscheinlichkeit in einem Bruch an.

Gib die Wahrscheinlichkeit auch in Prozent an.

Runde sinnvoll (hier: eine Dezimalstelle).

b) Baumdiagramm:

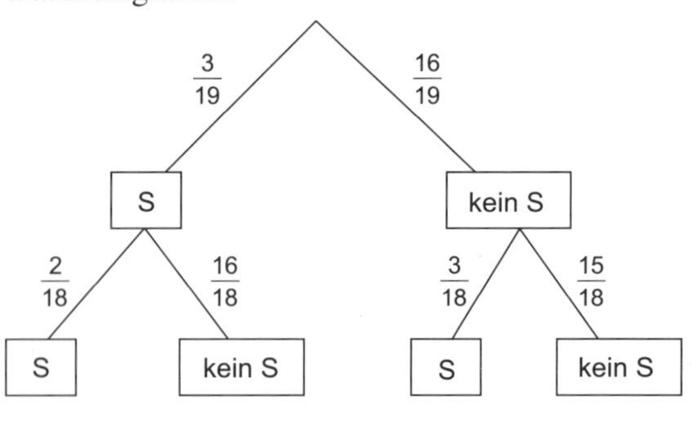

Wahrscheinlichkeit für mindestens einmal S:

$p(S)=\frac{3}{19}$

$p(\text{kein S; S})=\frac{16}{19}\cdot\frac{3}{18}=\frac{8}{57}$

$p(\text{mindestens einmal S})=\frac{3}{19}+\frac{8}{57}=\frac{17}{57}$

Wahrscheinlichkeit in Prozent:
$p\,\%=17:57\cdot 100\,\%$
$p\,\%=29{,}82\ldots\,\%$
$p\,\%\approx 30\,\%$

Die Wahrscheinlichkeit, mindestens ein S zu ziehen, beträgt etwa 30 %.

In der Urne befinden sich 19 Buchstabenkarten, nur die Karten mit „S“ (3 Karten) sind von Belang, alle anderen sind „kein S“ (16 Karten).
Es werden Karten herausgezogen, ohne sie zurückzulegen. Die Anzahl der Karten verringert sich bei jedem Zug um 1.
Wird beim 1. Ziehen ein „S“ gezogen, so verringert sich die Anzahl der Karten mit „S“ um 1.
Wird eine Karte „kein S“ gezogen, verringert sich diese Anzahl um 1.
Zeichne das Baumdiagramm für 2 Züge. Schreibe zu jedem Ereignis die Wahrscheinlichkeit.

Für das Ereignis „mindestens einmal S“ gibt es 2 günstige Ergebnisse.

Wende die 1. Pfadregel (Multiplikationsregel) an.

Gib die Gesamtwahrscheinlichkeit an. Wende hierzu die 2. Pfadregel (Additionsregel) an.

Gib die Wahrscheinlichkeit auch in Prozent an.

Runde sinnvoll (hier: ganze Prozent).

c) Wahrscheinlichkeit, aus 4 Urnen ein S zu ziehen:

OHNE	FLEISS	KEIN	PREIS

$$p(S)=\frac{1}{4}\cdot 0+\frac{1}{4}\cdot\frac{2}{6}+\frac{1}{4}\cdot 0+\frac{1}{4}\cdot\frac{1}{5}$$

$$p(S)=\frac{1}{4}\cdot\frac{1}{3}+\frac{1}{4}\cdot\frac{1}{5}$$

$$p(S)=\frac{2}{15}$$

Wahrscheinlichkeit in Prozent:
$p\ \% = 2:15\cdot 100\ \%$
$p\ \% = 13{,}33\ldots\ \%$
$p\ \% \approx 13\ \%$

Die Wahrscheinlichkeit, ein S zu ziehen, beträgt etwa 13 %.

Hinweise und Tipps

Für das Wählen einer bestimmenten Urne ist die Wahrscheinlichkeit $\frac{1}{4}$.

In der ersten und dritten Urne gibt es kein S, daher ist hier die Wahrscheinlichkeit, ein S zu ziehen, 0. Nur in der zweiten und vierten Urne gibt es S.

In der zweiten Urne liegt das Wort FLEISS, das sind 6 Karten, auf zwei davon ist der Buchstabe S.

In der vierten Urne liegt das Wort PREIS, das sind 5 Karten, eine davon mit S.

Wende zum Berechnen der Wahrscheinlichkeit die beiden Pfadregeln an.

Gib die Wahrscheinlichkeit auch in Prozent an.

Runde sinnvoll (hier: ganze Prozent).

d) Anzahl der möglichen Anordnungen:
$5! = 120$
Für die 5 Karten gibt es 120 verschiedene Reihenfolgen.

Das Wort PREIS hat 5 verschiedene Buchstaben und damit 5 verschiedene Elemente. Die Reihenfolgen sind hier als Anordnungen zu sehen.

Für n verschiedene Elemente gibt es n! Möglichkeiten, sie anzuordnen.

9.

$$\frac{x^2\cdot x\cdot(x^2)^{-3}}{x^{-6}\cdot x^2}+\frac{\sqrt[2]{x^4}}{(x^{0,5})^4}=$$

$$\frac{x^2\cdot x\cdot x^{-6}}{x^{-6}\cdot x^2}+\frac{x^2}{x^2}=$$

$$\frac{x^{-3}}{x^{-4}}+\frac{x^2}{x^2}=$$

$$x^1+1=$$

$$x+1$$

Löse zuerst die Klammern auf und ziehe die Wurzel.

Beachte hierbei die Potenzgesetze.

Fasse jeweils die Zähler und Nenner zusammen. Beachte hier die Potenzgesetze bei gleicher Basis.

Kürze bzw. wende das Potenzgesetz zum Dividieren von Termen mit gleicher Basis an.

Beachte, dass $x^0 = 1$ gilt.

---

10. a) Oberfläche der Kugel:
$O_K = (2\text{ m})^2\cdot\pi$
$O_K = 12{,}56\text{ m}^2$

Verwende die Formel für die Oberfläche der Kugel.

$O_K = 4\cdot r^2\cdot\pi$ oder $O_K = d^2\cdot\pi$

Der Durchmesser beträgt 2 m, der Radius 1 m. Rechne mit $\pi = 3{,}14$.

b) Masse der Hohlkugel in t:
Volumen der äußeren Kugel:
$d_a = 2\text{ m}$

$$V_a=\frac{1}{6}\cdot(2\text{ m})^3\cdot\pi$$

$V_a = 4{,}1866\ldots\text{ m}^3$
$V_a \approx 4{,}187\text{ m}^3$

Um die Masse zu berechnen, benötigt man zuvor das Volumen des Körpers.

Verwende die Formel für das Volumen einer Kugel.

$V=\frac{1}{6}d^3\cdot\pi$ oder $V=\frac{4}{3}r^3\cdot\pi$

Runde sinnvoll (hier: drei Dezimalstellen).

Volumen der inneren Kugel:
$d_i = 2\text{ m} - 2 \cdot 3{,}2\text{ cm}$
$d_i = 2\text{ m} - 2 \cdot 0{,}032\text{ m}$
$d_i = 2\text{ m} - 0{,}064\text{ m}$
$d_i = 1{,}936\text{ m}$

$V_i = \frac{1}{6} \cdot (1{,}936\text{ m})^3 \cdot \pi$
$V_i = 3{,}7974\ldots\text{ m}^3$
$V_i \approx 3{,}797\text{ m}^3$

Volumen Hohlkugel (U-Boot):
$V_{HK} = 4{,}187\text{ m}^3 - 3{,}797\text{ m}^3$
$V_{HK} = 0{,}39\text{ m}^3$

Masse der Hohlkugel:
$m = 0{,}39\text{ m}^3 \cdot 7\,870\ \frac{\text{kg}}{\text{m}^3}$
$m = 3\,069{,}3\text{ kg}$
$m \approx 3{,}07\text{ t}$

Der Kran muss mindestens 3,07 Tonnen heben.

c) Mindesthöhe des Tauchbeckens in m:
Volumen der äußeren Kugel:
$V_a = 4{,}187\text{ m}^3$

Volumen Wasser:
$r_W = 3\text{ m} : 2 = 1{,}5\text{ m}$
$V_W = (1{,}5\text{ m})^2 \cdot \pi \cdot 3\text{ m}$
$V_W = 21{,}195\text{ m}^3$

Gesamtvolumen:
$V_G = 4{,}187\text{ m}^3 + 21{,}195\text{ m}^3$
$V_G = 25{,}382\text{ m}^3$
$V_G \approx 25{,}39\text{ m}^3$

Höhe berechnen:
$25{,}39\text{ m}^3 = (1{,}5\text{ m})^2 \cdot \pi \cdot h_K \quad |:(1{,}5\text{ m})^2;\ :\pi$
$3{,}593\ldots\text{ m} = h_K$
$3{,}6\text{ m} \approx h_K$

Das Becken muss mindestens 3,6 m hoch sein.

Hinweise und Tipps

Bei der Innenkugel (entspricht hier der „Luftkugel") muss die Wandstärke subtrahiert werden. Bei einer Rechnung mit Durchmesser zweimal, bei einer Rechnung mit Radius einmal.

Achte auf gleiche Einheiten beim Rechnen.

Runde sinnvoll (hier: drei Dezimalstellen).

Berechne das Volumen des U-Boots, indem das Volumen der inneren Kugel vom Volumen der äußeren Kugel subtrahiert wird.

Berechne die Masse des U-Boots, indem du das Volumen mit der Dichte multiplizierst.

Rechne das Ergebnis in Tonnen um.

Berechne das Volumen des Wassers vor dem Eintauchen. Verwende die Volumenformel des Zylinders.
$V = r^2 \cdot \pi \cdot h_K$

Berechne das Gesamtvolumen nach dem Eintauchen des U-Boots, indem du das Volumen des U-Boots und das Volumen des Wassers addierst.

Berechne die benötigte Höhe des Zylinders für das Gesamtvolumen. Setze alle bekannten Größen in die Volumenformel des Zylinders ein und löse nach der Höhe h_K auf.
$V = r^2 \cdot \pi \cdot h_K$
Runde sinnvoll.